物联网工程与技术规划教材

无线短距离通信应用技术
（第2版）

柴远波　董满才　主编

赵春雨　王丽霞　张具琴　李　伟　禹春来　皮星宇　副主编

U0282433

電子工業出版社·

Publishing House of Electronics Industry

北京·BEIJING

内 容 简 介

本书主要对无线短距离通信应用技术进行了系统分析、总结与研究，主要内容包括概述、Wi-Fi 技术及其应用、ZigBee 技术及其应用、蓝牙技术及其应用、UWB 技术和 60GHz 无线通信技术、无线短距离通信主动传输技术、无线短距离通信与物联网系统、无线自组织网络技术。本书内容涵盖无线短距离通信技术的主要理论基础和最新发展成果，涉及现代通信技术领域研究的主要热点，如 5G 通信、智能家居、智慧城市及智能交通等。

本书注重技术方法的完整性、先进性和可操作性，可供通信行业研究人员、高年级本科生、研究生、教师参考，也可作为大学本科通信工程或相关专业的教材。

图书在版编目（CIP）数据

无线短距离通信应用技术 / 柴远波，董满才主编. —2 版. —北京：电子工业出版社，2020.4
ISBN 978-7-121-38670-1

Ⅰ. ①无… Ⅱ. ①柴… ②董… Ⅲ. ①无线电通信－通信技术 Ⅳ. ①TN92

中国版本图书馆 CIP 数据核字（2020）第 037305 号

责任编辑：张 京　　文字编辑：曹 旭
印　　刷：三河市鑫金马印装有限公司
装　　订：三河市鑫金马印装有限公司
出版发行：电子工业出版社
　　　　　北京市海淀区万寿路 173 信箱　邮编 100036
开　　本：787×1 092　1/16　印张：20.25　字数：518.4 千字
版　　次：2015 年 4 月第 1 版
　　　　　2020 年 4 月第 2 版
印　　次：2024 年 8 月第 8 次印刷
定　　价：58.00 元

凡所购买电子工业出版社图书有缺损问题，请向购买书店调换。若书店售缺，请与本社发行部联系，联系及邮购电话：(010) 88254888，88258888。

质量投诉请发邮件至 zlts@phei.com.cn，盗版侵权举报请发邮件至 dbqq@phei.com.cn。

本书咨询联系方式：davidzhu@phei.com.cn。

前　言

由于无线短距离通信技术的应用非常多样化，而且要求也各不相同，所以多种标准和技术并存的现象会长期存在。例如，需要宽带传输的视频，进行高速数据传输时可以采用UWB技术；对传输速率要求不高，对功耗、成本等有较高要求的无线传感网可以采用ZigBee、蓝牙或与其相似的技术；对于短距离标签的无线识别，可以采用NFC、RFID等无线通信技术。从使用的频率上来看，很多无线短距离通信使用的是ISM（工业、科学和医疗）频段，在限制功率的前提下，对频率的使用不需要许可。

遗憾的是，由于频谱资源的稀缺性及无线通信技术的快速发展，部分短距离通信的频谱也需要更高的频率。此外，除了 2.4GHz 频段以外，对其他频段的使用规定各国各不相同，因此，有些标准会给出多个频段。UWB、NFC、RFID 使用频段的情况有所不同：UWB由于近似白噪声通信，平均功率密度非常低，使用高频率（如 3.1～10.6GHz）和高带宽（如4～7GHz）；NFC、RFID 由于通信距离非常短，发射功率极低，所以使用的频段限制相对较为宽泛。例如，RFID 就有使用低频（125kHz、134kHz）、高频（13MHz）、超高频（868～956MHz）和微波（2.4GHz）等不同频段的产品。

在标准方面，当前无论在哪种应用领域，都有多个组织和多种标准存在，如 IEEE、ISO/IEC、ZigBee 联盟及一些民间组织等。有些技术的标准往往是一些组织之间分工合作的结果，例如，ZigBee 技术标准就是 IEEE 和 ZigBee 联盟合作的产物。

随着现代电子技术的快速发展，各种便携式电子设备（如智能手机、平板电脑、可穿戴设备等）已经越来越深入地影响着人们的生活。这些便携式设备之所以如此广泛而深入地影响人们的生活，离不开现代通信技术的蓬勃发展，尤其是无线短距离通信技术的发展。无线通信技术的发展使人们可以随时随地联系彼此，而无线短距离通信技术的发展不仅拓展了人与人的沟通渠道，更是将"物"纳入通信体，从而使人与物、物与物的联系方式产生了巨大的变化，进而使人们可以更加直观与便捷地与生活环境进行"交流"。可以说，正是由于无线短距离通信技术的发展，才使得今天的人类可以自由而普遍地与所生存的这个世界发生着千丝万缕的联系，而这种联系还将会随着技术的发展变得更加自由、更加普遍、更加深入。

　　每一个人都有必要了解这些改变人类生活的技术，对于身处通信领域的学生和从业者而言更是如此。鉴于此，我们编写了本书。书中对当前主流的无线短距离通信技术及其应用进行了详细的介绍，既可作为初学者的启蒙读物，也可作为深入学习者的参考用书。

　　本书在《短距离无线通信技术及应用》的基础上再版编写而成，由黄河科技学院柴远波教授和董满才博士任主编，赵春雨、王丽霞、张具琴、李伟、禹春来、皮星宇任副主编，董满才负责全书的统稿与校对工作。

　　由于编者水平有限，书中纰漏之处难免，敬请广大读者指正。编者将不胜感激。

编　者

目　录

第 1 章

概　述

●　●　●　●　●　●　●　●

1.1　引言

随着 Internet 技术、计算机技术、通信技术和电子技术的飞速发展，以及人们对信息随时随地获取和交换的迫切需要，无线通信开始在人们的生活中扮演着越来越重要的角色，显示出巨大的发展潜力。而在这其中，作为无线通信技术的一个重要分支——无线短距离通信技术因其在技术、成本、可靠性及实用性方面的突出优势，正引起人们越来越广泛的关注。

无线短距离通信技术没有明确的定义，20 世纪 90 年代时，一般认为属于这个范畴的可以有通信距离为 5～100m 的无线个域网（Wireless Personal Area Network，WPAN）和无线局域网（Wireless Local Area Network，WLAN）技术，也可以有射频识别（RFID）、近场通信（Near Field Communication，NFC）等一些短距离通信技术，有时红外通信技术也被划分在这一范畴内。这些技术的共同之处是点到点的通信距离非常短，一般不超过 100m，有的甚至短到微米级（如采用超宽带技术进行集成电路内部的连接）。短距离通信速率的差别很大，通信速率从每秒数百比特、每秒数百兆比特直至每秒吉比特都有存在。

无线短距离通信以无线个域（Wireless Personal Area，WPA）应用为核心特征。随着 RFID 技术、ZigBee 技术、蓝牙技术及毫米波通信技术等低/高速无线应用技术的发展，无线短距离通信正深入通信应用的各个领域，表现出广阔的应用前景。

近年来，随着无线通信技术的发展，无线短距离通信技术的含义更加广泛。在一般意义上，只要通信收发双方通过无线电波传输信息，并且传输距离限制在较短的范围内，就可以称为无线短距离通信，如 WPAN、WLAN、RFID、NFC 等。随着通信距离可覆盖几百米范围的无线传感器网络（Wireless Sensor Networks，WSN）技术的出现，无线短距离通信的涵盖领域和应用范围得到了进一步扩展。

从通信速率看，无线短距离通信应用中有几千比特（Kilobit）低速率的 RFID 技术，也有支持高速率的可达几吉比特（Gigabit）的 60GHz 毫米波（Millimeter-wave）WPAN 技术。从通信模式看，有点到点（Point-to-Point）、点到多点（Point-to-Multipoint）连接的蓝牙（Bluetooth）技术，也有具备网状网（Mesh Network）结构的 ZigBee 技术；有以人体为核心的无线个域网，也有以机动车辆为主角的车域网（Vehicle Area Network，VAN）；而红外线通信（Infrared Communition）和可见光通信（Visible Light Communication，VLC）更进一步拓展了无线短距离应用的通信方式。各种无线短距离通信技术的应用范围既相互交叉重叠，又彼此补充。

近几年来，无线与移动通信技术以前所未有的速度迅猛发展，成为当前信息技术领域的研究热点和焦点。随着各种便携式个人通信设备与家用电器设备的出现，人们享受蜂窝移动通信系统带来便利的同时，对短距离的无线与移动通信又提出了新的应用需求，使得无线短距离通信技术有了更为广泛的应用空间。无线局域网、蓝牙、ZigBee、移动 Ad Hoc 网络、超宽带（UWB）及短距离物联网应用等各种热点技术的相继出现，均展现出了各自巨大的应用潜力。

1.2　无线短距离通信的特点及技术

一般来讲，无线短距离通信可分为高速无线短距离通信和低速无线短距离通信两大类。高速无线短距离通信最高数据率大于 100Mb/s，通信距离小于 10m；低速无线短距离通信最低数据率小于 1Mb/s，通信距离小于 100m。目前使用较广泛的无线短距离通信技术有蓝牙、IEEE 802.11、ZigBee、超宽带等。

高速无线短距离通信技术，目前主要用于连接下一代便携式电器和通信设备。它支持各种高速率的多媒体应用、高质量声像传输、多兆字节音乐和图像文档传送等。低速无线短距离通信技术，主要用于家庭、工厂与仓库等场景的自动化控制、安全监视、保健监视、环境监视、军事行动、消防队员操作指挥、货单自动更新、库存实时跟踪及游戏和互动式玩具等方面上。本节将对几种典型的无线短距离通信技术做一个简要描述，使读者对无线短距离通信技术有一个总体的认识和了解。

无线短距离通信有如下特点。

（1）低功耗（Low Power）：由于无线短距离通信应用的便携性和移动特性，低功耗是基本要求；另外，多种无线短距离通信应用可能处于同一环境之下，如 WLAN 和 RFID，在满足服务质量的要求下，要求更低的输出功率，避免造成相互干扰。

（2）低成本（Low Cost）：无线短距离通信与消费电子产品联系密切，低成本是其能否推广和普及的重要决定因素。此外，如 RFID 和 WSN 应用，需要大量使用或大规模敷设，控制成本成为技术实施的关键。

（3）多在室内环境下（Indoor Environments）应用：与其他无线通信不同，由于作用距离限制，大部分短距离通信应用的主要工作环境是室内，特别是 WPAN 应用。

（4）使用 ISM 频段：考虑产品和协议的通用性及民用特性，无线短距离通信技术基本上使用免许可证 ISM（Industrial，Scientific and Medical）频段。

（5）使用电池供电（Battery Drived）的收发装置：无线短距离通信应用设备一般都有小型化、移动性要求。在采用电池供电后，需要进一步加强低功耗设计和电源管理技术的研究。

下面简要介绍几种典型的无线短距离通信技术。

1.2.1　蓝牙技术

蓝牙技术的出现最早要追溯到 20 世纪 90 年代中期，在 1994 年，爱立信（Ericsson Mobile）着手研究在移动电话和它的附件间实现低成本、低功耗的无线接口的可能性。在项目的推进过程中，爱立信开始注意到无线短距离通信（Wireless Short Distance Communication）的应用前景非常广阔，该无线通信技术被爱立信取名为蓝牙（Bluetooth）。

1998 年 5 月，爱立信与英特尔（Intel）、诺基亚（Nokia）、IBM 和东芝（Toshiba）这四家公司共同成立蓝牙技术联盟（Bluetooth Special Interest Group，Bluetooth SIG），负责制定蓝牙的技术标准和进行产品的测试，同时调节全球蓝牙技术的具体应用。随着蓝牙技术的不断发展，Bluetooth SIG 的成员规模也迅猛发展，几乎覆盖了全球各行各业，包括通信厂商、网络厂商、外设厂商、芯片厂商、软件厂商等，甚至消费类电器厂商和汽车制造商都加入了 Bluetooth SIG。蓝牙应用产品通过 Bluetooth SIG 的测试就可以投放市场。自 2000 年年初开始，以爱立信、摩托罗拉（Motorola）、剑桥硅无线电（Cambridge Silicon Radio，CSR）、得州仪器（Texas Instrument，TI）、飞利浦（Philips）等为首的众多公司都已经开始制造和出售蓝牙芯片，蓝牙产品的体积越做越小，价格越降越低。

目前，蓝牙技术标准累计颁布了 6 个版本，它们是 1.x、2.0、2.1、3.0、4.0、4.1，其标准内容不断得到更新和增强。各个版本的特点如下。

（1）蓝牙 1.x 的蓝牙技术带有实验性质，较少被生产厂商采用。蓝牙技术联盟于 1999 年 7 月公布蓝牙 1.0，即基本速率（BR）版本。2001 年公布了蓝牙 1.1，为最早期版本，传输速率为 748～810kb/s，因是早期设计的，容易受到同频率产品干扰，影响通信质量。蓝牙 1.2 同样只有 748～810kb/s 的传输速率，但在以前的基础上加上了抗干扰跳频功能。蓝牙 1.1/1.2 的蓝牙产品，基本可以支持 Stereo 音效的传输要求，但只能以单工方式工作，加上频率响应不太充足，并不算是最好的 Stereo 传输工具。

（2）蓝牙 2.0+EDR 在 2004 年 11 月 4 日推出，其在技术上做了大量的改进，但从蓝牙 1.x 延续下来的配置流程复杂和设备功耗较大的问题依然存在。蓝牙 2.0+EDR 是 1.2 版的改良提升版，和蓝牙 1.x 相比提升主要体现在传输速率上，实际速率在 1.8～2.1Mb/s，可以有双工的工作方式。即在语音通信的同时亦可传输高质量图片，蓝牙 2.0 也支持 Stereo 运作。蓝牙 2.0+EDR 在保证立体声传输的基础上加大了数据流的带宽传输，可以用于较高品质的音乐播放。随后蓝牙 2.0 的芯片加入了 Stereo 译码芯片，连 A2DP（Advanced Audio

Distribution Profile）也不需要。但该版本由于配对困难，相应的设备仍然很少。

（3）为了解决蓝牙技术存在的问题，蓝牙技术联盟在 2007 年 7 月 26 日推出了蓝牙 2.1+EDR，相比蓝牙 2.0+EDR，升级主要体现在快速配对技术 SSP 的采用上。

① 改善装置配对流程。不管是单次配对还是永久配对，配对过程与必要操作过于繁杂。许多使用者在进行硬件之间的蓝牙配对时常会遇到很多问题。以往在连接过程中，需要利用个人识别码来确保连接的安全性，而改进后的连接方式则是自动使用数字密码来进行配对与连接。举例来说，只要在手机选项中选择连接特定装置，手机会自动列出目前环境中可使用的设备，并且自动进行连接。而在短距离配对方面，也具备在两个支持蓝牙的手机之间进行配对与通信传输的近场通信（Near Field Communication，NFC）机制。NFC 是无线短距离 RFID 技术，针对 1～2m 短距离联机应用，以电磁波为基础，取代传统无线电传输。由于 NFC 机制掌控了配对的起始侦测，当范围内的两台装置要进行配对传输时，只要简单地在手机屏幕上选择是否接受联机即可。不过要应用 NFC 功能，系统必须内建 NFC 芯片或具备相关的硬件功能。

② 更佳的省电效果。蓝牙 2.1 加入了 Sniff Subrating 功能，透过设定在两个装置之间互相确认信号的发送间隔来达到减小功耗的目的。一般来说，当两个进行连接的蓝牙装置进入待机状态后，蓝牙装置之间仍需要通过相互呼叫来确定彼此是否仍在联机状态，因此，蓝牙芯片必须随时保持在工作状态，即使手机的其他组件都已经进入休眠模式。为了改善这样的状况，蓝牙 2.1 将装置之间相互确认的信号发送时间间隔从旧版的 0.1s 延长到 0.5s 左右，如此可以让蓝牙芯片的工作负载大幅降低，也可以让蓝牙有更多的时间彻底休眠。采用此技术之后，蓝牙装置在开启蓝牙联机后的待机时间可以有效延长 5 倍以上。蓝牙 2.1 是目前设备数量最多的蓝牙标准。

（4）2009 年 4 月 21 日，蓝牙技术联盟正式颁布了新一代标准：蓝牙 3.0+HS （Bluetooth Core Specification Version 3.0 High Speed）。其根据 IEEE 802.11 适配层协议应用了 Wi-Fi 技术，即在蓝牙配对后，在需要时调用 IEEE 802.11 Wi-Fi 协议用于实现高速数据传输。理论上最高传输速度可达到 24Mb/s，是蓝牙 2.0 的 8 倍。"+HS"（High Speed）是选配技术，并非所有的蓝牙 3.0 均支持 24Mb/s 的传输速度。蓝牙 3.0 的核心是 "Generic Alternate MAC/PHY"（AMP），这是一种全新的交替射频技术，允许蓝牙协议栈针对任一任务动态地选择正确射频。最初被期望用于新标准的技术包括 IEEE 802.11 及 UMB，但是新标准中取消了 UMB 的应用。作为新版标准，蓝牙 3.0 的传输速率更高，关键就在于 IEEE 802.11 无线协议。通过集成 IEEE 802.11 PAL（协议适应层），蓝牙 3.0 可以轻松地用于录像机至高清电视、PC 至 PMP、UMPC 至打印机之间的传输，通过蓝牙高速传送大量数据自然会消耗更多的能量，但是由于引入了增强电源控制（EPC）机制，再辅以 IEEE 802.11，实际空闲功耗会明显降低，蓝牙设备的待机耗电问题得到初步解决。

（5）2010 年 6 月 30 日，蓝牙技术联盟正式采纳蓝牙 4.0 核心标准，并启动对应的认证计划。蓝牙 4.0 包括三个子标准，即传统蓝牙技术、高速蓝牙技术和新的蓝牙低功耗技术标准。蓝牙 4.0 的改进之处主要体现在电池续航时间、节能和设备种类三方面上，拥有低成本、跨厂商互操作性、3ms 低延迟、100m 以上超长距离、AES-128 加密等诸多特色。

此外，蓝牙 4.0 的有效传输距离也有所提升。蓝牙 3.0 的有效传输距离为 10m（约 30 英尺），而蓝牙 4.0 的有效传输距离可达到 100m。蓝牙 4.0 是蓝牙 3.0+HS 的补充，在"经典"（可以看作蓝牙 2.1 的升级）和"高速"（+HS）两个标准之上，增加了低功耗标准（Bluetooth Low Energy）。在硬件的实现上，蓝牙 4.0 可以在现有经典蓝牙（2.1+EDR/3.0+HS）芯片上增加低功耗部分（双模式），也可以在高度集成的设备中增加一个独立的连接层，实现超低功耗的蓝牙传输（单模式）。虽然蓝牙 4.0 在 2010 年就推出了，但除 iPhone4S、Galaxy S3、Note2 支持蓝牙 4.0 外，Android 4.2 原生系统缺乏对蓝牙 4.0 的支持，因此蓝牙 4.0BLE 连接尚未普及。低功耗蓝牙 4.0 会随着 Android 的升级得到更普遍的运用。

（6）2013 年 12 月 3 日，蓝牙技术联盟正式推出蓝牙 4.1。如果说蓝牙 4.0 主打的是省电特性的话，那么此次升级蓝牙 4.1 的关键词应是 IoT（物联网），也就是把所有设备都联网的意思。为了实现这一点，对通信功能进行改进是极为重要的。首要改进的就是批量数据的传输速率，这一改进主要针对刚刚兴起的可穿戴设备。例如，常见健康手环发送的数据流并不大，通过蓝牙 4.1 能够更快速地将跑步、游泳、骑车过程中收集的信息传输到手机等设备上，用户就能更好地实时监控运动状况，这是很有用处的。当然这并不意味着可以通过蓝牙高速传输流媒体视频。蓝牙 4.1 中，允许设备同时充当"Bluetooth Smart"和"Bluetooth Smart Ready"两个角色，这就意味着能够让多款设备连接到一个蓝牙设备上。举个例子，一个智能手表既可以作为中心枢纽，接收从健康手环上收集的运动信息；又能作为一个显示设备，显示来自智能手机上的邮件、短信。借助蓝牙 4.1 技术的智能手表、智能眼镜等设备就能成为真正的中心枢纽。

为方便读者对比，将各代蓝牙技术规范列于表 1.1 中。

表 1.1 各代蓝牙技术规范

时间/年	版 本	理论峰值	配 对	加密算法	其 他 改 进
1999	1.0/1.08	721kb/s	Legacy Paring	NA	蓝牙 1.0 及以前为实验版本
2001	1.1			NA	修正了蓝牙 1.0 的错误，增加了非加密通道
2003	1.2			NA	发现连接速度提高，传输速度提高，降低无线电干扰
2004	2.0+EDR	3Mb/s	—	GPSK PSK	实际传输速率约为 2.1Mb/s
2007	2.1+EDR	—	SSP	—	当前应用最广泛的蓝牙
2009	3.0+HS	24Mb/s		—	高速传输，需 IEEE 802.1（Wi-Fi）连接
2010	4	—		AES	（1）官方名称 Bluetooth Smart，其他名称 ULP/BLE/Wibree； （2）能耗降至蓝牙 3.0 及以前标准的 1%～50%
2013	4.1	—	SSP	—	（1）与 4G 不构成干扰，同时使用 4G 和 BT 双方速度不下降； （2）通过 IPv6 连接到网络； （3）可同时收发数据

此外，以通信距离分类，蓝牙技术可再分为 Class A 和 Class B。Class A 用在大功率/

长距离的蓝牙产品上，但因成本高和耗电量大，不适合用于个人通信产品，故多用在部分商业特殊用途上，通信距离为80～100m。Class B是目前最流行的蓝牙技术，通信距离在8～30m之间，视产品的设计而定，多用于手机/蓝牙耳机/蓝牙适配器等个人通信产品上，耗电量和体积较小，方便携带。

目前，蓝牙技术已经成为无线短距离通信领域最热门的研发方向，已有数千家企业宣布支持和开发蓝牙技术及相关产品。从2000年年初蓝牙芯片出现以来，欧美多家公司都已经开始研制和发售蓝牙芯片和模块，从而蓝牙产品的体积越来越小，价格越来越低。这些产品涉及移动电话、个人数字助理、耳机、打印机、数码相机无线网络接入点和键盘、鼠标等各个领域。

蓝牙技术的实质是建立通用的无线空中接口及其控制软件的公开标准，使通信和计算机进一步结合，使不同厂家生产的便携式设备可以在没有电线或电缆相互连接的情况下，在近距离范围内具有互用、互操作的性能。它的一般连接范围为10cm～10m；如果增加传输功率，其连接范围可以扩展到100m。

蓝牙是一种低功耗短距离的无线通信技术，它是实现数据和语音通信的无线传输全球开放性标准。由于蓝牙设备体积小、功耗低，其应用已经不再局限于计算机的外围设备上。蓝牙技术能够被集成到几乎任何数字设备中，尤其是那些对数据传输速率要求不太高的便携设备和移动设备上。蓝牙技术特点归纳为如下。

（1）蓝牙技术在全球范围内适用。蓝牙工作于2.4GHz工业、科学和医疗（Industrial，Scientific and Medical，ISM）频段，而全球绝大多数国家的这个频段范围都位于2.4～2.4835GHz之间，因此该频段的使用是不需要申请的。

（2）蓝牙技术可以同时进行语音与数据传输。蓝牙采用了分组交换与电路交换技术，支持同步语音信道、异步数据信道及同步语音与异步数据同时传输的信道。语音信道的数据传输速率是64kb/s。采用非对称的信道进行数据传输时，最高速率是721kb/s，最高反向速率是57.6kb/s；采用对称信道进行数据传输时，最高速率是342.6kb/s。

蓝牙系统中有两种物理链路类型：异步无连接链路（Asynchronous Connection Less，ACL）和同步面向连接链路（Synchronous Connection Oriented，SCO）。其中ACL链路是微微网内实现主设备和所有从设备间同步或异步数据分组交换的链路，其主要适用于对时间不太敏感的数据通信，如控制信令或文件数据等。而SCO链路则是一条对称的、点对点的同步数据交换链路，是由微微网内主设备维护的，它主要用于对实时性要求非常高的数据通信中，如视频等。

（3）蓝牙能够组建临时性对等连接。依据在网络中蓝牙设备扮演角色的不同，可将其区别为主设备（Master）和从设备（Slave）。蓝牙在组网连接时主动发起连接的那个设备是主设备，而从设备是响应连接的一方。当许多蓝牙设备通过连接建立起单个微微网时，其中仅有一个设备能成为主设备，其余的都是从设备。

蓝牙最基本的一种组网形式就是微微网，由单个主设备与单个从设备进行点对点的连接。在时空上相互重叠的很多微微网所构成的更为复杂的网络拓扑结构称为分散网（Scatternet）。

（4）蓝牙技术的调制方式和传输速率。蓝牙1.1与蓝牙1.2中BT均为0.5，而调制指数范围是 0.28～0.35。高斯频移键控的调制模式支持 1Mb/s 的传输速率。在 2004 年年底，蓝牙 SIG 发布了采用相移键控调制模式的标准即蓝牙 2.0+EDR，可以支持最高 2Mb/s 的数据传输速率。

（5）蓝牙技术具有非常好的抗干扰能力。无线电设备有很多种类是工作在 ISM 频段的，如 IEEE 802.11 局域网（Wi-Fi）、HomeRF 和家庭专用微波炉等产品，为了更好地抵抗从这些设备发出的干扰，蓝牙采用跳频（Frequency Hopping）的方法去扩充它的频谱（Spread Spectrum），把 2.402～2.48GHz 的频段分成了 79 个频点，使得间隔 1MHz 即可得到相邻的频点。蓝牙设备在其中某固定频点发送完数据后，才会再跳至另外的不同频点进行发送，而频点间排列的顺序是个伪随机序列，频率是 1600 次/s，而任何一个频率的保持时间是 625s。

（6）蓝牙模块的体积非常小，使其可方便地嵌入各种设备中。嵌入移动设备里的蓝牙模块的体积比移动设备要小。例如，CSR 公司研发的蓝牙芯片，BC05 的芯片面积只有 8mm×8mm。

（7）蓝牙设备的功耗非常低。当蓝牙处于通信连接状态时，蓝牙设备包括如下四种不同的模式：激活模式、呼吸模式、保持模式及休眠模式。激活模式是常规的工作模式，而其他三种模式都是为了减少能耗而定义的。在呼吸模式下，从设备会被周期性地激活。而在保持模式下，从设备会暂停监听从主设备发过来的数据分组，但会维持它的激活成员地址。在休眠模式下，主设备和从设备间也能够保持同步，但从设备无须维持它的激活成员地址。在这三种低功耗模式里，呼吸模式的功耗是最高的，对主设备响应的速度也是最快的，休眠模式功耗是最低的，但是对主设备响应的速度是最慢的。

（8）蓝牙技术具有公开的接口标准。为促进蓝牙技术的推广，蓝牙 SIG 将技术标准完全公开，使全球范围内任何单位与个人都能开发蓝牙产品，最终只要兼容性测试过关，就可以将产品推进市场。如此一来，蓝牙 SIG 就能通过出售蓝牙芯片与提供蓝牙技术服务等业务来获利，同时蓝牙应用程序也可以得到大规模推广。

（9）蓝牙产品成本低，而集成蓝牙技术的产品的成本增加很少。在蓝牙产品最初面世的时候，其价格非常高，单是蓝牙耳机的售价折合人民币就约为 4000 元。但是伴随市场需求的增大及供应商不断提供大量的蓝牙芯片与模块，蓝牙产品的价格迅速降低。

1.2.2 ZigBee 技术

为了解决 WSN 中小型、低成本设备无线联网的要求，2002 年，电器和电子工程师协会（Institute of Electrical and Electronics Engineers，IEEE）成立了 IEEE 802.15.4 工作组。该工作组定义了一种廉价的、供便携或移动设备使用的极低复杂度、低成本、低功耗和低速率的无线连接技术。ZigBee 正是这种技术的商业化命名。ZigBee 这个名字最初来源于蜂群赖以生存和发展的通信方式，蜜蜂通过舞蹈来分享新发现食物源的位置、距离和方向等信息。2003 年 11 月，IEEE 正式发布了该项技术的物理层（Physical Layer，PHY 层）和媒体接入控制层（Medium Access Control Sub-Layer，MAC 层）所采用的协议标准，即

IEEE 802.15.4，作为 ZigBee 技术物理层和媒体接入控制层的标准协议；2004 年 12 月，ZigBee 联盟在 IEEE 802.15.4 的基础上，正式发布了完整的 ZigBee 技术标准。2006 年 IEEE 发布了 IEEE 802.15.4 修订版。

ZigBee 协议标准是建立在 IEEE 802.15.4 之上的，IEEE 规定了 ZigBee 协议标准的物理层和媒体接入控制层，网络层、应用支持子层和高层应用规范由 ZigBee 联盟制定。ZigBee 无线通信标准相较于其他的无线通信标准具有比较明显的特点和优势，如低成本、易实现、可靠的数据传输、短距离操作、极低功耗、各层次的安全性等。ZigBee 无线网络具有如下特点。

（1）极低的系统功耗。由于传输速率低、通信距离短，ZigBee 无线网络的发射功率仅为 1mW，而且 ZigBee 芯片的多种电源管理模式可以有效地对节点的工作和休眠进行配置，从而使得系统在不工作时可以关闭无线设备，极大地降低系统功耗、节约电池能量。据估算，一个 ZigBee 终端设备采用一节普通容量的锂电池就可以维持 0.5～3 年的使用时间。

（2）较低的系统成本。与其他网络技术相比，ZigBee 技术比较简单，能够运行在计算能力与存储能力都非常有限的 MCU 上，适用于成本控制严格的场合。现有的 ZigBee 芯片都是基于 8051 单片机内核的，成本很低。

（3）安全的数据传输。由于无线通信是共享信道的，面临着众多有线网络所没有的安全威胁。ZigBee 技术在底下的物理层与 MAC 层采用 IEEE 802.15.4 标准，使用带冲突避免的载波监听多路访问（CSMA/CA）数据传输方法，并与确认和数据检验等措施结合，可保证数据的可靠传输。

（4）灵活的工作频段。无线通信要占用一定的频谱资源，而使用某些频段必须取得相关政府部门的许可。ZigBee 技术采用"免注册"频段，即无须得到许可便可使用的工业、科学和医疗频段，以便于用户能够自由使用 ZigBee 设备。根据世界各国的情况，ZigBee 协议标准定义了 2.4GHz 频段和 868/915MHz 频段，其中 2.4GHz 频段在全球通用，868/915MHz 频段分别用于欧洲和北美。我国使用的 ZigBee 设备工作在 2.4GHz 频段，传输速率分为 250kb/s、20kb/s 和 40kb/s 三个级别。免注册频段和较多的信道使 ZigBee 技术的应用更加方便灵活，特别是选用 2.4GHz 频段的设备，可以在全世界任何地方使用。ZigBee 技术自发布以来因其在特定场景无线短距离通信上的优越表现引起了广泛的关注，与其相关的产业链发展得也较为完善。

在硬件方面，TI、Ember、Jennic、Freescale 等各大芯片公司均推出无线收发芯片和单片机射频芯片集成在一起的 SOC（系统级芯片）。特别是 SOC 节点方案，进一步降低了功耗、缩小了体积、降低了成本，且满足市场需求。现在市场上比较成熟的有 CC2430、CC2530、EM250 等。其中 TI 公司的 CC2430、CC2530 集成 SOC 方案尤为成熟，应用最为广泛。

在软件方面，许多公司如 TI、Ember、AirBee、Freescale 等提供了 ZigBee 协议栈，其中最适用的是 TI 设计的 Z-Stack 协议栈，提供了一个完全开源的技术解决方案。另一个占有较大市场份额的 ZigBee 射频芯片供应商 Freescale 也推出了相应的 Z-Stack。

在开发平台方面，各大 ZigBee 芯片供应商都推出了相应的开发平台，目前市场上较为成熟的有 Freescale 提供的 SARD 应用参考板、Microchip 提供的 PICDEM ZDemonstration Kit 开发板、Helicomm 提供的 EZ-Net DevKit，TI 公司提供的有关 CC2430 和 CC2530 的一些开发工具。有兴趣进行 Zigbee 应用开发的读者可以访问这些公司的官网以获得更详尽、完整的技术信息。

1.2.3　Wi-Fi 技术

无线技术与有线技术的标准不统一，不同的标准有不同的应用。目前，无线局域网的标准更成为人们关注的焦点，主要包括 IEEE 的 802.11、802.15、802.16 及 802.20 标准，分别为无线局域网标准、蓝牙局域网和无线个域网标准、无线城域网标准及移动宽带无线接入系统标准。其中，基于 IEEE 802.11 的无线局域网接入技术又被称为无线保真（Wireless Fidelity，Wi-Fi）技术。

Wi-Fi 技术是一种能够将个人计算机、手持设备（如 PDA、智能手机）等终端以无线方式互相连接的技术，是目前应用最为普遍的一种无线短距离传输技术。Wi-Fi 是一个无线网络通信技术的品牌，由 Wi-Fi 联盟（Wi-Fi Alliance）所持有，目的是改善基于 IEEE 802.11 的无线网络产品之间的互通性。

随着 Internet 的快速发展，Wi-Fi 技术在个人、家庭和企业中的应用已经非常普遍，并且和固网及蜂窝网相结合，其能提供更加丰富的应用服务。Wi-Fi 技术历经了十余年的研究，目前仍然在向前发展，以满足不断增长的带宽需要。这其间对 Wi-Fi 技术标准化贡献最大的组织是 IEEE 802.11 工作组。IEEE 802.11 工作组研究和标准化了完整的 Wi-Fi 技术体系，使其内容涵盖从物理层核心标准到频谱资源、管理、视频、车载应用多方面等一系列标准，IEEE 802.11 标准化进程如表 1.2 所示。

表 1.2　IEEE 802.11 标准化进程

标　　准	发布日期/年	频段/GHz	最大传输速率
802.11	1997	2.4～2.5	2Mb/s
802.11a	1999	5.15～5.35/5.47～5.725/5.725～5.875	54Mb/s
802.11b	1999	2.4～2.5	11Mb/s
802.11g	2003	2.4～2.5	54Mb/s
802.11n	2009	2.4 或 5	600Mb/s（4MIMO，40MHz）
802.11ac	2011	2.4 或 5	3.2Gb/s（8MIMO，160MHz）
802.11ad	2011	60	6.7Gb/s（大于 10MIMO）

IEEE 802.11 是 IEEE 最初制定的一个无线局域网标准，包括 2.4GHz 和 5GHz 两个频段。主要用于实现办公室局域网和校园网中，用户与用户终端通过无线接入方式实现数据存取业务，传输速率峰值为 2Mb/s。由于用户对传输速率和传输距离提出了更高的需求，因此，IEEE 小组又相继推出了 802.11b、802.11a、802.11g、802.11n 这四个新的标准。IEEE

802.11b 的载波频率为 2.4GHz，物理层支持 5.5Mb/s 和 11Mb/s 两个新速率，这相比 IEEE 802.11 的速率有了很大的提高。

IEEE 802.11b 采用一种带有防数据丢失特性的载波监听多路访问机制作为路径共享协议，物理层调制方式为补码键控（CCK）的直接序列扩频技术（DSSS），这提高了抗噪声干扰性能。当射频情况变化时，IEEE 802.11b 的数据传输速率也会发生变化，可在 11Mb/s、5.5Mb/s、2Mb/s、1Mb/s 之间进行切换，且在传输速率为 2Mb/s、1Mb/s 时与 IEEE 802.11 兼容。随着互联网的高速发展，人们对各种媒体的需求也在不断提高，11Mb/s（实际值为 550～600kb/s）的传输速率只能基本满足大多数个人宽带用户的数据传输需求。目前国内不少家庭的宽带接入速率也已超过 2Mb/s，无线网络要想在竞争中占有一席之地，就必须继续提高数据传输速率。但是由于技术本身的限制，IEEE 802.11b 标准的改进遇到了瓶颈，所以 IEEE 又制定了新的标准。

作为继 IEEE 802.11b 标准之后的新一代标准，802.11a 标准具备很多新的优点。其安全性比以往更好，有 12 个不重叠的信道可以使用，8 个用于室内，4 个用于点对点传输，能降低干扰问题。802.11a 最高传输速率可以达到 54Mb/s，传输速率是 802.11b 的 5 倍，能同时为更多用户同时提供资源。802.11a 的工作频段为 5GHz，在日常生活中人们使用的许多电子设备的工作频段都没有这么高，所以不会与 802.11a 的工作频段产生冲突，这也使 802.11a 在抗干扰方面的性能更佳。802.11a 采用 OFDM 的独特扩频技术，减少了接收时的多路效应，增加了频谱效率；可提供 25Mb/s 的无线 ATM 接口和 10Mb/s 的以太网无线帧结构接口，以及提供 TDD/TDMA 的空中接口；支持语音、数据、图像业务；一个扇区可接入多个用户，每个用户可带多个用户终端。但是，802.11a 的缺点也很明显，5GHz 工作频段虽具有 2.4GHz 无法比拟的抗干扰优势，但频段较高，也使得 802.11a 的最大传输距离缩短。在遭遇墙壁、地板、家具等障碍物时，5GHz 频段电磁波的反射与衍射效果均不如 2.4GHz 频段的电磁波好，802.11a 几乎被限制在直线范围内使用，覆盖范围偏小的缺陷被暴露无遗。基于 802.11a 的无线设备与 802.11b 网络并不兼容，运营商还得搭建新的网络。与此同时，由于基于 IEEE 802.11a 的无线产品的设计更为复杂，成本要比 802.11b 高得多，这导致 802.11a 并没有被广泛采用。

由于 IEEE 802.11b 和 802.11a 都存在着令人不满意地方，IEEE 制定了 802.11g 标准。802.11g 规定了与 802.11a 相同的 54Mb/s 的高传输速率，采用了与 802.11b 相同的 2.4GHz 工作频段。所以基于 802.11g 标准的无线产品具有很好的兼容性。同时，802.11g 标准也继承了 802.11b 标准网络覆盖范围广和设备价格比较低的优点。802.11g 标准灵活性要强得多，用户原有的 802.11b 标准的无线网卡在使用 802.11g 标准的网络时，只需要购买相应的无线 AP 即可。802.11g 标准的优势可以概括为：拥有 802.11a 标准的速度，同时安全性又优于 802.11b 标准，而且还能与后者兼容。但存在问题是 802.11g 标准与 802.11b 标准一样都使用三个信道，通信线路过少，所以安全性比 802.11a 标准略逊一筹。

为了实现高带宽和高质量的网络服务，使无线局域网达到以太网的性能水平，802.11n 标准应运而生。802.11n 标准主要通过物理层和 MAC 层的优化来充分提高无线接入技术的吞吐量；在传输速率方面，则得益于将 MIMO 与 OFDM 相结合。802.11n 标准在提高了无线传输质量的同时也大大提高了传输速率。802.11n 标准支持在标准 20MHz 带宽上最高 72.2Mb/s 的速率，在使用 4MIMO 时的速率提高到 300Mb/s；同时使用 40MHz 双倍带宽和 4MIMO 时，速率峰值可以高达 600Mb/s。在覆盖范围方面，为了保证用户接收到稳定的信号并且减少对其他信号的干扰，802.11n 标准采用了由多组独立天线组成的天线阵列、可以动态调整的波束和波束形成算法构成的智能天线技术。因此其覆盖范围可以扩大到几平方千米，使 WLAN 的移动性极大地提高。在兼容性方面，802.11n 标准采用了一种不同的系统基站和终端，通过一个完全可编程的硬件平台使软件实现互通和兼容。这极大地改善了无线局域网的兼容性，也意味着无线局域网将不但能实现 802.11n 标准的前后兼容，而且可以实现 WLAN 与无线广域网络的融合。

802.11a/b/g/n 标准是目前 IEEE 802.11 系列标准的核心。IEEE 制定的新一代无线局域网标准 802.11ac 和 802.11ad，MAC 吞吐量至少为 1Gb/s。这两项标准是继 IEEE 在 2009 年发布的 802.11n 标准之后针对吞吐量提升而进行新的研究项目。802.11ac 标准的核心技术是基于 5GHz 频段，将原本 20MHz 和 40MHz 工作频率扩展到 80MHz 甚至 160MHz，并结合 MIMO 技术，支持 1Gb/s 吞吐量的传输，同时通过协议设计实现向后兼容的目标。根据 802.11ac 标准的实现目标，未来 802.11ac 标准将帮助企业或家庭实现无缝漫游，并且在漫游过程中支持无线产品相应的安全、管理及诊断等应用。802.11ad 标准则选择了高频载波的 60GHz 频谱和 MIMO 技术来实现高速无线传输，传输能力也将达到 1Gb/s。但是由于 60MHz 载波的穿透能力较差，在空气中信号衰减也比较严重，这就严重限制了其传输距离与信号覆盖范围，有效连接只能局限于一个不大的范围内。

在我国的大部分城市中，许多咖啡馆、快餐店、图书馆和办公楼等公共场所都已经被 Wi-Fi 信号覆盖。在这些区域携带支持 Wi-Fi 的终端即可接入互联网。随着无线城市概念的提出，许多国家和地区都提出了 Wi-Fi 网络覆盖计划。现在不少高校也实现了校园的 Wi-Fi 覆盖。随着城市建设的发展，今后 Wi-Fi 服务可能成为一种普遍的公共服务，成为城市基础设施建设的一部分。轻松便捷地发送电子邮件和传输流媒体视频数据已经可以实现。

Wi-Fi 是由 AP（Access Point）和无线网卡组成的无线网络。AP 一般称为网络桥接器或接入点，它是传统的有线局域网与无线局域网之间的桥梁，因此任何一台装有无线网卡的 PC 均可通过 AP 分享有线局域网甚至广域网的资源。AP 相当于一个内置无线发射器的 Hub 或路由，而无线网卡则是负责接收 AP 所发射信号的 CLIENT 端设备。Wi-Fi 与有线网络相比有许多优点，具体如下。

（1）无须布线。Wi-Fi 最主要的优势在于不需要布线，可以不受布线条件的限制，因此非常适合移动办公用户的需要，具有广阔的市场前景。目前它已经从传统的医疗保健、库存控制和管理服务等特殊行业向更多行业拓展，甚至开始进入家庭及教育机构等领域。

（2）健康安全。IEEE 802.11 标准规定的发射功率不可超过 100mW，实际发射功率为 60～70mW，这是一个什么样的概念呢？手机的发射功率为 200mW～1W，手持式对讲机的发射功率高达 5W，而且无线网络使用方式并非像手机一样直接接触人体，应该是绝对安全的。

（3）组建方法简单。一般架设无线网络的基本配置就是无线网卡及一台 AP，如此便能以无线模式配合既有的有线架构来分享网络资源，架设费用和复杂程度远远低于传统的有线网络。如果是几台计算机的对等网，也可不用 AP，只需要为每台计算机配备无线网卡。特别在宽带的使用上，Wi-Fi 更显优势，有线宽带网络如 ADSL、小区局域网（LAN）等到户后，连接到一个 AP，然后在计算机中安装一块无线网卡即可使用网络。普通的家庭有一个 AP 已经足够，甚至用户的邻里得到授权后，无须增加端口，也能以共享的方式上网。

（4）长距离工作。虽然 Wi-Fi 的工作距离不长，但是在网络建设完备的情况下，IEEE 802.11b 标准的真实工作距离可以达到 100 m 以上，而且其解决了高速移动时的数据纠错问题、误码问题，Wi-Fi 设备与设备、设备与基站之间的切换和安全认证都得到了很好的实现。

1.2.4　UWB 技术

超宽带（Ultra Wide Band，UWB）技术是另一个新发展起来的无线通信技术。UWB 技术通过基带脉冲作用于天线的方式发送数据。窄脉冲（小于 1ns）产生极大带宽的信号。脉冲采用脉位调制（Pulse Position Modulation，PPM）或二进制相移键控（BPSK）调制。UWB 被允许在 3.1～10.6GHz 的频段内工作，主要应用在小范围、高分辨率、能够穿透墙壁、地面和身体的雷达和图像系统中。除此之外，这种新技术适用于对数据传输速率要求非常高（大于 100Mb/s）的 LAN 或 PAN。

UWB 技术的标准化过程主要在国际标准化组织 IEEE 802.15 工作组内完成，IEEE 802.15 标准致力于无线个域网（WPAN）的标准化。WPAN 系统主要用于个人设备之间的互联，它的覆盖范围一般在 10m 以内，而且应该具有廉价、低能耗的特点。其中，IEEE 802.15.3a 标准采用 UWB 技术实现 55Mb/s 以上的高速率传输。IEEE 802.15.4a 标准旨在提供高精度测距（Ranging）和定位（Location）服务（精度为 1m 以内），以及实现更长的作用距离和超低的耗电量，在这个标准中，脉冲无线电 UWB 技术也是备选方案之一。

WPAN 的标准化工作又通过 TG3a 与 TG4a 分组进行，分别发展 UWB 高速与低速标准。其中 TG3a 成立于 2001 年，目标是研究高速率、低成本、低功耗的 WPAN 物理层技术。TG3a 共收到 23 个提案，并在 2003 年将这些提案融合成了两大方案，即基于传统脉冲无线电方式的 DS-CDMA 方案及基于频段分割的多频段 OFDM（MB-OFDM）方案。其中，MB-OFDM 方案建立了多带 OFDM 联盟（MBOA），以 Intel、TI 等公司为首，拥有较多的支持者，而以 Motorola 为首的一些公司所支持的 DS-CDMA 方案则在技术上更先进、更成熟。两大阵营针锋相对，互不相让，经过三年的僵持，TG3a 在 2006 年 1 月宣布解散，宣告 UWB 高速应用国际标准化过程暂告一段落，等待后续技术突破或市场发展推动。

我国在 2001 年 9 月初发布的"十五"国家 863 计划通信技术主题研究项目中，首次将"超宽带无线通信关键技术及其共存与兼容技术"作为无线通信共性技术与创新技术的研究内容，鼓励国内学者加强这方面的研究工作。至于产品方面，由于 UWB 标准迟迟未定，同时我国政府还未对 UWB 的频谱做出规划，因此国内厂商还都处于观望阶段。即技术上保持跟踪，生产上则尚未启动，仅有海尔等少数厂商与国外公司合作，开发了一些样品。

在 2005 年全国 UWB 通信技术学术会议上，来自 Intel、Freescale 等多家企业的代表一致认为，目前厂商对 UWB 技术投入太少，不敢注入资金。但是，各企业也表达了对 UWB 技术前景的信心和投入的决心。会上 Freescale 公司表示，愿免费开放 IP，与中国企业共享技术，共同努力推进 UWB 技术迈向市场。而学术界则呼吁：厂家应该积极加入标准制定的商讨过程，用技术创新来促进规则更新；政府应该尽快做出频谱规划，并尽可能对研发提供资金援助。

在低速 UWB 技术的研究中，我国 IEEE 802.15.4a 标准征集提案过程已结束，我国仍可根据具有自主知识产权的技术制定国家标准，这也使我国制定不同于国际标准的国家标准成为可能。

1.2.5　60GHz 无线通信技术

随着通信业尤其是个人移动通信的高速发展，无线电频谱的低端频率已趋于饱和。毫米波由于其波长短、频段带宽宽，可以有效地解决高速宽带无线接入面临的许多问题，因而在短距离通信中有着广泛的应用。毫米波是指频率在 30～300GHz 范围内的电磁波，其波长为 1～10mm，故称毫米波。毫米波最突出的优点是带宽宽，其 1%的相对带宽就可以提供数百兆乃至上千兆的可用带宽，这无疑为发展多种信息业务提供了广阔的天地。它位于微波与远红外波相交叠的波长范围内，因而兼有两种波谱的特点。

与其他无线短距离通信相比，60GHz 无线通信技术的主要特征为：

（1）极大的带宽为 Gb/s 量级的通信速率提供了条件，如美国分配了 57～64GHz 的频段。

（2）允许较大的等效全向辐射功率（Effective Isotropic Radiated Power，EIRP），约为 IEEE 802.11n 标准规定的 10 倍及超宽带（Ultra Wide Band，UWB）标准规定的 30 000 倍。

学术界、工业界和标准化组织已经投入大量精力研究 60GHz 无线通信技术及标准。在 60GHz 无线通信技术标准化过程中，先后出现了如下三种标准。

（1）IEEE 802.15.3c 标准。

2003 年 7 月 21～25 日，IEEE 802.15 毫米波兴趣小组（Millimeter Wave Interest Group，mmWIG）在旧金山成立。mmWIG 迄今总共进行了 4 次会议。2004 年 3 月，毫米波兴趣小组在佛罗里达州奥兰多市的会议成立了 IEEE 802.15 SG3c 研究组（Study Group 3c）。SG3c 研究组总共进行了 6 次会议，平均每次 60 位参与者参加，收到来自 42 个公司和组织的 47 份技术提案。提案涉及以下议题：管理机构、毫米波的天线、毫米波的传输特性、半导体设备和电路、调制和信道编码等。

2004 年 6 月，IEEE 802.15 SG3c 研究组成立了应用需求小组 CFA（a Call for Application），CFA 为 60GHz 的 WPAN 提供关于应用的提案。IEEE 802 标准要求 60GHz 无线通信技术满足 5 个标准：满足宽带市场的需求、与其他无线标准兼容、60GHz 无线通信技术的独特性、60GHz 无线通信技术的可行性、市场推广的可行性。

2005 年 3 月，SG3c 研究组在佐治亚州亚特兰大提升为 IEEE 802.15 TG3c 工作组（Task Group 3c），成立 TG3c 工作组的目的是提出可被认可的 60GHz 无线通信标准，至此 IEEE 802.15 TG3c 工作组成为制定 60GHz 无线通信标准的专业组织。

IEEE 802.15.3c 标准于 2009 年 10 月正式被提出。IEEE 802.15.3c 标准的物理层提供了最小 2Gb/s、甚至超过 3Gb/s 的数据传输速率。IEEE 802.15.3c 标准基于 IEEE 802.15.3 标准的 WPAN 提出基于 60GHz 无线通信技术的物理层和 MAC 层。IEEE 802.15.3c 标准定义了三种物理层规范：SC（Single Carrier）物理层、HSI OFDM（High Speed Interface Orthogonal Frequency Division Multiplexing）物理层和 AV OFDM（Audio Video Orthogonal Frequency Division Multiplexing）物理层。SC 物理层应用于低成本、低功率移动设备中，HSI OFDM 物理层应用于小延迟、高速的双向数据传输设备中，AV OFDM 物理层应用于音视频应用设备中。IEEE 802.15.3c 标准三个物理层的主要特征如表 1.3 所示。MAC 层特点是：基于 IEEE 802.15.3 标准的 WPAN 集中式的 MAC 层协议；利用和数据在同一信道的发现信令建立网络；ECMA-387 标准有专门的 HDMI 协议适应子层（PAL），IEEE 802.15.3c 标准却没有专门的协议适应子层。

表 1.3　IEEE 802.15.3c 标准三个物理层的主要特征

物理层方案	调制方式	传输速率	编码方式	占用宽带
SC	BPSK QPSK 8PSK 16QAM （G）MSK	25.3Mb/s～5.1Gb/s	RS 码，LDPC 码	1.782GHz
HSI OFDM	QPSK 16QAM 64QAM	31.5Mb/s～5.67Gb/s	LDPC 码	1.782GHz
AV OFDM	QPSK 16QAM	0.95～3.8Gb/s	RS 码，卷积码	1.76GHz （HRP） 92MHz （LRP）

（2）IEEE 802.11 ad 标准。

IEEE 802.11ad 标准作为已存在的 IEEE 802.11—2007 标准的修正方案于 2009 年 1 月被提出，它于 2010 年 6 月对外发布。IEEE 802.11ad 标准定义了一种可以在 2.4/5GHz 和 60GHz 之间快速转换的机制，而且可以与其他在 60GHz 频段的系统（包括 IEEE 802.15.3c 标准和 ECMA387 标准）共存。

IEEE 802.11ad 标准和 IEEE 802.15.3c 标准有显著区别，IEEE 802.11ad 标准主要用于 WLAN，并且充分具有端到端的服务质量保证（Quality of Service，QoS）。当物理层传输不顺利时，能从 60GHz 无线通信频段切换为 5GHz 或 2.4GHz 频段，也正因为如此，IEEE 802.11ad 技术还需要实现与 IEEE 802.11a/b/g/n 标准的兼容。目前 IEEE 802.11ad 标准已经得到很多通信行业大公司（如 Intel、IBM 等）的支持，又因为该标准在主要指标上相对于其他几种标准有比较明显的优势，因此，该标准已经领先于其他几种技术标准，是目前业界最受关注的标准。

在这三种标准中，IEEE 802.11ad 标准作为目前主流的 60GHz 无线通信标准，有望在将来融合无线局域网 WLAN 和无线个域网 WPAN，因而受到学术界与产业界广泛关注，并且获得了诸多大公司（如 Intel、IBM 等）的支持，毫米波芯片的快速发展也为 60GHz

产品大规模商用奠定了基础。

（3）ECMA-387 标准。

ECMA（European Computer Manufactures Association）为 60GHz 无线短距离通信技术规划了 ECMA-387 标准，于 2008 年 12 月通过。ECMA-387 标准按照复杂性和能量功耗规定了三种类型的设备（Type A、Type B、Type C）。A 类型的设备最复杂、功耗最大，使用了波束成形技术，在视线之外也可以传输数据。B 类型的设备复杂度和能量功耗介于 A 与 C 两种设备之间，没有使用波束成形技术，只能在视线之内传输数据。C 类型的设备复杂度最低、功耗最小，只能在非常短的距离内传输数据（小于 1m）。ECMA-387 标准同时规定了三种类型设备的物理层，定义了 4 个带宽为 2.16GHz 的信道，单载波速率高达 5.28Gb/s，可选择物理层规范有 SC、HSI-OFDM 与 AV-OFDM。如表 1.4 所示，OOK（二进制幅移键控）是所有类型设备必须支持的调制方式，A 类型设备必须支持的调制方式有 SCBT（单载波波块传输）、DBPSK（差分二进制相移键控）、OOK；B 种类型设备必须支持的调制方式有 DBPSK、OOK；C 种类型设备必须支持的调制方式有 OOK。ECMA-387 标准的 MAC 层基于 ECMA-386 标准的 MAC 层（UWB 标准的 MAC 层），支持 60GHz 定向通信，采用的是分布式 MAC，在专门的信道中利用发现信令建立网络，具有高清多媒体接口适应子层。

表 1.4　ECMA-387 三种类型设备的比较

设 备 类 型	必须支持的调制方式	数据传输速率	编 码 方 式
A 类型	SCBT、DBPSK、OOK	25.3Mb/s～5.1Gb/s	RS 码、卷积码
B 类型	DBPSK、OOK	31.5Mb/s～5.67Gb/s	RS 码
C 类型	OOK	0.95～3.8Gb/s	RS 码

在 60GHz 无线通信标准组织中，最值得关注的是 IEEE 的 TG3c 工作组，其提出的 802.15.3c 标准是最有潜力的 60GHz 无线短距离通信标准。

60GHz 无线通信国际先进标准化组织相关标准情况如表 1.5 所示。

表 1.5　60GHz 无线通信国际先进标准化组织相关标准情况

标 准 号	标准化组织	应 用 范 围	主导的企业	物 理 层	媒体接入控制层（MAC 层）
ECMA-387（等同于 ISO/IEC 13156—2009）	欧洲计算机产业协会（ECMA）、ISO/IEC	无线个域网（10m 以内）分类设备： A 类：提供 10 m 范围内（视距/非视距环境）视频流和其他 WPAN。 B 类：提供 1～3m 范围内点对点数据应用。 C 类：只支持 1m 视距范围内点对点数据通信	—	物理层分为 3 类设备，可相互通信。 A 类支持单载波和 OFDM 两种模式； B 类支持多种调制方式； C 类 OOK 为必选； 物理层速率最高达 6.35Gb/s	基于 ECMA-368（超宽带 ISO/IEC 26907）中的 MAC 机制。 使用独立的信道用于发现信标建立网络。 支持无线 HDMI

续表

标　准　号	标准化组织	应用范围	主导的企业	物　理　层	媒体接入控制层（MAC 层）
IEEE 802.15.3C — 2009	IEEE	无线个域网（10m 以内）	松下、NEC、Sony	支持单载波、高速率接口模式和音视频 3 种模式。支持多种调制方式 π/2 BPSK 为必选；物理层速率最高达 5.7Gb/s	基于 IEEE 802.15.3 中的 MAC 机制，使用相同的信道作为发现信标建立网络。无协议适配层
IEEE 802.11ad（2012 年制定完毕）	IEEE	家庭影音视频无线传输、办公环境（几十米至一百米），兼容 IEEE 802.11 系列其他标准	Intel、Dell、LG	支持单载波（SC）、正交频分复用（OFDM）和低功耗单载波模式。与 IEEE 802.11 系列标准的 PHY 层相互兼容，具有统一的前导符、编码等；物理层速率 1Gb/s	保留 IEEE 802.11 的基本 MAC 结构，并提出一种新的架构。支持多信道
—	Wireless HD 联盟（负责推广 IEEE 802.15.3c 标准）	无压缩高清视频传输、多声道音频、智能格式与控制数据及视频内容保护	松下、东芝、NEC、Sony、LG、三星	定义了两种物理层，高速率物理层（HRP）和低速率物理层（LRP）。HRP 可以实现 4Gb/s 的音视频数据传输，支持波速成形和波束控制技术；LRP 有 2.5～10Mb/s 的全向数据；物理层速率最高达 4Gb/s	—
—	WiGig 联盟（负责推广 IEEE 802.11.ad 标准）	消费电子、计算机、半导体及手持设备	Intel、Dell、LG、NEC、MediaTek、Nokia	支持 OFDM 模式、单载波模式。物理层速率最高达 7Gb/s	—

　　通观 60GHz 无线通信的三个标准，物理层主要规定了信号收发、天线控制和调制方式等。MAC（Media Access Control）层主要规定了器件搜索、物理信道选择、工作状态控制、波束控制等。60GHz 无线通信标准的应用层功能是服务选择、内容编解码、视频/音频模式选择等。不同 60GHz 无线通信标准所利用的频段都在 60GHz 附近，但物理层技术和 MAC 层技术各不相同。综合分析各标准的物理层技术，存在的问题有：现行的各标准物理层调制方式过多，如存在 OOK、DPSK、4ASK、QPSK、SC、OFDM 等，这不利于实现；IEEE 802.15.3c 标准信标与数据共用一个信道，时延较大；IEEE 802.11ad 标准的 MAC 层协议不完全利于实现低功耗；ECMA-387 采用专门信道传输信标及控制信令，影响网络整体性能。

另外，从国际标准制定情况来看，60GHz 无线通信技术主要利用国际上普遍开放的 60GHz 免执照频段，各国 60GHz 设备的频率使用基本处于 57～66GHz 频段之间，最多有 7GHz 带宽频段，最少只有 3.5GHz 带宽频段。根据我国《关于 60GHz 频段微功率（短距离）无线电技术应用有关问题的通知》中的相关规定，59～64GHz 可用于微功率无线传输，且须遵照《微功率（短距离）无线电设备的技术要求》的规定。由此可以看出，我国颁布的《关于 60GHz 频段微功率（短距离）无线电技术应用有关问题的通知》中，59～64GHz 峰值等效全向辐射功率限值为 47dBm，平均等效全向辐射功率限值为 44dBm。随着所有主要的 WLAN 芯片厂商对该技术表现出极大的兴趣，毫米波通信技术有可能成为 IEEE 802.11n 标准的后续技术标准。

全国信息技术标准化技术委员会下设的无线个域网标准工作组于 2008 年年底开始研究制定 60GHz 无线通信国家标准的可行性，并于 2009 年 6 月成立了 60GHz 无线通信标准研究组，开展为期半年的标准化预研工作，并于 2010 年 3 月正式成立 60GHz 无线通信标准项目组。该项目组内聚集了国内在 60GHz 毫米波无线通信技术的大部分优势力量，共同制定我国的毫米波技术标准，主要包括清华大学、东南大学、中科院微系统所、中科院微电子所、复旦大学、北京邮电大学、深圳大学、华为海思、新加坡资讯通信研究院、广州润新信息技术有限公司、三星电子、NEC、英特尔等。

项目组通过前期对国际标准的分析得出，由于 60GHz 频谱的快衰落特性及极强的方向性传输，还存在很多技术难点，如波束控制、空间复用、定位等，因此可以按照我国频率管理规定，提出优化的信道划分、调制方式、载波方式，建立完善的媒体访问控制机制，包括功耗、信噪比、信道、干扰、功率管理、天线等技术内容，最终形成具有自主知识产权的标准。

1.3　电波传播模型

电波传播是所有无线电收发系统（包括自然发射源的被动检测系统）之间信息传输的基础，是电子系统的重要组成部分。电波在各种物理特性和时空结构的环境介质中传播，它对信息传输可能有两方面的效应：一方面是达成信号传播，如高频（HF）电离层反射、低频（LF）地面绕射及甚低频（VLF）与极低频（ELF）地球-电离层波导模引导，提供信号远距离传播机制；另一方面则是对信号传播产生限制作用，包括衰减与扰动等传播效应，导致信号可通率下降及各种信号失真，甚至传输中断，如无线电导航与雷达定位存在误差、卫星信号闪烁及电离层扰动期间的短波通信中断等现象。电波传播模型及特性变化的复杂性，本质上来源于环境介质特性的时空变化。除少数人为控制外，传播介质属于客观存在的自然环境。由于大量因素的影响，日地空间环境具有非常复杂的时空随机变化特性，为确定系统工程应用的环境参数，需要有较长时期的大量观测数据的积累、处理、分析等诸多方面的研究。此外，自然噪声与人为干扰也严重影响着信号的接收。

电波传播研究的目的是充分研究空间介质信道的"达成"和"限制"两种效应，用其所长而避其所短，并对系统中的传播影响进行预测修正，使系统工作性能与空间信道特性达到良好匹配。其主要问题是：

（1）在各种电子系统任务目标与技术体制要求下，探讨不同频段电波的传播机制及论证最佳的传播方式，为发展新系统体制提供传播机制的定量分析依据。

（2）在已定系统体制方案和指标要求下，对有关传播信道的时域、空域、频域、极化域、调制域及码域特性测试、计算和分析，为系统技术参数的设计提供传播信道数据。

（3）基于传播介质环境参数的统计预测及有关实测诊断，对信号在时域、空域及频域的传播效应进行预测，并对异常传播和扰动效应做出预报或警报，为系统在运行中调整（或自适应地改变）其可变参数或在数据处理中进行相应的传播误差修正，提供传播环境服务，从而保证实现或提高系统的潜在性能。

电波传播模型研究是电子系统工程的重要基础之一，需要使用者、研制者及环境科学研究者三方密切合作，在合理提出使用要求、适当确定系统设计指标和充分利用环境特性三个方面达到良好的平衡。必须着重指出的是，随着电子系统技术水平的不断提高，在许多情况下空间传播特性已经成为提高系统功能与精度的主要限定因素；同时，许多系统的运行需要有本地区甚至是实时传播环境参数的支持，尤其是新体制的确定，往往需要有传播机制和特性参数作为依据。这样的传播数据，如果不在系统预研开始前就着手研究积累，到系统开始论证设计时一般是来不及提供的。因此，电波传播研究人员必须以系统应用问题为工作的中心，同时系统总体应该将传播信道作为整个系统的主要组成部分；而系统的用户一般不应只看到硬件设备的运转，而应该熟悉系统性能与电波传播环境的关系，掌握修正电波传播效应和利用环境条件的方法。

1.3.1 电波传播的环境

地球表面及其大气层是影响无线电波传播的两个主要因素。地球大气分层结构包括：对流层、平流层、电离层等。对流层是地球上各种天气现象的发源地。平流层顶的臭氧层，可吸收大部分有害的太阳辐射。无线电短波之所以能传输到很远的地方，就是因为电离层能将它反射回地面。

下面我们将介绍对无线电波传播产生影响的对流层、平流层及电离层的特性。

1. 对流层

对流层处于大气层的最底层，平均高度为13km左右。对流层从地球表面开始向高空伸展，直至对流层顶，即平流层的起点为止。它的高度因纬度不同而不同，在低纬度地区高17~18km，在中纬度的地区高10~12km，在高纬度地区高度只有8~9km。在高纬度地区，因为地表的摩擦力会影响气流，形成一个平均厚度为2km的行星边界层。行星边界层的形成因地形的不同而不同，而且亦会因为逆流层的分隔而与对流层的其他部分分开。

对流层是地球大气层最靠近地面的一层，它同时是地球大气层中密度最高的一层，蕴含了整个大气层约 75%的质量。对流层中含有丰富的水分，它们以旋转气团及各种云层、雨、雾、雪、雹等形式出现在距地面数公里高的高度范围内，形成湍流区。

在对流层中高度每升高 1km，温度约下降 6.5℃，到对流层顶温度大约已降到-56℃。由于水汽和二氧化碳对太阳光的强烈吸收及地球的红外辐射，会使对流层中局部范围内的温度随高度的增加而上升，出现温度逆增现象。例如，在沙漠地区，白天被太阳加热的地面，在夜里很快向外辐射大量热量以致贴近地面的空气层温度迅速降低，而较高高度的空气层温度却相对稳定，产生温度的逆增现象。这种温度逆增称为地面辐射温度逆增。温度逆增现象是形成大气波导的重要原因。

对流层对电波传播的影响主要取决于对流层本身的电气特性，它可用折射指数来描述。折射指数和气象三要素（温度、湿度和压强）有着密切关系。由于对流层中的大气温度、湿度和压强会随着时间和空间发生十分复杂的变化，因此就导致了对流层中存在着各种各样的传播方式或效应，如传播路径弯曲的大气折射、多径时延、大气波导、多径效应、去极化现象、大气吸收、信号衰落及水汽凝结体和其他大气微粒的吸收与散射等。

2．平流层

平流层又称同温层，是从对流层开始到 60km 高度的大气层，是地球大气层里上热下冷的一层。在平流层中各分层排列有序并不混合，高温层位于顶部，低温层位于底部，气温随高度上升而上升，是因为顶部吸收了来自太阳的紫外辐射而被加热；这与位于其下贴近地表的对流层刚好相反，对流层是上冷下热的。平流层的顶部气温在 270K 左右，与地面气温差不多。

平流层主要由氮气、氧气、少量的水汽、臭氧（在 22～27km 处形成臭氧层）、尘埃、放射性微粒、硫酸盐质点等物质组成。

在中纬度地区，同温层位于离地表 10～50km 的高度上；而在极地地区，同温层则始于地表 8km 左右处。在 20～50km 高度范围内，温度逐渐升高，到达 50km 高度时温度达到 0℃左右的最大值。除臭氧外，这一区域中的大气化学成分基本恒定不变。臭氧能吸收太阳的紫外辐射，然后向平流层释放热量，使大气层保持热平衡；同温层保存了大气中 90%的臭氧，位于这一高度的臭氧能够有效地吸收对人类健康有害的紫外线（UV-B 段），从而保护地球上的生命。

3．电离层

电离层的形成是太阳辐射与地球上层大气原子和分子相互作用而使大气电离的结果，在中低纬度电离能量主要是太阳短波长的电磁辐射，即紫外线和 X 射线；在极区起重要作用的还有太阳能粒子（质子和电子）。

电离层的特性，除受电离源变化的影响外，还受地球磁场的影响，因此电离层是一个具有复杂结构特性与变化过程的空间层区域。电离层是具有电中性、少量成分、各向异性、有耗、色散、有源、非均匀特性的时变介质。电离层可分为 D 层、E 层、F1 层和 F2 层等。

电离层分层特性如表 1.6 所示。

表 1.6　电离层分层特性

特　　性	电　离　层				
	C	D	E	F	
				F1	F2
高度/km	50～70	70～90	90～130	130～210	>130
电子浓度/el·m^{-3}	<10^8	<10^9	3×10^8～10^{11}	—	5×10^{10}～10^{12}
主要电离源	宇宙射线	X 射线			EUV（14～80mm）
昼夜变化	仅存在于白天		电子浓度中午最大，有明显太阳天顶角变化特性；夜间很弱	仅存在于白天	电子浓度中午最大
季节变化	冬季较经常出现	夏季最强		夏季较明显	冬季中午电子浓度高出夏季 20%
太阳活动周期变化	出现率与太阳活动反相	与太阳活动同相		太阳活动低年较明显	太阳活动周期间，电子浓度变化可达 10 倍
纬度变化	中纬度地区经常出现	磁暴恢复期，亚极光带和中纬度地区电子浓度增加	极光带夜间电离源为磁层粒子	—	磁赤道两侧 20°～30°内电子分布呈驼峰状
非规则变化		冬季异常	突发 E 层，在赤道、中纬和高纬地区特性明显不同	—	扩展 F 层

1.3.2　电波传播特性及其应用

从电磁频谱自身特性来看，频率越低，穿透性也就越好，传输距离就越远；但本身的发射、接收成本也越高，并且数据传输速率很低。因此低端优质频谱资源就显得极为宝贵，但是实际上新研电子装备的选频也要综合考虑各种因素。并且各频段的传播特性是选频的基础。下面介绍各个频段的传播特性及其应用业务。

（1）VLF（3kHz<f<30kHz）：频率低于 30kHz，传播损耗近似自由空间传播损耗。在 VLF 频段内，电波可以在全球范围内的电离层与地球表面之间的波导中传播。

（2）LF（30kHz<f<300kHz）：在这个频段内，主要有两种不同类型的传播模式，即经常用来计算有用信号限值的地波模式和经常用来传播无用信号的电离层（天波）模式。天波信号幅度具有明显的昼夜变化，这是由于电离层吸收变化的缘故。这一传播模式有以下区域特点：在该区域，天波不会抵达（即跳过）地面，每一个与地面的截断距离正好是跳过距离。

（3）MF（300kHz＜f＜3MHz）：在此频段内，传播模式也是地波和天波。

（4）HF（3MHz＜f＜30MHz）：在此频段内，信号的传播一般通过电离层反射，因而表现出很大的变化。电离层传播特性主要指的是传播过程中的多径失真、信号干扰情况。由于长距离传播和频谱资源拥挤，所以必须使用相当复杂的传播预测模式。

（5）VHF 和 UHF（30MHz＜f＜3GHz）：在这些频段内，除低端外，不会通过有规则的电离层进行传播，气候对超折射和传导有气候效应，这可能是大气折射指数中正常梯度的转换所引起的。自由空间传播的另一重要因素为地球曲率、地形和建筑物等引起的对流层散射和绕射，其取决于特定的传播环境。下述内容可以用来估算传播损耗。

① 自由空间传播。在某些环境中，只假定有用信号在自由空间的传播就足够了。

② 平坦地面绕射。对有用信号预测，当大于视距范围时，需要考虑地球的曲率。

③ 粗糙地面传播。可由地形数据库得到的地形剖面进行传播的详细计算。

此外，还有必要考虑有可能造成干扰的其他传播机理。这些机理包括：

① 电离层传播。在某些季节和一天中的某些时刻，电离层传播模型如通过偶尔发生的 E 层，可以允许在最高约 70MHz 频率上进行长距离传播。

② 超折射和传导。

（6）SHF 和更高频率（f＞3GHz）：前面所述的传播因素（天波除外）均适用于更高的频率。然而，必须考虑衰减、散射和由降雨及其他大气微粒产生的交叉极化。对于 1GHz以上的频段，必须考虑大气层气体引起的衰减。发生在传播路径上的降雨会产生多种问题。频率大于 10GHz 时，雨滴引起的衰减可能造成信号质量的严重下降。估计衰减概率分布的方法，通常以时间概率超过 0.01%的雨强密度值 $R_{0.01}$（mm/h）为基础。这个值应以雨量计所做的长期降雨观测为基础，采用大约 1min 的降雨时间来进行辨别。在清洁的空气条件下，地面传播可能遇到绕射、大气和表面多径、波束扩散、天线散焦造成的衰减，也可能遇到大气层气体造成的衰减，以及在某些区域内沙尘暴造成的衰减。

（7）地空传播：在地-空路径上，最应关注的传播现象是信号衰减、闪烁衰落和信号的去极化，每一种现象的重要性均取决于路径几何尺寸、气候和电子系统的参数。当考虑无用信号时，必须要考虑水气引起的交叉极化、电离层的极化旋转和电离层的闪烁效应。当信道仰角变小时，路径损耗将超过自由空间值；当然，当障碍增加时，也可能出现中断现象。各频段的传播模式和应用如表 1.7 所示。

表 1.7　各频段的传播模式和应用

频　段	频率范围	传播模式	主要应用
VLF	3～30kHz	波导传播	远程无线电导航和战略通信
LF	30～300kHz	地波、天波传播	远程无线电导航和战略通信
MF	300kHz～3MHz	地波、天波传播	中程点对点、广播和海事移动通信
HF	3～30MHz	地波、天波传播	点对点、全球广播和移动通信
VHF	30～300MHz	空间波、绕射、对流层散射传播	短程和中程点对点、移动、LAN、音频和视频广播、个人通信

频　段	频率范围	传播模式	主　要　应　用
UHF	300MHz～3GHz	空间波、绕射、对流层散射、视距传播	短程、中程和远程点对点、移动、LAN、音频和视频广播、个人通信、卫星通信
SHF	3～30GHz	视距传播	中程和远程点对点、移动、LAN、音频和视频广播、个人通信、卫星通信
EHF	30～300GHz	视距传播	短程点对点、微波峰窝、LAN、个人通信、卫星通信

1.3.3　电波传播模型的分类

电波传播模型是指无线电波在空间传播过程中物理特征的形成模式，这里特指远场区域中的电波传播模型。利用这些模型，我们能够更好地理解电波在空间的传播特征，并定量计算其传播参数和预测场强值。

这里只提供了适用于不同频段的电波传播模型，如表1.8所示。

表 1.8　电波传播模型

传　播　模　型					主要适用频段
自由空间传播模型					—
波导模传播模型					3～30kHz
地波传播模型					3kHz～30MHz
低于150kHz 天波传播模型					<150kHz
150～1700kHz 天波传播模型					150～1700kHz
1600kHz～30MHz 天波传播模型					1600kHz～30MHz
地面固定或移动传播模型	确定模型	视距传播		视距传播模型	>30MHz
		空间波传播		空间波传播模型	30MHz～30GHz
		绕射传播	子路径绕射	子路径绕射传播模型	30MHz～30GHz
			光滑地面绕射	光滑地面绕射传播模型	30MHz～30GHz
			障碍绕射 刃形障碍绕射	刃形障碍绕射传播模型	30MHz～30GHz
			柱形障碍绕射	柱形障碍绕射传播模型	30MHz～30GHz
		对流层波导传播		对流层波导传播模型	500MHz～50GHz
		对流层散射传播		对流层散射传播模型	100MHz～10GHz
	经验/半经验模型			Egli 模型	40～400MHz
				GB/T 14617.1—1993 模型	30MHz～3GHz
				Okumura-Hata 模型	100MHz～3GHz
				ITU-R P.1546 模型	30MHz～3GHz
	航空移动和导航传播模型				125MHz～15.5GHz
	地空固定传播模型				1～55GHz

传 播 模 型	主要适用频段
地空陆地移动传播模型	0.85～20GHz
地空海事移动传播模型	0.8～20GHz
地空航空移动传播模型	1～2GHz

1.4　无线短距离传输信道

　　无线信号由发射端发出后,电波传播经过的所有路径统称为无线传输信道。无线传输信道作为无线电波传播的路径对无线通信的信号质量具有决定性的作用。由于信号传播中会遇到各种各样的环境,这些环境对信号的影响在信号恢复时必须加以考虑。无线传输信道具有随机性和时变性等非理想特性,发射端的信号会通过视距(Line of Sight,LOS)传播或非视距(Non Line of Sight,NLOS)传播,在经历大、小尺度衰落及多径传播影响,并产生损耗、时延等畸变后到达接收端。而无线收发端需要根据无线传输信道对信号质量影响的具体特性调整发射功率、收发速率、接收灵敏度等工作指标,将无线传输信道对信号的影响降至最低,使发送信息能得到正确的恢复。本节首先描述了无线传输信道干扰源及产生衰落的原因,然后针对无线短距离传输信道的特点,分别介绍大、小尺度传播特性和多径传播特性。

1.4.1　无线短距离传输信道的特点

　　无线传输信道的典型结构如图 1.1 所示。无线传输信道对信号传送的影响可以视为传送信号叠加噪声的结果。这里将接收端内部产生的热噪声等噪声源,以及外界电子设备所产生的干扰等视为加性噪声(Additive Noise)并归结到接收端内部。而信号在从发射端天线到达接收端天线的路径中受乘性噪声(Multiplicative Noise)的影响。乘性噪声的产生是由于无线电波在经过无线传输信道传播时,与传输环境相互作用,经反射(Reflection)、散射(Scattering)和衍射(Diffraction)等作用所引起的。

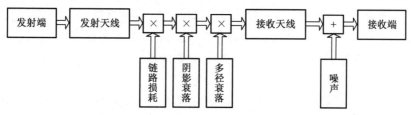

图 1.1　无线传输信道的典型结构

反射现象发生在电波遇到的障碍物尺寸远大于波长时，如无线短距离通信，室内墙壁、地面、天花板及家具等都可以产生反射。在反射的同时，部分能量会被折射。反射系数和折射系数取决于电波的极化方式和物体材料的电介特性。散射现象发生在电波遇到的障碍物尺寸远小于波长时。对于无线短距离应用，室内摆放的植物叶片、墙壁的装饰物及信道内粗糙的物体表面和不规则的小物体都可以产生散射。当传输信道被障碍物阻隔，即非视距（NLOS）传播时，如果电波可以到达障碍物的边缘，则电波会通过物体的边缘，绕过物体进行传送，形成衍射，衍射是产生阴影衰落的主要原因。

对于无线短距离应用，无线电波仍经由反射、折射和散射等传播机制到达接收端，但是由于传输距离的限制，无线短距离应用受到更多实际环境因素，如环境布局、物体陈设、天线位置、物体材料多样性等的影响。由于无线短距离应用的移动特性，无线传输信道还具有随机性和时变性。同时，由于无线短距离应用与人体关系密切，因而人体静态和动态存在对电磁波传播的影响更增加了无线短距离传输信道的复杂性。

1.4.2　大尺度传播特性

无线电波经由无线信道传播的特性包括大尺度衰落（Large Scale Fading）和小尺度衰落（Small Scale Fading）两大类。其中链路损耗（Path Loss，PL）和阴影衰落（Shadow Fading）描述的是在较长传播时间内的传播特性，相较于电波在较长传播距离的传播特性，属于大尺度传播特性。阴影衰落是由于收发器间障碍物阻挡导致信号随机起伏变化而形成的，并叠加在随距离增加的链路损耗之上。大尺度传播特性决定了无线传播的作用距离和覆盖范围等性能。

1.4.3　多径传播与小尺度传播特性

由于无线传输信道的特点，发射信号会经过不同的路径，以不同的幅度、相位和时延到达接收端，形成多径传播（Multipath Propagation）。多径传播会严重影响无线系统的传输特性，尤其是在无线短距离应用中，传输环境复杂，反射、衍射和散射等现象严重，限制了无线应用的传输距离和传输速率。对于小尺度传播特性，则研究信号由于多径环境而产生的相互干扰，这种干扰发生在波长量级上。多径传播的另一个特点是时延特性。在某时刻的信号，其多径分量经由不同的路径到达接收端，多径分量之间形成时延。描述多径现象的主要参数包括时延扩展（Time Delay Spread）、功率时延谱（Power Delay Profile，PDP）等。功率时延谱反映了接收信号随时延分布的情况。

无线短距离信道多径传输及时延如图 1.2 所示。

此时的接收信号可表示为一串时延为 τ_i 的离散脉冲，其中实线 τ_0 代表直射多径分量，虚线 τ_i（$i \neq 0$）表示其余多径分量相对于直射分量的时延。

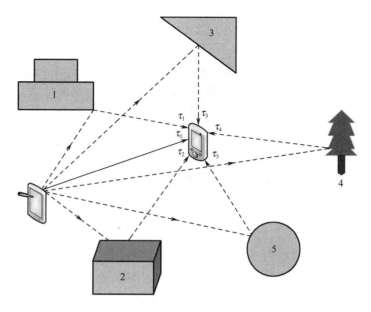

图 1.2 无线短距离信道多径传输及时延

1.4.4 无线传输信道建模方法

无线传输信道的建模方法总体上可以分为两类：统计模型（Statistical or Empirical Model）研究方法和确定性模型（Deterministic or Site-Specific Model）研究方法。

基于电波传播理论，无线传输信道特性参数理论上可以由麦克斯韦方程准确求解，但求解时需要对复杂环境的边界条件进行准确描述，同时在实际应用（如电源管理算法的应用）中，该方法需要的复杂而强大的运算能力是无线收发器中的微控制器芯片无法满足的。射线追踪（Ray Tracing，RT）技术提供了一种相对简单的研究无线传输信道的确定性方法。它基于几何光学（Geometrical Optical，GO）理论，认为能量由无限细小的传播管道传播，从而与周围的环境作用，形成反射、折射等传播现象。射线追踪技术与数值方法相结合可以带来更高的精度。统计模型研究方法是通过对传输信道的测试，对接收信号的统计特性进行分析，进而确定传输信道模型的方法。所以统计模型研究方法需要大量的测试数据，并对测试数据进行统计分析和归纳，来获得平均链路损耗、链路损耗指数、阴影衰落标准偏差等大尺度传播特性参数。对小尺度传播特性参数而言，可通过信道的时域脉冲响应比较准确地描述传输信道的时延扩展、时延功率谱等参数。例如，在不同的室内环境下，不同的频段范围内，对室内无线传输信道做大量测试，从而提取出相应的大、小尺度传播特性参数，用以描述室内无线传输信道。统计模型研究方法不需要环境的详细信息，适用于传播环境较复杂的室内无线短距离通信应用。所得到的统计传输信道模型对同一类环境具有适用性。

在两种建模方法中，射线追踪技术对环境的描述准确性较高，并易于仿真分析，但确定性建模研究方法需要传输信道下物体的具体信息，对某一确定环境下的信道准确描述需要花费较长的时间，适合环境简单且各种反射物体特性已知的无线传输信道研究。而统计模型研究方法不需要环境的详细信息，适用于传播环境较复杂的室内无线短距离通信。可以根据实验条件和被测信道特性，既可以在时域进行信道测试，也可以在频域进行信道测试。所得到的传输信道统计模型准确性较高，适合对特定环境的无线传输信道进行建模。在统计模型研究方法中，频域信道测试建模方法特别适合对无线短距离传输信道进行建模分析。

1.4.5 短距离室内环境无线传输信道模型

1. 多径信道模型

多径信道下，由于接收信号是传送信号经过一系列衰减、时延及相移后在接收端的信号分量的矢量和，因而描述多径信道特性的典型数学模型是离散多径时域模型。该离散多径时域模型由 Turin 等人最先用于室外无线信道的描述，随后被广泛用于描述室内无线信道。模型将无线信道描述为一个线性带通滤波器，其等效基带脉冲响应为

$$h(d,t,\tau) = \sum_{l=0}^{N(d,t)-1} \alpha_1(d,t) \cdot e^{j}\varphi_1(d,t) \cdot \delta(\tau - \tau_1(d,t)) \tag{1.1}$$

式中，l 表示第 l 条可解析的多径分量；$N(d,t)$ 表示在发送端和接收端间距为 d、观测时间为 t 时可解析的多径分量数目；$l=0$ 表示在接收端获得的第一个多径分量，$l\neq0$ 表示第 l 条路径相对于第一条到达路径的时延（令 $l=0$，其余表示每条路径实际时延与 $l=0$ 时的差值）。

多径信道也可以在频域用复转移函数来描述，即式（1.1）的傅里叶变换式

$$\begin{aligned} H(d,t,f) &= \int_{-\infty}^{+\infty} h(d,t,\tau)e^{-j2\pi ft} \\ &= \sum_{l=0}^{N(d,t)-1} \alpha_1(d,t) \cdot e^{j}\varphi_1(d,t)e^{-j2\pi ft} \end{aligned} \tag{1.2}$$

设发送信号 $x(t)$ 是载波频率为 f_c、带宽为 B 的实带通信号，可以表示为

$$\begin{aligned} x(t) &= a(t)\cos(2\pi f_c t + \theta(t)) \\ &= \mathrm{Re}\left\{a(t)e^{j\theta(t)}e^{j2\pi f_c t}\right\} \\ &= \mathrm{Re}\left\{s(t)e^{2\pi f_c t}\right\} \end{aligned} \tag{1.3}$$

式中，Re 表示取实部，用来描述发送信号的幅度及相位。$s(t)$ 称为发射信号 $x(t)$ 的等效基带信号（复包络信号）。在某一收发距离 d 和观测时间 t 下，$s(t)$ 经过多径信道后，接收信号复包络 $r(d,t,\tau)$ 表示为

$$r(d,t,\tau) = s(\tau) \cdot h(d,t,\tau) \int_{-\infty}^{+\infty} s(\eta)h(d,t,\tau-\eta)\mathrm{d}\eta$$

$$= \int_{-\infty}^{+\infty} \sum_{l=0}^{N(d,t)-1} \alpha_l(d,t) \cdot \mathrm{e}^{j\varphi_l(d,t)} \cdot \delta(\tau-\eta-\tau_l(d,t))s(\eta)\mathrm{d}\eta$$

$$= \sum_{l=0}^{N(d,t)-1} \alpha_l(d,t) \cdot \mathrm{e}^{j\varphi_l(d,t)} \int_{-\infty}^{+\infty} \cdot \delta(\tau-\eta-\tau_l(d,t))s(\eta)\mathrm{d}\eta \qquad (1.4)$$

$$= \sum_{l=0}^{N(d,t)-1} \alpha_l(d,t) \cdot \mathrm{e}^{j\varphi_l(d,t)} (\delta(\tau-\tau_l(d,t)s(\tau))$$

$$= \sum_{l=0}^{N(d,t)-1} \alpha_l(d,t) \cdot \mathrm{e}^{j\varphi_l(d,t)} s(\tau-\tau_l(d,t))$$

得到接收信号复包络 $r(d,t,\tau)$

$$y(d,t,\tau) = \mathrm{Re}\left\{r(d,t,\tau) \cdot \mathrm{e}^{j2\pi f_c t}\right\} \qquad (1.5)$$

如果信道是时不变的，则当观测位置固定时，即给定发送端和接收端间距 d 时，信道的基带脉冲响应可表示为

$$h(\tau) = \sum_{l=0}^{N-1} \alpha_l \mathrm{e}^{j\varphi_l} \cdot \delta(\tau-\tau_l) \qquad (1.6)$$

如图 1.3 所示，在时不变信道下，频域复转移函数表示为

$$H(f) = \sum_{l=0}^{N-1} \alpha_l \cdot \mathrm{e}^{j\varphi_l} \mathrm{e}^{-j2\pi f \tau_l} \qquad (1.7)$$

在实际测试时，虽然描述信道的参数会随时间变化，但当收发器处于固定位置时，观测环境处于稳定状态，室内环境中虽有人体移动但没有靠近收发器，并且移动速度相较信号传输速率非常缓慢，此时室内无线传输信道可视为准时不变信道，可近似采用式（1.6）或式（1.7）进行分析。

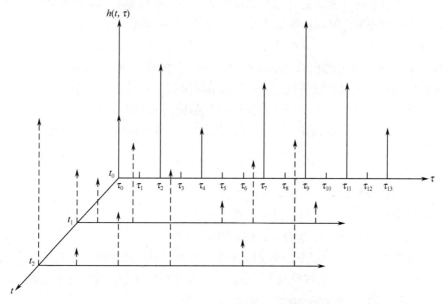

图 1.3　固定收发距离下的多径信道时域模型

2．窄带信道模型和宽带信道模型

当单个脉冲信号经过多径信道传输后到达接收端时，由于信道上各种反射物体的存在，接收信号形成脉冲串。脉冲串中的每个脉冲对应于直射分量和发生在各个时延的多径分量，即多径信道具有时延扩展的特性。在实际应用中，有各种描述时延扩展的参数，如平均时延扩展（Average Delay Spread）、时延窗（Delay Window）、超额时延扩展（Excess Delay Spread）等。但信道的时延扩展往往随着时间变化，成为一个随机变量。所以，通常利用从功率时延谱中求出的统计特性——均方根时延扩展来比较不同信道的时延特性。将信道的时延扩展量化后，根据信号的符号宽度与信道时延扩展间的大小关系，可以将信道模型区分为窄带信道模型和宽带信道模型。时不变多径信道时域表示如图 1.4 所示。

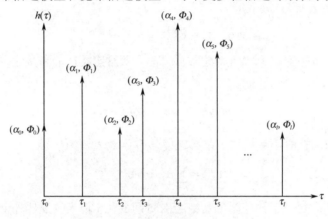

图 1.4　时不变多径信道时域表示

（1）窄带信道模型。

在窄带信道模型中，传输信号符号宽度远大于信道的时延扩展，导致各多径分量虽然到达接收端的时间不同，但对接收端来说不可分辨，所有多径分量在接收端矢量叠加后形成接收信号，如图 1.5 所示。随着多径分量沿着不同电波传输信道传播造成的相位变化，在接收端各个多径分量出现相长（Constructively）或相消（Destructively）的相互影响，使得接收信号的幅度随机快速变化。实际中通常用接收信号包络的概率密度函数分布来描述窄带信道下接收信号的小尺度变化。常用的分布模型为莱斯分布（Rice Distribution）和瑞利分布（Rayleigh Distribution）。此时可以利用式（1.6）得到窄带时不变信道模型

$$h(\tau) = \sum_{l=0}^{N-1} \alpha_l \cdot e^{j\varphi_l} \tag{1.8}$$

（2）宽带信道模型。

在宽带信道模型中，信道的时延扩展相对较大，以至于同一个发送信号的全部或部分多径分量在接收端可根据时延来进行分辨。即在发送端发射的一个信号，会在接收端收到数个不同时延的信号，并且此时的接收信号可表示为一串离散脉冲。如果发射端连续发送信号，由于前一个信息位持续时间延长，会使得其多径分量在后一个信息位的时隙内到达，从而产生符号间干扰（Inter Symbol Interference，ISI）。

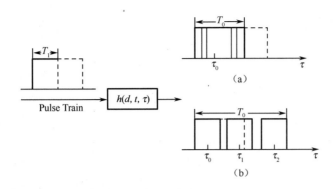

图 1.5　脉冲串通过多径信道示意图

第 2 章

Wi-Fi 技术及其应用

• • • • • • • •

2.1　引言

　　无线局域网（WLAN）是基于无线通信技术构造的局域网，放弃电缆设备，采用一种叫作接入访问点（Access Point，AP）的设备，将计算机与网络连接起来。AP 由一个无线接入端口和一个有线接入端口组成，作为一种桥接设备连接有线网络和无线网络，它的覆盖半径可以达到上百米，在这一范围内的移动节点可以通过它进行通信。分布式系统相当于 IEEE 802.11 的逻辑组件，用于将帧转发到目的地，也称为骨干网络。AP 覆盖的服务范围叫作一个基本服务集（Basic Service Set，BSS），为了使无线网络覆盖更大范围的区域，可以通过分布式系统将多个 BSS 联系在一起，构成一个扩展服务集（Expand Service Set，ESS）。这种结构模式不但实现了与传统局域网相同的功能，而且在移动性、灵活性、扩展性等方面超越了传统局域网。

　　1990 年，IEEE 802 LAN/WAN 标准委员会成立了 IEEE 802.11 标准化工作小组，主要负责通过无线连接的方式来实现局域互联的标准化研究。目前，IEEE 802.11 标准主要有两个版本：1997 年版和 1999 年的补充修订版。IEEE 802.11X 标准是现在无线局域网领域的主流标准，也是 Wi-Fi 的技术基础。Wi-Fi 即是无线保真（Wireless Fidelity）的英文缩写，它实现了个人计算机、PDA、手机等移动终端的无线互联通信。Wi-Fi 既是一种无线互联网技术，更是一种由 Wi-Fi 联盟所持有的一个无线网络通信技术的品牌，主要目的是改善 IEEE 802.11 无线设备之间的互通性。通常将使用 IEEE 802.11 系列协议的局域网称为 Wi-Fi。

　　1997 年，Wi-Fi 的第一个版本发表，此后两年间又经过了两次增补和修订，并于 1999 年成立了 Wi-Fi 联盟，负责 Wi-Fi 的认证与商标授权工作，只要拥有带有这个标志的产品就可以很方便地构建一个无线局域网。Wi-Fi 的架设也很简单。一般地，一个无线网卡及一台 AP 就可以方便地架设一个无线局域网络；同时还能方便地以无线模式与有线模式相结合的方式来分享网络资源。构建无线网络的费用和复杂程度都远远低于传统的有线网络。

2.2　IEEE 802.11 体系结构

　　IEEE 802.11 协议主要工作在 ISO 协议的物理层和数据链路层上。IEEE 802.11 基本结构模型如图 2.1 所示，其中数据链路层又划分为 LLC 和 MAC 两个子层。

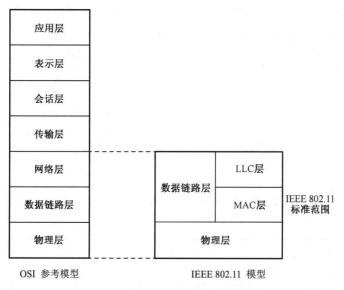

图 2.1　IEEE 802.11 基本结构模型

2.2.1　物理层

　　物理层是构成计算机网络的基础，所有通信设备、主机都需要通过物理线路互联，物理层建立在传输介质的基础上，是系统和传输介质的物理接口。物理层定义了通信设备与传输接口的机械、电气、功能和过程特性，用以建立、维持和释放物理连接。物理层的主要任务是实现通信双方的物理连接，以比特流的形式传输数据信息，并向数据链路层提供透明的传输服务。

　　IEEE 802.11 最初定义的三个物理层包括 FHSS、DSSS 两个扩频技术和一个红外传输规范。扩频技术保证了 IEEE 802.11 的设备在 2.4GHz 频段上的可用性和可靠的吞吐量，扩频技术还可以保证同其他使用同一频段的设备不互相影响。无线传输的信道定义在 2.4GHz 的 ISM（Industrial Scientific Medical）频段内，使用 IEEE 802.11 的客户端设备不需要任何无线许可证。ISM 频段由国际通信联盟无线电通信局 ITU-R（ITU Radio

Communication Sector）定义。此频段主要开放给工业、科学、医学三个主要领域使用，属于免许可证频段，无须授权就可以使用。只需要遵守一定的发射功率（一般低于1W），且不对其他频段造成干扰即可。

为了更容易规范化，IEEE 802.11把WLAN的物理层分为PLP层（物理汇聚协议子层）、PMD层（物理介质相关协议子层）和物理管理子层，IEEE 802.11物理层如图2.2所示。

PMD层（物理介质相关协议子层）	物理管理子层
PLP层（物理汇聚协议子层）	

图2.2　IEEE 802.11物理层

PLP层主要进行载波侦听的分析和针对不同的物理层形成相应格式的分组。PMD层用于识别相关介质传输信号所使用的调制和编码技术。物理管理子层进行信道选择和调谐。MAC层协议数据单元（MPDU）到达PLP层时，在MPDU前加上帧头来明确传输要使用的PMD层，三种方式的帧头格式不同。PLP分组根据这三种信号传输技术的规范要求由PMD层传输，三种传输方式的PLP帧结构如图2.3所示。

前同步信号	帧头	MPDU

图2.3　三种传输方式的PLP帧结构

IEEE 802.11物理层按照使用的技术可分为FHSS、DSSS等相关类型，物理层分类如图2.4所示。

高层协议				
802.11	802.11	802.11a	802.11b	802.11g
FHSS	DSSS	OFDM	HR-DSSS	OFDM/DSSS

图2.4　物理层分类

1. FHSS

最初，IEEE 802.11定义的传输速率是1Mb/s和2Mb/s，使用FHSS和DSSS技术。使用FHSS技术，2.4GHz的频段被划分成75个1MHz的子信道，接收方和发送方协商一个调频的模式，数据则按照这个序列在各个子信道上传输，每次在IEEE 802.11网络上进行的会话都可能采用了一种不同的跳频模式，采用这种跳频模式主要是为了避免两个发送端同时采用同一个子频段。

FHSS系统中，为了避免干扰，发送方改变发射信号的中心频率。信号频率的变化（频率跳跃）总是按照某种随机模式安排的，这种随机模式只有发送方和接收方才理解。

需要指出的是，载波频率的跳跃并不影响系统在加性噪声情况下的性能。因为在每一个跳跃中噪声电平仍然和采用传统调制解调器的噪声电平一样。因此在无干扰情况下，FHSS 系统的性能与不采用频率跳跃的系统是一致的。

当出现窄带干扰时，由于 FHSS 系统的载波频率一直处于变化之中，干扰和频率选择性衰落只破坏传输信息的一部分，在其他中心频率处传输的信号却不受影响。因此，在出现干扰信号或系统处于频率选择性衰落信道时系统仍然可以提供可靠的传输。

FHSS 技术较为简单，这也使得它所能获得的最大传输速率不能大于 2Mb/s，这个限制主要是受美国联邦通信委员会（Federal Communications Commission，FCC）规定的"子信道划分不得小于 1MHz"的影响。此限制使得 FHSS 必须在 2.4GHz 整个频段内经常性跳频，由此带来了大量的跳频上的开销。

2. DSSS

直接序列扩频技术 DSSS 将 2.4GHz 的频段划分成 14 个 22MHz 的子频道，临近的通道互相重叠。在这 14 个子频道内，只有 3 个子频道是互相不覆盖的，数据就是在这 14 个子信道中的一个内进行传输而不需要进行信道之间的跳跃。

为了弥补特定频段中的噪声开销，一项称为 Chipping 的技术用来解决这个问题。在每个 22MHz 子频道中传输的数据都被转化成一个带冗余校验的 Chips 数据，它和真实数据一起进行传输，并提供错误校验和纠错服务。由于使用了这项技术，大部分传输错误的数据也可以进行纠错而不需要重传，增加了网络的吞吐量。

在 DSSS 系统中，每一个传输的信息被扩展（或映射）成更小的脉冲，叫作码片（Chip）。接下来，所有的码片用传统的数字调制器发送出去。在接收端，收到的码片首先被解调，然后被送到一个相关器进行信号解扩。解扩器把收到的信号和与发射端相同的扩频信号（码片序列）做相关处理。自相关函数的尖峰用来检测发射的信息。任何数字系统占据的带宽都和其采用的发射脉冲和符号的持续时间成反比。在 DSSS 系统里，由于发射的码片只有信息大小的 $1/n$，因此 DSSS 信号的传输带宽是未采用扩频技术的传统系统的 n 倍。和 FHSS 相似，DSSS 也可以抗多径和抗频率选择性衰落。

3. OFDM

在无线通信系统中，随着数据信号传输速率的不断提高，无线信道的时延扩展特性引起了严重的码间干扰，导致系统性能急剧下降。为了克服码间干扰的影响，提出了正交频分复用（Orthogonal Frequency Division Multiplexing，OFDM）技术。

在 OFDM 系统中，将数据传输速率为 R_t 的高速数据信号变换成 n 路数据传输速率为 R_i（$R_t=R_1+R_2+\cdots+R_n$）的低速数据信号，并调制在一组正交子载波上进行并行传输。在高速数据信号的单载波调制器调制下，发送信号的符号周期可能与时延扩展相比拟，这会产生严重的码间干扰。在使用 OFDM 技术的情况下，各个子载波的数据的速率会大大减小，即符号周期大幅度展宽，多径效应引起的时延展宽相对变小，所以码间干扰会显著降低。当在每个 OFDM 符号中插入一定的保护时间之后，码间干扰的影响几乎可以忽略。

在 IEEE 802.11a 中，OFDM 技术在 20MHz 频段能够提供传输速率高达 54Mb/s 的原始数据传输服务。为了支持高水准的数据容量和抵御因受各种各样无线电波影响而产生的衰减现象，OFDM 技术能够非常有效地使用可以利用的频谱资源。

2.2.2　数据链路层

数据链路层实现实体间数据的可靠传输，利用物理层所建立起来的物理连接形成数据链路，将具有一定意义和结构的信息在实体间进行传输，同时为其上的网络层提供有效的服务。数据链路层的功能有如下几点。

（1）成帧和同步。规定帧的具体格式和信息帧的类型（包括控制信息帧和数据信息帧等）。数据链路层要将比特流划分成具体的帧，同时确保帧的同步。数据链路层从网络层接收信息分组、分装成帧，然后传输给物理层，由物理层传输到对方的数据链路层中。

（2）差错控制。为了使网络层在无须了解物理层特征的情况下获得可靠的数据单元传输，数据链路层应具备差错检测功能和校正功能，从而使相邻节点链路层之间无差错地传输数据单元。信息帧中携带校验信息，当接收方接收到信息帧时，按照选定的差错控制方法进行校验，以便发现错误并进行差错处理。

（3）流量控制。为了可靠传输数据帧，防止节点链路层之间的缓冲器溢出或链路阻塞，数据链路层应具备流量控制功能，以协调发送端和接收端的数据流量。

（4）链路管理。包括建立、维持和释放数据链路，并可以为网络层提供几种不同质量的链路服务。

IEEE 802.11 的数据链路层由两个子层构成，即是逻辑链路（Logic Link Control，LLC）层和媒体接入控制（Media Access Control，MAC）层。IEEE 802.11 使用和 IEEE 802.2 完全相同的 LLC 层和 48bit 的 MAC 地址。

1. CSMA/CA 协议

IEEE 802.11 和 IEEE 802.3 的 MAC 层非常相似，都是在一个共享媒体之上支持多个用户共享资源，由发送者在发送数据前先进行网络的可用性调节。在 IEEE 802.3 中，由一种称为 CSMA/CD（Carrier Sense Multiple Access with Collision Detection）的协议来完成调节，这个协议解决了以太网上的各个工作站在线缆上传输数据的问题。

在 IEEE 802.11 无线局域网协议中，冲突的检测存在一定的问题，这个问题称为 Near/Far 现象。这是由于要检测冲突，设备必须能够一边接收数据信号、一边传输数据信号，而这在无线系统中是无法办到的。因此无线局域网不能使用 CSMA/CD 协议。相比 CSMA/CD 协议，CSMA/CA 协议增加了一个冲突避免（Collision Avoidance，CA）功能，同时 CSMA/CA 协议还具有确认机制。CSMA/CA 协议利用 ACK 信号来避免冲突的发生，只有当客户端收到网络上返回的 ACK 信号后才确认发送出的数据已经正确到达目的节点。

CSMA/CA 协议的工作流程如下。

欲发送数据的工作站先检测信道。在 IEEE 802.11 中规定了在物理层的空中接口进行载波监听。CSMA/CA 协议采用物理载波监听和虚拟载波监听两种方式来对信道进行监测。

物理载波监听取决于物理层使用的媒介和调制方式，考虑实现成本的问题，厂家一般采用虚拟载波监听的方式。虚拟载波监听（Network Allocation Vector，NAV）相当于一个定时器，用来指定预计要占用的媒介时间。只要 NAV 的值不为零，就代表媒介处于忙碌状态；当 NAV 的值为零时，则显示媒介处于空闲状态，可以使用。

工作站希望在无线网络中传输数据时，如果没有探测到网络中正在传输数据，则附加一段等待时间，再随机选择一个时间片继续探测；如果无线网络中仍然没有活动，则将数据发送出去。

接收端收到数据后回送一个 ACK 数据包，如果这个 ACK 数据包被发送端收到，则这个数据发送过程完成；如果发送端没有收到 ACK 数据包，则发送的数据没有被完整地收到或 ACK 数据包发送失败，不管是哪种情况发生，数据都会在等待一段时间后被发送端重传。

2．RTS/CTS 协议

由上述 CSMA/CA 协议可以看出，无线客户端只有在检测到其他节点无发送数据之后才能进行信息传输。这种检测可能存在一些问题，如两个节点都能感知中心节点的存在，但它们之间由于障碍或距离无法感知对方的存在。当发送数据时，两个节点相互间都检测不到对方的存在而直接进行了数据传输，这样两个节点同时发送信息从而导致冲突。

IEEE 802.11 在 MAC 层上引入请求发送/允许发送（Request to Send/Clear to Send，RTS/CTS）协议来解决节点隐藏问题。RTS/CTS 协议是 IEEE 802.11 采用的一种用来减少由隐藏节点问题造成的冲突的协议。RTS/CTS 协议相当于一种握手协议，在参数配置中，若使用 RTS/CTS 协议，需要设置传输上限字节数，一旦传输的数据大于此上限值，即启动 RTS/CTS 握手协议。

RTS/CTS 协议的工作流程如下。

节点 A 向节点 B 发送 RTS 信号，表明节点 A 要向节点 B 发送若干数据，节点 B 收到 RTS 信号后，向所有节点发送 CTS 信号，表明已准备就绪，节点 A 可以发送信号，而其余欲向 B 发送数据的节点则暂停发送。双方在成功交换 RTS/CTS 信号（完成握手）后才开始真正的数据传输，保证多个互不可见的发送节点同时向同一接收节点发送信号时，只有收到接收节点回应 CTS 信号的那个节点才能够进行发送，避免冲突发生。即使有冲突发生，也只在发送 RTS 信号时发生。在这种情况下，由于收不到接收节点的 CTS 信号，其他发送节点再用 DCF 提供的竞争机制，分配一个随机退守定时值，等待下一次媒介空闲 DIFS 时间后竞争发送 RTS 信号，直到成功为止。

3．CRC 校验和包分片

在 IEEE 802.11 中，每一个在无线网络中传输的数据包都被附加上校验位 CRC，以保证数据在传输时没有出现错误。这种二层校验技术在 IEEE 802.3 中是由上层协议完成的。

包分片的功能允许大的数据包在传输时被分成较小的部分，分批传输。包分片技术大大减少了许多情况下数据包被重传的概率，从而提高了无线网络的整体性能。MAC 层负责将收到的被分片的大数据包进行重新组装，对上层协议而言，这个分片过程是完全透明的。

4．漫游管理

IEEE 802.11 的 MAC 层负责漫游管理。当网络环境存在多个 AP，且它们的微单元相互间有一定范围的重合时，无线用户可以在整个 WLAN 覆盖区内移动。无线网卡能够自动发现附近信号强度最大的 AP，并通过这个 AP 收发数据，保持不间断的网络连接，这种行为称为无线漫游。

一旦被接入点接收，客户端就会将发送、接收信号的频段切换为接入点的频段。在随后的时间内，客户端会周期性地轮询所有的频段，以探测是否有其他接入点能够提供性能更高的服务。如果探测到，它就会和新的接入点进行协商，然后将频段切换到新接入点的服务频段中。

这种重新协商通常发生在无线工作站移出了它原来连接的接入点的服务范围和信号衰减后；这种情况还发生在建筑物引发的信号变化或仅仅由于原有接入点拥塞时。在拥塞的情况下，重新协商实现了负载均衡，它能够使整个无线网络的利用率达到最高。这种动态协商连接的处理方式使得网络管理员可以将无线网络覆盖范围扩大，这是通过在这些地区布置多个覆盖范围重叠的接入点来实现的。

5．MAC 访问模式

IEEE 802.11 的 MAC 层提供了分布式协调功能（Distributed Coordination Function，DCF）和点协调功能（Point Coordination Function，PCF）两种访问模式。

DCF 是一种自动、高效的共享媒体信道接入方式。DCF 提供竞争服务。发送数据之前，客户端会检查无线链路是否处于空闲状态，若没有空闲，则会随机为每个帧选定一段规避时间来避免冲突发生。DCF 接入方法将全部控制权交给客户端，它采用 CSMA/CA 协议进行数据传输的控制和管理。但是语音和视频这类对实时性要求很高的传输服务，采用 DCF 可能导致失效。

PCF 用于支持对实时性要求较高的应用，如语音和视频这类和时间相关的数据传输服务等。PCF 提供无竞争服务，处于此服务中的工作站只需要经过一段较短的时间间隔即可传输数据帧。

在 PCF 的访问模式下，由接入点 AP 全权控制传输媒介。接入点将一个接着一个询问客户端以获取数据，还没有被询问到的客户端没有权利发送数据，客户端只有在被询问到的时候才能从接入点处收取数据。由于 PCF 处理每个客户端的时间和顺序是固定的，所以能够保证一个固定的时延。PCF 的一个缺点就是它的伸缩性不是非常好，在网络规模变大后，由于它轮询的客户端数量变多，网络效率急剧下降。

6．电源管理

IEEE 802.11 的 MAC 层采用省电模式来延长手持设备的电池使用寿命。IEEE 802.11 MAC 层有 CAM（Continuous Aware Mode）和 PSPM（Power Save Polling Mode）两种电

源管理模式。在 CAM 模式下，信号始终存在并耗费电量；在 PSPM 模式中，由接入点的特殊信号调节客户端设备，使其处于睡眠或唤醒状态。客户端设备将周期性地进入唤醒状态，接收接入点传来的 Beacon 信号。Beacon 信号中包含了是否有其他客户端需要和本机进行数据传输活动的信息。如果有，则客户端进入唤醒状态，接收数据，随后再进入睡眠状态。

7．安全性管理

IEEE 802.11 的 MAC 层提供了一种称为有线等效保密协议（Wired Equivalent Privacy，WEP）的访问控制和加密协议。这是在 IEEE 802.11b 里定义的一个用于无线局域网（WLAN）的安全性协议。

WEP 协议源于 RC4 加密技术，用以满足用户更高层次的网络安全需求。它对在两台设备间无线传输的数据进行加密，以防止非法用户窃听或侵入无线网络。WEP 协议已被 2003 年发布的 WPA（Wi-Fi Protected Access）协议取代。2004 年，IEEE 802.11i 又推出了 WPA2 协议。

2.2.3　IEEE 802.11 MAC 帧的格式

IEEE 802.11 MAC 帧的结构如图 2.5 所示。一个完整的 MAC 帧由帧头（MAC Header）、帧体（Frame Body）、帧校验序列（FCS）共同组成。其中 MAC 帧头包括帧控制域（Frame Control）、持续时间/标识域（Duration/ID）、地址域（Address）、序列控制域（Sequence Control）等。帧体包含的信息根据帧的类型有所不同，主要封装的是上层的数据单元，长度为 0～2312B，帧最大长度为 2346B，FCS 包含 32bit 循环冗余码。

2B	2B	6B	6B	6B	2B	6B	0～2312B	4B
Frame Control	Duration /ID	Address1	Address2	Address3	Sequence Control	Address4	Frame Body	FCS

图 2.5　IEEE 802.11 MAC 帧的结构

1．帧控制域

帧控制域是 MAC 帧最主要的组成部分，IEEE 802.11 MAC 帧控制域的结构如图 2.6 所示。

2bit	2bit	4bit	1bit	1bit	1bit	1bit	1bit	1bit	1bit	1bit
Protocol	Type	Subtype	To DS	From DS	More Frag	Retry	Pwr Mgmt	More Data	Protecte Frame	Order

图 2.6　IEEE 802.11 MAC 帧控制域的结构

Protocol 指协议版本，通常为 0。

Type 指类型域，Subtype 指子类型域，它们共同指出帧的类型。

To DS 表明该帧是 BSS 向 DS 发送的帧。

From DS 表明该帧是 DS 向 BSS 发送的帧。

More Frag 用于说明长帧被分段的情况及其他帧的存在情况。

Retry 指重传域，用于帧的重传，接收方利用该域消除重传帧。

Pwr Mgmt 指能量管理域。其值为 1 时，说明工作站处于省电（Power Save）模式；其值为 0 时，说明工作站处于激活（Active）模式。

More Data 指更多数据域，其值为 1 时，说明至少还有一个数据帧要发送给工作站。

Protecte Frame 的值为 1 时，说明帧体部分包含被密钥套处理过的数据；否则值为 0。

Order 指序号域。其值为 1 时，说明长帧分段传输采用严格编号方式；否则值为 0。

2．持续时间/标识域（Duration/ID）

Duration/ID 用于表明该帧和它的确认帧将会占用信道的时间；对于帧控制域子类型为 Power Save-Poll 的帧，该域表示工作站的连接身份（Association Identification，AID）。

3．地址域（Address）

Address 包括源地址（SA）、目的地址（DA）、传输工作站地址（TA）、接收工作站地址（RA），其中 SA 与 DA 必不可少，TA 和 RA 只对跨 BSS 的通信有用。目的地址可以为单播地址（Unicast Address）、多播地址（Multicast Address）、广播地址（Broadcast Address）。

4．序列控制域（Sequence Control）

Sequence Control 由代表 MSDU（MAC Server Data Unit）或 MMSDU（MAC Management Server Data Unit）的 12bit 序列号和表示 MSDU 与 MMSDU 的每一个片段编号的 4bit 片段号组成。

5．帧类型

IEEE 802.11 中的 MAC 帧分为数据帧、管理帧和控制帧三类。控制帧用于竞争期间的握手通信和正向确认，以及结束非竞争期等；管理帧主要用于 STA 与 AP 之间协商、关系的控制，如关联、认证、同步等；数据帧用于在竞争期和非竞争期传输数据。

帧控制域（Frame Control）中的类型域（Type）和子类型域（Subtype）共同指出帧的类型。当 Type 域为 00 时，表示该帧为管理帧；当 Type 域为 01 时，表示该帧为控制帧；当 Type 域为 10 时，表示该帧为数据帧。

（1）IEEE 802.11 数据帧。

IEEE 802.11 数据帧负责在工作站之间传输数据，数据帧的基本格式如图 2.7 所示。

2B	2B	6B	6B	6B	2B	6B	0～2312B	4B
Frame Control	Duration/ ID	Address1	Address2	Address3	Sequence Control	Address4	Frame Body	FCS

图 2.7 数据帧的基本格式

在 IEEE 802.11 中，常见的数据帧如表 2.1 所示。

表 2.1 常见的数据帧

Type 代码	Subtype 代码	帧 名 称
10	0000	Data（数据）
10	0001	Data+F-ACK
10	0010	Data+F-Poll
10	0011	Data+F-ACK+F-Poll
10	0100	Null Data（无数据：未传输数据）
10	0101	F-ACK（未传输数据）
10	0110	F-Poll（未传输数据）
10	0111	Data+F-ACK+F-Poll
10	1000	QoS Data
10	1001	QoS Data+F-ACK
10	1010	QoS Data+F-Poll
10	1011	QoS Data+F-ACK+F-Poll
10	1100	QoS Null（未传输数据）
10	1101	QoS F-ACK（未传输数据）
10	1110	QoS F-Poll（未传输数据）
10	1111	QoS F-ACK+F-Poll（未传输数据）

（2）IEEE 802.11 管理帧。

IEEE 802.11 管理帧负责监督，主要用来处理加入或退出无线网络及接入点之间关联的转移操作。管理帧的基本格式如图 2.8 所示。在 IEEE 802.11 中，常见的管理帧如表 2.2 所示。

2B	2B	6B	6B	6B	2B	0～2312B	4B
Frame Control	Duration	DA	SA	BSSID	Sequence Control	Frame Body	FCS

图 2.8 管理帧的基本格式

表 2.2　常见的管理帧

Type 代码	Subtype 代码	帧 名 称
00	0000	Association Request（关联请求）
00	0001	Association Response（关联响应）
00	0010	Reassociation Request（重新关联请求）
00	0011	Reassociation Response（重新关联响应）
00	0100	Probe Request（探测请求）
00	0101	Probe Response（探测响应）
00	1000	Beacon（信标）
00	1001	ATIM（通知传输指示消息）
00	1010	Disassociation（取消关联）
00	1011	Authentication（身份验证）
00	1100	Deauthentication（解除身份验证）

注意：管理帧 Subtype 值 0110～0111 与 1101～1111 目前并未使用。

（3）IEEE 802.11 控制帧。

IEEE 802.11 控制帧负责区域的清空、信道的取得及载波监听的维护，并于收到数据时予以肯定确认，借此提高工作站之间数据传输的可靠性，在 IEEE 802.11 中，常见的控制帧如表 2.3 所示。

表 2.3　常见的控制帧

Type 代码	Subtype 代码	帧 名 称
01	1010	Power Save（PS）-Poll（省电-轮询）
01	1011	RTS（请求发送）
01	1100	CTS（允许发送）
01	1101	ACK（确认）
01	1110	F-End（无竞争周期结束）
01	1111	F-End（无竞争周期结束）+F-ACK（无竞争周期确认）

注意：控制帧 Subtype 值 0000～1001 目前并未使用。

2.3　Wi-Fi 技术

2.3.1　物理层技术原理与协议

IEEE 802.11b 标准始终保持着 IEEE 802 系列标准的特征，同时又具有与原标准之间的相容性。它与其他 IEEE 802 标准一样，只是对 ISO 协议标准的最底下两层——物理层和媒体接入控制层的相关技术做了规范说明。

IEEE 802.11 的物理层与其他网络的物理层一样,都是为系统设备提供无线通信链路,从而解决设备之间无线通信的数据传输问题。Wi-Fi 的物理层传输过程如图 2.9 所示。

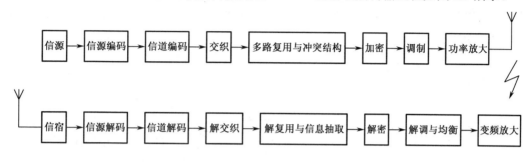

图 2.9　Wi-Fi 的物理层传输过程

IEEE 802.11 的物理层主要定义了无线数据的传输方式和信号调制的方法。标准中定义的无线射频传输方式都采用了扩频技术,只是扩频方式有区别,主要分为直接序列扩频(DSSS)技术和跳频扩频(FHSS)技术两类。

最初扩频技术的引入主要是为了解决如下问题:
(1)减少阻塞干扰;
(2)增强通信系统的安全性;
(3)提高通信系统的信息传递效率;
(4)提高频谱资源的利用率。

由于 IEEE 802.11 通信系统本身的复杂性,它在扩频技术的基础之上,又发展了自己特有的性质,如很强的抗干扰能力(包括同频干扰、邻频干扰、阻塞干扰等)及较低的发射功率。这主要是因为:大多数 IEEE 802.11 无线通信系统设备都工作在免授权的无线射频频段(如 2.4GHz 免许可证的 ISM 频段),不可避免地受到来自不同类设备的射频信号的干扰,这种干扰往往具有隐蔽性和难预测性,所以要求工作在免授权频段内的 IEEE 802.11 无线通信设备具有很强的抗干扰能力;为了避免对同频段内其他无线通信设备造成不必要的干扰,必须降低 IEEE 802.11 通信设备的发射功率,以降低对其他设备的影响。

2.3.2　扩频通信技术

扩频通信技术的"扩"主要体现在频谱的扩展上,它用来传输信息的射频带宽远远大于信息本身带宽,射频带宽的扩展是通过扩频码调制的方式来实现的。它具有一般窄带通信系统的特点,以及具有更强的抗干扰和实现码分多址等能力。按照扩频方式的不同,扩频通信技术主要分为直接序列扩频(DSSS)、跳频扩频(FHSS)、跳时(TH)及几种方式的组合。在 IEEE 802.11 中主要定义了前两种扩频技术,并且各自凭借自己的优势和特点在无线通信领域中发挥着不可替代的作用。下面对 DSSS 和 FHSS 两种技术的原理和使用进行具体说明。

1．直接序列扩频（DSSS）技术

直接序列扩频技术的原理是通过用高速率的码序列与所发送的数据信息码序列模二加（波形相乘）后产生的复合码序列去控制载波的相位，从而获得直接序列扩频信号，具体原理框图如图 2.10 所示。

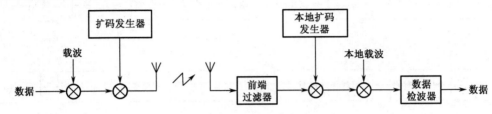

图 2.10　DSSS 技术原理框图

按照 FCC 的规定，使用 DSSS 技术的无线系统，其扩频处理增益至少要达到 10dB，IEEE 802.11 中定义 DSSS 系统通过采用 11bit 的短 PN 码并以 11MHz 对数据信号扩频来实现。IEEE 802.11b 把 Wi-Fi 所在的 2.4GHz 频段划分成 14 个带宽为 22MHz（20dB 所占的频谱）的信道，每一个信道的间隔为 5MHz，并且临近的信道互相重叠。根据相关原理，两个信道之间的间隔达到 25MHz 时，才不会相互重叠。虽然目前国内在 83.5MHz 的频段中规定了 11 个可以使用的信道，但也就是说只有分别使用 1、6、11 信道才能完全避免冲突。

IEEE 802.11b 最初只定义了 1Mb/s 和 2Mb/s 两种传输速率，且这两种速率的系统均工作在 2.4GHz 免授权的频段，同时当 MAC 层的帧的单个比特进行传输时可以采用 11bit 的 Barker 码，即+1，−1，+1+1，−1，+1+1+1，−1，−1，−1 来进行扩频。IEEE 802.11b 定义 1Mb/s 时采用的调制方式是 DPSK，定义 2Mb/s 时采用的调制方式是 DQPSK，也就是 QPSK。经过增补和修订之后，IEEE 802.11b 定义了新的可以实现更高传输速率的调制方式 CCK，通过采用 CCK 和 DQPSK 相结合的调制方式，使传输速率最高可以达到 5.5Mb/s 和 11Mb/s，并且这两种速率下的系统也是工作在 2.4GHz 频段的。在这种调制方式下，每个符号由 8bit 的码字组成，即 d_0，d_1，d_2，…，d_7 共 8 个连续数据比特。虽然 5.5Mb/s 和 11Mb/s 都采用了 CCK 的编码调制方式，但各有特点，这里主要以 11Mb/s 系统进行介绍。

在 11Mb/s 系统中，每两个相邻的连续数据比特为一组，所以 8bit 数据共分为 4 组，每组获得一个角频率，共有 4 个角频率（0，π，$\pi/2$ 和−$\pi/2$）。具体的比特对应模型编码和对应角频率如表 2.4 所示。

表 2.4　比特对应模型编码和对应角频率

比特模型（d_i，d_{i+1}）	角　频　率	比特模型（d_i，d_{i+1}）	角　频　率
00	0	10	$\pi/2$
01	π	11	$-\pi/2$

其中，联合编码比特对（d_0，d_1）用相位角 φ_1 表示，联合编码比特对（d_2，d_3）用相位角 φ_2 表示，联合编码比特对（d_4，d_5）用相位角 φ_3 表示，联合编码比特对（d_6，d_7）用相位角 φ_4 表示。在 CCK 的编码调制中，φ_1 是基于 DQPSK 取值的，φ_2、φ_3、φ_4 是基于 QPSK 取值的。

IEEE 802.11b 规定，当输入的数据信息是 8bit 的 CCK 码字，即 $d = \{d_0, d_1, d_2, \cdots, d_7\}$ 时，采用 11chip/s 扩频码并经过 CCK 调制之后，其码字 C 为

$$\left\{ e^{j(\varphi_1+\varphi_2+\varphi_3+\varphi_4)}, e^{j(\varphi_1+\varphi_2+\varphi_3+\varphi_4)}, -e^{j(\varphi_1+\varphi_4)}, e^{j(\varphi_1+\varphi_2+\varphi_3)}, e^{j(\varphi_1+\varphi_2+\varphi_3)}, -e^{j(\varphi_1+\varphi_2)}, e^{j\varphi_1} \right\}$$

由上述表达式可知，只要得到相位参数，速率 11Mb/s 对应的 CCK 编码序列就可以确定。通常输入的 8bit 码字工作在 1.375MHz 的频率上，将接收来的 11Mb/s 的数据转换成 8bit 的码字，然后采用由串到并的方式即可以送到 QPSK 调制器进行调制。CCK 调制的基本原理如图 2.11 所示。

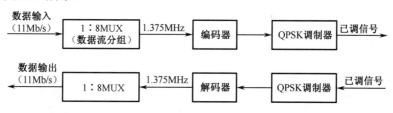

图 2.11　CCK 调制的基本原理

前面已经提到，直接序列的扩频系统具有很强的抗干扰能力，系统的抗干扰性主要是通过解扩来处理的。在接收端，被扩频的窄带信号经过相关解扩之后重新恢复成窄带信号。而对于进入接收机的干扰信号，经过相关解扩之后通过与伪随机码序列相乘可以得到宽带信号。这样再加上窄带滤波器的滤波作用，多余的宽带信号被滤除，只留下通带内较窄频段的干扰信号及被解扩的窄带信号。由于减少了干扰信号的带宽，其干扰功率大大减少，从而减弱了接收端输入信号的干扰，大大提高了输出端接收信号的噪声功率比，提高了抗干扰性能。

一般直接序列扩频系统信号的功率谱密度都比较低，单位时间内的能量也比较小，但是频段带宽比较宽，截取时要在很宽的范围内进行搜索和监测，操作起来很困难，所以直接序列扩频信号可以用来隐蔽通信。

直接序列扩频系统也能很好地抗多径干扰。在接收端可以通过采用不同时延的滤波器，将多径信号进行分离，就像 RAKE 接收机的作用那样，可以变害为利；同时将这些信号在相位上对齐再相加，就可以起到增强信号能量的作用，从而可以有效地抵抗多径干扰。

2. 跳频扩频（FHSS）技术

跳频扩频系统是针对传统的通信系统抗干扰能力差而设计的。传统的通信系统都是定频系统，即系统内发射机的载波频率保持不变，所以系统一旦受到其他频率信号干扰就会通信质量下降，甚至会通信中断。而跳频扩频系统中发射机的载波频率通常是在一定的频

率集合中进行跳变的，如蓝牙。这样虽然从某一时刻来看，发射机也是处在某一固定的频率上；从总体跳变的频率来看，发射机的载波是处于一个较宽的频率范围上，信号功率也比较大，所以通常情况下跳频扩频系统信号的带宽要比数据信息的带宽宽得多，从而抗干扰能力也比较强。任何非有用信号（包括外来的各种干扰信号）只有在与有用信号的频率相同时才会起到干扰作用。即便如此，因为有用信号载波频率的持续时间也受伪序列码的控制，并且还会在很短时间内产生跳变，所以干扰也可能很小。跳频扩频信号的一个特点就是在一个相对固定的带宽范围内对其他干扰信号具有"躲避性"。

跳频扩频技术可以利用频率跳变（Frequency Agility）的方法将数据扩展到频谱为83MHz 以上。频率跳变的一个特点就是无线设备可以在可用的射频频段内快速地改变发送频率。在美国，根据 FCC 制定的标准，FHSS 技术中 Wi-Fi 的频率就是 2.4GHz ISM 频段中的 83MHz。FHSS 跳变的原理如图 2.12 所示。

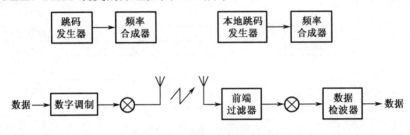

图 2.12　FHSS 跳变的原理

IEEE 802.11 规定，FHSS 模式下的信号接收和发射共占用 79 个信道，并且采用慢跳频技术，相邻信道之间的间隔为 1MHz。IEEE 802.11 同时规定了产生相应跳频序列的算法，以降低信号在不同设备之间以不同频率跳变时发生碰撞的概率。

在 FHSS 系统中，不同设备之间跳频信号可以被正确接收的前提条件是 FHSS 跳频系统之间的同步性，其内容主要包括：

（1）收发双方的跳频速率相同；

（2）收发双方的跳频图案相同；

（3）收发双方频率跳变的起止时刻相同；

（4）收发双方的跳变频率相差一个中频频率。

由上述内容可知，信号进行收发之前保持 FHSS 系统之间的同步性是很重要的。要想保持同步性，接收的设备就要先知道发送设备跳频同步序列的信息，包括跳频的具体图案、一连串的跳频序列及跳频的起始时刻，并且还要不间断地观察本地时钟，以确保其与发送设备内时钟的设定保持同步。一般地，根据接收设备取得发送设备发送信息序列和时钟校准的方法不同而分为独立信道法、前置同步法及自同步法三种基本的跳频同步信息传递方法。这三种方法各有利弊，在实际的 FHSS 系统中，常将这三种基本方法结合起来，以达到某种跳频最佳的同步效果。

为了保持跳频设备中频率合成器的频率同步，使信号在信道中跳变时始终保持线性的相位，FHSS 系统主要选取了 GFSK（高斯频移键控）的调制方式，并且采用非相干的 FSK 解调方法。IEEE 802.11 定义的 FHSS 跳频系统采取的 GFSK 调制方式有 2FSK 和 4FSK 两种，前者用于支持 1Mb/s 的基本速率，后者用于支持 2Mb/s 的增强速率，并且为了满足 FCC 关于相邻信道干扰的相关的规定，20dB 带宽的 GFSK 调制信号要限定在 1Mb/s 以内。

FHSS 系统的抗干扰能力很强。79 个射频信道的信道带宽均为 1Mb/s，通常干扰信号跳到与跳频系统相同的载波频率的概率比较低，也就是说窄带干扰"命中"的概率很低，加上干扰信号在进入接收机之前受到前端电路的衰减作用比较大，跳频系统受到干扰的威胁就更小。即使干扰信号跳到了与载波频率相同的频率上，只要将信号跳到下一个频率上发送，通过"躲避"的方式就可以避免干扰。

同直接序列扩频系统一样，从某一固定的频率来看，FHSS 系统产生的干扰仍为窄带干扰；但从整个频段来看，窄带干扰信号的功率相当于分布在 79 个频段内，这就等于减少了功率谱密度，进而可以减少干扰。

2.3.3　MAC 层接入协议

MAC 技术是 IEEE 802.11 定义的局域网关键技术之一，它决定了局域网的很多网络性能（如吞吐量、延迟性能等）。MAC 层协议最重要的功能是确定网上的某个节点是否有信道，即信道的分配问题，它描述了局域网内各个节点之间以怎样的多址方式接入，进而解决依靠局域网中各节点的共享媒体规则来保证网络性能的满意度问题。IEEE 802.11 定义，根据无线局域网中通信节点之间媒体访问方式的不同，访问媒体的基本方式可以分为两种：一种是分布式协调方式（DCF）；另一种是点协调方式（PCF）。DCF 采用对局域网内通信数据单位带冲突避免的载波监听多路访问（CSMA/CA）机制；PCF 是建立在 DCF 基础之上的，采用的是可避免竞争的接入方式。下面对 DCF、PCF 进行详细介绍。

1. 分布式协调方式（DCF）

DCF 是 IEEE 802.11 定义最基本的媒体接入控制方法的 MAC 层协议，它作用于基本的服务群和基本的网络结构中，该功能可以在局域网中所有的通信节点实现，同时它也可以支持竞争型异步通信的数据业务。DCF 接入机制又称为 CSMA/CA 机制，所以它是基于 CSMA 基本算法，同时又以 RTS/CTS 的交换协议作为辅助的媒体接入访问方式。为了避免 MAC 层的数据单元在发送时产生碰撞，IEEE 802.11 引入了冲突避免机制来减少和防止数据碰撞的发生。

由于 DCF 是 MAC 层协议中是最基本的访问方式，所以 IEEE 802.11 规定局域网中所有的通信工作节点都必须支持 DCF 的媒体访问方式，使其可以在最大限度上支持异步方式的数据传输。

（1）带冲突避免的载波监听多路访问机制。

带冲突避免的载波监听多路访问机制（Carrier Sense Multiple Access with Collision Avoidance，CSMA/CA）是 MAC 层多址接入策略的一部分，其原理基础就是载波监听。IEEE 802.11 根据无线局域网媒介的工作特点，定义了两种载波监听的方式：一种是物理载波监听检测方式；另一种是虚拟载波监听检测方式。前者是 IEEE 802.11 物理层采用的载波监听技术，后者是 MAC 层采用载波监听技术。

（2）物理载波监听检测方式。

物理载波监听检测方式是一种基于物理层载波检测的方式，它主要是通过检测接收端收到的无线信号的能量或质量来对无线信道的忙闲状态做出评估，如果在无线信道上没有监听到任何消息，则发送端在等待一个特定的限制时间之后，开始发送下一个数据包。

（3）虚拟载波监听检测方式。

当局域网中两个相互通信的移动设备之间没有任何消息被监听或检测到时，采用的就是虚拟载波监听检测方式。该监听检测机制由 MAC 层提供，其检测方式主要通过 MAC 帧头的请求发送协议/允许发送协议（Request to Send /Clear to Send，RTS/CTS）中的网络分配矢量（NAV）来实现。

载波监听的检测机制由两个状态组成：一个是 RTS/CTS 协议中的 NAV 状态；另一个是基于物理层载波监听无线信道给 STA 提供的数据发送的状态。其中，NAV 本身就是一个定时器，在局域网中它主要用来表示媒介所处的忙闲状态。NAV 通常以一个统一的速率逐渐衰减，直至减到 0。只要 NAV 计数器的值不为 0，就表明传输媒介依然处于忙碌状态，否则为空闲状态。在局域网中，只要任意一个数据通信的工作节点有数据发送，NAV 的值就不为 0，即整个局域网的传输媒介就会被确定为非空闲状态。

CSMA/CA 作为一种载波监听多路访问的机制，在进行接入访问之前，要先经过监听媒介的过程，即局域网内所有的无线工作节点在进行数据发送之前都要进行载波监听检测，以确定即将通信的数据通信信道的忙闲状态。如果监听到有工作节点数据正在发送，则该工作节点就不再发送信息，而是选择等待一段时间后再进行发送；如果监听到通信信道处于空闲状态，则工作节点就先发送一个比较短的请求发送（RTS）消息，以告知其他节点不需要等待很长的时间就会进行传送。RTS 消息到达接收端之后，接收端就会发出一个允许发送（CTS）消息作为回应，告知等待发送消息的工作节点可以发送，不会有冲突产生，然后等待发送消息的工作节点就开始发送数据信息。接收端在收到发送的数据信息之后，就发出 ACK 确认信号，以告知发送的工作节点数据已经成功收到。如果没有收到 ACK 信号，发送端就会认为发送失败，会将数据重传。这个过程有点类似传统局域网的 3 次握手过程，不同之处就是 IEEE 802.11 的载波监听检测过程其实有 4 次握手。

从上述握手过程可以看出，IEEE 802.11 中 MAC 层采用 CSMA/CA 机制的一个特点就是提供了确认帧 ACK。这样当由于其他原因导致载波监听失败并引起冲突时，MAC 层的 ACK 确认帧会很快进行调整恢复，提供准确的确认信息。

但是因为在无线局域网中信号传播的介质主要是空气，检测的标准都是基于某一设定好的电气能量的阈值，所以在空气中先进行载波监听，从而判断是否有比有线网络困难的碰撞发生。IEEE 802.11 针对这种情况采取了直接避免的方法来减少数据碰撞的发生，即使载波监听的通信线路媒介是空闲的，也不会将数据帧立即发送出去，而是自行等待一段随机避让时间（Random Back-off Time），同时继续保持监听状态。如果在这段等待时间内监听的媒介变为忙碌状态，则将随机避让时间进行冻结，直到再次监听到媒介变为空闲状态时，才会继续随机避让时间等待，一旦随机避让时间结束，就会立即将数据帧发送出去。

（4）RTS/CTS 协议。

通常发送 RTS/CTS 消息要占用一定的网络资源，这样就给网络传输带来了额外的负担，所以 RTS/CTS 协议常用在需要大量传输数据的场合。如图 2.13 所示为 RTS/CTS 协议工作模式，网络中的数据通信工作节点（无线终端）B 发送一个 RTS 数据帧给接入点及其他通信工作节点，告知工作节点 B 要在这个传输媒介上占用一段时间，每个收到该消息的数据通信工作节点就把信息存放在它的网络分配矢量 NAV 中。NAV 的值代表了传输媒介的忙闲状态，如果 NAV 始终是非零值，则表示传输媒介总是处于忙碌状态，网络内所有的数据通信工作节点都不可以发送信息；只有当 NAV 为零时，才表示传输媒介是空闲的，这时工作节点才可以进行信息的发送。然后，收到 RTS 帧的接入点就发送一个 CTS 短消息作为回应，以此来告诉所有的数据通信工作节点，传输媒介正被占用，所有的数据传输要暂停，从而防止碰撞，接收到 CTS 帧的工作节点 B 就继续进行信息发送。

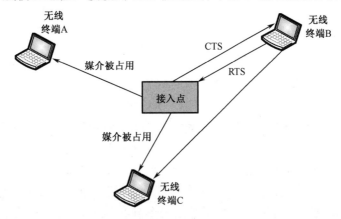

图 2.13　RTS/CTS 协议工作模式

（5）帧间隔。

SIFS 是最短帧间隔，PIFS 次之，最长帧间隔是 DIFS。在这三个帧间隔中，SIFS 的优先级最高，也就是说在无线局域网中，在数据进行传输前，等待时间是 SIFS 的数据通信工作节点要比等待时间是 PIFS 或 DIFS 的数据通信工作节点的媒介访问的优先级高。基本的接入方式是如果无线局域网内的一个数据通信工作节点监听检测到通信信道的状态是空闲的，那么它会在选择等待 DIFS 之后再次对信道进行检测；如果这时通信信道仍然保持空闲，通信工作节点就会发送一个 MPDU，接收工作节点就开始判断所接收的数据包是否正确，然后给发送数据信息的工作节点发送 ACK 确认帧，告知对方数据发送成功。数据帧成功传送的过程如图 2.14 所示。

2．点协调方式（PCF）

在 PCF 工作模式下，处于无线局域网内的无线媒介访问接入点，必须将由每个数据通信工作节点接收的数据在本工作节点停留一定的时间后，才能向下一个数据通信工作节点转移。只有当无线局域网内数据通信工作节点处于被接纳的状态时，它才可以进行数据信息的发送；也只有当无线局域网内数据通信工作节点被标注为接纳状态后，这些工作节点才可以接收来自无线局域网内其他无线媒介访问接入点传送来的数据。在 PCF 工作模式下，无线局域网内每个数据通信的工作节点事先都按照一定优先级方式设定了数据信息发送的顺序，所以每条数据信息流的最大延时都得到了保证。

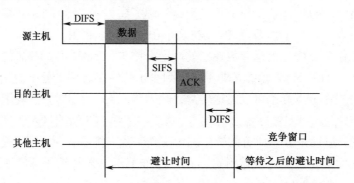

图 2.14 数据帧成功传送的过程

目前，无线局域网内信道的接入方式主要分为有竞争接入和无竞争接入两种。前文所述的 DCF 就是有竞争的接入方式，该种方式下无线局域网内所有的数据通信工作节点都可以尝试着发送信息。PCF 采用的是一种无竞争的接入方式，工作节点之间的通信主要采用的是轮询的方式，即局域网内每个数据通信的工作节点进行数据发送时要按照先后顺序进行轮询，再确定该工作节点是否有数据要发送。如果轮询之后，收到该工作节点的结果为"是"，那么就允许该数据通信工作节点的数据发送，无线局域网内其他的工作节点暂时处于等待状态。如果该工作节点反馈的信息是"否"，即没有数据信息要发送时，就按照预先设定好的优先级对下一个数据通信工作节点进行访问。

轮询有优先级大小之分，这就要求 PCF 工作模式下局域网内所有加入轮询机制当中的数据通信工作节点都必须能够遵循已经约定好的数据信息的发送规则。PCF 工作模式中的轮询过程如图 2.15 所示。PCF 工作模式下采用轮询机制的最大优点就是可以有效地避免局域网内数据通信的工作节点之间发送数据信息时发生冲突，因为当检查到某工作节点上有数据正在发送时，无线局域网内其他工作节点都会处于等待状态，直到轮询机制对它们发出询问并且得到它们的反馈是"是"时才能发送数据。

PCF 工作模式下，无竞争时间（CFP）和竞争时间（CP）交替进行，CFP 帧的传输由 PCF 来控制，而 CP 帧则由 DCF 控制，具体如图 2.16 所示。在 PCF 中，被分成一串的时间段之间在时间上还存在着重叠的部分，这些重叠的时间段称为超帧，超帧由无竞争时间 CFP 和竞争时间 CP 两部分组成的。在 PCF 工作模式下，点协调器对局域网内每一个数据通信工作节点都起到了控制作用，相当于局域网中的一个中心控制器。在每个无竞争时间的开始时刻，点协调器就开始设置局域网内的数据通信工作节点网络分配矢量（NAV）值。在每个无竞争时间开始时，PC 可以通过 CFpoll 帧对无线局域网内各个工作节点进行轮询检查，也就是对各个媒介进行监听检测工作，进而使工作节点先获得媒介的访问权。除点协调器是在 PCF PIFS 时间间隔内等待外，无线局域网内其他的数据通信工作节点与 DCF 工作模式下的工作节点都是在 DIFS 时间间隔内等待。一般地，点协调控制方式的等待时间 PIFS 比分布式协调方式下的等待时间 DIFS 要短。

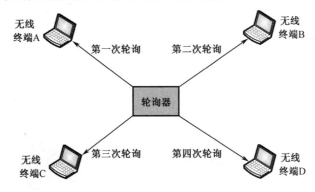

图 2.15　PCF 工作模式中的轮询过程

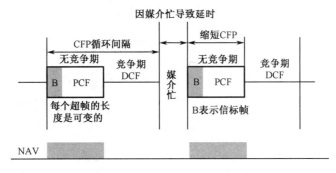

图 2.16　无竞争时间（CFP）与竞争时间（CP）交替进行

等待 PIFS 结束后，如果访问媒介被监听到是空闲状态，那么点协同功能器就可以发送一个信标（Beacon）帧，这个信标帧里包含了竞争时间段 CF 的一些参数元素，如 CFPMAxDuration。无线局域网内的工作节点在接收到这个信标帧后，就可以通过 CF 参数 CFPMAxDuration 的值对 NAV 值进行更新。这种方法有效地防止了 STA 发送非轮询帧，在很大程度上避免了信道竞争。信标帧成功发送后，点协调控制器在经历至少一个 SIFS 时间间隔后开始进行后面某一帧的发送，这些帧包括由点协调器发往无线局域网内某一特定数据工作节点的数据帧、CF 轮询帧及这两种帧的结合，以及 CF 结束帧。点协调控制器可以根据不同情况选择这 4 个帧中的任意一种进行发送。

在无线局域网内，DCF 和 PCF 的媒介访问方式是相辅相成的，各有各的优势，每种方式的使用场合也有所不同。PCF 在传输时间敏感的无线局域网内使用得比较多，如传输音频和视频等。PCF 的特征可以描述如下。

（1）点协调方式是可选的，它通过无线局域网内的点协调器对每一个工作节点进行轮询，并且被轮询的工作节点允许不经过信道的竞争来传输数据。

（2）点协调方式提供的面向连接的服务，可以提供无竞争帧的传输。

（3）点协调方式可以支持有限的 QoS 功能，同时还能提供实时的数据服务。

（4）点协调方式采用的是集中控制的算法，无线局域网内的点协调器起着中心控制的作用。

2.4　Wi-Fi 网络架构和优化

  Wi-Fi 的网络架构分为两种：一种是如图 2.17 所示的运营商接入网络拓扑结构，分别以 ADSL、LAN 和 EPON 三种不同的接入方式实现，属于物理层架构；另一种是如图 2.18 所示的 FIT AP+AC 模式下的网络架构，属于网络层架构。不同的网络架构对用户的使用存在不同的影响。

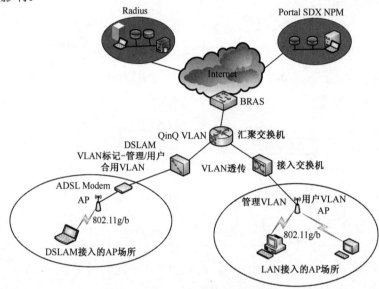

图 2.17　运营商接入网络拓扑结构

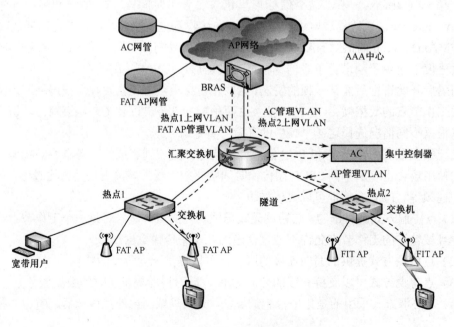

图 2.18　FIT AP +AC 网络架构

2.4.1 ADSL 接入

ADSL 接入的优势在于采用电话线接入，网络部署方便快捷。ADSL 接入的劣势在于增加了 Modem 网元，并且由于每天 24h 长时间工作，导致 Modem 稳定性不佳，容易发生故障；ADSL 接入带宽不高，无法为用户提供有效的高速无线接入功能。

在接入方面，AP 的业务和管理统一采用 VLAN，在 DSLAM 端口上打上 VLAN 标签，在 BRAS 上采用 QinQ 方式实现。

由于接入稳定性和带宽因素等原因，目前相关运营商均已经暂停 ADSL 接入的建设。

2.4.2 LAN 接入

LAN 交换机可以提供数据流量控制、传输差错处理、传输媒介访问控制等功能，且交换机的稳定性远远优于普通的 ADSL 调制解调器，AP 下行接入带宽可达 10Mb/s。在 AP 的数据配置上，AP 的业务和管理的 VLAN 相区分，在 AP 的以太网接口上需配置 Trunk 或 Hybrid 端口链路属性，并标注相应的业务和管理 VLAN 标签，从而实现数据报文的转发。AP 的 WLAN 业务在 BRAS 上采用 QinQ 方式实现，而管理则采用统一的管理 VLAN 实现。

2.4.3 EPON 接入

EPON 网络以点至多点的拓扑结构取代点到点结构，大大节省了光纤用量及敷设成本。对比 LAN 上联的交换机，AP 的下行接入带宽可达 100～1000Mb/s。同 LAN 方式一样，需要配置相应的业务和管理 VLAN，并在以太网接口以 Trunk 或 Hybrid 方式进行数据转发。由于 EPON 相较于交换机有快速部署、较高带宽和成本低等优势，所以交换机即将被淘汰，目前网络建设以 EPON 为主。

但 EPON 与交换机相比，在业务上还存在不稳定现象，会出现由于 ONU 软件问题而引发的 AP 故障，需要对 ONU 设备进行重新授权，之后才可以解决。同时，作为双上联的双 SSID 无线城域网与无线局域网的融合，则会因为 ONU 必须上联运营商的 OLT，无法同无线局域网出口交换机相连，无线局域网的流量须流经城域网后方可实现，给城域网带来较大的流量压力。

2.4.4 AC 应用的网络架构

2009 年以前，AP 作为独立的无线接入点实现网络覆盖。但是随着 Wi-Fi 网络规模的不断扩大和业务应用的不断增加，独立的无线接入点结构无法实现无缝漫游，没有统一集中管理，难以满足日益增大的网络应用需求。鉴于此，各大厂家提出了由一台三层交换机和服务器组成的 AC 对 AP 实现集中控制，AP 仅作为无线信号接入点，所有的应用均在

AC 上实现，从而形成所有 AP 统一管理、各种业务集中应用的 AC+AP 网络架构。在这种网络架构下的 AP 称为 FIT AP，而原来独立无线接入点的 AP 因其功能较多，称为 FAT AP。FIT AP 同 FAT AP 相比，具备多个优势，两者对比如表 2.5 所示。

表 2.5 FAT AP 和 FIT AP 的对比

对 比 项 目	FAT AP	FIT AP
技术模式	传统模式	新生模式
安全性	传统加密、认证方式，普通安全性	实现射频环境监控，高安全性
网络管理	对每台 AP 均需进行数据配置	AP 零配置，数据、升级批量下发，数据保密，安装迅速，维护简单
用户管理	类似有线，根据 AP 接入的有线端口区分权限	无线专门虚拟专用组网，根据用户名区别，用户数据提取、处理简单
WLAN 组网规模	L2 漫游，无法 L3 漫游，仅适合小规模组网	可 L2、L3 漫游，CAPWAP 隧道传输，拓扑无关性，适合大规模组网
增值业务能力	实现简单数据接入	可扩展语音、无线 VPN、无线专网等增值业务

AC+FIT AP 根据 AC 在城域网的部署位置不同，有两种不同的组网方式。

1. AC+FIT AP 的二层部署

AC+FIT AP 的二层部署指无线交换机仅作为二层设备来使用，并不作为无线用户的网关，无线交换机可以将不同的用户组分配到指定的 VLAN 上。无线交换机将用户的数据包进行两层透传。

二层部署的优点如下。

（1）AC 通过 10GE 端口和专用的 BRAS 相连，无线用户数据不需要通过其他 BRAS，减轻了其他 BRAS 的负担。BRAS 专用于无线数据，不接入有线数据，在一定程度上解决了流量的瓶颈效应问题。

（2）专用的 BRAS 集中认证、鉴权，实现无线用户的无缝切换漫游。

（3）所有无线用户的业务均在一台专用的 BRAS 上实现，同城域网中其他 BRAS 设备相隔离，实现了与城域网数据共路径接入但分隔应用的目的，即便无线数据出现问题，也不会对有线网络产生影响，保证了有线城域网业务的稳定性。

二层部署的缺点如下。

（1）AC 同汇聚设备需要利用光缆实现物理连接，需要丰富的传输资源。

（2）在二层部署下，需要占用汇聚设备有限的物理端口（由于厂家间的 AC 不可通用，故使用几个厂家的 AC，就要占用几个端口），当汇聚端口有限时，会产生问题。

（3）需要一台专用 BRAS 来实现部署，成本较高。

2. AC+FIT AP 的三层部署

AC+FIT AP 的三层部署指无线交换机作为认证计费点来使用，相对于 BRAS 设备，无线交换机是无线用户的网关。无线交换机在用户通过认证后，将用户的数据包通过三层转发。

三层部署的优点如下。

（1）AC 旁挂 BRAS，结构明确简单，现有网络无须调整。

（2）AC 通过 10GE 端口同 BRAS 相连，此 BRAS 和其他 BRAS 的数据均通过城域网现有的传输资源实现。

（3）AC 旁挂 BRAS，可在高层实现对 AP 的控制。特别是当运营商前期进行 FAT AP 部署时，存在多个厂家设备并存的现象而言，几个厂家的 AC 可通过旁挂 BRAS，在 FAT AP 升级成混合型 AP 后，实现全网统管。

（4）对广域零散 AP 的接入比较迅速。

三层部署的缺点如下。

（1）大量 AP 的数据汇集到一台 BRAS 上，当流量较大时，会对 BRAS 产生较大负担；当大量用户接入运营商无线城域网时，单台 BRAS 有限的 GE 端口有可能出现瓶颈效应问题。

（2）在其他 BRAS 下，AP 的数据要通过 BRAS→GSR→AC 处的 BRAS→AC，再原路返回，不仅路程较长，不利于网络中数据路由最优化，而且流量迂回还会产生流量压力。

（3）各个 AP 的认证、鉴权在本 BRAS 下实现，当跨越 BRAS 切换时，需重新认证、鉴权。实现大范围的无缝漫游比较困难。

AC 旁挂拓扑图如图 2.19 所示。

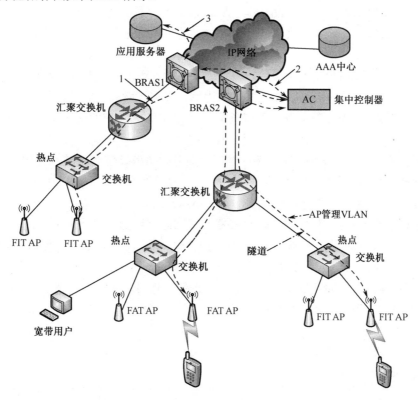

图 2.19　AC 旁挂拓扑图

2.4.5 通过网络架构优化实现 Wi-Fi 网络质量提升

ADSL、LAN 和 EPON 三种方式各有优缺点。虽然从网络建设角度看，中国电信以其广泛的 ADSL 上联、有着部署快捷、资源广泛的优势，并在 2008—2009 年期间利用线路优势快速建立起大量 ADSL 上联的 Wi-Fi 热点；但是 ADSL2+的 8Mb/s 带宽的瓶颈无法体现 Wi-Fi 25Mb/s 的 TCP/IP 带宽特点，同时其 Modem、外线的不稳定性也会导致故障频发使用户接入困难和掉线。LAN 方式较为稳定，但是其上联 10Mb/s 的带宽在 IEEE 802.11ab 时代无法充分体现 Wi-Fi 的高速接入优势。而 EPON 以其 100～1000Mb/s 的带宽，可以在 IEEE 802.11g 时代有效提供 25Mb/s 的上联带宽，既可以满足 IEEE 802.11n 达 200Mb/s 的端口需求，也能达到 IEEE 802.11ab 高达 1000Mb/s 的接入要求。因此，在接入网方面，EPON 接入是最优的提升 Wi-Fi 网络质量的接入网络架构。随着 EPON 上联在网络中的比重越来越大，上联带宽的增加使用户使用体验显著提升，故用户流量也迅速增长。

由于 AC+FIT AP 在网络应用中的效果优于 FAT AP，因此将全网的 FAT AP 全部升级，替换成 FIT AP，这对 Wi-Fi 网络质量的提升具有显著意义。在普通 FAT AP 的情况下，由于 AP 间不具备平滑切换能力，用户会在信号重叠覆盖区域遇到因切换而导致的掉线问题。同时，在多台 FAT AP 共同覆盖的区域，由于无法集中管控分配用户接入，会出现终端集中于一台 AP 的情况，导致其负载过重，而另外的 AP 设备无连接，无线资源无法得到统一调配。因此，需要大规模采用 AC+FIT AP 方式，通过 AC 的集中控制，实现网络接入的稳定和优化，保障用户在重叠覆盖、信号弱、切换等场景下能够稳定使用。以一个所有学生在宿舍 Wi-Fi 上网的信息职业技术学院为例，在原运营商 FAT AP 组网情况下，掉线率持续在 10%以上；但是随着该运营商逐渐将 FAT AP 升级为 FIT AP，相关 Wi-Fi 接入掉线率呈显著下降趋势，用户使用体验得到有效提升。

AC+AP 两种组网方式各有特点和利弊。目前各家电信运营商城域网架构受投资限制，难以在全网每台 BRAS 下都部署所有厂家的 AC。结合目前核心网传输带宽较为充裕的情况来看，AC 三层部署路由是目前最优的 AC+AP 网络结构。但从提升 Wi-Fi 网络质量的长远网络规划上看，二层和三层部署将根据实际网络应用的情况而出现变化。随着 Wi-Fi 网络规模的扩大，AC 节点不断增多，通过分裂 AC 节点，可以有效地缓解单 AC 上的流量和业务压力，减小突发核心网故障造成的用户故障影响面。同时对于无线内网的业务需求，由于内网存在较大的流量压力，故需要根据情况适时将 AC 下沉到二层，以减轻内网流量对运营商核心网的压力。最终根据不同业务接入需求，实现 AC 二层和三层共同部署的网络结构。

2.4.6 Wi-Fi 业务方式

1. Portal 方式

Portal 的中文意思是"门户"，电信运营商通过 Portal 方式可以实现良好的人机交互界面，其特点及优势如下：

（1）具有良好的广告效应；

（2）能够实现各种用户（包括一次一密用户、其他网络体验用户）的接入；

（3）能够向用户提供电子无线计费卡的在线销售服务，给用户带来便捷体验；

（4）能够为不具备 PPPOE 拨号的智能终端（如 iPad、iPhone）提供运营商级的 Wi-Fi 接入条件。

Portal 方式也存在着以下问题：

（1）Portal 方式的实现首先要求用户的无线网卡获取地址，但如果因为网络层原因无法给用户下发地址，就容易出现用户无法使用的情况；

（2）Portal 方式对用户浏览器有一定的要求，如果用户终端设置存在问题，则会使用户无法使用。

2. PPPOE 方式

点对点协议（PPP）提供了在点对点链路上传输多种协议数据包的标准方法。PPP 主要由三部分组成：

（1）一种封装多种协议数据包的方法；

（2）一个链路控制协议（LCP），用于建立、配置、测试数据链路的连接；

（3）一系列的网络控制协议（NCP），用于配置和建立不同的网络层协议。

用户在终端安装一个 PPPOE 拨号软件，在连接到无线信号时，可以直接拨号上网，以点对点的方式从城域网 PPPOE/Default 地址池获取地址，保证网络应用的稳定性。

3. Wi-Fi 业务实现流程

Wi-Fi 业务实现流程如图 2.20 所示，描述如下。

图 2.20　Wi-Fi 业务实现流程

（1）STA（无线终端）首先扫描无线设备的射频信号，并进行连接。

（2）连接后，STA 发起 DHCP Request，寻求获取 DHCP 地址。

（3）BRAS 在确认经过 AP 到达 BRAS 端口的数据报文上带的是 Wi-Fi 的端口号后，将核实用户身份的报文发送到 SDX（Wi-Fi 服务器）上进行确认。

（4）SDX（Wi-Fi 服务器）确认后，反馈合法用户信息给 BRAS。

（5）BRAS 根据用户身份验证情况，给 STA 下发 DHCP Response，STA 获取 DHCP 地址。

（6）之后，STA 根据该地址，将网页重定向到 Wi-Fi 的 Portal 认证页面，进行 Radius 认证。

（7）认证通过后，就可以上网了。

2.4.7　Wi-Fi 网络质量优化

同 Portal 方式相比，PPPOE 方式在上联无线和有线物理链路畅通的情况下，对应用层逻辑链路没有要求，即用户在无线网卡由于网络应用层面无法获取地址的情况下，仍可以直接拨号上网，有较强的网络健壮性。

Portal 方式需要做到：

（1）用户需获取一个用于重定向 Portal 的 DHCP 地址；

（2）Portal 服务器能够将用户输入的任意页面地址重定向到认证 Portal 页面上；

（3）用户能够在 Portal 页面上顺利地输入用户名和密码，并登录。

但在实际情况下，Portal 容易出现如下问题。

（1）由于用户计算机或城域网问题，在无线物理链路已经连接完成的情况下，用户终端无法获取 DHCP 地址，显示"网络受限或无连接"。

（2）由于用户浏览器或 Portal 服务器问题，无法实现页面的重定向功能。

（3）由于用户终端或城域网 Radius 系统对 Wi-Fi 账号属性的错误判断，出现"用户访问被拒绝"，使用户无法顺利地输入用户名和密码并登录。

（4）对于手机终端，由于终端不支持且输入烦琐，导致用户难以便捷地通过 Portal 方式进行 Wi-Fi 上网。

在如图 2.20 所示的业务实现流程中，可以看出 Wi-Fi 用户的身份验证需要一个外挂于 BRAS 的 Wi-Fi 服务器予以实现，但由于外挂服务器存在各种不稳定情况，如果因各种原因，如 SDX 和 BRAS 的链路吊死或 SDX 服务器进程出现问题，导致在网络链路畅通时出现用户无法获取 DHCP 地址、无法打开认证页面或无法顺利认证的情况，则会给用户留下运营商 Wi-Fi 网络质量不佳的印象，从而排斥此项业务。因为造成此情况的原因是 BRAS 和外挂服务器之间存在交互问题，所以通过将现网 AP 割接到应用和认证在同一 BRAS 上的另一厂家的设备上，就可以彻底解决此问题。由于 FAT AP 受上联物理线路限制，难以突破物理线路限制的瓶颈，故 FAT AP 割接存在困难，但 FIT AP 的业务终结时通过路由的方式终结在 AC 旁挂的 BRAS 上，所以 FIT AP 可以在不更改接入线路的情况下，实现上联 BRAS 在业务上的割接，成功解决相关 AP 下由于认证服务器的原因而无法顺利上网的问题，从而有效保证 Wi-Fi 网络质量。

同时，PPPOE 拨号由于采用 PPP 连接方式而不受此问题限制，只要无线链路畅通，就可以直接拨号上网。手机用户则可以采用 C+W 统一认证终端，通过 UMI 卡直接拨号，上网极其便捷。但是，PPPOE 拨号要求用户有固定的账号及密码，对于一次一密用户及其他网络用户则无法提供业务应用功能。因此，可以向一次一密用户及其他网络用户提供短信平台接口，在无法通过 Portal 方式获取密码的情况下，可以通过手机短信获取密码的方式，满足此类用户的无线接入需求。

2.5　校园 Wi-Fi 网络建设

校园网是学校重要的信息化基础设施，承载着学校一卡通、财务专网、节能监控、安防监控、网络售电、门禁系统、考勤系统、消防监控等多种业务。

IEEE 802.11n 可以在 2.4GHz 和 5GHz 这两个频段上工作，具有高性能、高兼容性、高吞吐量、覆盖广的优势。无线技术不断发展，IEEE 802.11 不断革新，无线终端设备对 IEEE 802.11n 的支持加大，校园无线网络建设正在逐步进入 IEEE 802.11n 规模应用阶段。IEEE 802.11n 标准向下兼容 IEEE 802.11a、802.11b 和 802.11g 标准，既保留了现有的校园网络资源，又考虑了未来校园网络的发展。

2.5.1　校园 Wi-Fi 网络拓扑设计

整个校园无线网由核心路由器 BRAS、汇聚交换机、POE 交换机和 AP 组成，校园 Wi-Fi 网络拓扑图如图 2.21 所示。通过在校园网部署多台核心路由器，将以前多达三层或更多层的校园网结构简化为二层架构，即业务控制层（核心层）和宽带接入层（接入层），物理上仍是三层架构，逻辑上却是二层架构。

基于扁平化思路的运营商级网络架构设计，网络层次清晰化，整个体系能够实现用户之间/业务之间的有效隔离，避免相互之间的干扰和影响，做到可细分、可隔离。可以简化接入层、汇聚层设备的功能，接入层、汇聚层再也不需要很多特性，甚至三层路由功能都不需要，同时也降低了对接入层、汇聚层维护人员的要求，节省了后期维护成本。不需要为了支持新的业务而被迫升级或更新接入层、汇聚层设备，可以减少校园网络设备的整体投入。

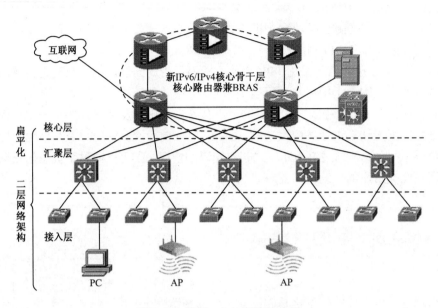

图 2.21　校园 Wi-Fi 网络拓扑图

2.5.2　校园 Wi-Fi 网络频率规划

Wi-Fi 工作在频率为 2.4GHz 频段和 5.8GHz 频段上。IEEE 802.11b/g/n 使用开放的 2.4GHz ISM 频段，2.4GHz 无线设备的工作频段为 2400～2483.5MHz，带宽为 83.5MHz。IEEE802.11a/n 使用 5.8GHz 频段，5.8GHz 无线设备的工作频段为 5.725～5.850MHz。在不同的部署场景采用单频或双频技术，规划时应保证频道之间互不干扰。

1．2.4GHz 和 5.8GHz 频段的频率规划

（1）2.4GHz 频段的频率规划。

2.4GHz 频段划分为 14 个子频道，可工作的频道为 13 个，每个子频道带宽为 22MHz。为了避免频道之间的干扰，一般选用 1、6 和 11 频道。

（2）5.8GHz 频段规划。

5.8GHz 频段划分为 5 个子频道，频道号为 149、153、157、161 和 165，带宽 125MHz。每个子频道带宽 20MHz，采用双频道捆绑技术时可以达到 40MHz。虽然 5.8GHz 频段使用的是互不交叠的频道，但在 AP 部署密集的情况下，应错开相邻频道，减少频率干扰。

2．无线接入的频段指引

2.4GHz 频段只有 3 个非重叠的频道，抗干扰能力比较差，5.8GHz 频段的频道相对好得多，然而现实情况是：虽然无线接入点是双频的，用户的终端也是双频的，但是网卡类型及驱动的不同，导致还有非常多的用户实际连接到 2.4GHz 频段上，因此设计时要采用能自动引导市面常见的双频段终端（即同时支持 2.4GHz 和 5GHz 频段的终端）优先连接 5GHz 频段的双频段 AP，以均衡使用网络资源，改善网络性能。

3. RF 信号抗干扰

在楼宇格局布置复杂的空间内，AP 或多或少地存在着 RF 信号的干扰，以及其他同频率无线设备的信号干扰，要尽量把这种干扰降到最小。对无线网络而言，来自外界的频率干扰往往是不可预测和难以避免的，并可能导致无线网络的性能和可靠性降低。因此在设计时，应采用可以提供针对 2.4GHz 和 5GHz 频段的频谱扫描数据的 AC 和 AP，识别出各种非法 Wi-Fi 干扰信号。

2.5.3　校园 Wi-Fi 网络覆盖指标

1. 覆盖指标

（1）为能够提供优质的无线服务，校区所有房间（面板 AP 除外）内要求无线信号在室内任何空间的信号强度为 2.4GHz、5.8GHz，同时不低于-60dBm，丢包率小于 1%。

（2）室外环境下，无线信号在无线蜂窝覆盖边缘信号强度为 2.4GHz、5.8GHz，同时不低于-75dBm。为了达到信号稳定，同频率、同信道的干扰信号强度不得高于-75dBm。

（3）目标覆盖重点区域内 99%以上的位置，用户终端收到的下行信号不小于 60dBm。

（4）在目标覆盖区域内，单用户接入最大下行业务速率不小于 AP 理论带宽的 50%。

2. 容量设计

（1）校园 Wi-Fi 网络在进行多终端接入设计时，每个 IEEE 802.11n AP 须能支持并发服务 30～50 个用户。

（2）在不加密的情况下，2.4GHz 上行或下行单向吞吐量不低于 75Mb/s，5.8GHz 上行或下行单向吞吐量不低于 155Mb/s。

2.5.4　校园 Wi-Fi 网络 AP 覆盖设计

1. AP 覆盖设计

在明确各场景对无线网络 AP 的不同需求后，应根据实际的情况，选用合适的 AP、适当的 AP 数量和相应的 AP 部署方式进行覆盖。在布设时应考虑如下几方面，对布设 AP 的数量进行合理设置，每一楼层内的信号要符合覆盖指标。

（1）在整体覆盖的规划上，要保证无线接入器 AP 信号的有效覆盖，选择合适的 AP 天线，并对 AP 进行相应配置。AP 的部署方式大方向上可以分为综合分布式系统和独立 AP 覆盖这两种方式，设计时应根据具体场景的实际勘测情况进行选择。

（2）对于同时存在多个 WLAN 覆盖的网络区域，AP 在部署时应尽量避免频率之间的相互干扰，原有网络需要扩容时增加的 AP 可以先通过扫频的方法检测要覆盖区域范围内原有 AP 的频率，然后再对本 AP 的频率进行设计。

（3）在室内覆盖设计中，可能存在同一区域内 AP 数量较多、并发的用户数多的情况，这时可以通过降低 AP 的发射功率来缩小 AP 信号的覆盖范围，减少同频率之间相互干扰的问题。

（4）在覆盖方案中选择 AP 的厂家和型号时，应综合考虑设备的覆盖方案、支持标准、性价比、系统整体间可能存在的频率干扰等因素。

2. AP 部署方式

AP 分为室外型 AP 和室内型 AP 两种。室内型 AP 又可分为外置天线 AP、内置天线 AP、天线加馈线式 AP 和面板式 AP。

对于室内，当前无线网络的 AP 部署方式主要分为放装部署方式、室分部署方式、智分部署方式和面板式部署方式。

（1）放装部署方式。

放装部署方式是一种传统的部署方式，采用这种方式的 AP 和天线部署在走廊或房间里。这种方式的优点是部署实施简单且经济，适用于较为空旷的场景，但在类似宿舍区这样密集的场景中，一般来说信号在走廊里比较强，而在房间里会很弱，且 5.8GHz 频段的信号无法穿墙。

（2）室分部署方式。

室分部署方式是把 AP 放在走廊或弱电间里，在走廊里加装功分器、耦合器、天线、馈线等多种中间设备。目前室分 AP 性能比较低下且部署过程非常复杂，对施工团队的专业性要求很高，而且网络故障排查的难度增加了网络故障的恢复时间，不便于网络的维护。

（3）智分部署方式。

智分部署方式是将智分 AP 放在走廊，通过馈线延伸把天线部署在房间内，这种方式既综合了放装和室分的优点，又解决了放装在房间内信号衰减、室分部署和维护困难的问题。智分部署方式还可以实现以下三种灵活的变化。

1 分 8 单频单流：一个智分 AP 覆盖 8 个房间，每个房间只支持 2.4GHz 频段信号的接入，8 个房间共享 144Mb/s 带宽，最大速率可达 72Mb/s。

1 分 8 双频单流：一个智分 AP 覆盖 8 个房间，每个房间都支持 2.4GHz 和 5.8GHz 频段的信号接入，8 个房间共享 222Mb/s 带宽，最大速率可达 150Mb/s。1 分 8 双频单流可通过扩容 1 套馈线天线平滑切换到 1 分 4 双频双流。

1 分 4 双频双流：一个智分 AP 覆盖 4 个房间，每个房间都支持 2.4GHz 和 5.8GHz 频段的信号接入，4 个房间共享 444Mb/s 带宽，最高速率可达 300Mb/s。

（4）面板式部署方式。

面板式 AP 部署在房间内，不需要重新布线，只需要先将原有的有线网络接口面板拆去并将原有交换机更换为 POE 交换机，最后将原来的网线插在面板式 AP 上安装即可使用。面板式 AP 不支持 5.8GHz 频段，只支持 2.4GHz 频段。

2.6 Wi-Fi 技术的应用与发展

由于 Wi-Fi 的频段在世界范围内是无须任何电信运营执照的免费频段，因此 WLAN 无线设备提供了一个世界范围内可以使用的、价格极其低廉且数据带宽极高的无线空中接口。用户可以在 Wi-Fi 覆盖区域内快速浏览网页，随时随地接听、拨打电话。而其他一些基于 WLAN 的宽带数据应用，如流媒体、网络游戏等更是值得用户期待。有了 Wi-Fi 功能，拨打长途电话（包括国际长途）、浏览网页、收发电子邮件、下载音乐、传递数码照片等，再无须担心速度慢和成本高的问题。

Wi-Fi 在掌上设备上应用越来越广泛，如智能手机。与早前应用于手机上的蓝牙技术不同，Wi-Fi 具有更大的覆盖范围和更高的传输速率，因此能够使用 Wi-Fi 上网的手机成为移动通信业界的时尚设备。

2.6.1 Wi-Fi 技术与智能家居系统

基于 Wi-Fi 技术的智能家居系统由 Wi-Fi 家庭局域网、家庭网关、无线路由器、互联网、手机接入网（2G、3G、4G 及 5G 等通信网络）和控制终端组成，如图 2.22 所示。

Wi-Fi 家庭局域网由若干个 Wi-Fi 智能节点组成。每一个智能节点都包含一个 Wi-Fi 接收模块，实现家庭网关与各智能节点间的数据传递功能。家庭网关包含一个 Wi-Fi 发射模块，实现家庭网关与互联网的数据传递功能。控制终端可以是 PC 或移动终端（如笔记本电脑、平板电脑、智能手机等），并配有相应的客户端软件或手机 App，可以查询家用电器的状态、远程控制电器，也可以根据需求扩展其他功能。目前，Wi-Fi 技术在智能家居中的应用主要体现在以下几个方面。

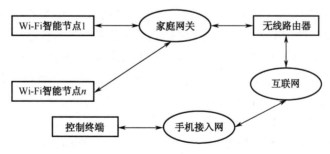

图 2.22 基于 Wi-Fi 技术的智能家居系统

（1）网络可视对讲。Wi-Fi 智能网关作为可移动的终端设备，用户在家中任何地方都可以通过终端屏幕看到访客的影像并自动存储，而且还能与用户通话并控制开锁。

（2）防盗报警。一旦出现外人入侵住宅的情况时，Wi-Fi 智能设备会立即产生告警信号，以图像、图片、短信或电话的形式通知用户或报警中心，最大限度保护用户生命财产安全。

（3）家电智能控制。引入 Wi-Fi 可以实现对音视频设备、照明、窗帘、空调、网络家电等家用设备的互联和协同合作，实现远程控制。

（4）远程监控。用户出门在外时，登录家庭网关可以实现远程实时监控。当室内煤气、甲醛、烟雾等达到危险浓度时，系统通知用户并自动打开窗户通风散气，保证室内环境的安全。

（5）信息服务。通过小区网络信息平台，用户可以接收小区通告信息，比如停水、停电通知等，及时了解小区动态，实现各种快捷便利的智能小区增值服务。

基于 Wi-Fi 技术的智能家居改变了人们的生活方式，提高了家居环境的舒适性、便捷性和安全性。通过远程控制各种家电设备的开关，延长了家用电器的使用寿命，节省了日常的电费开支，很大程度上提高了人们的生活质量。随着人们对智能家居需求的不断增长，越来越多的厂家开始研发支持 Wi-Fi 的智能家电产品，为 Wi-Fi 技术在智能家居中的应用提供了有利的条件。

2.6.2　Wi-Fi 联合 5G 组网技术

在日常生活中，人们对移动通信技术及 Wi-Fi 技术都有着较为清晰的认识，这是因为两者都与人们的日常生活联系紧密。5G 网络的应用范围主要集中在移动通信领域，具体来说是通信、会话等方面，而 Wi-Fi 主要功能是为人们提供免费的无线网络服务。当两者展开相应的结合时，应用场景也会变得与之前不同，准确地说是应用场景扩大化了。比如说，之前的无线网络信号主要存在于咖啡厅、办公楼或者学生公寓等地方，一旦 Wi-Fi 与 5G 联合，那么网络信号将会存在于不同的场景之中，这将会大大提升人们的网络使用率。

5G 是第五代移动网络通信技术。前几代的移动网络通信技术，比如 2G、3G、4G 等，都只是为移动手机及平板提供网络服务，费用非常高，但是网络速度却非常的慢，时常会发生相应的网络拥挤问题。Wi-Fi 技术虽然可以提供免费的网络服务，但是其只能局限在一定范围之内，整个 Wi-Fi 网络的速度非常的慢，并且路由器所发射的网络信号也是有限制的。最开始 Wi-Fi 无线网络技术必须要依靠路由器来发射相应的网络信号，但是随着这项技术的不断更新发展，任何一部具有流量的智能手机都可以发射 Wi-Fi 信号，但是这里的前提是科学的发展，智能手机的普及。我们可以清楚地了解，在之后的社会发展过程中，更多的智能设备将会层出不穷，而且每个智能设备都不可能是独立存在的，这从侧面要求网络流畅度和信号强度都必须再提升一个档次，还要切实将原本的网络形式进行创新发展。现今，3G 技术与 WLAN 已经在我国实现了完美的融合，那么相信在之后，5G 技术与 Wi-Fi 也一定可以实现高质量的融合。

（1）融合组合技术的难点。5G 与 Wi-Fi 融合组合的目标是提高网络利用率，将时间压缩到最短，提高用户的体验度。这项技术的难点主要体现三个方面上：第一方面，在众多业务中，实现无缝切换技术，保障业务负载、服务质量、能效；第二方面，干扰抑制技术，能够有效地解决热点 AP 地址增多导致的共存干扰现象；第三方面，安全问题，由于 Wi-Fi 搭建的 AP 网址价格非常低廉，使得信息和密码非常容易被人窃取，网络安全受到威胁，融合组合技术能够很好地解决安全问题，实现无缝对接。

（2）无感知认证技术。在未来的世界中，人们对网络提出了更高的要求，用户提出了"无感知"的要求。5G 与 Wi-Fi 融合组合网络具备这个特点。Wi-Fi 无感知认证技术能够实现终端智能接入认证，用户可以采用最便捷的方式进行操作。通过网络接入控制协议，对接入用户的认证给出了规范化的流程，实现用户终端和网络接口的认证。智能终端越来越先进，通过特殊的认证方式，能够自动接入 Wi-Fi 网络，用户能使用最少的操作完成这项任务，使用户体验更好。

（3）绿色通信的相关规定。随着网络发展速度的增快，网络问题越来越多。要想使网络保持绿色通信，需要从多个角度共同治理，如制定严格的法律制度及机制，同时用户自身也要提升自己的道德情操，远离庸俗文化。

本章小结

IEEE 802.11 主要工作在 ISO 协议的物理层和数据链路层中，其中数据链路层又划分为 LLC 和 MAC 两个子层。

IEEE 802.11 规定的无线网络物理层的工作方式有三种，包括跳频扩频技术（FHSS）、直接序列扩频技术（DSSS）和一个红外传输规范。其中有两种物理层传输的工作信道位于 2.4GHz 免授权的工业、科学和医疗频段，并采用扩频传输技术来保证 IEEE 802.11 设备在该频段上的可用性和具有可靠的吞吐量，同时也可以避免在同一频段内与其他设备互相干扰。物理层另一种工作频段位于红外波段内，它采用的是光学技术，不使用 2.4GHz 的频段。

IEEE 802.11 的数据链路层由两个子层构成，逻辑链路（Logic Link Control，LLC）层和媒体接入控制（Media Access Control，MAC）层。IEEE 802.11 使用和 IEEE 802.2 完全相同的 LLC 层和 48bit 的 MAC 地址。

Wi-Fi 的网络架构分为两种：一种是运营商接入网络拓扑结构，分别以 ADSL、LAN 和 EPON 三种不同的接入方式予以实现，属于物理层架构；另一种是 AC+FIT AP 模式下的 AC 部署位置架构，属于网络层架构。不同的网络架构对用户的使用存在不同的影响。

校园 Wi-Fi 网络由核心路由器 BRAS、汇聚交换机、POE 交换机和 AP 组成。通过在校园网部署多台核心路由器，将以前多达三层或更多层的校园网结构简化为二层结构，即业务控制层（核心网络层）和宽带接入层（接入层），物理上仍是三层，逻辑上却是二层架构。

思考题

（1）试分析 IEEE 802.11 基本结构。

（2）简述 Wi-Fi 技术的 MAC 层接入协议。

（3）试分析 Wi-Fi 技术的网络架构。

（4）简述 Wi-Fi 联合 5G 组网技术的关键技术。

参考文献

[1] 段水福，历晓华，段炼. 无线局域网（WLAN）设计与实现[M]. 杭州：浙江大学出版社，2007.

[2] 高峰. 无线城市-电信级 Wi-Fi 网络建设与运营[M]. 北京：人民邮电出版社，2011.

[3] Hsiao Hwa Chen，Mohsen Guizani. Next Generation Wireless Systems and Networks[M]. 北京：机械工业出版社，2008.

[4] 张瑞生，刘晓辉. 无线局域网搭建与管理[M]. 北京：电子工业出版社，2011.

[5] 汪坤，李巍. 无线局域网测试与维护[M]. 北京：中国劳动社会保障出版社，2009.

[6] 刘慎发. 分布式天线通信系统中的关键技术研究[D]. 北京：北京邮电大学，2007.

[7] 苏志军. 基于 TQM 的深圳福田 Wi-Fi 网络质量管理研究[D]. 兰州：兰州大学，2010.

[8] 张永明，李冠雄. Wi-Fi 接入点连接系统及连接方法：中国[P]. 2010.

[9] 祝小平. 一种配置 Wi-Fi 参数的方法、装置及系统：中国[P]. 2010.

[10] 张晨，冯瑞军，吴兴耀，等. 一种 Wi-Fi 网络的 AP 的位置、覆盖半径确定系统及方法：中国[P]. 2011.

[11] 王娟，郭家奇，刘微. Wi-Fi 技术的深入探讨与研究[J]. 价值工程，2011（6）.

[12] 金纯，陈林星，杨吉云. IEEE 802.11 无线局域网[M]. 北京：电子工业出版社，2004.

[13] 蔡世雅. 校园大规模 Wi-Fi 网络建设[D]. 南昌：南昌大学，2014.

[14] 崔小冬. 基于 Wi-Fi 的无线校园网建设研究[D]. 南京：南京理工大学，2010.

[15] 张瑞生，刘晓辉. 无线局域网搭建与管理[M]. 北京：电子工业出版社，2012.

[16] 马华兴. 大话移动通信网络规划[M]. 北京：人民邮电出版社，2012.

[17] 高峰，等. 无线城市：电信级 Wi-Fi 网络建设与运营[M]. 北京：民邮电出版社，2011.

第 3 章

ZigBee 技术及其应用

3.1 引言

ZigBee 技术是一种低复杂度、低功耗、低速率、低成本、短距离的双向无线通信技术。它是一种介于无线标记技术和蓝牙技术之间的技术提案，主要用于近距离无线连接。它依据 IEEE 802.15.4 标准，在数千个微小的传感器之间相互协调实现通信。这些传感器只需要很少的能量，就能以接力的方式通过无线电波将数据从一个网络节点传输到另一个节点，所以它们的通信效率非常高。

ZigBee 的技术优势主要表现在以下几个方面：

（1）功耗低。由于 ZigBee 网络节点设备工作周期短、数据传输速率小，且使用休眠模式，所以 ZigBee 模块的整体功耗非常低，其发射功率仅为 1mW。据估算，ZigBee 设备仅靠两节标准 5 号电池就可以维持长达 6 个月到 2 年的使用时间，大大降低了网络维护负担。

（2）成本低。由于 ZigBee 数据传输速率低、协议简单，所以大大降低了研发和生产成本。普通的网络节点硬件只需 8bit 微处理器、4～32KB 的 ROM 就能实现，软件实现也很简单。低成本是 ZigBee 技术与其他无线短距离通信技术竞争的重要优势。随着产业化规模的不断扩大，ZigBee 通信模块的价格会不断降低并会被广泛地应用到日常生活中。

（3）时延短。ZigBee 技术的通信时延和从休眠状态激活的时延都很短，新的随动设备搜索时延为 30ms，休眠激活的时延是 15ms，活动设备信道接入的时延为 15ms。因此，ZigBee 技术适用于对时延要求较高的无线控制领域，如工业控制现场等。

（4）网络容量大。一个 ZigBee 网络可根据应用需要灵活地选用星状、树状或网状网络拓扑结构，一个协调器最多可连接 255 个子节点；同时每个协调器还可由上一层协调器管理，理论上最多可组成具有 65 535 个节点的大网络，一个区域内最多可以同时存在 100

个独立且互相重叠覆盖的 ZigBee 网络。

（5）可靠性高。ZigBee 技术在物理层采用了直接序列扩频（DSSS）技术和频率捷变（FA）技术，将一个信号分为多个信号，经编码后传送，以避免同频干扰。媒体接入控制（MAC）层采用 IEEE 802.11 系列标准中带冲突避免的载波监听多路访问（CSMA/ CA）方式，避免数据传输冲突，并提高了系统的兼容性。此外，为保证传输数据的可靠性，建立了完整的应答数据传输机制。

（6）安全性高。ZigBee 技术在网络层和媒体接入控制层都加入了安全保密机制，采用四种 IEEE 802.15.4 媒体接入控制层的安全保障策略。

① 访问控制：设备保存那些网络中被信任的设备名单。

② 资料加密：使用高级的 128bit 对称加密（AES-128）算法。

③ 帧完整地保护数据：保护数据，避免因没有密钥而被修改。提供基于循环冗余校验（CRC）的数据包完整性检查功能，支持鉴权和认证。

④ 拒绝连续刷新的数据帧：网络控制器将对刷新值与最后已知值比较，从而决定是否丢弃该数据帧。不仅如此，ZigBee 的上层应用还可以灵活地定制不同的安全属性，从而能够从多方面有效地保证网络安全。

ZigBee 主要技术特征如表 3.1 所示。

表 3.1　ZigBee 主要技术特征

特　性	取 值 状 态
频段	868MHz/915MHz 和 2.4GHz
数据传输速率	868MHz：20kb/s
	915MHz：42kb/s
	2.4GHz：250kb/s
调制方式	868MHz/915MHz：BPSK
	2.4GHz：O-QPSK
扩频方式	直接序列扩频
通信范围	10～100m
通信延时	15～30ms
信道数目	868MHz：1
	915MHz：10
	2.4GHz：16
寻址方式	64bit IEEE 地址，16bit 网络地址
信道接入	CSMA/CA 和时隙化的 CSMA/CA
网络拓扑	星状、树状、网状
功耗	极低
状态模式	激活、休眠

3.2　ZigBee 协议体系

　　ZigBee 协议栈基于标准的 OSI 参考模型（七层模型），IEEE 802.15.4—2003 定义了物理层和媒体接入控制层。IEEE 802.15.4 定义的两个物理层分别工作在 868MHz/915MHz 和 2.4GHz 两个频段上。其中低频段物理层覆盖了 868MHz 的欧洲频段和 915MHz 的美国与澳大利亚等国的频段，高频段物理层则全球通用。ZigBee 联盟在此基础上定义了网络层（Network Layer，NWK 层）、应用层（Application Layer，APL 层）架构。其中应用层包括应用支持子层（Application Support Sub-Layer，APS 层）、应用框架（Application Framework，AF）、ZigBee 设备对象（ZigBee Device Objects，ZDO）及制造商定义的应用对象。每个层都有数据实体（Data Entity）和管理实体（Management Entity）与上一层连接，数据实体提供数据的传输服务，而管理实体提供所有类型的服务。每个层的服务实体通过服务接入点（Service Access Point，SAP）和上一层相连，每个 SAP 提供大量服务方法来完成相应的操作。

　　ZigBee 协议的体系结构如图 3.1 所示。

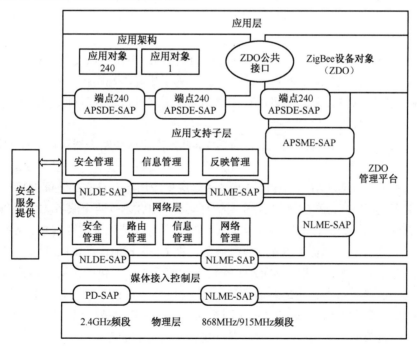

图 3.1　ZigBee 协议的体系结构

物理层是由半双工的无线收发器及其接口组成的，主要负责以下工作：

（1）控制无线收发器的激活与关闭；

（2）选择信道频率；

（3）提供链路质量指标（LQI）；

（4）对当前信道进行能量检测（ED）；

（5）为 CSMA/CA 机制提供空闲信道评估；

（6）发送和接收数据。

媒体接入控制层在相邻节点之间建立一条可靠的数据传输链路，共享传输媒质，负责控制对物理信道的访问。主要实现以下功能：

（1）协调器的 MAC 层负责产生信标（Beacon）；

（2）与信标帧同步；

（3）在两个对等的 MAC 层实体间提供一条可靠的链路；

（4）实现对个域网的关联与解除关联操作；

（5）采用 CSMA/CA 机制控制信道访问；

（6）维护设备安全；

（7）维护时隙保障（GTS）机制；

（8）负责维护 PIB 中与 MAC 层相关的信息，存储与 MAC 层相关的常量和属性。

网络层主要提供以下服务：

（1）开始一个新网段，即发起一个新网络；

（2）配置新设备，如一个新的设备可以配置为 ZigBee 协调器或加入现有网络；

（3）通过接收器控制功能控制节点加入/离开网络；

（4）使用网络层安全服务；

（5）将帧路由至其目的地，只有 ZigBee 协调器和路由器可以转发消息；

（6）发现和维护设备间的路由，这个能力是为了更有效地路由消息；

（7）发现单跳邻居，邻居间可以直接通信而不需要经过任何其他设备的中继服务；

（8）储存单跳邻居的信息；

（9）为加入网络的设备分配地址，只有 ZigBee 协调器和路由器可以分配地址。

应用层是协议栈的最高层，由三部分组成：应用支持子层（APS 层）、ZigBee 设备对象（ZDO）和应用框架（AF）。APS 层连接网络层和应用层，是它们之间的接口。这个接口由 APS 层数据实体（APSDE）和 APS 层管理实体（APSME）两个服务实体提供。APSDE 为网络中的节点提供数据传输服务，分割和重组大于最大荷载量的数据包。APSME 提供安全服务、节点绑定、建立和移除组信息服务，把 64bit 长地址（IEEE 地址）与 16bit 短地址（网络地址）一对一映射。ZDO 负责设备的管理工作，包括定义设备在网络中的角色（如属于协调器、路由器还是终端设备）、发现网络中的设备、发起和响应绑定请求、在设备之间建立安全机制。AF 是设备应用对象的工作环境，是应用层与 APS 的接口。它负责发送和接收数据，并为接收到的数据寻找相应的目的端点。

3.2.1　物理层

IEEE 802.15.4 定义了两个物理层标准：2.4GHz 频段物理层和 868MHz/915MHz 频段

物理层。它们都基于直接序列扩频（DSSS），使用相同的物理层数据包格式，区别在于工作频率、调制技术、扩频码片长度和传输速率不同。2.4GHz 频段为全球统一的、开放的 ISM 频段，有助于 ZigBee 设备的推广和生产成本的降低。ZigBee 物理层的三个频段总共划分出了 27 个信道。其中 868MHz 频段的数据传输速率为 20kb/s、信道数目为 1 个，该频段被欧洲等地区所使用。915MHz 频段的数据传输速率为 40kb/s、信道数目为 10 个，该频段被北美等地区所使用。由于在这两个频段上无线信号传播损耗较小，因此可以降低对接收机灵敏度的要求，获得较长的有效通信距离，从而可以用较少的设备覆盖给定的区域。同时这两个频段的引入也避免了 2.4GHz 频段附近各种无线通信设备的相互干扰。2.4GHz 频段的数据传输速率为 250kb/s、信道数目为 16 个，该频段为全球通用的频段。2.4GHz 频段物理层通过采用高阶调制技术，能提供 250kb/s 的传输速率，有助于获得更高的吞吐量、更小的通信时延和更短的工作周期，从而更加省电。通常情况下，一个 ZigBee 设备不能同时兼容这三个频段。

　　ZigBee 技术在不同工作频段的物理层调制及扩频方式有较大的差异。2.4GHz 频段物理层调制及扩频方式如图 3.2 所示。物理层将二进制数据 PPDU 每字节的高四位与低四位分别映射成数据符号，接着每种数据符号被映射成 32bit 伪随机噪声数据码片（Chip）。数据码片序列采用半正弦脉冲波形的偏移四相移相键控（O-QPSK）技术调制。奇数序列数据码片采用正交调制，偶数序列数据码片则采用同相调制。

图 3.2　2.4GHz 频段物理层调制及扩频方式

　　868MHz/915MHz 频段物理层调制及扩频方式如图 3.3 所示。物理层先对二进制数据 PPDU 进行差分编码，接着将编码的数据位映射成 15bit 伪随机噪声数据码片（Chip），然后再对数据码片序列进行二进制相移键控（BPSK）技术调制。

图 3.3　868MHz/915MHz 频段物理层调制及扩频方式

　　ZigBee 技术在不同工作频段的物理层调制方式及扩频方式等不同，其所表现出来的性能也不相同。ZigBee 物理层三个频段性能对比如表 3.2 所示。

表 3.2　ZigBee 物理层三个频段性能对比

性　能	工　作　频　段		
	868MHz	915MHz	2.4GHz
信道数/个	1	10	16
调制方式	差分编码的二进制相移键控技术		偏移四相移相键控技术

续表

性　能	工 作 频 段		
	868MHz	915MHz	2.4GHz
扩频方式	码片长度为15bit的M序列直接扩频		码片长度为8bit的M序列直接扩频
波特率/kBaud	20	40	60.5
传输速率/（kb·s⁻¹）	20	40	250

物理层是协议体系的底层，具有和外界直接通信的功能。它采用扩频通信的调制方式，控制射频收发器工作，信号传输距离在室内约为50m，在室外约为150m。物理层可以看作MAC层和无线信道之间的接口，该层提供数据服务和管理服务。通过控制射频收发器，从无线信道上收发数据来执行 MAC 层发来的命令，如空闲信道评估（Clear Channel Assessment，CCA）、能量检测（Energy Detection，ED）等，并维护物理层信息库（PHY PIB）。

物理层帧结构如图3.4所示，其由同步头、物理帧头及一长度可变的物理层帧负荷域组成。其中，同步头第1个字段为4B的前导码。收发器接收帧时，根据前导码实现片同步和符号同步，前导码由 32bit 二进制数 0 组成。同步头的第 2 个字段为帧起始分隔符（SFD），标志着同步域的结束和数据包的开始。物理帧头低 7bit 有效，表示帧长度，故物理层服务数据单元（PHY Service Data Unit，PSDU）长度不超过127B，用于承载通用的MAC 帧。

同步头		物理帧头		物理层服务数据单元
4B	1B	1B		长度可变
前导码（Preamble）	SFD	帧长度 （7bit）	保留位 （1bit）	PSDU

图3.4　物理层帧结构

物理层逻辑结构如图3.5所示，图中各功能实体和服务访问点（SAP）的具体描述如下。

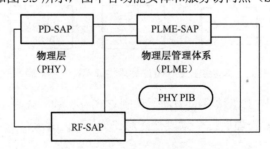

图3.5　物理层逻辑结构示意图

（1）PLME：物理层管理实体，处理与物理层管理相关的原语。

（2）PHY PIB：物理层 PAN 信息数据库，存储物理层 PAN 相关属性数据。

（3）PD-SAP：物理层数据服务访问点，物理层与媒体接入控制层的数据接口。任务是接收将要发送的 MAC 帧，向媒体接入控制层报告收到的 MAC 帧，为 MAC 层提供物理层数据服务。

（4）PLME-SAP：PLME 服务访问点，物理层与媒体接入控制层的管理接口。任务是接收 MAC 层的管理请求原语，向媒体接入控制层报告管理指示原语和确认原语，为上层媒体接入控制层提供物理层管理服务。

（5）RF-SAP：射频服务访问点，为物理层提供射频收发服务。

根据 IEEE 802.15.4 的定义，物理层实现了如下功能：对信道进行能量检测（Energy Detection，ED）、对收到的数据包进行链路质量指标（Link Quality Indication，LQI）、接收和发送数据、空闲信道评估（Clear Channel Assessment，CCA）等。

信道能量检测为网络层提供信道选择依据。它主要测量目标信道中接收信号的功率强度，由于这个检测本身不进行解码操作，所以检测结果是有效信号功率和噪声功率之和。链路质量指标为网络层或应用层提供接收数据帧时无线信号的强度和质量信息，与信道能量检测不同的是，它要对信号解码，生成一个信噪比指标，这个信噪比指标和物理层数据单元一并提交给 MAC 层处理。

信号质量测试对接收信号能量、信噪比或对两者混合进行测量，测试结果称为链路质量指标（LQI），该结果通过 PD-DATA.indication 原语传送给 MAC 层。每一个数据帧都要进行 LQI 测试。

空闲信道评估判断信道是否空闲。IEEE 802.15.4 定义了三种空闲信道评估模式：第一种模式是简单判断信道的信号能量，当信号能量低于某个门限值就认为信道空闲；第二种模式是通过检测无线信号的特征来确定信道是否空闲，特征主要体现在扩频信号和载波频率两个方面上，如果检测到特征存在就认为该信道忙，否则信道空闲；第三种模式是前两种模式的综合，同时检测信号强度和信号特征，给出信道空闲情况判断，当两种条件同时满足时认为该信道忙，否则信道空闲。不管哪种测试方法，检测的时间都是一定的。MAC 层通过 PLME-CCA.request 原语请求物理层对信道空闲情况进行评估检测，检测完成后，物理层则通过 PLME-CCA.confirm 原语把检测结果发送给 MAC 层。

3.2.2　媒体接入控制层

媒体接入控制层（MAC 层）提供两种服务：MAC 层数据服务和 MAC 层管理服务。MAC 层数据服务保证 MAC 层协议数据单元在物理层数据服务中正确收发，MAC 层管理服务维护一个存储 MAC 层协议状态相关信息的数据库。

MAC 层逻辑结构如图 3.6 所示，图中各功能实体和 SAP 的具体描述如下。

（1）MAC 通用部分子层（MCPS）：实现 MAC 层一般功能。任务包括 MAC 帧的封装、解封装，执行 CSMA/CA 算法，共享物理信道。

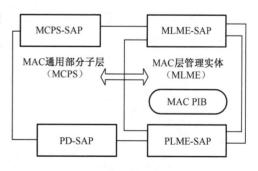

图 3.6　MAC 层逻辑结构

（2）MLME：MAC 层管理实体，处理除数据原语之外的所有管理原语，以实现标准规定的 MAC 层功能。根据标准的定义，MAC 层完成六个方面的功能：协调器产生并发送信标帧，普通设备根据协调器的信标帧与协调器同步；支持 PAN 的关联（Association）和取消关联（Disassociation）操作；支持无线信道通信安全；使用 CSMA/CA 机制共享物理信道；支持时隙保障（Guaranteed Time Slot，GTS）机制；为两个对等的 MAC 层实体提供可靠的数据链路。

（3）MAC PIB：MAC 层 PAN 信息数据库，存储 MAC 层 PAN 相关属性数据。

（4）MCPS-SAP：MCPS 服务访问点，MAC 层与网络层的数据接口。任务是接收网络层的协议数据单元，向网络层报告 MAC 层服务数据单元，为网络层提供 MAC 层数据服务。

（5）MLME-SAP：MLME 服务访问点，MAC 层与网络层的管理接口。接收和发送数据原语以外的管理服务原语，为网络层提供 MAC 层管理服务。

IEEE 802.15.4/ZigBee 帧结构的设计原则是保证网络在有噪声的信道上足够健壮地传输数据的同时将网络的复杂性降到最低。每一后继的协议层都是在其前一层添加或去除帧头和帧尾形成的。MAC 层帧结构的设计目标是用最低的复杂度实现在多噪声无线信道环境下的可靠数据传输。MAC 帧结构设计灵活，不但能维持简单的协议运行，还能满足不同应用和网络拓扑结构的需要。MAC 帧称为 MAC 协议数据单元，长度不会超过 127B，由 MAC 帧头、MAC 帧负载、MAC 帧尾组成，MAC 帧结构如图 3.7 所示。其中，帧头由帧控制、帧序列码和地址域组成；MAC 帧负载可变，具体内容由帧类型决定；MAC 帧尾是 MAC 帧头和 MAC 帧负载数据的 16bit 循环冗余码校验（CRC）序列。

2B	1B	0/2B	1/2/8B	0/2B	0/2/8B	可变	2B
帧控制	帧序列码	目的 PAN 标识符	目的地址	源 PAN 标识符	源地址	净荷	帧校验
		地址域				MAC 帧负载	MAC 帧尾
MAC 帧头							

图 3.7　MAC 帧结构

MAC 帧各个位域的功能如下。

（1）帧控制域：定义帧的类型、地址域及其他控制标志，长度为 16bit。MAC 帧控制域结构如图 3.8 所示。

0～2bit	3bit	4bit	5bit	6bit	7～9bit	10～11bit	12～13bit	14～15bit
帧类型	加密位	后续帧控制位	应答请求	同意 PAN 指示	保留	目的地址模式	保留	源地址模式

图 3.8　MAC 帧控制域结构

（2）帧类型子域：长度为 3bit，具体描述如表 3.3 所示。

表 3.3 帧类型子域

帧类型值（$m_2m_1m_0$）	描 述
000	信标帧
001	数据帧
010	应答帧
011	MAC 命令帧
100～111	保留

（3）加密位：域值为 1 表示当前帧用存储在 MAC PIB 中的密匙加密，域值为 0 表示当前帧不需要 MAC 层加密。

（4）后续帧控制位：域值为 0 表示传输当前帧的设备没有后续数据要传输，域值为 1 表示传输当前帧的设备有后续的数据要传输。

（5）应答请求位：域值为 1 表示接收数据器件在确认收到有效的数据帧后会给发送该数据帧的器件发送应答帧，域值为 0 表示接收数据器件不需要发出应答帧。

（6）同一 PAN 指示位：域值为 1 表示当前帧在同一 PAN 范围内，地址域只需要目的地址与源地址，而不需要源 PAN 标识符；域值为 0 表示当前帧不在同一 PAN 范围内，地址域不仅需要目的地址与源地址，还需要目的 PAN 标识符与源 PAN 标识符。

（7）目的地址模式子域、源地址模式子域：长度为 2bit，定义了不包含地址、16bit 网络地址和 64bit IEEE 地址三种地址模式。

（8）序列号域：每个帧的唯一序列标识号，判断数据传输成功与否，需判断确认帧的序列号是否与上一次传输的数据帧的序列号一致，长度为 8bit。

（9）目的 PAN 标识符域：长度为 16bit，该值为接收当前帧的设备的唯一 PAN 标识符。

（10）目的地址域：根据帧控制子域中目的地址模式，以 16bit 网络地址或 64bit IEEE 地址指出接收帧的器件地址。

（11）源 PAN 标识符域：长度为 16bit，该值为发送当前帧的器件的唯一 PAN 标识符。

（12）源地址域：根据帧控制子域中目的地址模式，以 16bit 网络地址或 64bit IEEE 地址指示发送帧的器件地址。

（13）净荷：MAC 层要承载的上层数据，长度可变。

（14）帧校验序列域：16bit 循环冗余校验，通过 MAC 帧头及 MAC 净荷计算而得。

IEEE 802.15.4 的 MAC 层定义了 4 种基本帧结构：信标帧、数据帧、应答帧和 MAC 命令帧。其基本功能如下。

（1）信标帧：供协调者使用。具有父节点功能的 ZigBee 设备通过发送信标帧，告知自己的相关信息，如是否允许新设备加入。信标帧结构如图 3.9 所示。信标帧的服务数据单元由超帧描述字段、GTS 分配字段、待转发数据的目的地址字段和信标帧负载组成。

2B	1B	4/10B	0	K	M	N	2B
帧控制	序列号	地址域	超帧描述字段	GTS 分配字段	待转发数据目的地址	信标帧负载	帧校验
MAC 帧头			MAC 服务数据单元				MAC 帧尾

图 3.9 信标帧结构

（2）数据帧：承载所有的数据。主要传输上层发送到 MAC 层的数据，其负载字段含有上层需要传输的数据信息。上层数据传输到 MAC 层时，首尾分别添加 MAC 帧头和 MAC 帧尾信息后，就构成了 MAC 帧，长度不会大于 127B。数据帧结构如图 3.10 所示。

2B	1B	4/20B	N	2B
帧控制	序列号	地址域	数据帧负载	帧校验
MAC 帧头			MAC 服务数据单元	MAC 帧尾

图 3.10 数据帧结构

（3）应答帧：确认帧的顺利传送。如果 ZigBee 设备收到目的地址为它自身的数据帧或 MAC 命令帧，并且该帧的控制域的确认请求位被置 1，则设备需要回复一个应答帧给数据帧的源设备。应答帧不需要使用 CSMA/CA 机制竞争传输信道就会被传送。应答帧的序列号与被应答帧的序列号必须相同，且 MAC 服务数据单元长度为零，其帧结构如图 3.11 所示。

2B	1B	2B
帧控制	序列号	帧校验
MAC 帧头		MAC 帧尾

图 3.11 应答帧结构

（4）MAC 命令帧：用来处理 MAC 层对等实体之间的控制传送，组建、传送同步数据信息等，MAC 命令帧结构如图 3.12 所示。MAC 命令帧的主要功能有：把设备节点关联到 ZigBee PAN 网络、同协调器设备交换数据和分配 GTS。MAC 命令帧的服务数据单元是一个可变结构，其负载的第一个字节是命令类型字节，后面的数据针对不同的命令类型有不同的含义。

2B	1B	4~20B	1B	N	2B
帧控制	序列号	地址域	命令类型	数据帧负载	帧校验
MAC 帧头			MAC 服务数据单元		MAC 帧尾

图 3.12 MAC 命令帧结构

　　MAC 层中的设备地址有两种格式：16bit（2B）的短地址和 64bit（8B）的扩展地址。16bit 短地址是设备与 PAN 网络协调器关联时，由协调器分配的网内局部地址；64bit 扩展地址是全球唯一地址，在设备进入网络之前就已经分配好。16bit 短地址只能保证在 PAN 网络内部是唯一的，所以在使用 16bit 短地址通信时需要结合 16bit 的 PAN 网络标识符才有意义。两种地址类型的地址信息的长度是不同的，从而导致 MAC 帧头的长度是可变的。数据帧使用哪种地址类型由帧控制字段的内容指示。在帧结构中没有表示帧长度的字段，这是因为在物理层的帧里面有表示 MAC 帧长度的字段，MAC 层负载长度可以通过物理层帧长和 MAC 帧头的长度计算出来。

　　IEEE 802 系列标准将数据链路层分为 LLC（逻辑链路控制）层和 MAC 层两个子层。LLC 层协议在 IEEE 802.6 中被定义为 802 系列标准公用的协议，而 MAC 层协议则依赖于各自的物理层。LLC 层的主要功能包括传输可靠性保障和控制、数据包的分段和重组、数据包的顺序传输。IEEE 802.15.4 的 MAC 层能支持多种 LLC 层标准，通过 SSCS（业务相关的汇聚子层）协议承载 IEEE 802.2 定义的 LLC 层标准，同时也允许其他 LLC 层标准直接使用 IEEE 802.15.4 的 MAC 层服务。

　　MAC 层使用 CSMA/CA 机制和应答重传机制实现了信道的共享及数据帧的可靠传输。CSMA/CA 机制基于 IEEE 802.15.4，MAC 层发送数据帧和命令帧需要使用 CSMA/CA 机制访问信道，以减少由帧发送冲突所带来的不必要的能量损耗。CSMA/CA 机制包括载波检测机制和随机退避规则，即等待一段随机时间后，通过检测物理信道能量来判断当前信道是否空闲。若当前信道空闲，则占用信道并立即发送帧；否则，重复上述过程。应答重传机制保证了传输的可靠性。发送端发送数据帧或命令帧时，可以通过置位帧控制域的 ACK Request 子域实现 MAC 层的帧应答重传。当 ACK Request 子域值为 0 时，不需要接收端反馈 ACK 帧，发送端默认接收端正确收到数据帧，成功的无应答数据传输过程如图 3.13 所示。

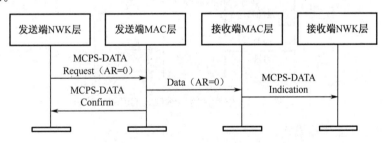

图 3.13　成功的无应答数据传输过程

　　当 ACK Request 子域值为 1 时，发送端将帧发送出去后，开启定时器，等待来自接收端的 ACK 帧。接收端接收到该帧后，立即向发送端反馈 ACK 帧，并将该接收帧传给上层。若发送端在定时器超时之前接收到该 ACK 帧，确认其序列号与原帧相同后，停止该定时器计数，并向上层反馈，成功确认。若发送端没有在有效时间内接收到正确的 ACK 帧，可尝试最多次重传（a Max Frame Retries），若都以失败告终，则认为此次通信失败，并向上层发送失败确认信息。成功的有应答数据传输过程如图 3.14 所示。

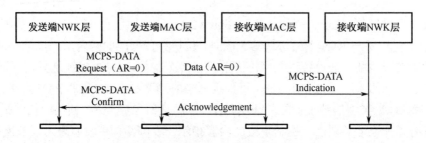

图 3.14 成功的有应答数据传输过程

ZigBee 网络的 MAC 层主要存在两种数据传输模式：信标使能传输模式和非信标使能传输模式。

（1）信标使能传输模式。

当设备要传送数据给协调器时，首先要取得协调器发送过来的信标，并与协调器同步，然后使用开槽带冲突避免的载波监听多路访问（Slotted CSMA/CA）机制传送数据给协调器。协调器成功接收到数据后，可选择回复一个应答给设备，表示已经成功收到数据。当协调器要向网络中某一设备传送数据时，协调器将利用信标中的字段来告知设备有数据要传送。设备每隔一段时间监听信标信息，若该设备是协调器传送数据的对象，则该设备使用 Slotted CSMA/CA 机制将数据请求发送给协调器。协调器接收到该数据请求后回送一个应答，然后开始传送保存的数据。设备成功收到数据后，再回复一个应答。协调器接收到应答后确定目的设备已成功接收了数据，将原来保存的数据删除。信标使能传输模式的流程如图 3.15 所示。

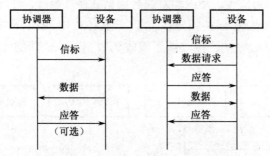

图 3.15 信标使能传输模式的流程

（2）非信标使能传输模式。

当设备要向协调器发送数据时，直接采用无槽带冲突避免的载波监听多路访问（Unslotted CSMA/CA）机制选择发送时机，将数据发送出去。协调器成功接收数据后，可选择回复一个应答给设备。当协调器有数据传送给设备时，先将数据保存起来，等待设备的数据请求。当收到数据请求后，协调器回复一个应答给设备，紧接着将数据发送给该设备。设备成功接收到数据后，再次向协调器回复一个应答。协调器接到该应答后就把原先保存的数据删除。非信标使能传输模式的流程如图 3.16 所示。

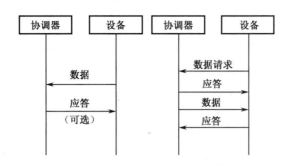

图 3.16 非信标使能传输模式的流程

3.2.3 网络层

在 ZigBee 协议栈中，网络层负责建立拓扑结构和维护网络连接，主要功能如下：

（1）设备连接网络与断开网络时采用的机制，以及帧信息传送过程中采用的安全机制；

（2）设备节点的路由发现、维护和转交；

（3）发现一跳（One-Hop）邻近节点设备及存储其相关节点信息；

（4）提供一些必要的函数，确保 ZigBee 协议栈的 MAC 层正常工作，并为应用层提供相应的服务接口。

网络层不仅要能够很好地完成 IEEE 802.15.4 中 MAC 层所定义的功能，还要为应用层提供相应的服务接口。网络层逻辑结构示意图如图 3.17 所示，主要由网络层的管理实体（NLME）和数据实体（NLDE）组成。

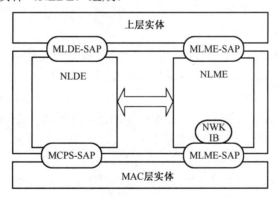

图 3.17 网络层逻辑结构示意图

网络层提供两种类型的服务：数据服务和管理服务。网络层数据实体提供产生网络协议数据单元（NPDU）服务和选择通信路由服务。其中，选择通信路由服务指 NLDE 要发送一个 NPDU 到一个合适的设备，这个设备可能是通信的终点，也可能只是通信链路中的一个节点。NLDE 提供的数据服务允许在处于同一应用网络中的两个或多个设备之间传输应用协议数据单元（Application Protocol Data Units，APDU）。数据服务需要通过 NLDE 服务接入点（SAP）进行访问。上一层协议可以通过 NLME-SAP 进行网络层管理服务。

网络层有自己的常量和属性。网络层属性储存在网络信息库（Network Layer-Network Information Base，NWK-NIB）中。应用层可以通过 NLME-GET 和 NLME-SET 原语读取和修改网络层属性。网络层限制了帧在网络中传输的距离，该距离被定义为跳数。每个 NWK 帧中都有一个半径（Radius）参数，用来描述该帧的最大跳数，每次中继消息时，半径都会减 1，当半径值变为 0 时，该消息将不会再被中继。例如，如果半径的初始值为 3，那么消息被中继次数不会超过 3 次。

网络层可以通过设备组态将节点指定成特定类型的设备，如协调器、路由器或终端设备。通过路由发现或邻近节点发现等功能，为数据有效传输提供可用的路由功能，并将网络层协议数据单元发送到目的设备或传往目的设备路径上的对应设备。接收器控制功能还可以决定设备接收器的开启时间，支持 MAC 层同步或直接收发数据。网络层提供路由、路由发现、多跳、转发数据的功能。对于终端节点而言，网络层的功能只有加入和离开网络；对于路由节点而言，网络层的功能有信息转发，路由发现，建立、维护路由表和邻居表。协调器网络层的任务主要包括启动网络和维护网络正常工作，为新加入的节点分配 16bit 短地址。网络层还限制了数据帧在网络中的传输距离，确定路由跳数的最大值。

网络层确保 MAC 层的正常操作，并为应用层提供合适的服务接口。NLDE 通过相关的服务接入点（SAP）来提供数据传输服务，即 NLDE-SAP；NLME 利用 NLDE 来完成一些管理任务和维护管理对象的数据库，通常称作网络信息库（Network Information Base，NIB）。

NLDE 提供以下服务。

（1）通用的网络协议数据单元（NPDU）。NLDE 可以通过附加的协议头从应用支持子层 PDU 中产生 NPDU。

（2）特定的拓扑路由。NLDE 能够传输 NPDU 给适当的设备。这个设备可以是最终的传输目的地，也可以是路由路径中通往目的地的下一个设备。

NLME 通过提供管理服务实现应用和栈的连接，管理服务有以下几种。

（1）配置新设备。NLME 可以依据应用操作的要求配置栈。设备配置（包括开始设备）作为 ZigBee 协调者，或者加入存在的网络。

（2）开始新网络。NLME 可以建立一个新的网络。

（3）加入或离开网络。NLME 可以加入或离开网络，使 ZigBee 的协调器和路由器能够让终端设备离开网络。

（4）分配地址。使 ZigBee 协调者和路由器可以分配地址给加入网络的设备。

（5）邻接表（Neighbor）发现。发现、记录和报告设备邻接表下一跳的相关信息。

（6）路由发现。可以通过网络来发现及记录传输路径，而信息也可以被有效地路由。

（7）接收控制。当接收者活跃时，NLME 可以控制接收时间的长短，并使 MAC 层能同步或直接接收。

网络协议数据单元即网络层帧结构，如图 3.18 所示。网络层帧结构由网络头和网络负载区构成。网络头即网络层帧报头，以固定的序列出现，包含帧控制、地址和序列信息等，但地址和序列区不可能包括在所有帧中；网络负载区即网络层帧的可变长有效载荷，包含帧类型所指定的信息。如图 3.18 所示的是网络层帧结构。有的 ZigBee 网络协议中也定义了数据帧和网络层命令帧。

2B	2B	2B	1B	1B	0/8B	0/8B	0/1B	变长	变长
帧控制	目的地址	源地址	广播半径域	广播序列号	目的地址	源地址	多点传送控制	源路由帧	帧的有效载荷
网络层帧报头								网络层负载区	

图 3.18　网络层帧结构

ZigBee 网络层支持星状、树状和网状网络拓扑。在星状拓扑中，网络由 ZigBee 协调器的设备控制。ZigBee 协调器负责发起和维护网络中的设备及所有其他设备（终端设备），这些设备直接与 ZigBee 协调器通信。在网状和树状拓扑中，ZigBee 协调器负责启动网络，选择某些关键的网络参数，但是网络可以通过使用 ZigBee 路由器进行扩展。在树状网络中，路由器使用分级路由策略在网络中传送数据和控制信息。树状网络可以使用 IEEE 802.15.4—2003 描述的以信标为导向的通信。网状网络允许完全的点对点通信。网状网络中的 ZigBee 路由器不会定期发出 IEEE 802.15.4—2003 信标。IEEE 802.15.4—2003 仅描述了内部 PAN 网络，即通信开始和终止都在同一个网络中。

ZigBee 网络层主要考虑采用基于 Ad Hoc 技术的网络协议，其包含的通用网络层功能有：拓扑结构的搭建、维护、命名和关联业务功能，包含了寻址、路由和安全；省电功能；自组织、自维护功能，以最大限度地减少消费者的开支并降低维护成本。

网络层主要负责网络机制的建立和管理，并具有自我组态和自我修复功能。为了在省电、复杂度、稳定性及实现难易度等因素上取得平衡，网络层采用的路由算法共有 3 种：AODV 算法，建立随意网状拓扑（Mesh Topology）；摩托罗拉 Cluster.tree 算法，建立星状拓扑（Star Topology）；用广播的方式传递信息。可根据具体应用需求，选择合适的网络拓扑结构。

3.2.4　应用层

应用层是 ZigBee 协议的最高层，通过该层可以控制整个协议栈的运行。ZigBee 协议的应用层包括应用支持子层（APS）、应用层框架（AF）和 ZigBee 设备对象（ZDO）。

1. 应用支持子层（APS）

应用支持子层逻辑结构如图 3.19 所示。应用支持子层在 NWK 层和 APL 层之间，通过 ZigBee 设备对象和制造商定义的具体应用对象用到的服务来为 NWK 层及 APL 层提供各种服务接口。此服务机制由两个实体提供：通过 APS 数据实体服务访问点（APSDE-SAP）的 APS 数据实体（APSDE）；通过 APS 管理实体服务访问点（APSME-SAP）的 APS 管理实体（APSME）。APSDE 提供的数据传输服务在同一网络的两个或多个设备之间传输

PDU。APSME 提供服务，以发现和绑定设备并维护一个管理对象的数据库，该数据库通常称为 APS 信息库（AIB）。

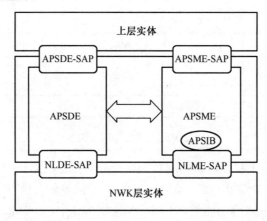

图 3.19　应用支持子层逻辑结构

APSDE 由数据实体服务访问点提供数据传输服务，它不仅为 NKW 层提供数据服务，还为在同一网络中的设备对象和其他应用对象设备之间提供应用数据单元传输的数据服务。APSDE 主要提供如下两种服务。

（1）绑定。绑定是一种两个或多个应用设备之间信息流的控制机制。所要绑定的应用设备的服务必须相匹配。一旦应用设备绑定后，APSDE 能够把消息从一个绑定设备传送到另一个绑定设备。

（2）产生应用数据单元。APSDE 获得应用数据单元后，加上一个适当的协议，就生成应用支持子层的数据单元。

APSME 提供从设备的 AIB 中获得属性或进行属性设置的 AIB 管理服务及利用密钥与其他设备建立可靠关联的安全管理服务。此外，APSME 还提供基于服务和需求相匹配的设备之间的绑定服务，并为绑定服务构建和保留绑定表。

应用支持子层帧格式（APDU）如图 3.20 所示。每个 APS 帧都包含两部分内容：APS 帧首部和 APS 有效载荷。其中 APS 帧首部包含帧控制域及地址等信息；APS 帧载荷的长度是可变的，根据不同帧的类型决定其包含的信息。

1B	0/1B	0/2B	0/2B	0/2B	0/1B	1B	0B/变长	变长
帧控制域	目的端点	组地址	簇标识符	模式标识符	源端点	APS 计数	扩展报头	帧载荷
	地址域							
帧首部								有效载荷

图 3.20　应用支持子层帧格式

2. 应用层框架（AF）

ZigBee 应用层框架是应用设备和 ZigBee 设备连接的环境（见图 3.1）。在应用层框架中，应用对象通过 APSDE-SAP 发送和接收数据，而对应用对象的控制和管理则通过 ZigBee 设备对象（ZDO）公用接口来实现。APSDE-SAP 提供的数据服务包括请求、确认、响应及数据传输的指示信息。应用层框架最多可以定义 240 个相对独立的应用程序对象，对象的端点编号为 1～240 之间的数。端点 0 号固定用于 ZigBee 设备对象（ZDO）数据接口，端点 255 号固定用于所有应用对象广播数据信息的数据接口功能，端点 241～254 号保留待以后扩展使用。还有两个附加的终端节点，为 APSDE-SAP 使用。

应用层框架可以为应用对象提供两种数据服务：键值匹配服务（Key Value Pair, KVP）和一般信息服务（MSG）。两者传输机制一样，不同的是 MSG 并不采用应用支持子层数据帧的内容，而是留给应用者自己去定义。

3．ZigBee 设备对象（ZDO）

ZigBee 设备对象位于应用层框架和应用支持子层之间，其描述的是一个基本的功能接口函数，这一功能接口函数在设备规范、APS 和 ZDO 之间提供函数接口，满足所有应用操作对 ZigBee 协议栈的一般需求。ZDO 提供了相关接口，使应用对象与协议栈的下一层相连，通过 APSDE-SAP 传输数据信息，通过 APSME-SAP 传输控制信息。ZDO 公用接口在应用层框架中提供了具有设备发现、绑定和安全等功能的管理服务。此外，ZDO 提供的服务还包括定义设备的类型，如决定某一设备为协调器、路由器或终端设备中的哪一种，发现网络中的设备并决定它们提供服务的类型、控制绑定请求、在网络设备中建立安全链接等。ZigBee 设备对象还有以下作用。

（1）初始化应用支持子层（APS）、网络层（NWK）和安全服务文档（SSS）。

（2）从终端应用中结合配置信息来确定和执行发现设备、安全管理、网络管理及绑定管理。

（3）ZDO 描述了应用层框架的应用对象的公用接口、控制设备和应用对象的网络功能。在终端节点 0，ZDO 提供了与协议栈中下一层相连的接口。

在应用层，开发者必须决定是使用公共应用类还是开发自己的专有类。ZigBee 规范为某些应用定义了基本的公共类，如照明、工业传感器等。任何公司都可以设计与支持同公共类产品相兼容的产品。例如，采用公共 ZigBee 照明类的荧光灯镇流器供应商可以与采用相同类的第三方灯开关调光器实现互操作。开发人员可以将该公共类加入自己的设计中。ZigBee 设备采用应用对象进行建模。这些应用对象通过交换类对象和它们的属性实现与其他设备的通信。应用层主要根据具体应用由用户开发，它维持器件的功能属性，发现该器件工作空间中其他器件的工作，并根据服务和需求在多个器件之间进行通信。

3.2.5 ZigBee 安全管理

ZigBee 提供三级安全模式，包括非安全模式、接入控制列表（ACL）模式和安全模式，通过采用高级加密标准 AES-128 的对称密码，来灵活确定其安全属性。安全模式对接收或发送的帧提供全部的四种安全服务：访问控制、数据加密、帧完整性检查和序列更新。ZigBee 协议中的安全机制是基于 CCM 模式的。CCM 模式是对 IEEE 802.15.4 协议 MAC 层中定义的 CCM 模式补充形成的。CCM 模式即 CTR（Counter Mode）和密码链块-信息鉴权码（Chip Block Chaining Message Authentication Code，CBC-MAC）。CCM（CTR 带有 CBC-MAC）加密方案由对称加密和认证机制组合而成，由生成跟随由明文数据加密的数据和完整性码组成，输出由加密的数据和加密的完整性码组成。CCM 安全机制包含了 CCM 模式的所有特性，且添加了单独编码（Encryption-Only）功能和完整性（Integrity-Only）特性。不同于其他 MAC 安全模式中不同的安全级别需要不同的密钥，所有安全级别的 CCM 安全机制可以使用单一的密钥。所以，在 ZigBee 协议栈中使用 CCM 模式后，MAC、NWK 和 APS 层可以共享安全密钥。ZigBee 协议在 MAC、NWK 和 APS 三个协议层上提供安全机制，每个层都对本层的帧实现安全保护。此外，APS 层还提供建立、维持安全关系的安全服务。ZDO 负责管理设备的安全实施和安全配置。MAC 层负责本层的安全事务处理，但是使用何种安全级别由上层决定。在数据经过一跳就到达目的地时，ZigBee 只用 MAC 层提供的安全机制；但在多跳情况下，ZigBee 就要依赖高层来保证安全。安全协议的执行（如密钥的建立）要以 ZigBee 整个协议栈正确运行且不遗漏任何一步为前提。

MAC 层、NWK 层和 APL 层都有可靠的安全机制用于它们自己的数据帧，以下进行简要介绍。

1. MAC 层安全管理

当 MAC 层数据帧需要被保护时，ZigBee 通过 MAC 层安全管理机制来保障 MAC 层命令、标识及确认等功能。ZigBee 使用受保护的 MAC 数据帧来确保单跳网络中信息的传输；但对于多跳网络，ZigBee 要依靠上层（如 NWK 层）的安全管理机制。MAC 层使用高级编码标准（Advanced Encryption Standard，AES）作为主要的密码算法和描述多样的安全组，这些组能保护 MAC 帧的机密性、完整性和真实性。MAC 层进行安全性处理，但上一层（负责密钥建立及安全性使用确认）控制着此处理过程。当 MAC 层通过安全使能来传送/接收数据帧时，它首先会查找此帧的目的地址（源地址），然后找回与地址相关的密钥，再依靠安全组来使用密钥处理此数据帧。每个密钥和一个安全组相关联，MAC 帧头中有 1bit 数值用来控制帧的安全管理是否使能。传输帧时，如需保证其完整性，MAC 帧头和载荷数据会被计算使用，来产生信息完整码（Message Integrity Code，MIC）。MIC 由 4、8 或 16bit 二进制数组成，被附加在 MAC 层载荷中。当需要保证帧机密性时，MAC 层载荷也有其附加位和序列数（数据一般组成一个 Nonce）。当加密载荷或保护载荷不受攻击时，此 Nonce 被使用。当接收帧时，如果使用了 MIC，则帧会被校验；如果载荷已被编码，则帧会被解码。当每个信息发送时，发送设备会增加帧的计数，而接收设备会跟踪每个发送设备的最后一个计数。如果信息被探测到一个"旧"的计数，则该信息会出现安全错误而不能被传输。MAC 层的安全组基于三个操作模型：计数器模型（Couter，CTR）、密码链模型（Cipher Block Chaining，CBC）及两者混合形成的 CCM 模型。MAC 层的编码在计数器模型中通过 AES 实现，完整性在密码链模型中通过 AES 实现，而编码和完整性的联合则在 CCM 模型中实现。

2．NWK 层安全管理

NWK 层使用高级编码标准（AES），和 MAC 层不同的是标准的安全组全部基于 CCM 模型。此 CCM 模型是 MAC 层使用的 CCM 模型经过"小"修改后的模型，它包括所有 MAC 层 CCM 模型的功能，此外还具有单独的编码功能及完整性特性。这些额外的功能通过排除使用 CTR 及 CBC 模型来简化 NWK 层的安全管理模型。另外，在所有的安全组中，使用 CCM 模型可以使一个单密钥用在不同的组中。在这种情况下，应用可以更加灵活地为每个 NWK 层的帧指定一个活跃的安全组，而不必理会安全措施是否使能。

当 NWK 层使用特定的安全组来传输、接收帧时，NWK 层会使用安全服务提供者（Security Services Provider，SSP）来处理此帧。SSP 会寻找帧的目的/源地址，取回相应的目的/源地址密钥，然后使用安全组来保护帧。NWK 层对安全管理负有责任，但其上一层控制着安全管理，包括建立密钥及确定对每个帧使用相应的 CCM 安全组。

3．APL 层安全管理

APL 层安全管理主要通过 APS 层实现。APS 层允许帧安全管理基于连接密钥或网络密钥。APS 层的另一个安全责任就是提供应用和带有密钥建立、密钥传输和设备管理服务的 ZDO。

APS 层的密钥建立服务提供了 ZigBee 设备间共享连接密钥的机制。密钥建立涉及两个实体：一个是发出设备，另一个是响应设备。在 SKKE（Symmetric-Key Key Establishment）协议中，一个发出装置建立一个带有使用控制密钥的响应设备。

密钥传输服务采用担保和无担保手段来传送一个密钥到另一设备或其他设备上。担保密钥传输命令提供了一种方式来传输控制密钥、连接密钥或网络密钥。无担保密钥传输命令提供了一种方式来加载装置初始密钥，此命令不加密保护正在加载的密钥，在这种情况下，密钥传输的安全可通过非加密手段实现。例如，通过频段外频道传输以保证私密性和真实性。

3.3　ZigBee 网络构成

3.3.1　ZigBee 网络成员

利用 ZigBee 技术可以方便地组建廉价的低速率无线个域网。网络中的成员按照所具备功能的不同划分为三个不同的种类，即协调器节点、路由器节点和终端设备节点。ZigBee 网络支持 IEEE 802.15.4 定义的两种类型的物理设备：全功能设备（FFD）、精简功能设备（RFD）。FFD 和 RFD 是按照节点功能区分的，FFD 可以充当网络中的协调器和路由器，因此网络中应该至少含有一个 FFD。RFD 只能与主设备通信，实现简单，只能作为终端设备节点。设备类型不会以任何方式限制可能应用在特定设备上的应用类型。

协调器负责开启 ZigBee 网络，它是网络中的第一个设备。协调器选择一个信道和一个网络标识符（PANID）并开启网络。协调器也能被用来设置网络中的安全性和应用水平的绑定。协调器的功能主要是开启和配置网络，这些功能实现以后，协调器的功能与路由器就一样了（甚至可以断开）。由于 ZigBee 网络的分布式本质，网络的持续运行不依赖于协调器的存在。协调器功能如图 3.21 所示。

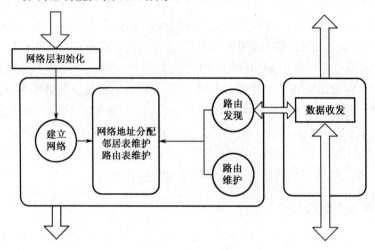

图 3.21　协调器功能

路由器功能如图 3.22 所示。路由器具有允许其他设备加入网络、多跳路由及辅助路由器的子终端设备通信等功能。一般地，路由器被期望能一直保持在激活状态，因此它通常由固定电源供电，不能使用电池供电。路由器为它的子节点缓存信息，直到子节点被唤醒并请求数据。当子节点需要发送信息时，这个子节点发送数据到它的父路由器，父路由器负责传输信息，执行所有相关的重发操作，如果需要，则等待确认。这使得子节点可以回到休眠状态，从而达到省电的目的。

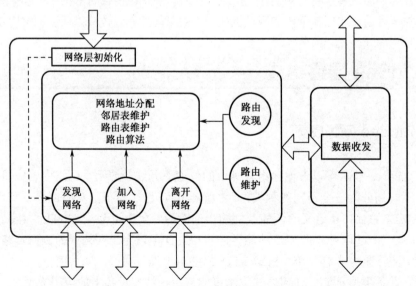

图 3.22　路由器功能

终端设备功能如图 3.23 所示。

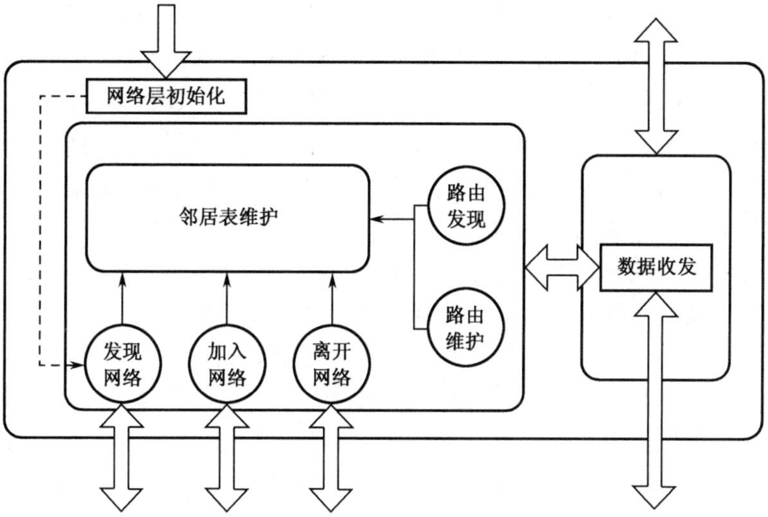

图 3.23　终端设备功能

终端设备对维持网络结构没有特殊的责任，因此，它可以有选择地休眠和唤醒。终端设备仅仅周期性地向它的父节点发送数据或接收来自父节点的数据，因此终端设备能够使用电池供电的方式工作很长时间。在能量管理方面，网络协调器与路由器需要处理一些突发的请求，包括加入网络、离开网络及数据中转等，一般情况下使用永久性电源；若终端设备在大部分时间里都处于休眠状态，则可以采用电池供电。若对电池供电没有要求，网络中可以全部采用 FFD 设备。

ZigBee 设备类型及其功能描述如表 3.4 所示。

表 3.4　ZigBee 设备类型及其功能描述

ZigBee 设备类型	IEEE 802.15.4 设备类型	典 型 功 能
协调器	FFD	除路由器的典型功能外，还包括创建和配置网络，存储绑定表
路由器	FFD	允许其他节点加入，分配网络地址，提供多条路由和数据转发，协调终端设备完成通信
终端设备	RFD	节点的休眠或唤醒，传感或控制

一个典型的 ZigBee 网络应该拥有一个协调器、多个路由器和多个终端设备。ZigBee 路由器允许其他路由器或终端设备加入网络中，通过协调器为其分配网络地址，并具有提供多条路由和数据转发等功能。协调器除具有路由器所拥有的功能外，还负责创建整个网络，进行网络初始化配置、频段选择，协助网络完成绑定功能，并存储绑定表。终端设备不提供任何网络维护功能，仅仅可以与协调器、路由器进行信息交互，实现基本的传感或控制功能，终端设备可以随时休眠或唤醒。ZigBee 的节点除了在网络中扮演的角色不同之外，在实现其传感和控制功能时，不受节点设备类型的限制，协调器和路由器均可实现与终端设备相同的传感或控制功能。

在 ZigBee 技术的应用中，具有 ZigBee 协调器节点功能且未加入任一网络的节点可以发起建立一个新的 ZigBee 网络，该节点就是该网络的 ZigBee 协调器节点。ZigBee 协调器节点首先进行 IEEE 802.15.4 中的能量探测扫描和主动扫描，选择一个未探测到网络的空闲信道或探测到网络最少的信道，然后确定自己的 16bit 网络地址、网络的 PAN 标识符（PANID）、网络的拓扑参数等，其中 PANID 是网络在此信道中的唯一标识。因此 PANID 不应与此信道中探测到网络的 PANID 冲突。各项参数选定后，ZigBee 协调器节点便可以接受其他节点加入该网络。当一个未加入网络的节点要加入当前网络时，其首先向网络中的节点发送关联请求，收到关联请求的节点如果有能力接受其他节点为其子节点，就为该节点分配一个网络中唯一的 16bit 网络地址，并发出关联应答。收到关联应答后，此节点成功加入网络，并可接受其他节点的关联。节点加入网络后，将自己的 PANID 标识设为与 ZigBee 协调器节点相同的标识。节点是否具有接受其他节点与其关联的能力，主要取决于此节点可利用资源的多少，如存储空间、能量等。如果网络中的节点想要离开网络，同样可以向其父节点发送解除关联的请求，收到父节点的解除关联应答后，便可以离开网络。但如果此节点有一个或多个子节点，在其离开网络之前，需要解除所有子节点与自己的关联。

3.3.2 ZigBee 网络拓扑结构

ZigBee 网络主要有三种组网方式：星状网、树状网和网状网，其拓扑结构如图 3.24 所示。

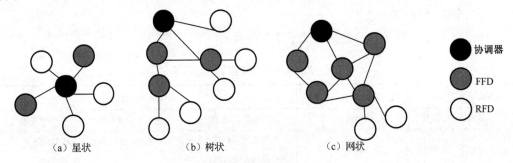

图 3.24 ZigBee 网络拓扑结构

1. 星状拓扑

如图 3.24（a）所示的星状拓扑是一个辐射状网络结构，数据和网络控制命令都是通过协调器传输的。星状拓扑只需要一个配置成 PAN 协调器的 FFD 设备，没有路由节点，其他设备都是终端节点。终端设备直接与协调器通信，而终端设备之间不能直接通信，需要通过 PAN 协调器转发。创建星状网络时，最先启动的 FFD 作为 PAN 协调器，并选定一个与其覆盖区域内 PAN 不同的标识作为自身的 PAN 标识，此时网络协调器就可以把其他的 FFD 和 RFD 加入网络中。为了避免信标碰撞，网络通信方式采用无信标使能方式。虽然无信标使能方式中协调器非周期性地发送信标，但是普通节点可向协调器发出信标请求命令，这时协调器将会以单播的形式向该节点发送信标。各个节点均使用 CSMA/CA 机制访问信道，以及发送和接收数据。

星状拓扑是迄今最常见的网络配置结构，大量应用在远程监控中。星状拓扑的最大特点是结构简单、管理方便，但是它的灵活性太差，无法实现较大范围的网络覆盖。因为每个终端设备都只能和协调器通信，需要把每个终端设备放在协调器的通信范围之内，限制了无线网络的覆盖范围。此外，星状拓扑结构容易出现网络堵塞、信息包丢失、性能下降等现象，这些现象的出现与否取决于数据的实际传输情况。星状网络适用于节点数目比较少、结构简单的应用场合。

2. 树状拓扑

树状拓扑是多个星状拓扑的集合，树状拓扑也称为簇状拓扑，是由一个协调器及一个或多个星状拓扑连接而成的。一部分 FFD 配置成路由器节点，多个星状拓扑连接到一起，增加了网络覆盖范围。树状拓扑是实现网络范围内"多跳"信息服务的最简单的拓扑结构。树状拓扑最值得注意的地方就是它保持了星状拓扑的简单性：较少的上层路由信息、较低的存储器要求。但是树状拓扑结构不能很好地适应外部的动态环境。从图 3.24（b）中可以看出，信息源与目的节点之间有且只有一条传输路径，任何一个节点的中断或故障都将会使部分节点脱离网络。树状拓扑的最佳应用场景是稳定的无线电射频环境，其在一些简单的低数据量、大规模集合的应用中也有很好的表现。

3. 网状拓扑

网状拓扑是一个混合型网络结构，具有很强的适应环境的能力。网络中的每个节点都是一个小的路由器，都具有重新路由选择的能力，以确保网络具有最大限度的可靠性，可以看出网络中任意两个节点的通信路径都不是唯一的。网状拓扑结构中也有一个协调器，负责建立网络，但与前两种网络拓扑结构不同的是：网状拓扑中的任何两个路由器之间可以直接通信，路由器中的路由表配置消息的传输路径。网络中任意两个节点都有多种通信路径，保证了通信的可靠性，且该拓扑结构有助于减少消息延时。网状拓扑的路由拓扑是动态的，路由不是固定的，这样信息传输的时间取决于瞬时网络连接质量。相较于星状拓扑和树状拓扑，网状拓扑更为复杂，需要更多的存储空间开销，且不发送信标，网络中各节点很难达到同步。定性地分析网状拓扑路由算法也是比较困难的工作，往往只在需要高度可靠的场合才应用网状拓扑结构。

综合分析，星状网络中数据不能进行多跳传输，数据能够传输的最大距离即是一个设备的无线通信距离。网状网络能提供多条路径，可靠性更高，但是设备不能休眠，功耗大；且设备几乎全为 FFD，成本较高。相对而言，树状网络一方面可以提供较长的传输距离，另一方面终端节点使用时间长且成本相对不是太高。在运用中应根据实际情况选择合适的网络拓扑结构。

3.3.3 ZigBee 网络的建立

不同拓扑结构的网络建立流程是不一样的。下面以网状拓扑为例来分析 ZigBee 网络的建立流程。

组建一个完整的 ZigBee 网状网络包括两个步骤：网络初始化；节点加入网络。其中节点加入网络又包括两个步骤：通过与协调器连接入网；通过已有父节点连接入网。ZigBee 网络的建立是由网络协调器发起的，任何一个 ZigBee 节点要组建一个网络必须满足以下两点要求：①节点是 FFD 节点，具备 Zigbee 协调器的能力；②节点还没有与其他网络连接，当节点已经与其他网络连接时，此节点只能作为该网络的子节点，因为一个 ZigBee 网络中有且只有一个网络协调器。

网络初始化的流程如下。

（1）确定网络协调器。首先判断节点是否是 FFD 节点，接着判断此 FFD 节点是否在其他网络里或网络里是否已经存在协调器。通过主动扫描，发送一个信标请求命令（Beacon Request Command），然后设置一个扫描期（T_Scan_Duration）。如果在扫描期限内没有检测到信标，那么就认为 FFD 在其 POS 内没有协调器，此时就可以建立自己的 ZigBee 网络，并作为这个网络的协调器不断地产生信标并广播出去。

（2）进行信道扫描。信道扫描包括能量扫描和主动扫描两个过程。先对指定的信道或默认的信道进行能量检测，以避免可能的干扰。以递增的方式对所测量的能量值进行信道排序，抛弃那些能量值超出了可允许能量水平的信道，选择可允许能量水平的信道并标注这些信道是可用信道。接着进行主动扫描，搜索节点通信半径内的网络信息。这些信息以信标帧的形式在网络中广播，节点通过主动信道扫描方式获得这些信标帧，然后根据这些信息，找到一个最好的、相对安静的信道，通过记录的结果，选择一个信道，该信道应存在最少的 ZigBee 网络，最好没有 ZigBee 设备。在主动扫描期间，MAC 层将丢弃 PHY 层数据服务接收的除信标外的所有帧。

（3）设置网络 ID。找到合适的信道后，协调器将为网络选定一个网络标识符（PANID，取值不大于 0x3FFF），这个标识符在所使用的信道中必须是唯一的，也不能和其他 ZigBee 网络冲突，而且广播地址不能是 0xFFFF（此地址为保留地址，不能使用）。PANID 可以通过侦听其他网络选择一个不会冲突的 PANID 的方式来获取，也可以人为地指定扫描的信道来确定不与其他网络冲突的 PANID。在 ZigBee 网络中有两种地址模式：扩展地址（64bit）和短地址（16bit）。其中扩展地址由 IEEE 组织分配，用作唯一的设备标识；短地址用作本地网络中的设备标识。在一个网络中，每个设备的短地址必须唯一，当节点加入网络时由其父节点分配并通过使用短地址来通信。对于协调器来说，短地址通常设定为 0x0000。以上步骤完成后，ZigBee 网状网络就成功初始化了，之后等待其他节点加入。

节点入网时将选择范围内信号最强的父节点（包括协调器）加入网络，成功后将得到一个网络短地址并通过这个地址进行数据的发送和接收，网络拓扑关系和地址就会保存在各自的 Flash 中。节点加入网络的方式有以下两种。

1. 节点通过协调器加入网络

当节点、协调器确定后，节点（子设备）首先和协调器建立连接加入网络。考虑到网络的容量和 FFD/RFD 的特点，在此只讨论 FFD 节点情况，FFD 节点通过协调器加入网络的流程如图 3.25 所示。为了建立连接，FFD 节点需要向协调器发送请求，协调器接收到节点的连接请求后根据情况决定是否允许其连接，然后对请求连接的节点做出响应，节点与协调器建立连接后，才能实现数据的收发。具体的流程可以分为以下几个步骤。

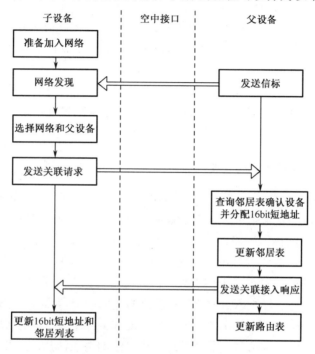

图 3.25　FFD 节点通过协调器加入网络的流程

（1）查找网络协调器。首先主动扫描查找周围网络的协调器，如果在扫描期限内检测到信标，那么将获得协调器的有关信息，这时就向该协调器发出连接请求。在找到合适的网络后，上层将请求 MAC 层对物理层和 MAC 层的 PHY Current Channel、MAC PANID 等 PIB 属性进行相应的设置。如果没有检测到信标，间隔一段时间后，节点重新发起扫描。

（2）发送关联请求命令（Associate Request Command）。节点将关联请求命令发送给协调器，协调器收到后立即回复一个确认帧（ACK），同时向它的上层发送连接指示原语，表示已经收到节点的连接请求。但是这并不意味着已经建立连接，只表示协调器已经收到节点的连接请求。当协调器 MAC 层的上层接收到连接指示原语后，将根据自己的资源情况（存储空间和能量）决定是否同意此节点的加入请求，然后给节点的 MAC 层发送响应。

（3）等待协调器处理。当节点收到协调器加入请求命令的 ACK 后，节点 MAC 层将等待一段时间，接收协调器的连接响应。在预定的时间内，如果接收到连接响应，它将这个响应向它的上层通告。而协调器给节点的 MAC 层发送响应时会设置一个等待响应时间

（T_Response Wait Time）来等待协调器对其加入请求命令的处理。若协调器的资源足够，协调器会给节点分配一个 16bit 短地址，并产生包含新地址和连接成功状态的连接响应命令，此时该节点成功地和协调器建立连接并可以开始通信。若协调器资源不够，待加入的节点将重新发送请求信息，直到成功入网。

（4）发送数据请求命令。如果协调器在响应时间内同意节点加入，将产生关联响应命令（Associate Response Command）并存储这个命令。当响应时间过去后，节点发送数据请求命令（Data Request Command）给协调器，协调器收到后立即回复，然后将存储的关联响应命令发送给节点。如果在响应时间过去后，协调器还没有决定是否同意节点加入，那么节点将试图从协调器的信标帧中提取关联响应命令，成功的话就可以入网，否则重新发送请求信息直到入网成功。

（5）回复。节点收到关联响应命令后，立即向协调器回复一个确认帧（ACK），以确认接收到连接响应命令，此时节点将保存协调器的短地址和扩展地址，并且节点的 MLME 向上层发送连接确认原语，通告关联接入成功的信息。

2．节点通过已有节点加入网络

当靠近协调器的 FFD 节点和协调器关联成功后，处于这个网络范围内的其他节点就以这些 FFD 节点为父节点加入网络。具体有两种方式：一种是关联（Associate）方式，就是待加入的节点发起加入网络请求；另一种是直接（Direct）方式，就是待加入的节点具体加入到哪个节点，就作为哪个节点的子节点。其中，关联方式是 ZigBee 网络中新节点加入网络的主要途径。对于一个节点来说，只有没有加入过网络的节点才能加入网络。在这些节点中，有些是曾经加入过网络的，但是与它们的父节点失去了联系（这样的节点称为孤儿节点）；而有些则是新节点。当节点是孤儿节点时，在它的邻居表中存有原父节点的信息，于是它可以直接给原父节点发送加入网络的请求信息。如果父节点有能力同意它加入，则直接告知孤儿节点以前分配的网络地址，节点便可成功入网；如果此时孤儿节点原来父节点的网络中子节点数已达到最大值，即网络地址已经分配满额，则父节点无法批准孤儿节点加入，孤儿节点只能以新节点的身份重新寻找并加入网络。

对于新节点来说，它们会在预先设定的一个或多个信道上通过主动或被动扫描周围网络，寻找有能力批准自己加入网络的父节点，并把可以找到的父节点资料存入自己的邻居表内。存入邻居表的父节点资料包括 ZigBee 协议版本、堆栈规范、PANID 和加入信息。新节点在邻居表的所有父节点中选择一个深度最小的，对其发出请求信息，如果出现相同最小深度的两个以上的父节点，则随机选取一个发送请求信息。如果邻居表中没有合适的父节点信息，则表示入网失败，终止过程。如果发出的请求被批准，则父节点同时会分配一个 16bit 的网络地址，此时入网成功，子节点可以开始通信。如果请求失败，子节点则重新查找邻居表，继续发送请求信息，直到加入网络或邻居表中没有合适的父节点为止。

完整的组网算法流程如图 3.26 所示。

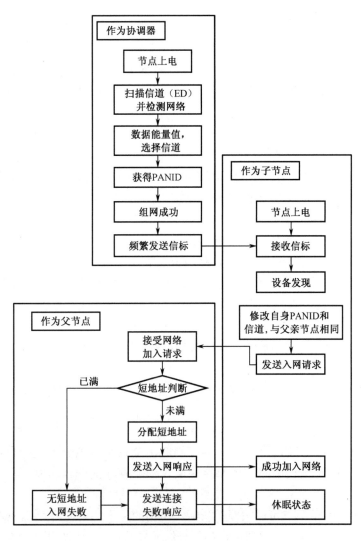

图 3.26 组网算法流程

3.3.4 ZigBee 路由协议

路由技术的主要作用是为分组数据以最佳路径通过通信子网到达目的节点提供服务。在传统的 OSI 参考模型中，网络层实现路由功能。路由协议是自组织网络体系结构中不可或缺的重要组成部分，其主要作用是发现和维护路由。路由协议主要有以下几个方面作用：监控网络拓扑结构的变化；交换路由信息；确定目的节点的位置；产生、维护及取消路由；选择路由并转发数据。ZigBee 路由协议的设计是创建网络的关键。从前面所述的 ZigBee 无线网络的特点可知，ZigBee 路由选择协议应该满足以下条件：

（1）必须对拓扑的变化具有快速反应能力，并且避免路由环路产生；

（2）必须高效利用带宽资源，尽可能减少开销；

（3）必须尽可能减少传输的数据量，节约能源。

基于以上要求，不适合将有线网络的路由技术直接应用到 ZigBee 无线网络上，而必须针对自身特点，开发出适用于无线网络的路由解决方案。为了实现低成本、低功耗、可靠性高的设计目标，ZigBee 协议通常将以下两种算法结合为自身的路由算法：树形结构（Cluster-Tree）路由算法和按需距离矢量（Ad Hoc On-Demand Distance Vector，AODV）路由算法。

1．Cluster-Tree 路由算法

Cluster-Tree 路由算法有地址分配（Configuration of Addresses）与寻址路由两部分（Addressing Routing），包括子节点的 16bit 网络短地址的分配及根据分组目的节点的网络地址来计算分组下一跳的算法。

Cluster-Tree 路由算法的描述为：当一个网络地址为 A、网络深度为 d 的路由节点（FFD）收到目的节点地址为 D 的转发分组时，路由节点需要先判断目的地址 D 的节点是否为自身的一个子节点，然后根据判断结果采取不同的方式来处理这个分组。若地址 D 满足判别式（3.1），则可以判断 D 地址节点是 A 地址节点的一个后代节点

$$A < D < A + \text{Cskip}(d-1) \tag{3.1}$$

判断后采取的分组转发措施为：若目的节点是自身的一个后代节点，则下一跳的节点地址为

$$N = \begin{cases} D, & \text{if end device} \\ A + 1 + \dfrac{D - A + 1}{\text{Cskip}(d)} \times \text{Cskip}(d), & \text{otherwise} \end{cases} \tag{3.2}$$

若目的节点不是自身的一个后代节点，则路由节点将把该分组送交自己的父节点处理。这一点与 TCP/IP 协议中路由器将路由表项中不存在的分组转发给自己的网关处理类似。

在 ZigBee 网络中，节点可以按照树状网络结构的父子关系使用 Cluster-Tree 路由算法选择路径。即每一个节点都会试图将收到的分组转发给自己的后代节点，如果通过计算发现分组的目的节点不是自己的后代节点，则将这个分组转发给自身的父节点，由父节点进行类似的判断处理，直到找到目的节点。Cluster-Tree 路由算法的特点在于使不具有路由功能的节点通过与各自父节点通信来实现发送数据分组和控制分组，缺点是效率不高。

2．AODV 路由算法

AODV 路由算法是一种按需分配的路由协议，只有在路由节点接收到网络分组，且网络分组的目的地址不在节点的路由表中时才会进行路由发现过程。也就是说，路由表的内容是按照需要建立的，而且它可能仅仅是整个网络拓扑结构的一部分。AODV 路由算法的优点是，它不需要周期性地路由信息广播，节省了一定的网络资源，并降低了网络功耗。AODV 路由算法的缺点是，在需要时才发起路由寻找过程，会增加交换分组到达目的地址的时间。由于 ZigBee 网络对数据的实时性要求不高，更重视对网络能量的节省，因此 AODV 路由算法非常适合 ZigBee 网络。AODV 路由算法利用扩展环搜索的方法来限制搜

索发现过的目的节点的范围，支持组播，可以实现在 ZigBee 节点间动态的、自发的路由，使节点很快获得通向目的地的路由，这也是 ZigBee 路由协议的核心。针对自身特点，ZigBee 网络中使用一种简化版的 AODV 路由算法（AODV Junior 算法）。

为了提高效率，ZigBee 网络中允许具有路由功能的节点使用 AODV Junior 算法去发现路由，让具有路由功能的节点可以不按照父子关系直接发送信息到其通信范围内的其他节点上。

一次路由建立由以下三个步骤组成：路由发现；反向路由建立；正向路由建立。经过这三个步骤，即可建立起一条路由节点到目的节点的有效传输路径。在路由建立过程中，AODV 路由算法使用三种消息作为控制信息：路由请求（Route Request，RREQ）分组；路由应答（Route Reply，RREP）分组；路由错误（Route Error，RERR）分组。以下将对路由建立的三个步骤进行详细描述。

（1）路由发现。

对于具有路由能力的节点，当接收到从网络层的更高层发出的发送数据帧的请求，且路由表中没有和目的节点对应的条目时，就会发起路由发现过程。源节点首先创建路由请求分组，并使用组播（Multi-Broadcast）方式向周围节点进行广播。RREQ 分组消息格式如图 3.27 所示。

8bit	8bit	8bit	8bit	8bit
Command Frame Identifer	Command Options	Route Request ID	Destination Address	Path Cost

图 3.27　RREQ 分组消息格式

如果节点发起了路由发现过程，它就应该建立相应的路由表条目和路由发现表条目，状态设置为路由发现中。任何一个节点都可能从不同的邻近节点处接收到广播的 RREQ。接收到节点后将进行如下分析：①如果是第一次接收到这个 RREQ 分组，且分组的目的地址不是自己，则节点会保留这个 RREQ 分组的信息用于建立反向路径，然后将这个 RREQ 分组广播出去；②如果之前已经接收过这个 RREQ 分组，表明这个分组是多个节点频繁广播产生的多余分组，对路由建立过程没有任何作用，则节点将丢弃这个分组。

图 3.27 中各项目含义如下。

Command Frame Identifier：指出此控制分组的类型。

Command Options：指出此路由请求分组是否在路由修复过程中产生。

Route Request ID：发起路由请求节点产生的序列号，越大表示分组越新。

Destination Address：发起路由请求节点希望建立路径的目的地址。

Path Cost：从 RREQ 分组的发起节点到当前接收 RREQ 分组的节点的路径开销。

（2）反向路由建立。

当 RREQ 分组从源节点转发到不同的目的节点时，沿途所经过的节点都要自动建立到源节点的反向路由，也就是记录当前接收到的 RREQ 分组是由哪一个节点转发而来的。通过记录收到的第一个 RREQ 分组的邻居地址来建立反向路由，这些反向路由将会维持一段时间，这段时间足够 RREQ 分组在网内转发及产生的 RREP 分组返回源节点。当 RREQ 分组最终到达目的节点时，目的节点在验证 RREQ 分组中的目的地址为自己的地址后，目的节点就会产生 RREP 分组，作为一个对 RREQ 分组的应答。由于之前已经建立了明确的反向路由，因此 RREP 无须进行广播，只需要按照反向路由的指导，采取单播的方式即可把 RREP 分组传送给源节点。RREP 分组消息格式如图 3.28 所示。

8bit	8bit	8bit	16bit	16bit	8bit
Command Frame Identifer	Command Options	Route Reply ID	Originator Address	Responder Address	Path Cost

图 3.28　RREP 分组消息格式

图 3.28 各项目含义如下。

Command Frame Identifier：指出此控制分组的类型。

Command Options：指出此路由应答分组是否在路由修复过程中产生。

Route Reply ID：此分组所应答的路由请求分组的路由请求标识符。

Originator Address：发起路由请求的节点的网络地址。

Responder Address：该路由的目的节点地址，即响应 RREQ 分组的节点地址。

Path Cost：从发起 RREP 分组的节点到当前接收 RREP 分组的节点的路径开销。

（3）正向路由建立。

在 RREP 分组以单播方式转发回源节点的过程中，沿着这条路径上的每个节点都会根据 RREP 分组的指导建立到目的节点的路由，即确定到目的地址的分组的下一跳（Next-Hop）。方法就是记录 RREP 分组是从哪个节点来的，然后将该节点写入路由表的路由表项中，一直到 RREP 分组传送到源节点。至此，一次路由建立过程完毕。源节点与目的节点之间可以开始传输数据。可以看出，AODV 路由算法是按照需求驱动的、使用 RREQ 和 RREP 分组实现的、先广播后单播的路由建立过程。路由发现过程如图 3.29 所示。

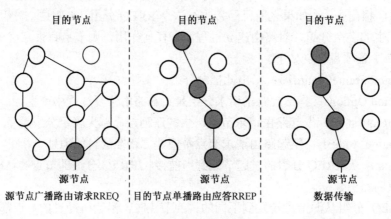

图 3.29　路由发现过程

在 ZigBee 路由中,将所有的节点分为 RN+和 RN-两类,它们的区别在于 RN+是具有足够存储空间和路由选择功能的节点;RN-是存储空间有限、不具备执行路由协议能力的节点。RN-节点收到网络分组后,无法使用 AODV Junior 等路由算法进行路由选择,而只能用 Cluster-Tree 路由算法进行处理。由前面介绍的 Cluster-Tree 路由算法可知,节点收到分组后不查找路由表,而是通过计算直接将分组传输给下一跳节点。这种方式省去了路由发现过程,减少了路由协议的控制开销与节点的能量消耗。这种方式的缺点是计算所得的下一跳地址很有可能不是最优路径,从而造成传输延时的增加。ZigBee 所采取的措施是允许 RN+节点使用 AODV Junior 路由算法来进行路由发现过程,找到最优路径。路由发现过程结束后,节点沿着刚刚建立的最优路径发送分组。如果某条链路中断,RN+节点负责发起本地修复过程来修复路由。综合以上可以看出 ZigBee 网络层路由协议的组成结构,ZigBee 路由通过结合使用 AODV 与 Cluster-Tree 路由算法来获得,RN+节点执行 AODV 算法,提供最优的路由路线;而 RN-节点执行 Cluster-Tree 算法,通过计算得到下一跳地址。

3.4　ZigBee 技术的应用

ZigBee 技术应用领域主要是家庭自动化、家庭安全、工业与环境监控、个人医疗看护等行业中的低速率无线通信,以下是在不同领域的应用。

家庭和楼宇网络:空调系统的温度控制、照明系统的自动控制、窗帘的自动控制、家用电器的远程控制、门禁系统的控制等。

工业控制:结合各种传感器进行数据采集和监控。

商业:智慧型标签等。

公共场所:烟雾探测器等。

农业控制:收集包括土壤湿度、氮浓度、pH 值等土壤信息和空气湿度、气压等气候信息。

医疗:医疗传感器实时地检测患者、老人与行动不便者的血压、体温和心跳等信息,有助于医生对患者进行监护和治疗。

本章小结

ZigBee 技术是一种低复杂度、低功耗、低速率、低成本、短距离的双向无线通信技术。ZigBee 建立在 IEEE 802.15.4 的无线通信协议标准之上。主要由 IEEE 802.15.4 小组和 ZigBee 联盟两个组织负责标准的制定。ZigBee 标准要解决的问题是设计一个维持最小流量的通信链路和低复杂度的无线收/发信机制。

IEEE 802.15.4—2003 标准定义了物理层和媒体接入控制层。IEEE 802.15.4 定义的两个物理层分别工作在 868MHz/915MHz 和 2.4GHz 两个频段上。其中,低频段物理层覆盖了 868MHz 的欧洲频段和 915MHz 的美国、澳大利亚等国频段，高频段物理层则全球通用。ZigBee 联盟在此基础上定义了网络层、应用层架构。其中，应用层包括应用支持子层、应用层框架及 ZigBee 设备对象，以及制造商定义的应用对象。每层都有一套特定的服务方法和上一层连接。数据实体提供数据的传输服务，而管理实体提供所有类型的服务。每层的服务实体通过服务接入点和上一层相接，每个服务接入点提供大量服务方法来完成相应的操作。

ZigBee 提供非安全模式、接入控制列表模式和安全模式三级安全模式，采用高级加密标准 AES-128 的对称密码，可依据应用场景的不同灵活确定其安全属性。

ZigBee 网络主要有三种组网方式：星状网络、树状网络和网状网络。利用 ZigBee 技术可以灵活地组建廉价的低速率无线个域网。网络中的成员按照所具备功能的不同划分成三个不同的种类，即协调器节点、路由器节点和终端设备节点。

Zigbee 技术应用领域主要是家庭自动化、家庭安全、工业与环境监控、个人医疗看护等行业中的低速率无线通信。

思考题

（1）简述 ZigBee 技术的协议体系。
（2）ZigBee 物理层的三个频段划分为多少个信道？在全球如何分配？
（3）ZigBee 技术常用的路由算法有哪些？各自有何特点？
（4）ZigBee 网络中的网络成员有哪些？各自具有何种功能？

参考文献

[1] 王小强，欧阳骏，黄宁淋. ZigBee 无线传感器网络与实现[M]. 北京：化学工业出版社，2012.

[2] Z-Stack Developer's Guide[EB/OL]. http://webstaff.itn.liu.se/~qinye/tne090/Z-Stack Developer's Guide.pdf.

[3] Z-Stack Application Programming Interface [EB/OL]. http://webstaff.itn.liu.se/~qinye/ tne090/ Z-Stack API.pdf .

[4] 蒋挺，赵成林. ZigBee 紫蜂技术及其应用（IEEE 802.15.4）[M]. 北京：北京邮电大学出版社，2006.

[5] 瞿雷. ZigBee 技术及应用[M]. 北京：北京航空航天大学出版社，2007.

[6] ZigBee Alliance. ZigBee Technical Overviewr. 2007 .

[7] IEEE 802.15.4: Wireless Medium Access Control(MAC) and Physical Layer(PHY) specifications for Low-rate Wireless Personal Area Networks [S].

第 4 章

蓝牙技术及其应用

· · · · · · · · ·

4.1 引言

使用蓝牙技术的目的是利用短距离、低成本的无线多媒体通信技术在小范围内将各种移动通信设备、固定通信设备、计算机及其终端设备、各种数字系统（包括数字照相机、数字摄影机等）甚至家用电器连接起来，实现资源共享。

1998 年，蓝牙 0.7 问世，这是蓝牙的首个版本的技术标准，支持 Baseband 与 LMP 通信协议。1999 年是蓝牙发展历史上重要的一年，在这一年中蓝牙技术联盟的前身特别兴趣小组（SIG）成立，在同年先后发布了蓝牙 0.8、0.9、1.0 Draft 及 1.0a。特别是 1999 年 7 月 26 日发布的蓝牙 1.0a，确定使用 2.4GHz 频段，最高传输速率为 1Mb/s，同时开始了大规模宣传。不过蓝牙并未得到广泛应用，蓝牙装置的价格也非常昂贵。2001 年，蓝牙 1.1 发布，其为首个正式商用的版本，因为是早期设计，容易受到同频率产品的干扰。2003 年，推出蓝牙 1.2，为了解决容易受干扰的问题，应用了抗干扰跳频技术。2004 年，推出蓝牙 2.0，它实际上是蓝牙 1.2 的升级版，在传输速率大幅度提升的同时，开始支持双工模式，即在进行语音通信的同时，也可以传输数据。从这个版本开始，蓝牙技术得到了广泛应用。2007 年，蓝牙 2.1 发布，该版本对存在的问题进行了改进，包括改善配对流程、降低功耗等。2009 年，蓝牙 3.0 正式发布，采用了全新的交替射频技术，并取消了 UMB 应用。2010 年，三位一体的蓝牙 4.0 发布，包括传统蓝牙、低功耗蓝牙和高速蓝牙技术，这三个规格可以组合或单独使用。2013 年年底，蓝牙 4.1 发布，该版本在设备传输速率及连接便捷性上都有较大提升，并且解决了可穿戴设备上网不易的问题，加入了专用通道允许设备通过 IPv6 联机使用。举例来说，如果有蓝牙设备无法上网，那么通过蓝牙 4.1 连接到可以上网的设备之后，该设备就可以直接利用 IPv6 连接到网络，实现与 Wi-Fi 相同的功能。2014 年年底，蓝牙 4.2 发布。蓝牙 4.2 能提升 Bluetooth Smart 设备间数据传输速率与可靠性。由于 Bluetooth Smart 封包容量增加，设备之间的数据传输速率可较蓝牙 4.1 提升 2.5 倍。数据传输速率提高与封包容量增加能够降低传输错误发生的概率并减少电池能耗，进而提升联网效率，并且政府级的数据隐私保护算法增强了其隐私保护功能。2016 年 6 月，蓝牙技术联盟发布了蓝牙 5.0，蓝牙 5.0 针对低功耗设备速率有相应提升和优化，可以结合 Wi-Fi 对室内位置进行辅助定位，传输速率更高，有效工作距离最长可达 300m，是目前最新的蓝牙技术标准。

蓝牙技术具有以下主要特点。

（1）工作频段为 2.4GHz，具有抗干扰性。蓝牙技术工作在 2.4GHz 工业、科学、医学 ISM 频段，该频段在世界范围内都可以自由使用，不存在"国界"障碍。为避免干扰，设计了小数据分组和快速确认跳频方案，以确保链路稳定。

（2）使用方便，"即插即用"。嵌入蓝牙技术的设备一旦搜寻到另一个蓝牙设备，马上就可以建立联系，利用相关的控制软件即可进行数据传输。

（3）支持语音。

（4）无须基站。蓝牙系统网络以蓝牙模块为节点，无须建立基站，就可以进行无线连接。

（5）尺寸小、功耗低。蓝牙工作或待机时所消耗的电能大约只相当于手机的 3%～5%，工作在 3～5V 的低电压下，它具有 4 种功耗模式，能够在通信量减少或通信结束时转入到低功耗模式。

（6）多路多方向连接。蓝牙无线收发器的 10m 连接距离不限制在直线范围内，可穿透一般的障碍物。蓝牙设备能自动寻找它周围的蓝牙设备，一旦找到就会自动连接，一个蓝牙系统可同时连接多达 7 个设备，构成一个微微网。相邻的微微网之间可以通过一个同时跨接两个微微网的设备相连，使这种无线连接的范围得以延伸。这就可以把用户身边的设备都连接起来，形成一个个人领域网络。

（7）保密性。蓝牙传输具有全方位特性，因此它就有可能被任意方向的设备窃听或破坏，所以蓝牙的防窃听能力就显得格外重要。为此，蓝牙在其基带协议中加入了鉴权和加密措施。另外，蓝牙采用的跳频技术本身也具有一定的保密性能。

本章以蓝牙技术在发展过程中的典型技术特点为主线分别介绍传统蓝牙、高速蓝牙及低功耗蓝牙的规范及技术特点。

4.2 传统蓝牙技术

传统蓝牙技术是以蓝牙 2.1+EDR 协议为基础的蓝牙技术。为了提高蓝牙数据传输速率，蓝牙 V2.0 后续版本（Bluetooth Core Specification）于 2004 年正式发布，该版本引入了增强型数据传输速率（EDR）标准，射频采用高斯频移键控（GFSK）和相移键控（PSK）的组合调制方式，降低了功耗，提高了数据的传输速率（最大的传输速率可达 2Mb/s）。

其协议栈按照功能可划分为核心协议层（HCI、LMP、L2CAP、SDP）、线缆替换协议层（RFCOMM）、电话控制协议层（TCS-BIN）、选用协议层（TCP、IP、UDP、OBEX、WAP、WAE）。传统蓝牙协议栈结构如图 4.1 所示。

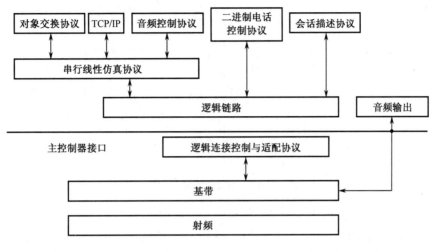

图 4.1 传统蓝牙协议栈结构

4.2.1 蓝牙无线规范

蓝牙无线规范主要包括频段与信道安排、发射器和接收器特性等。蓝牙工作的频段主要是 2400～2483.5MHz，此频段在大多数国家无须申请运营许可证，此频段分配为 79 个跳频信道，每个信道的带宽为 1MHz。为了减少带外辐射和干扰，上保护宽带是 3.51MHz，下保护带宽是 2MHz，总带宽为 83.51MHz。根据蓝牙发射功率的电平值，可以把蓝牙设备划分为 3 个功率等级，如表 4.1 所示。

表 4.1 蓝牙设备功率等级

功 率 等 级	最大输出功率	正常输出功率	最小输出功率
1	100mW(20dBm)	—	1mW(0dBm)
2	2.5mW(4dBm)	1mW(0dBm)	0.25mW(−6dBm)
3	1mW(0dBm)	—	—

功率等级为 1 的设备需要功率控制，用于限制发射功率。具有功率控制能力的设备使用链路管理协议（LMP）来优化链路的功率输出。功率控制通过测量接收信号强度指示（RSSI）来实现。目前常见的蓝牙设备功率等级为 3，即有效传输距离为 10m。射频采用高斯频移键控（GFSK）调制方式，码元带宽积 $W_t = 0.5$，调制指数为 0.28～0.35。数据传输速率为 1Mb/s，最小频偏不小于 115kHz，过零误差小于 1/8 码元周期。用二进制数 1 表示正频偏，0 表示负频偏。GFSK 参数定义如图 4.2 所示。

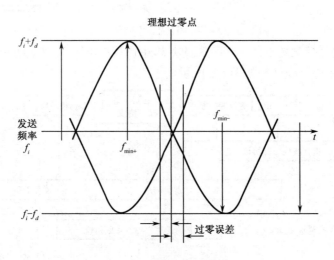

图 4.2　GFSK 参数定义

蓝牙 2.0 中 EDR 模式的一个重要特性就是分组调制方式的变化。基带规范中定义的分组头与接入码使用基本速率下的 GFSK 调制模式，即速率为 1Mb/s。同步序列、载荷与尾序列使用增强数据传输速率下的 PSK 调制模式，分别为相移 π/4 弧度的四相相对相移键控（π/4-DQPSK）与八相差分相移键控（8DPSK）调制，支持的射频数据传输速率为 2Mb/s 与 3Mb/s。

4.2.2　蓝牙基带规范

基带带位于蓝牙协议栈的蓝牙射频层之上，与射频层一起构成蓝牙协议栈的物理层。蓝牙设备发送数据时，基带部分将来自高层协议的数据进行信道编码，向下传给射频层进行发送。接收数据时，射频层解调恢复接收到的数据并上传给基带，基带再对其进行解码，向高层传输。从本质上看，基带作为一个连接控制器，描述了基带链路控制器的数字信号处理规范，并与链路管理器协同工作，负责执行连接建立和功率控制等链路层任务。基带收发器在跳频（频分）的同时将时间划分（时分），采用时分双工（TDD）工作方式（交替发送和接收），基带负责把数字信号写入收发器并从收发器中读取数据。基带主要管理物理信道和连接，负责跳频选择及蓝牙数据和信息帧的传输、误码纠错、数据白化、蓝牙安全等。基带也管理同步和异步连接，处理分组包，执行寻呼、查询来访及获取蓝牙设备等。

在蓝牙设备中，始终运行着一个内部时钟，用来决定收发器定时和跳频。时钟的分辨率至少是 TX 和 RX 时隙的 1/2，即 312.5μs。蓝牙技术规定，时钟使用一个 28bit 的计数器实现，时钟频率为 3.2kHz，符号周期为 312.5μs。蓝牙时钟计数器有几个关键位变化将对蓝牙系统产生影响，分别是 CLK0、CLK1、CLK2 和 CLK12，分别对应 312.5μs、625μs、1.25ms 和 1.28s。每个蓝牙设备都需要分配 1 个不同的 48bit 蓝牙设备地址（BD_ADDR）。蓝牙地址格式包括 LAP、UAP 和 NAP 3 种，蓝牙设备地址格式如图 4.3 所示。LAP 称为低位地址，长度为 24bit；UAP 称为高位地址，长度为 8bit；NAP 称为无意义地址，长度为 16bit。24bit LAP 称为公司分配号（Company_Assigned）；UAP 和 NAP 合起来总共 24bit，称为公司 ID（Company_ID）。蓝牙设备地址的地址空间为 2^{32}bit（约 42.9×10^8bit），全世界所有蓝牙设备的地址都是唯一的。蓝牙设备保留了 64 个 LAP 地址用于查询操作，不能用于蓝牙设备地址分配，地址段为 0x9E8B00～0x9E8B3F。

LSB   MSB

Company_Assigned						Company_ID					
LAP						UAP		NAP			
0000	0001	0000	0000	0000	0000	0001	0010	0111	1011	0011	0101

图 4.3　蓝牙设备地址格式

在蓝牙系统中，所有物理信道的传输都由接入码开始。蓝牙定义了三种接入码：接入设备码（DAC）、信道接入码（CAC）、查询接入码（IAC）。所有接入码均取自 BD_ADDR 中的 LAP。设备接入码用于呼叫、呼叫扫描和呼叫响应子状态。信道接入码在 CONNECTION 状态下使用，并形成在微微网物理信道上交换的分组的开始。查询接入码用于查询操作。蓝牙协议定义了一个通用查询接入码作为常规的查询操作，定义了 63 个专用查询接入码用于特定设备类型的查询。接入码也可用来通知接收器接收到达的分组，以及用于时间同步和偏移补偿。接收器与接入码中的整个同步字相关，提供抗干扰性很强的信号。

蓝牙基带协议中规定的内容包括物理信道和物理链路、逻辑传送和逻辑信道、分组格式和比特流处理、蓝牙收发规则、蓝牙信道控制、蓝牙音频、蓝牙的信息安全机制。

1．物理信道和物理链路

蓝牙物理信道有一个伪随机跳频序列标志，跳频序列由蓝牙地址的 UAP 和 LAP 决定，序列的相位由蓝牙时钟决定。物理信道分为以时隙为单位的时段，由跳频选择内核决定某一个时隙所处的频点位置。在连接状态下，跳频速率为 1600 跳/s；而在查询和寻呼子状态下，跳频速率为 3200 跳/s。蓝牙物理信道主要有：基本微微网物理信道、自适应微微网物理信道、寻呼扫描物理信道和查询扫描物理信道。

蓝牙设备处于连接状态时，默认使用基本微微网物理信道，在信道条件不一致的情况下，可以使用自适应微微网物理信道。基本微微网物理信道由蓝牙设备决定，它的蓝牙地址和时钟决定伪随机序列的跳频规律，通过轮询方式实现对微微网物理信道的流量控制。主蓝牙设备指通过发出寻呼请求并且成功建立连接的设备，从蓝牙设备指被连接的设备，连接建立后，主从角色可以交换。基本微微网物理信道将时间分成 625μs 长度的时隙，以 TDD 方式实现主从设备之间的通信。

自适应微微网物理信道使用自适应跳频选择序列，即跳过某些物理信道条件较差的射频信道，有利于增加无线通信的可靠性和兼容性。自适应微微网物理信道至少使用 20 个射频信道，它与基本微微网物理信道有两点不同：第一，在主-从时隙上，它使用与前一个主-从时隙相同的射频信道；第二，可能使用少于 79 个射频信道。当蓝牙设备没有建立连接时，可以使用寻呼扫描物理信道和查询扫描物理信道的方式实现蓝牙设备的连接。

蓝牙设备使用跳频选择内核（Selection Box）产生六种伪随机跳频序列：寻呼跳频序列（Page）、寻呼响应跳频序列（Page Response）、查询跳频序列（Inquiry）、查询响应跳频序列（Inquiry Response）、基本信道跳频序列（Basic）、自适应信道跳频序列（AFH）。其中五种为基本跳频序列，一种为自适应跳频序列（AFH）。

物理链路表示的是设备之间的基带连接，它是通信设备间物理层数据的连接通道。物理链路总是正好与一个物理信道相关联。所有支持在物理链路上进行逻辑传输的链路具有以下共同特性：功率控制、链路管理、加密、根据信道质量来确定数据传输速率（CQDDR）、多时隙分组控制。蓝牙规范中定义了两种类型的链路：ACL 链路和 SCO 链路。

ACL 链路是蓝牙微微网中数据进行分组交换的连接方式，有异步和等时两种服务方式。在一个主单元和一个从单元之间只可以存在一个 ACL 链路，也就是当且仅当主-从时隙中指明了某个从单元的地址，这个从单元才可以在下一个从-主时隙中返回一个 ACL 分组。如果对分组头中的从单元地址解析失败，从单元就不能在后续的时隙中发送分组。未指定目的从单元的 ACL 分组可视为广播分组，每个从单元都可以阅读。如果在 ACL 链路上没有数据发送，也没有轮询要求，就不发送任何信息。

SCO 链路是蓝牙主从单元之间进行电路交换所采用的连接方式，它是一种对称、等时的点对点连接，并且采用保留时隙来传输分组。该保留时隙是通过 LMP 协议发送的 SCO 设置 PDU 所携带的参数（如 SCO 间隔 TSCO 和时隙补偿 DSCO）来定义的。主单元以规定的时间间隔 TSCO，在预留的主-从时隙向从单元发送 SCO 分组，在接下来的从-主时隙中允许 SCO 的从单元进行响应。如果 SCO 从单元对分组头中从单元的地址解析失败，在保留的 SCO 时隙里 TSCO 仍允许返回 1 个 SCO 分组，SCO 分组不重传。作为主单元，TSCO 能够支持 3 路指向相同从单元或不同从单元的 SCO 链路；而作为从单元，TSCO 可以支持 3 个来自同一主单元的 SCO 链路或 2 个来自不同主单元的 SCO 链路。

2. 逻辑传输和逻辑信道

在主从蓝牙设备之间总共有五种不同类型的逻辑传输链路：面向同步连接（SCO）、扩展的面向同步连接（eSCO）、面向异步连接（ACL）、活动从设备广播（ASB）、休眠从设备广播（PSB）。

SCO 逻辑传输是在微微网中点对点的逻辑传输，一般用于语音、同步数据等对时延有严格限制的业务，主设备通过中保留时隙来保持 SCO。eSCO 逻辑传输不但保留时隙，而且在保留时隙之后还设立重传窗口以加强可靠性。ACL 逻辑传输同样是在主从设备之间建立点对点逻辑传输链路，但只能在非 SCO 保留时隙上，主设备可以和多个从设备建立 ACL 逻辑传输链路，包括已处于 SCO 连接状态的从单元。ASB 逻辑传输链路用于在主设备与活动从设备之间进行通信，而 PSB 逻辑传输链路用于在主设备与休眠从设备之间进行通信。

蓝牙系统定义了五种逻辑信道：链路控制（LC）、ACL 控制（ACL-C）、用户异步/等时（ACL-U）、用户同步（SCO-S）、用户扩展同步（eSCO-S）。

　　LC 和 ACL-C 逻辑信道分别用于链路控制层次和链路管理层次；ACL-U 逻辑信道用于传输异步、等时用户信息；SCO-S 和 eSCO-S 用于传输用户同步信息。LC 在分组头中携带，而其他的逻辑信道在分组的有效载荷中携带。ACL-C 和 ACL-U 在有效载荷头的逻辑传输链路标识（LLID）中给出指示。SCO-S 和 eSCO-S 只能由 SCO 链路传输，ACL-U 一般由 ACL 链路传输，然而，它们也可以在 SCO 链路上的 DV 分组中传输。ACL-C 既可以用 SCO 链路传输，也可用 ACL 链路传输。链路控制信道被映射于分组头，它携带类似 ARQ、流控制和有效载荷特征的底层链路控制信息。除没有分组头的 ID 分组外，LC 信道可传输各种分组。ACL 信道用来传送主单元和从单元链路管理器之间的互换控制信息。ACL 信道使用 DM1 分组，它由有效载荷头中的 LLID 代码 11 指定。ACL-U 信道传输 L2CAP 异步和等时用户数据，这些数据可以以一个或多个基带分组形式传输。对于分段消息，分组使用值为 10 的有效载荷头 LLID 代码。其余后续分组使用 LLID 代码 01。如果没有分段，则所有分组都使用 LLID 开始代码 10。用户同步（SCO-S）信道和用户扩展同步（eSCO-S）信道均传输透明的用户同步数据，在 SCO 链路上传输。

3．分组格式和比特流处理

　　蓝牙单元之间进行通信，通常使用基带分组携带消息。蓝牙基带分组采用的是小端格式（Little Endian），即 LSB 最先发送到射频接口。蓝牙分组格式分为基本速率的分组格式和增强速率的分组格式两种。

　　对于基本速率分组格式，每个分组包括识别码、分组头和有效载荷三部分，如图 4.4 所示。识别码可以是 72bit 或 68bit，分组头为 54bit，有效载荷长度范围为 0～2745bit。分组具有几种不同的类型格式：只由识别码组成；由识别码和分组头组成；由识别码、分组头和有效载荷组成。

LSB 68/72bit	54bit	0～2745bit MSB
ACCESS　CODE	HEADER	PAYLOAD

图 4.4　基本速率分组格式

　　增强速率分组的识别码和分组头的格式及调制方式与基本速率分组格式相同，增强数率分组在分组头后有防护时间和同步序列，在有效载荷的后面包含了两个尾标识，如图 4.5 所示。

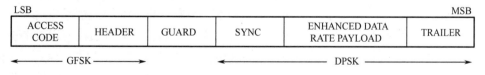

图 4.5　增强速率分组格式

　　每个分组都是由识别码开始的，若头信息紧随其后，则识别码长度是 72bit，否则识别码长度为 68bit。识别码的作用有时序同步、偏移补偿、寻呼和查询等。识别码用于寻呼和查询时，自身就被当作一个信令消息，而不必给出分组头和有效载荷。在蓝牙单元接收机中，滑动相关器关联识别码，当值超过门限电平时信号被激发，被激发信号用于确定接收时间。有三种类型：信道识别码（Channel Access Code，CAC）、设备识别码（Device Access Code，DAC）和查询识别码（Inquiry Access Code，IAC）。识别码由头、同步字组成，有时也包括尾，如图 4.6 所示。

LSB 4bit	64bit	4bit MSB
PREAMBLE	SYNC WORD	TRILER

图 4.6 识别码格式

分组头中携带了链路控制信息，由 6 个字段组成。包含 HEC 的整个头信息长度为 18bit，分组头格式如图 4.7 所示。分组头信息以 1/3 比例前向纠错编码，因此，头信息最后成为 54bit 编码格式。3bit 的 LT_ADDR 段是分组的逻辑传输地址，这个字段指示了主-从时隙分组中目的从单元的地址和从-主时隙分组中源从单元的地址。TYPE（4bit）字段有两个功能：其一，通过 TYPE 可以判断出传输的是 ACL 分组还是 SCO 分组；其二，可以判断该分组是什么类型，以决定后续分组应该等待多少时隙才能够占用信道。FLOW（1bit）对 ACL 链路分组进行流量控制。ARQN（1bit）用来标识接收端是否已经正确接收信息。SEQN（1bit）用来标识所接收的信息是否是重复信息，从而过滤重传分组。HEC（8bit）用来对分组头进行完整性校验。

LSB 3bit	4bit	1bit	1bit	1bit	8bit MSB
LT_ADDR	TYPE	FLOW	ARQN	SEQN	HEC

图 4.7 分组头格式

有效载荷（Payload）是所传数据的主要载体，它有两种格式：同步语音字段和异步数据字段。ACL 分组只有数据字段，SCO 分组和 eSCO 分组只有语音字段，而 DV 分组既含有语音字段又含有数据字段。eSCO 分组为同步分组，但也可以支持重传。SCO 分组，只支持基本速率模式，语音有效载荷只是一个定长的数据段，不含有效载荷头。在基本速率的 eSCO 中，同步语音字段包括两部分：同步数据和 CRC 码，不存在有效载荷头。在增强速率的 eSCO 中，同步语音字段包括五部分：防护时间、同步序列、同步数据、CRC 码和尾，但不存在有效载荷头。基本速率的 ACL 分组的异步数据字段包含三部分：有效载荷头、有效载荷主体和 CRC 码（AUX1 分组不包括 CRC 码）。增强速率的 ACL 分组的异步数据字段由六部分构成：防护时间、同步序列、有效载荷头、有效载荷体、CRC 码和尾。

基带分组的处理过程如图 4.8 所示。在传输之前，分组头和有效载荷使用数字噪声字加扰，其目的是使来自较高冗余模式的数据随机化，并最小化分组中的 DC 偏差。这种加扰过程先于 FEC 编码完成。在接收端，接收数据使用与发送端相同的噪声字发生器进行解扰。解扰过程在 FEC 解码后完成。

接入码由蓝牙设备地址（BD_ADDR）的 24bit LAP 生成，进行同步字生成后，加入前缀和尾码，最终得到 72bit 接入码，接入码不再需要进行其他编码处理。

蓝牙系统分别对基带分组头（Header）和有效载荷（Payload）进行比特流处理。发送端分组头实际有效的部分为 10bit，通过 HEC 变成 18bit，经过 Whitening（白噪声化），再经 1/3FEC 编码变为 54bit 后发送，在接收端对分组头采用相反的操作方式。对于有效载荷，在发送端先对其进行 CRC 操作，经加密（Encryption）、Whitening、编码（Encoding）发送，在接收端对分组有效载荷采用相反顺序的操作。

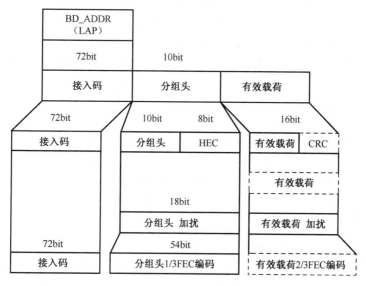

图 4.8　基带分组的处理过程

4．蓝牙收发规则

TX 规则：TX 缓存功能示意图如图 4.9 所示。对于 ACL 和 SCO 两种链路，TX 规则要分别处理。在主单元，每个从单元都有一个独立的 TX ACL 缓存器；每个 SCO 从单元有一个或多个 TX SCO 缓存器，多个 SCO 链路可以共用一个 TX SCO 缓存器，每条链路也可以有自己的 TX SCO 缓存器。每个 TX 缓存器包括两个 FIFO 寄存器，由蓝牙控制器读取用于组成分组的寄存器是 Current 寄存器，而由蓝牙链路管理器载入新信息的寄存器为 Next 寄存器。开关 S1、S2 用来决定寄存器是 Current 还是 Next，开关由蓝牙链路控制器控制，而输入和输出开关不能同时和同一个寄存器相连。

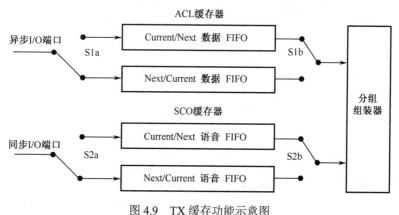

图 4.9　TX 缓存功能示意图

RX 规则：ACL 和 SCO 链路分别处理 RX 例程。与主单元的 TX ACL 缓存器相反，所有的从单元使用一个公共的 RX 缓存器。对于 SCO 缓存器，根据不同的 SCO 链路确定是否需要额外的 SCO 缓存器。RX 缓存器的功能示意图如图 4.10 所示。同 TX 缓存器一样，RX 缓冲器包括两个 FIFO 寄存器，一个用于蓝牙链路控制器访问和装载最近的 RX 分组；另一个用于蓝牙链路管理器读取先前的 RX 分组。

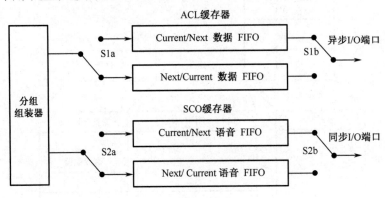

图 4.10　RX 缓存功能示意图

5. 蓝牙信道控制

信道控制主要描述如何实现微微网的信道建立、单元增加及释放过程。蓝牙链路控制器状态及其关系如图 4.11 所示。

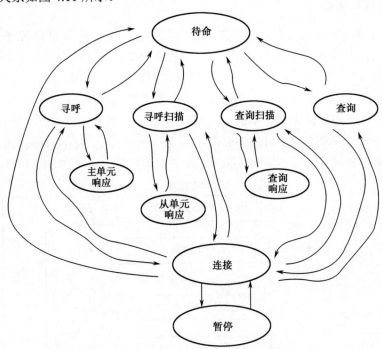

图 4.11　蓝牙链路控制器状态及其关系

蓝牙链路控制器主要运行在以下两个状态中：待命（Standby）和连接（Connection）。微微网内总共有 7 种子状态可用于增加从单元或实现连接。这些状态是寻呼（Page）、寻呼扫描（Page Scan）、查询（Inquiry）、查询扫描（Inquiry Scan）、主单元响应（Master Response）、从单元响应（Slave Response）和查询响应（Inquiry Response），子状态及其描述如表 4.2 所示。子状态是中间的临时过渡状态。为了从一个状态转移换另一个状态，可以执行蓝牙链路控制器指令，也可以使用链路控制器内部的信号。

表 4.2 子状态及其描述

子 状 态	子状态描述
寻呼（Page）	寻呼子状态被主单元用来激活和连接从单元。主单元通过在不同的跳频信道内传送从单元的设备访问码（DAC）来发出寻呼消息
寻呼扫描（Page Scan）	在寻呼扫描子状态下，从单元在一个窗口扫描存活期内侦听自己的设备访问码（DAC）。在该扫描窗口内从单元以单一调频侦听（源自其寻呼调频序列）
从单元响应（Slave Response）	从单元在从单元响应子状态下响应其主单元的寻呼信息。如果处于寻呼扫描子状态下的从单元和主单元寻呼消息相关即进入从单元响应状态。从单元接收到来自主单元的 FHS 数据包之后即进入连接状态
主单元响应（Master Response）	主单元在收到从单元对其寻呼消息的响应之后即进入主单元响应子状态。如果从单元回复主单元，则主单元发送 FHS 数据包给从单元，然后主单元进入连接状态
查询（Inquiry）	查询子状态用于发现相邻蓝牙设备的身份。发现单元收集蓝牙设备地址和所有响应查询消息单元的时钟
查询扫描（Inquiry Scan）	在查询扫描子状态下，蓝牙设备侦听来自其他设备的查询。此时扫描设备可以侦听一般查询访问码（GIAC）或专用查询访问码（DIAC）
查询响应（Inquiry Response）	对查询子状态而言，只有从单元才可以响应，而主单元则不能。从单元用 FHS 数据包响应，该数据包包含了从单元的设备访问码、内部时钟和某些其他从单元信息

连接状态（Connection）指连接已经建立、数据分组可以双向传输的状态。在这种状态下，通信的主从双方都用主设备接入码和时钟，跳频方案采用信道跳频序列。连接状态开始于主单元发送 POLL 数据包，通过这个数据包主单元即可检查从单元是否已经交换到了主单元的时序和跳频信道上，此时从单元可以用任何类型的数据包响应。连接状态的蓝牙设备可以处于以下 4 种状态：活动（Active）状态、保持（Hold）状态、呼吸（Sniff）状态和暂停（Park）状态。连接状态下的蓝牙设备状态如表 4.3 所示。

表 4.3 连接状态下的蓝牙设备状态

状 态	状 态 描 述
活动（Active）	活动状态下，主单元和从单元通过侦听、发送或接收数据包主动参与信道操作。主单元和从单元相互保持同步
呼吸（Sniff）	呼吸状态下，为了获得主单元发送给自己的消息而侦听每个时隙的从单元在指定的时限上监测。从单元可以在空时隙睡眠而减少功耗
保持（Hold）	保持状态下，某台设备可以临时不支持 ACL 数据包并进入低功耗睡眠模式，从而为寻呼、扫描等操作提供可用信道

续表

状　态	状　态　描　述
暂停 （Park）	当某台设备从单元无须使用微微网信道却又打算维持和信道的同步时,它可以进入暂停状态, 这种状态是一种低功耗状态,几乎没有任何活动。设备被赋予一个暂停成员地址并失去其活动 成员地址

待命状态是蓝牙设备默认的低功耗状态,此状态下本地时钟以低精度运行。这种状态下只有设备的自身时钟在运行且不存在与任何其他设备的交互。在连接状态下,主单元和从单元可以采用信道（主单元）访问码和主单元蓝牙时钟交换数据包,所采用的跳频方案是信道跳频方案。

了解了蓝牙设备的各种状态后可以进一步了解接入过程。主单元使用 GIAC 和 DIAC 查询一定范围内（查询子状态）的蓝牙设备。如果附近的蓝牙设备正在侦听这些查询（查询扫描子状态）,附近的蓝牙设备就会通过发送自己的地址和时钟信息（FHS 数据包）给主单元（查询响应子状态）来响应主单元。发送这些信息后,从单元就开始侦听来自主单元的寻呼消息（寻呼扫描）。主单元在发现范围内的蓝牙设备后可以寻呼这些设备（寻呼子状态）以建立连接。处于寻呼扫描子状态的从单元如果被该主单元寻呼到,则从单元可以立即用自己的设备访问码（DAC）作为响应（从单元响应子状态）。主单元收到来自从单元的响应之后即可传送主单元的实时时钟、BD_ADDR、BCH 奇偶位及设备类别（FHS 数据包）作为响应。从单元收到该 FHS 数据包后,主单元和从单元即进入连接状态。接入过程如图 4.12 所示。

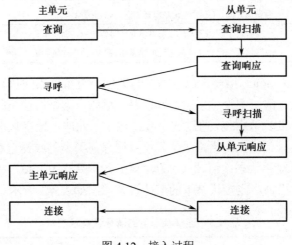

图 4.12　接入过程

6. 蓝牙音频

在蓝牙无线接口上,可以使用 64kb/s 的对数 PCM（A-规则或 μ-规则）,或使用 64kb/s 的 CVSD（连续变化斜率增量调制）,后一形式主要采用音节压扩增量调制算法。在线路接口上的语音代码应当有和 64kb/s 的对数 PCM 一样或更好的质量。表 4.4 列出了无线接口所支持的语音编码方式,合适的语音编码将在链路管理器之间协商后进行选择。

表 4.4　无线接口所支持的语音编码方式

语 音 编 码	
线性	CVSD
8bit 对数	A-规则
	μ-规则

（1）对数 PCM 编码器（CODEC）。由于在无线接口上的语音信道可以支持 64kb/s 的信息流，所以在传输中可以使用 64kb/s 的对数 PCM 进行传输，也可以使用 A-规则或 μ-规则进行压缩。在有线接口使用 A-规则和无线接口使用 μ-规则的情况下，可执行 A-规则到 μ-规则的转换。压缩方式遵循 ITU-T 建议的 G.711。

（2）连续变化斜率增量调制编码器（CVSD-CODEC）。无线接口上语音较健壮的格式为增量调制。增量调制方案具有某种输入波形，输出将指出预计值是否大于输入波形。为了减少斜率过载影响，应使用音量压扩技术，步长可根据平均信号斜率进行修改。CVSD 编码器的输入是 64bit 采样的线性 PCM。

（3）错误处理。在 DV、HV3、EV3、EV5、2-EV3、3-EV3、2-EV5 和 3-EV5 分组中，语音不受 FEC 保护。在通信质量要求不高的情况下，语音质量取决于语音编码方式的稳定性；在 eSCO 传输中，语音质量还取决于重传模式的规定。CVSD 在白噪声背景中对随机位错相当不敏感。然而，当由于信道识别码或 HEC 测试不成功拒绝分组时，就必须采取措施来填补丢失的语音段。

HV2 和 EV4 分组中的语音有效载荷受 2/3 比例 FEC 的保护，如果发生不可纠正的错误，这些错误应当被忽略。HV1 分组由 1/3 比例 FEC 进行保护。在大部分检测方式中，纠正的错误将不会再出现。

（4）一般音频要求。对于 A-规则或 μ-规则的对数 PCM 编码信息来说，要求信号遵循 ITU-T G.711。16bit 线性 PCM 和 CVSD 编码器接口处的完全摆幅定义为 3dBm。

蓝牙的音频质量要求由发射方确定。64kb/s 的线性 PCM 输入信号必须有 4kHz 以上的频谱功率强度。基准输入信号的设置由基准译码器（在站点上有效）传输和发送编码。64kb/s 的线性 PCM 输出在译码信号的 4～32kHz 范围内的功率频谱强度应当比 0～4kHz 范围内的最大值低 20dB。

7. 蓝牙的信息安全机制

由于蓝牙通信标准是以无线电波作为媒介的，第三方可能轻易截获信息，所以蓝牙必须采取一定的安全保护机制。蓝牙规范（Specification of Bluetooth System，V2）提出了三种安全模式。

（1）无安全模式：没有任何安全措施。

（2）服务级安全模式：该模式是建立在 L2CAP 层之上的，可以利用不同的协议来加强网络安全，具有较强的灵活性和实用性。

（3）链路级安全模式：在通信链路建立前实施的安全策略，此模式虽然灵活性不强，但很适合一般安全级别通信的需要。

蓝牙在链路层提供四个安全实体：蓝牙设备地址 BD_ADDR；私有鉴权密钥（Private Link Key，长度一般为 128bit，用于蓝牙装置连接过程中的鉴权）；私有加密密钥（Private Encryption Key，长度为 8～128bit，用于数据加密）；随机数 RAND（Random Number，由蓝牙系统本身产生，作为产生链路密钥和加密密钥的参数）。

4.2.3 蓝牙的其他几个重要协议

蓝牙整体协议架构如图 4.13 所示。

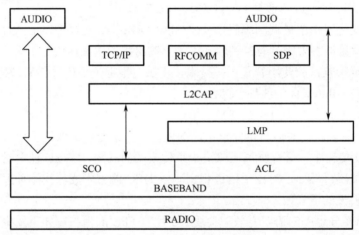

图 4.13 蓝牙整体协议架构

位于蓝牙协议底层的是射频层，基带层位于蓝牙协议栈的射频层之上，并与射频层一起构成蓝牙的物理层。建立在蓝牙物理层上的有链路管理协议（Link Manager，LMP）、逻辑链路控制和适配协议（Logical Link Control and Adaptation Protocol，L2CAP）、服务发现协议（Service Discovery Protocol，SDP）、串口仿真协议（RFCOMM）和其他一些应用协议。本节将详细介绍链路管理协议（LMP）、逻辑链路控制和适配协议（L2CAP）、服务发现协议（SDP）和主机控制接口（HCI）协议。

1. 链路管理协议（LMP）

链路管理协议是蓝牙协议栈中的一个重要组成部分。它主要完成三个方面的工作：①处理、控制和协商发送数据所使用分组的大小；②管理蓝牙单元的功率模式和在微微网中的状态；③处理链路和密钥的生成、交换与控制。

LMP 用于链路的建立、安全和控制。链路管理协议可以直接发送有效载荷，不必采用 L2CAP 方式来发送，同时通过有效载荷的 L_CH 字段的一个保留值（11）来区分不同的发送方式。在接收端，消息被链路管理协议（Link Manager，LM）层过滤并解析而不再转发给更高的协议层。链路管理协议层的全局视图如图 4.14 所示，在整个协议栈中，

LM 位于链路控制器（LC）之上，且使用 LC 提供的链路进行通信。

```
        ↕                                    ↕
   ┌─────────┐          LMP          ┌─────────┐
   │   LM    │◄─────────────────────►│   LM    │
   └─────────┘                       └─────────┘
        ↕                                    ↕
   ┌─────────┐                       ┌─────────┐
   │   LC    │                       │   LC    │
   └─────────┘                       └─────────┘
        ↕                                    ↕
   ┌─────────┐                       ┌─────────┐
   │   RF    │                       │   RF    │
   └─────────┘                       └─────────┘
        ↑                 物理层                ↑
        └───────────────────────────────────────┘
```

图 4.14　链路管理器协议层的全局视图

2．逻辑链路控制和适配协议（L2CAP）

L2CAP 层位于基带层之上，是数据链路层的一部分，是一个为高层的传输层和应用层协议屏蔽基带协议的适配协议。L2CAP 通过协议的复用、分段和重组及提取，向上层协议提供面向连接和无连接的数据服务。L2CAP 允许高层协议和应用发送和接收高达 64KB 的数据分组，L2CAP 还允许单信道的流控制和重传。L2CAP 只支持异步无连接（ACL）链路。

L2CAP 位于链路管理器协议之上且与其他通信协议有接口，如服务发现协议（PDU）、电话控制协议（TCS）和蓝牙网络封装协议（BNEP）。L2CAP 与其他协议的关系如图 4.15 所示。

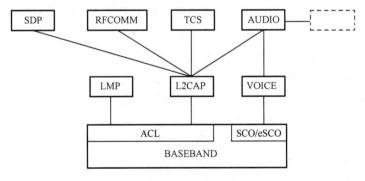

图 4.15　L2CAP 与其他协议的关系

3．服务发现协议（SDP）

服务发现协议（SDP）是蓝牙核心协议之一，是一个基于客户-服务器结构的协议，应用程序依靠 SDP 发现可用服务及这些服务的属性。服务的属性包括服务的类型及使用该服务必须具备的机制或协议等。服务器维护服务记录列表，服务记录列表描述与该服务器有关服务的特征。每个服务列表包括服务的信息。客户端可以通过发送 SDP 请求从服务器记录中索取服务信息。如果客户或与客户有关的应用决定使用服务，则必须打开到服务提供者的连接。客户-服务器交互过程如图 4.16 所示。

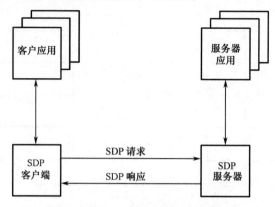

图 4.16 客户-服务器交互过程

服务发现协议（SDP）有以下功能。

（1）SDP 应该为客户提供查询功能，允许客户根据服务的属性得到所需的服务查询。

（2）SDP 应该允许根据服务的类别发现服务。

（3）SDP 应该能够浏览服务类别，无须事先知道这些服务的特征。

（4）SDP 具有为发现进入客户设备发射范围的设备提供新服务的能力，以及为处于客户设备发射范围内刚刚有效的设备提供新服务的能力。

（5）SDP 应当提供一种机制：当设备离开客户设备发射区或关闭服务时，能够判别服务无效。

（6）SDP 必须对服务类别和服务属性提供唯一标识。

（7）SDP 允许设备上的客户直接发现另外设备上的服务，无须查询第三方设备。

（8）SDP 一定要能够用于复杂性不高的设备。

（9）SDP 应该支持使用中间代理对服务发现信息缓存，用于提高发现的效率。

（10）SDP 应该独立地传输。

（11）当使用 L2CAP 作为传输协议时，SDP 应当能正常工作。

（12）SDP 应该允许发现和使用接入其他服务发现协议中的服务。

（13）SDP 将支持生成和定义新的服务，无须进行集中授权的注册登记。

一个蓝牙设备最多只有一个 SDP 服务器。如果蓝牙设备只充当客户端，它就不需要 SDP 服务器。一般的蓝牙设备既可以是 SDP 服务器，又可以是 SDP 客户端。如果设备上有多个应用提供服务，使用 SDP 服务器就可以充当这些服务的提供者，负责处理请求这些服务的信息。相应地，多个客户应用也可以使用一个 SDP 客户端作为客户应用的代表请求服务。

随着服务器到客户端距离的不断变化，SDP 服务器向 SDP 客户端提供的服务集也动态地变化。当 SDP 服务器可用后，潜在的客户必须使用不同于 SDP 的机制通知服务器它要使用 SDP 查询服务器的服务。相似地,当服务器由于某种原因离开服务区而不能提供服务时,也不会用 SDP 进行显式地通知。不过,客户可以使用 SDP 轮询服务器,根据是否能够收到响应来推断服务器是否可用。

4. 主机控制接口（HCI）协议

蓝牙主机控制接口（Host Controller Interface,HCI）是蓝牙主机-主机控制器应用模式中蓝牙模块和主机间的软/硬件接口,其中蓝牙主机-主机控制器连接模型如图 4.17 所示。当主机和主机控制器通信时,HCI 层以上的协议在主机上运行,而 HCI 层以下的协议由蓝牙主机控制器硬件来完成,它们通过 HCI 层进行通信。主机控制器中的 HCI 解释来自主机的信息,并将信息发向相应的硬件模块单元,同时还将模块中的信息根据需要向上转发给主机。因而,HCI 对在具体硬件基础上自主灵活地构建面向应用的蓝牙协议栈和开发蓝牙应用起着决定性的作用。

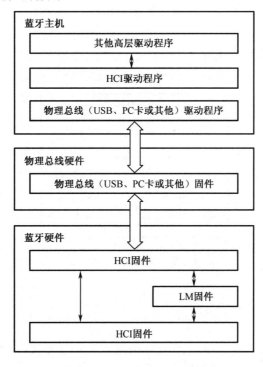

图 4.17　蓝牙主机-主机控制器连接模型

HCI 由两部分组成:用来连接蓝牙模块和主机的物理硬件,实现命令接口的软件。HCI 传输层指蓝牙主机和主机控制器之间相连的物理接口。目前,蓝牙 HCI 层的物理接口有通用串行总线（USB）、串行端口（RS232）、通用异步收发器（UART）和 PC 卡。其中,蓝牙 1.1 对 USB、RS232、UART 进行了标准化定义,但没有对 PC 卡进行定义。蓝牙设备可以采用一种或几种不同的物理接口来实现通信。

4.3 高速蓝牙技术

高速蓝牙技术中，蓝牙借助 WLAN 的 MAC、PHY 及射频技术达到高速传输数据的目的。蓝牙高速数据传输协议架构如图 4.18 所示。其中交替 MAC/PHY 是蓝牙核心系统的另一个控制器，也是 WLAN 的 MAC/PHY 系统。AMP 管理器通过 L2CAP 与对端设备的 AMP 管理器进行通信。AMP 管理器通过传统蓝牙（BR/EDR）执行设备发现、关联等操作，然后收集对端 AMP 管理器的相关信息，并基于这些信息建立和管理 AMP 物理链路。物理链路的建立是通过 L2CAP 信令信道实现的。物理信道建立后，L2CAP 会根据需要的 QoS 建立一条 AMP 逻辑通道，用来进行数据通信。系统可以将 L2CAP 信道从 BR/EDR 转移到 AMP 控制器上。相反，在高速传输不需要或 AMP 链路超时的情况下，L2CAP 信道也可以移到 BR/EDR 射频上。而若 BR/EDR 链路超时，则会强制要求断开所有的 AMP 物理链路。另外，为了满足系统低功耗的需要，系统可以使能或禁止 AMP 系统。AMP PAL 负责蓝牙在 HCI 命令与 IEEE 802.11 MAC/PHY 协议之间的转换。

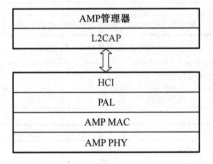

图 4.18 蓝牙高速数据传输协议架构

4.3.1 PAL 协议

AMP 主机控制器接口是 AMP 控制器与主机之间的逻辑接口，用来支持与 AMP 有关的逻辑链路管理、QoS 和业务流控制所需要的命令和事件。主机包括逻辑链路控制和适配协议（L2CAP）和 AMP 管理器。

AMP PAL 是 IEEE 802.11 MAC 与 AMP HCI 或 AMP 管理器之间的接口，通过 AMP PAL 可实现主机命令或事件与 IEEE 802.11 MAC 原语之间的转换。同时，AMP PAL 还为 AMP 信道管理、数据流业务提供支持。具体来说，AMP PAL 将上层命令转换为 IEEE 802.11 MAC 的 API，然后接收 MAC 返回的消息，并将其转换为上层能够理解的事件，从而起到在蓝牙上层协议与 IEEE 802.11 底层协议之间建立桥梁的作用。图 4.19 为 PAL 协议的架构，PAL 协议层主要包括 PAL 管理器、物理链路管理器、逻辑链路管理器及数据管理器。

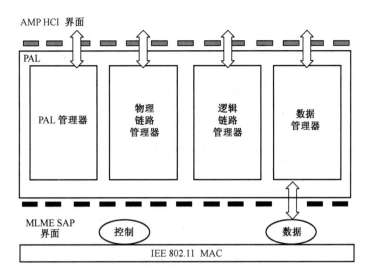

图 4.19　PAL 协议架构

1. PAL 管理器

PAL 管理器实现 PAL 的全局操作，包括响应主机关于 AMP 的信息、PAL 版本的信息请求和执行 PAL 复位操作等待。PAL 管理器支持如下 HCI 命令。

（1）HCI_OP_Read_Local_AMP_Version：读取本地的 AMP 版本。

（2）HCI_OP_Read_Local_AMP_Info：读取本地的 AMP 信息。

（3）HCI_OP_Reset：复位 AMP PAL 操作。

2. 物理链路管理器

物理链路管理器维护 PAL 物理链路状态机，状态机由 HCI 命令触发，相关的操作结果通过 HCI 事件和命令状态返回。物理链路管理器驱动 IEEE 802.11 MAC 层相关操作。与创建物理层和链路层连接相关的命令有 HCI_Read_Local_AMP_ASSOC、HCI_Create_ Physical_Link、HCI_Write_Remote_AMP_ASSOC、HCI_Accept_Physical_Link、HCI_ Disconn_Physical_Link。

3. 逻辑链路管理器

逻辑链路管理器用来管理逻辑链路，每个逻辑链路都建立在唯一的物理链路基础上，支持的操作包括创建、修改和删除逻辑链路连接及改变逻辑链路参数。以下列出的 HCI 命令和事件与逻辑链路管理器密切相关：HCI_Create_Logical_Link、HCI_Accept_Logical_ Link、HCI_Disconn_Logical_Link、HCI_Logical_Link_Cancel、HCI_Flow_Spec_Modify。

4. 数据管理器

数据管理器执行与数据包相关的操作，每一种数据包与逻辑链路上一种确切的链路层流量控制有关，支持的操作包括发送、接收及缓冲器管理。数据管理器在 MAC 接口的操作包括与 MAC 层相关的发送、接收操作及决定下一个数据包在哪一条链路上发送。

5．AMP ASSOC 结构

AMP ASSOC 结构是一种 AMP 类型，出现在多个 AMP HCI 命令与事件中。AMP ASSOC 数据格式采用 Type-Length-Value（TLV），如表 4.5 所示。

表 4.5 AMP ASSOC 数据格式

类　　型	长　　度	值
1B	2B	非定长

AMP ASSOC 数据类型定义如表 4.6 所示。

表 4.6 AMP ASSOC 数据类型定义

类　型　ID	描　　　　　述	AMP_ASSOC 包括
0x00	Reserved	NA
0x01	MAC 地址	Mandatory
0x02	首选的信道列表	Mandatory
0x03	连接的信道	Optional
0x04	IEEE 802.11 PAL 能力列表	Optional
0x05	IEEE 802.11 PAL 版本	Mandatory
0x06～0xFE	Reserved	Mandatory
0xFF	Reserved for debug	NA

4.3.2 PAL 物理链路管理器

物理层链路接入一个初始设备和一个响应设备。初始设备发起 HCI_Create_Physical_Link 命令；响应设备回应 HCI_Accept_Physical_Link 命令。物理层链路冲突由上层的 AMP 负责解决。对于 IEEE 802.11 AMP 设备，必须支持 IEEE 802.11 ERP 功能；另外为了解决兼容性问题，应当支持信道 1～11。一条物理链路代表本地 IEEE 802.11 AMP 设备与远端 IEEE 802.11 AMP 设备的一条传输通路，AMP 可以一次支持多条物理链路。IEEE 802.11 MAC 地址和物理链路有唯一的绑定关系。当物理链路连接已建立，设备处于 CONNECTED 状态时，两设备必须建立 PTKSA。物理链路建立过程描述如下。

步骤 1：初始信息交换。

初始协商的过程由传统蓝牙（BR/EDR）部分完成。蓝牙 AMP Manager 检查对等的 AMP Manager 的可用性，并且获取底层 WLAN 的设备信息。为了获取 WLAN 设备信息，帧交换是通过传统蓝牙技术实现的，如图 4.20 所示为信息交换流程图。

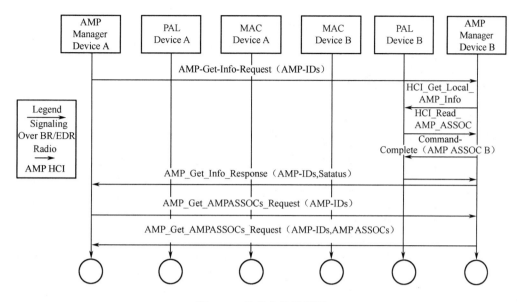

图 4.20 信息交换流程图

图 4.20 中，Device A 为发起者，Device B 为响应者。通过如图 4.20 中所示的帧交换，发起者会获取响应者底层 WLAN 的信息。基于这些信息，发起者决定是否与响应者的 WLAN 组成物理链路连接。

步骤 2：发起和响应 WLAN 连接。

一旦发起者的 AMP Manager 收到对等 WLAN 设备的请求信息，发起者将会通过 PAL 发起 WLAN 连接，发起和响应 WLAN 连接流程如图 4.21 所示。发起者的 AMP Manager 首先向 PAL 发送 HCI 命令建立物理链路连接。PAL 解析并转换为相应的 WLAN API 命令。发起者的 WLAN 设备开始发送信标帧并向 PAL 回应确认指示。PAL 向主机或 AMP Manager 指示状态信息以确认 HCI 命令状态响应信息。接收到 PAL 确认信息后，AMP Manager 会基于传统蓝牙（BR/EDR）射频向响应者发送请求来启动响应者的 WLAN 设备，响应者 PAL 也将通知 AMP Manager 开始 WLAN 设备的信息。

步骤 3：形成 WLAN 连接。

当响应者的 PAL 通知 AMP Manager 关于开始 WLAN 设备的信息时，将向 WLAN 设备发送作为 STA 角色的请求，并与发起请求的 WLAN 设备形成 WLAN 连接。发起者作为 AP 角色。响应者设备形成 WLAN 连接流程如图 4.22 所示。

当发起者与响应者完成基于 WLAN 设备的连接时，会返回确定信息给 AMP Manager，指示 PAL 完成事件。为了执行在发起者与响应者之间的密钥交换操作，发起者的 PAL 作为鉴权者，响应者作为请求者，执行完整的四方握手过程。在成功进行密钥握手后，PAL 会向 AMP Manager 发送连接完成指示。

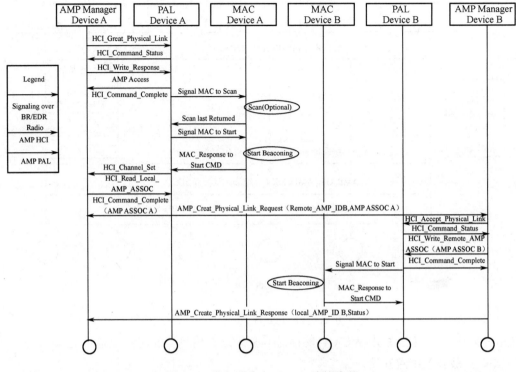

图 4.21　发起和响应 WLAN 连接流程

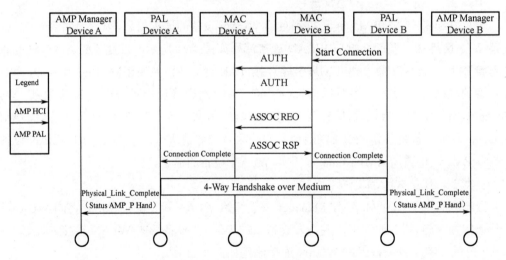

图 4.22　形成 WLAN 连接流程

4.3.3　逻辑链路管理器

逻辑链路管理器提供了双向顺序发送 L2CAP PDU 的路径。每条逻辑链路都建立在一条处于 CONNECTED 状态的物理链路上。每条逻辑链路的 QoS 机制可分为尽力而为（Best Effort）或保证（Guranteed）两种方式，如果流量控制指示为尽力而为，则逻辑链路为尽力而为的 QoS 机制，否则为保证的 QoS 机制。

保证带宽的 QoS 功能是可选项，PAL 可以拒绝任何的保证方式。如果底层 IEEE 802.11 不支持 QoS，那么在 MAC 层将没有数据优先级机制。逻辑链路的建立是通过 HCI_Create_Logical_Link 或 HCI_Accept_Logical_Link 命令发起的。如果底层物理链路没有处于 CONNECTED 状态，则返回 Command_Disallowed 状态事件。

逻辑链路的 QoS 机制将映射到 IEEE 802.11 的 QoS 机制上。逻辑链路的更新是通过 HCI_Flow_Spec_Modify 命令发起的。当 PAL 收到此命令时，PAL 将保证新的流量控制要求能够符合系统底层的资源水平。如果不符合，则 PAL 将拒绝此项命令操作。当逻辑链路被破坏时，PAL 依赖上层来刷新数据帧。PAL 可以选择在相同的物理链路上重用相同的逻辑链路标识来指示新的逻辑链路。当逻辑链路被删除时，PAL 应当恢复任何已分配的 QoS 资源。

4.3.4　数据管理器

PAL 公布的由 MAC 层发送的每一个 L2CAP PDU 作为单个的 MSDU，最大长度为 MAX_PAL_PDUSIZE 字节，对接收端而言，MSDU 边界决定了 L2CAP PDU 的边界。在发送前，PAL 将会除去 HCI 的头部，增加 LLC 和 SNAP 头，并插入一个 IEEE 802.11 MAC 帧头部中。LLC/SNAP 帧格式如图 4.23 所示。

	DSAP	SSAP	Control	OUI	Protocol	Frame Body
Value	0xAA	0xAA	0x03	00:19:58	XX:XX	
Octets/B	1	1	1	3	2	0～1492

图 4.23　LLC/SNAP 帧格式

协议 ID 内容如表 4.7 所示。

表 4.7　协议 ID 内容

ID	协 议 内 容	逻 辑 链 路
0x0000	Reserved	N/A
0x0001	LZCAP ACL Data	AMP-U
0x0002	Activity Report	AMP-C
0x0003	Security Frames	AMP-C
0x0004	Link Supervision Request	AMP-C
0x0005	Link Supervision Reply	AMP-C
0x0006～0xFFFF	Reserved	N/A

AMP 链路上所有的 IEEE 802.11 数据帧在帧控制域都带有 ToDS 和 FromDS 比特位。如果在物理链路进行了 QoS 协商，则 MAC 帧头域需包括 QoS 控制域。接收设备将会从

接收帧中的 TA 域决定物理层链路 ID，接收的 PAL 将会解包并组装成 HCI ACL 数据包。

4.4 低功耗蓝牙技术

长期以来，束缚蓝牙技术广泛应用的关键因素就是功耗，虽然在各大手机及 PC 厂商的推动下，几乎所有的移动设备和笔记本电脑中都装有蓝牙模块，但是真正用到它的人却不多。因为耗电的原因，消费者往往对蓝牙敬而远之。除了蓝牙耳机和蓝牙鼠标等为数不多的应用设备外，对绝大部分的普通消费者来说，设备上的蓝牙功能几乎无人使用。

蓝牙 4.0 着力解决的就是功耗问题。官方数据显示，蓝牙 4.0 的峰值能耗仅为前代版本的 1/2。另外，只有在需要传输数据时蓝牙才会启动，其他时间则处于休眠状态，因此大大降低了能量的损耗。按照蓝牙技术联盟的说法，一粒纽扣电池就可以支撑装有蓝牙 4.0 模块的外部设备工作一年以上。

除了解决功耗问题，蓝牙 4.0 还针对启动速度慢的问题进行了调整。蓝牙 2.1 需要 6s 才能完成启动，而蓝牙 4.0 仅仅需要 3ms 就能完成启动，启动时间几乎可以忽略不计。

低功耗蓝牙无线通信技术的前身是 Wibree，该技术由芬兰手机制造商 Nokia 于 2006 年 10 月率先发布。该技术在与经典蓝牙（BDR/BR）相互兼容的基础上，将能耗技术指标引入其中，目的是降低移动终端短距离通信的能量损耗，从而延长其独立电源的使用年限。2010 年 10 月，蓝牙技术联盟正式将低功耗蓝牙（Bluetooth Low Energy，BLE）协议并入蓝牙 4.0 中。

与经典蓝牙协议相比，低功耗蓝牙技术协议在继承经典蓝牙射频技术的基础上，对经典蓝牙协议栈进行进一步简化，将蓝牙数据传输速率和功耗作为主要技术指标。在芯片设计方面，协议采用两种实现方式：单模（Single-Mode）形式和双模（Dual-Mode）形式。双模形式的蓝牙芯片是将低功耗蓝牙协议标准集成到经典蓝牙控制器中，实现了两种协议共用。而单模形式蓝牙芯片采用独立的低功耗蓝牙协议栈，它是对经典蓝牙协议栈的简化，进而降低了功耗，提高了传输速率。

低功耗蓝牙技术有如下特点：

（1）超低峰值；

（2）低功耗，一粒纽扣电池即可维持设备正常工作数年之久；

（3）低成本、传输速率高（最高可达 2Mb/s）；

（4）支持不同厂商设备间的互操作；

（5）传输范围进一步扩大。

截至目前，苹果、三星、华为、联想、西门子等公司已经将该技术成熟地运用到各自的移动终端或电子产品中。TI（Texas Instruments）作为业界知名的芯片生产商，凭借其成熟的无线通信芯片制造技术，推出了基于蓝牙 4.0 的蓝牙芯片 CC2540，该芯片具有体积小、功耗低、集成度高、数据传输稳定等优点。除此之外，该芯片内部集成了一个增强型的 8051 内核，作为主控制单元，进一步节省了设计所需的空间和成本。

4.4.1　BLE 协议栈

蓝牙技术联盟推出蓝牙协议栈的目的是使不同蓝牙设备厂商之间的蓝牙设备能够在硬件和软件两个方面相互兼容，实现互操作。为了实现远端设备之间的互操作，待互联的设备（服务器与客户端）需运行在同一协议栈上。对于不同的实际应用，会使用蓝牙协议栈中的一层或多层的协议层，而非全部的协议层，但是所有的实际应用都要建立在数据链路层和物理层之上。低功耗蓝牙协议栈分层结构如图 4.24 所示。

图 4.24　低功耗蓝牙协议栈分层结构

低功耗蓝牙协议分成两部分：蓝牙内核（Core）和配置文件（Profiles）。其中 Core 是蓝牙的核心，主要由射频收发器、基带、协议栈构成；Profiles 定义在蓝牙内核（Core）基础之上，用于指定连接设备间的一般行为（如设备的连接、数据的传输等）。按照各层在协议栈中的位置，可以将 BLE 协议栈分为底层协议、中间层协议和高层协议三大类。

4.4.2　BLE 底层协议

低功耗蓝牙底层协议由物理协议层、链路协议层组成，它是蓝牙协议栈的基础，能够实现蓝牙信息数据流的传输。

1．物理协议层（Physical Layer）

低功耗蓝牙设备工作在 2.4GHz 的 ISM（Industry,Science,Medical）频段，采用高斯频移键控（GFSK）调制方式。该频段无须申请运营许可，这也正是蓝牙技术被广泛应用的原因之一。射频收发机采用跳频技术，在很大程度上减少了噪声干扰和降低了射频信号的衰减。射频发射机的功率范围为：$-20\sim10$dBm。BLE 射频频段范围为 $2400\sim2483.5$MHz，该射频频段共分为 3 个广播信道和 37 个数据传输信道，信道间隔为 2MHz，其中每个信道中心频率为 $2402+k\times2$MHz（其中 $k=0,\cdots,39$）。

2．链路协议层（Link Layer）

链路协议层的实质是控制射频状态下蓝牙设备的 5 种工作状态，即空闲模式状态、广播模式状态、扫描模式状态、初始化模式状态、连接模式状态。

（1）空闲模式状态：当链路协议层处于空闲状态时，蓝牙设备不发送或接收任何数据包，而是等待下一状态的发生。

（2）广播模式状态：当链路层处于广播模式状态时，蓝牙设备会发送广播信道的数据包，同时监听这些数据包所产生的响应。

（3）扫描模式状态：当设备处于扫描模式状态时，蓝牙设备会监听其他蓝牙设备（处于广播模式）发送的广播信道数据包。

（4）初始化模式状态：用于对特定的蓝牙设备进行监听及响应。

（5）连接模式状态：蓝牙设备与其监听到的蓝牙设备进行连接，在该模式下，两个连接的设备分别称之为主设备、从设备。

链路协议层工作状态转换如图 4.25 所示。

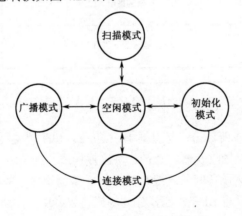

图 4.25　链路协议层工作状态转换

4.4.3　BLE 中间层协议

BLE 中间层协议主要提供数据分解和重组、服务质量控制等服务，该协议层包括主机控制接口层（HCI）、逻辑链路控制与适配协议层（L2CAP）。

1．主机控制接口（HCI）层

主机控制接口层是介于主机与主控制器之间的一层协议，它是主机与主控制器之间通信的桥梁。HCI 层的数据收发以 HCI 指令和 HCI 返回事件的形式呈现。蓝牙设备厂商在使用蓝牙技术联盟的标准 HCI 协议的同时，也可以开发自己的 HCI 协议指令集，以便于厂商发挥各自的技术优势。该协议层可以通过软件 API 或硬件接口（如 UART 接口、SPI 接口、USB 接口等）来实现。主机通过 HCI 接口向主控制器的链路管理器发送 HCI 指令，进而执行相应的操作（如设备的初始化、查询、建立连接等）；主控制器将链路管理器返回的 HCI 事件通过 HCI 接口传递给主机，主机进一步对返回事件进行解析和处理。

BLE 主控制器接口位于蓝牙协议栈的中间层，它提供了蓝牙高层协议层访问主控制器的链路层、物理层及状态寄存器等硬件的统一接口，是蓝牙设备的重要组成部分。BLE 主控制器结构框图如图 4.26 所示。

传统蓝牙（BR/BDR）硬件 IC 中，主控制器集成了无线电收发器、基带控制器、Flash 存储器、物理接口（USB/UART/SPI/PCM）等。蓝牙模块通过上述物理接口与主机对应的接口相连接。HCI 基于这些物理接口协议，实现主机与主控制器的数据传输。随着集成电路技术的快速发展，主机与主控制器之间不再是彼此独立的，大多数蓝牙硬件厂

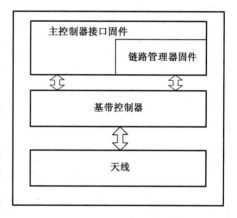

图 4.26　BLE 主控制器结构框图

商（如 TI、Maxim、NI）采用将主机与主控制器集成的方式，把主机与主控制器集成到一块芯片内部，即所谓的片上系统（System-on-Chip），从而大大降低了硬件开发人员的设计难度，节约了设计成本及硬件设计所需要的空间。

HCI 传输层为主机和主控制器提供物理接口，它介于主机控制器与主控制器之间，实现透明传输。HCI 物理接口包括 USB、RS232、UART、SPI、PC 卡等。RS232 和 UART 传输层均采用 UART 异步通信方式，二者的区别在于所适用的环境不同。UART 协议是 RS232 协议的子集，当蓝牙主控制器与蓝牙主机位于同一个 PCB 上或距离较小时采用此协议。UART 传输层没有对信号的电气特性进行规定，而是采用 TTL 电平驱动。当蓝牙模块与蓝牙主机接口位于不同的实体时，通常采用 RS232 接口协议，该协议对信号的电气特性进行了规定，采用更为完善的链路协议。HCI UART 传输层支持 4 种 HCI 数据包，分别为 HCI 指令数据包、HCI 事件数据包、HCI ACL 数据包、HCI SCO 数据包。其中 HCI 指令数据包由蓝牙主机发送给蓝牙主控制器；HCI 事件数据包由蓝牙主控制器发送给蓝牙主机；HCI ACL 数据包与 HCI SCO 数据包则是双向发送。HCI UART 传输层数据包分组如表 4.8 所示。

表 4.8　HCI UART 传输层数据包分组

数据包类型	数据包指示标识
HCI 指令数据包	0x01
HCI ACL 数据包	0x02
HCI SCO 数据包	0x03
HCI 事件数据包	0x04

HCI UART 传输层 RS232 协议配置模式如表 4.9 所示。

表 4.9　RS232 协议配置模式

配 置 项 目	内　　　容
波特率	厂商指定
数据位	8bit
奇偶校验位	无
停止位	1bit 停止位
流控制	RTS/CTS
数据流结束响应时间	厂商指定

RTS/CTS 用于控制 UART 数据缓存器的溢出，但其不用于 HCI 数据流的控制，HCI 自身有对 HCI 指令、HCI 事件、HCI 数据的流量控制机制。当 CTS 为 1 时，主机或主控制器允许数据发送；当 CTS 为 0 时，主机或主控制器停止数据发送。当字节流停止发送时，将 RTS 设置为 0，数据流结束响应可获最大的响应时间。

HCI USB 传输层支持标准的通用串行总线协议（USB），该传输协议具有数据传输量大、传输速率快、误码率低等优点。采用 HCI USB 作为传输层的蓝牙主机与蓝牙模块内部通常集成 USB 固件。如图 4.27 所示为 HCI USB 传输层下蓝牙主机与蓝牙模块的互联架构。

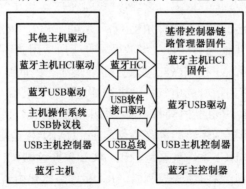

图 4.27　HCI USB 传输层下蓝牙主机与蓝牙模块的互联架构

HCI 为蓝牙主机与蓝牙主控制器提供了标准的指令交换接口，如蓝牙主机向蓝牙主控制器发送 HCI 链路指令，该 HCI 指令会被主控器逐次路由到链路层和物理层，进而完成与远端蓝牙设备的信息交换和链路建立操作。蓝牙主机与蓝牙主控制器之间的信息交互可以分为 HCI 指令数据包、HCI ACL 数据包、HCI SCO 数据包、HCI 事件数据包。蓝牙 HCI 数据流如图 4.28 所示。

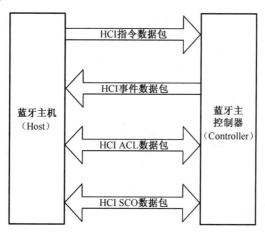

图 4.28　蓝牙 HCI 数据流

HCI 的这些数据包大多由一系列的参数和数据组合而成，HCI 协议对这些参数和数据都有严格的规定，所有的参数和数据均采用二进制或十六进制小端模式（Little Endian）表示，所有负参数值均使用二进制补码形式表示，参数数组使用 $A[i]$ 表示。对于多个参数数组集合，其排列方式为参数 $A[0]$, $B[0]$, $A[1]$, $B[1]$, …, $A[n]$, $B[n]$。除非特殊声明，所有的参数都以小端模式进行数据收发；所有非数组的指令和事件及所有参数数组元素都具有固定的长度。这些参数按照一定的规则组合起来，就构成了 HCI 数据包。这些数据包的组织格式定义为分组格式。HCI 指令数据包用于蓝牙主机向主控制器发送指令，蓝牙主控制器一次性可接收长达 255B 的 HCI 指令。蓝牙 HCI 指令数据格式如图 4.29 所示。

0	4	8	12	16	20	24	28	31
操作码				参数总长度			参数0	
操作码指令段		操作码分组段						
参数1				…				
⋮								
参数n-1				参数n				

图 4.29　蓝牙 HCI 指令数据格式

每种指令数据都包含一个 2B 的操作码，用以区别其他类型的 HCI 分组指令。操作码进一步划分为两部分：操作码分组段（OGF）与操作码指令段（OCF）。OGF 占据高 6 位，OCF 占据低 10 位。同一类型的指令具有相同的操作码指令段。操作码的这种分组结构可以在不必对整个操作码进行解析的情况下获取附加参数信息。其中，OGF 值 0x3F

为保留值，用于厂商指令调试；参数总长度包含所有 HCI 指令的参数长度（操作码除外），以字节度量。主控制器接收到主机指令后会在一定时间内返回指令状态事件（Command Status Event）和指令完成事件（Command Complete Event），返回事件中会有特定的字段用以表示指令是否被成功执行。指令若执行成功，则返回 0x00，否则返回对应指令的错误码。

HCI 指令操作码占据 HCI 指令数据包的高 16 位，用来区分不同类型的 HCI 指令。HCI 指令操作码分组格式如图 4.30 所示。

15	10 9	0
操作码分组段	操作码指令段	

图 4.30　HCI 指令操作码分组格式

操作码分组段由蓝牙协议标准来规定，分组格式如表 4.10 所示；操作码指令段由蓝牙芯片厂商来制定。

表 4.10　操作码分组段分组格式

操作码分组段	分组指令标识
链路控制指令	1
连接策略指令	2
基带控制指令	3
信息参数	4
状态参数	5
测试指令	6
低功耗指令	8
厂商指令	63

如 TI 推出的低功耗蓝牙芯片 CC2540，该芯片系统软件设计部分利用了 TI 推出的厂商接口指令（Vendor Specific Command），其操作码分组格式如图 4.31 所示。

15	10 9	7 6	0
111111	CSG（0,…,6）	CMD	

图 4.31　蓝牙芯片 CC2540 操作码分组格式

CSG 为 3bit 最高有效位指令子组；CMD 为 7bit 最低有效位指令，用来定义厂商特定的 OCF 值。如表 4.11 所示为 TI 指定的 CSG 分组格式。

表 4.11 TI 指定的 CSG 分组格式

指令子组（CSG）	分 组 类 型
0	主控制器标识
1	逻辑链路控制与适配标识
2	属性协议标识
3	通用访问协议标识
4	工具包标识
5	保留
6	用户自定义标识

　　用户将操作码分组段打包成 HCI 指令数据包，通过蓝牙主机软件协议栈路由发送到蓝牙主控制器，进而实现与主控制器之间的数据交换。

　　主机通过 HCI 向主控制器发送 HCI 指令数据包，主控制器会在一定时间内返回相应的 HCI 事件数据包，表明指令执行的状况。主机必须具有一次性接收 255B 数据的返回事件能力。HCI 返回事件分组格式如图 4.32 所示。

0	4	8	12	16	20	24	28	31
事件码		参数总长度		事件0				
事件1				事件2		事件3		
⋮								
事件n-1				事件n				

图 4.32 HCI 返回事件分组格式

　　事件码由 1B 的数据作为事件类型的唯一标识，其取值范围为 0x00～0xFF。参数长度以字节为单位，用以表示返回事件的个数。

　　HCI ACL 数据包用于主机与主控制器之间的数据交换，其数据格式如图 4.33 所示。

0	4	8	12	16	20	24	28	31
连接句柄		PB	BC	数据长度				
数据								

图 4.33 HCI ACL 数据包数据格式

2. 逻辑链路控制与适配协议（L2CAP）层

　　逻辑链路控制与适配协议层通过采用协议多路复用技术、协议分割技术、协议重组技术，向上层协议层提供定向连接数据服务及无连接数据服务。同时，逻辑链路控制与适配协议层允许高层协议和应用程序收发高层数据包，并允许每个逻辑通道进行数据流的控制和数据重发的操作。

4.4.4　BLE 高层协议

在蓝牙通信系统中，应用层之间的互操作是通过蓝牙配置文件实现的。蓝牙高层协议配置文件定义了蓝牙协议栈中从物理层到逻辑链路控制与适配层的功能及特点。同时定义了蓝牙协议栈中层与层之间的互操作及互联设备处于指定协议层之间的互操作。蓝牙配置文件结构框图如图 4.34 所示。

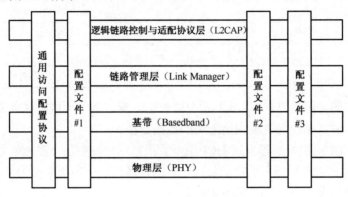

图 4.34　蓝牙配置文件结构框图

低功耗蓝牙高层协议包括：通用访问配置协议、通用属性配置协议、属性协议。高层协议主要为应用层提供访问底层协议的接口。

1．通用访问配置协议

通用访问配置（Generic Access Profile）协议定义了蓝牙设备系统的基本功能。对于传统蓝牙设备，GAP 协议包括射频、基带、链路管理层、逻辑链路控制与适配协议层、查询服务协议等。对于低功耗蓝牙设备，GAP 协议包括物理层、链路层、逻辑链路控制与适配协议层、安全管理器、属性协议及通用属性协议配置。GAP 等协议层在蓝牙协议栈中负责设备的访问模式并提供相应的服务程序，这些服务程序包括：设备查询、设备连接、终止连接、设备安全管理初始化及设备参数配置等。在 GAP 协议层中，每个蓝牙设备可以有四种工作模式，分别为广播模式、监听模式、从机模式、主机模式。

（1）广播模式：设备通过物理层的三个广播通道，发送广播数据包，供其他外围蓝牙设备进行查询。

（2）监听模式：扫描外围处于广播模式的蓝牙设备。

（3）从机模式：接收主机指令，完成相应动作。

（4）主机模式：蓝牙设备扫描处于广播模式下的蓝牙设备，并发送连接指令。目前，低功耗蓝牙主机协议栈可以同时连接三个蓝牙设备。

2．通用属性配置协议

通用属性配置协议（Generic Attribute Profile，GATT）建立在属性协议之上，用于传输和存储属性协议层所定义的数据。在 GATT 层互连的设备分别定义为服务器（Server）

与客户端（Client）。服务器通过接收来自客户端的数据发送请求，将数据以属性协议的格式打包，发送给客户端。服务器与客户端之间的数据交换是通过属性表来维护的，分别在其后台维护一个属性表，该属性表包含两部分：Services 和 Characteristics。

3．属性协议

属性协议（Attribute Protocol）定义了互联设备之间的数据传输格式，如数据传输请求、服务查询等。在属性协议层中，Server 与 Client 之间的属性表信息是透明的，Client 可以通过 Server 属性表中数据的句柄来访问 Server 中的数据。属性表结构如图 4.35 所示。

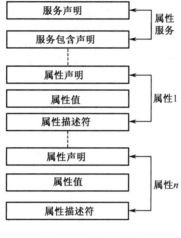

图 4.35　属性表结构

4.5　蓝牙 4.1

在蓝牙 4.0 时代，所有采用了蓝牙 4.0 的 BLE 设备都被贴上了 Bluetooth Smart 和 Bluetooth Smart Ready 的标志。其中，Bluetooth Smart Ready 设备指的是 PC、平板、手机这样的连接中心设备；而 Bluetooth Smart 设备指的是蓝牙耳机、键盘、鼠标等扩展设备。以前这些设备之间的角色是早就安排好了的，并不能进行角色互换，只能进行一对一连接。而在蓝牙 4.1 技术中，允许设备同时充当 Bluetooth Smart 和 Bluetooth Smart Ready 两个角色，这就意味着能够让多款设备连接到一个蓝牙设备上。例如，一个智能手表可以作为"中心枢纽"，在接收从健康手环上获取的运动信息的同时，又能作为一个显示设备，显示来自智能手机上的邮件、短信。借助蓝牙 4.1 技术，智能手表、智能眼镜等设备就能成为真正的"中心枢纽"。

除此之外，可穿戴设备不易上网的问题也可以通过蓝牙 4.1 解决。新标准加入了专用通道允许设备通过 IPv6 联机使用。如果有蓝牙设备无法上网，那么通过蓝牙 4.1 连接到可以上网的设备后，该设备就可以直接利用 IPv6 连接到网络，实现与 Wi-Fi 相同的功能。尽管受传输速率的限制，该设备的上网应用有限，不过同步资料、收发邮件之类的功能还是完全可以实现的。这个改进的好处在于传感器、嵌入式设备只需要蓝牙便可以实现连接手机、互联网的功能。相对而言，Wi-Fi 多用于连接互联网，但在连接设备方面效果一般，无法做到像蓝牙这样。随着物联网逐渐走进人们的生活，无线传输在日常生活中的地位会越来越高，蓝牙作为普及最广泛的传输方式，将在物联网中起到不可忽视的作用。不过，蓝牙完全适应 IPv6 需要很长的时间，这要看芯片厂商如何帮助蓝牙设备增强 IPv6 的兼容性。

在各大手机厂商及 PC 厂商的推动下，几乎所有的移动设备和笔记本电脑中都装有蓝牙模块，用户对蓝牙的使用也比较多。不过仍有大量用户觉得蓝牙使用起来很麻烦，归根结底还是由蓝牙设备较为复杂的配对、连接操作导致的。例如，与手机连接的智能手表，每次断开连接后，都得在设置界面中进行手动选择操作才能重新连接，这非常麻烦。以前解决这一问题的方法是厂商在两个蓝牙设备中都加入 NFC 芯片，通过近场通信的方式来简化重新配对的步骤，这本是个不错的思路，只是搭载 NFC 芯片的产品不但数量少，而且价格偏高，很难普及应用。

蓝牙 4.1 针对这一缺点进行了改进，对于设备之间的连接和重新连接方式进行了很大幅度的修改，可以为厂商在设计时提供更多的设计权限，包括设定频段创建或保持蓝牙连接，这一改变使蓝牙设备连接的灵活性有了非常明显的提升。如果两款采用蓝牙 4.1 技术的设备之前已经成功配对，重新连接时只要将这两款设备靠近，即可实现重新连接，完全不需要任何手动操作。例如，与蓝牙 4.1 的耳机配对成功后，再次使用时，只要打开电源开关即可，不再需要在手机上进行操作，非常简单。蓝牙 4.1 在连接性能上的提升主要体现在以下方面上。

（1）在蓝牙 4.1 标准下，蓝牙设备可以同时作为发射方（Bluetooth Smart）和接收方（Bluetooth Smart Ready），且可以连接到多个设备上。如智能手表可以作为发射方向手机发射身体健康指数，同时作为接收方连接到蓝牙耳机、手环或其他设备上。

（2）长期睡眠下的自动唤醒功能。如在佩戴手环游泳 1h 后，回到更衣室手环会自动和手机建立连接传输数据，不需要任何手动操作。

（3）通过 IPv6 建立网络连接。蓝牙设备只要通过蓝牙 4.1 连接到可以上网的设备上（如手机），就可以通过 IPv6 与云端的数据进行同步，即实现云同步，不再需要 Wi-Fi 连接（Wi-Fi 模块的成本通常更高，也更费电）。

在移动通信领域，4G 已经成为全球无线通信网络的主流。而蓝牙 4.1 也专门针对 4G 进行了优化，确保可以与 4G 信号和平共处，这个改进被蓝牙技术联盟称为"共存性"。蓝牙 4.1 之所以针对早已共存的手机网络信号和蓝牙"共存性"进行改进，是因为在实际的应用中，如果两者同时传输数据，那么蓝牙通信可能受到手机网络信号的干扰，导致传输速率下降。因此在全新的蓝牙 4.1 标准中，一旦发生蓝牙 4.1 和 4G 网络同时传输数据的情况，那么蓝牙 4.1 就会自动协调两者的传输信息，从而减少其他信号对蓝牙 4.1 的干扰，用户也就不用担心传输速率下降的问题了。

自蓝牙 4.1 之后，蓝牙技术联盟又逐步发布了蓝牙 4.2 和蓝牙 5.0，这些版本的发布都是基于蓝牙 4.1 进行的改进和升级。新版本在增加新应用的同时也兼容老版本的应用。然而由于价格及应用生态系统等方面的因素，目前主流的蓝牙芯片依然是以蓝牙 4.x 为主。

4.6　蓝牙技术的应用

蓝牙技术的典型应用有以下几个方面。

（1）家用无线联网。现代家用电器设备越来越多，传统电缆连接的设备通信给用户带来很大的不便。蓝牙技术基于无线电缆的概念，使得家用设备除电源线外不再有其他连线。蓝牙技术会创造一种全新的无线家庭生活环境。

（2）移动办公和会议演讲。通过使用统一的蓝牙规范，笔记本电脑、移动电话可以随时随地与打印机、数码相机、摄像机、幻灯机等诸多办公和会议设备通信，使人们拥有一个可移动的办公室和一个"随意"的、可移动的会议演讲场所。

（3）个人局域网。蓝牙技术一旦应用于移动电话、家庭及办公电话等电话系统中，就能实现真正意义上的个人通信。这种个人局域网采用移动电话作为信息网关，使各种便携设备之间相互交换信息。

（4）Internet 接入服务。蓝牙标准定义了计算机互联网、LAN 和 WAN 等网络的接口协议，允许使用蓝牙标准来建立众多国际标准之间的连接，具有蓝牙技术的设备都可以进行高速互联网的连接。

（5）移动电子商务。蓝牙标准的安全特性可以形成一种移动的电子商务支付方案。无线钱包将可能取代钱包和部分的银行卡。蓝牙技术将在电子商务中发挥重要的作用。

低功耗蓝牙技术的核心在于芯片研发技术，这种技术常常被国外知名的半导体厂商所垄断，如英国的 Cambridge Silicon Radio（CSR）公司、美国的 TI 公司和 NORDI 公司及德国的 Infineon Technologies 公司等，这些公司推出的蓝牙处理芯片被各大电子产品开发商应用到各自的产品研发中。包括苹果手机、三星手机（Samsung Galaxy SIII）、Windows 8、MacBook Pro Laptops、Garmin GPS Hiking Watch、Nike 运动跑鞋、卡西欧电子表、MOTOACTV 等智能电子产品均支持低功耗蓝牙通信技术。

在国内，由于受到研发技术水平限制及相关技术的不成熟，进行蓝牙芯片设计的厂商可谓凤毛麟角。大多数电子科技公司和研发单位主要以蓝牙技术应用为主，采用外国现有的蓝牙处理芯片，进行电子产品的应用开发。

蓝牙市场的前景取决于蓝牙价格和应用规模。根据蓝牙的定位，蓝牙应该通过一个体积小、能耗小、成本低的单芯片来实现。只有价格低廉才能在现有的通信产品、家用产品及办公产品中导入蓝牙技术。虽然目前定义了不少的蓝牙应用，但这些都是蓝牙技术对传统应用的适配与改进，真正意义上的蓝牙应用还很少，这将成为影响蓝牙市场发展的重要因素。由于蓝牙芯片价格方面的原因，蓝牙技术的广泛应用还有待时日。不过我们相信随着蓝牙技术联盟不断地发布新的蓝牙标准及物联网技术的发展和 5G 的逐步商用，以及对蓝牙技术在传输速率、传输距离、可靠性、保密性等多方面的改进，蓝牙的市场前景会更加美好。

本章小结

使用蓝牙技术的目的是利用短距离、低成本的无线多媒体通信技术在小范围内将各种移动通信设备、固定通信设备、计算机及其终端设备、各种数字系统（包括数字照相机、数字摄影机等）及家用电器连接起来，实现资源共享。

蓝牙技术标准累计颁布了 6 个版本，其标准规格随着无线短距离通信的需求不断得到更新和增强。本章以蓝牙 4.0 为主线，介绍传统蓝牙、高速蓝牙及低功耗蓝牙的协议标准及技术特点。

传统蓝牙技术是基于蓝牙 2.1+EDR 协议的蓝牙技术。为了提高蓝牙数据传输速率，Bluetooth Core Specification（蓝牙 2.0 后续版本）于 2004 年正式发布，该协议引入了增强型数据传输速率标准，射频采用高斯频移键控和相移键控的组合调制方式，降低了功耗，提高了数据传输速率。其协议栈按照功能可划分为核心协议层、线缆替换协议层、电话控制协议层、选用协议层。

高速蓝牙技术是蓝牙借助 WLAN 的 MAC、PHY 及射频技术实现高速数据传输的。

低功耗蓝牙在与经典蓝牙相互兼容的基础上，将能耗技术指标引入其中，降低了移动终端短距离通信的能量损耗，从而延长了其独立电源的使用年限。在继承了传统蓝牙低功耗、组网简单、通信稳定等特点的基础上，其协议栈得到了进一步简化。支持该标准协议的蓝牙设备厂商所推出的蓝牙芯片功耗得到了很大程度的降低，一节纽扣电池可供低功耗蓝牙设备正常工作数月甚至数年之久。

蓝牙技术正以其越来越卓越的性能及越来越低廉的价格被广泛应用于家用无线连网、移动办公和会议演讲、个人局域网、Internet 接入服务、移动的电子商务等无线短距离通信领域中。

思考题

（1）蓝牙技术的工作频段是多少？该频段有何特点？

（2）简述蓝牙基带的关键技术。

（3）什么是 PAL 协议？

（4）简述低功耗蓝牙技术的特点。

参考文献

[1] 严紫建，刘元安. 蓝牙技术[M]. 北京：北京邮电大学出版社，2001.

[2] 俞宗泉. 蓝牙技术基础[M]. 北京：机械工业出版社，2006.

[3] 钱志鸿. 蓝牙技术原理、开发与应用[M]. 北京：北京航空航天大学出版社，2006.

[4] 工业和信息化部电信研究院. 移动互联网白皮书[R]. 2013.

[5] 徐勇军，刘禹，王峰. 物联网关键技术[M]. 北京：电子工业出版社，2012.

[6] 陈灿峰. 低功耗蓝牙技术原理与应用[M]. 北京：北京航空航天大学出版社，2013.

[7] Robin Heydon. 低功耗蓝牙开发权威指南[M]. 陈灿峰，刘嘉译. 北京：机械工业出版社，2014.

第 5 章

UWB 技术和 60GHz 无线通信技术

●●●●●●●●

5.1　UWB 技术

5.1.1　UWB 技术简介

1. UWB 技术的定义

超宽带通信技术的应用归功于波波夫和马可尼。他们在 20 世纪利用电火花隙发射器产生具有非常规带宽的脉冲信号。但是，电火花隙传输带来了宽带干扰，且不支持频率共享。为了便于频率资源的共享和管理，通信领域后来选择了窄带无线传输方式而暂时放弃了宽带通信。香农定理指出，对信号衰减较小的无线短距离个域网（Wireless Personal Area Network，WPAN）通信技术而言，利用更大的带宽会大大提高传输容量。这一点促进了 UWB 在短距离通信中的应用。此外，集成电路、信号处理等技术的发展使超宽带技术得以实现。

（1）FCC 对超宽带设备的定义。

任何技术都有其特点及物理限制和规章限制。政府制定规章以避免和其他频段频谱产生冲突。由于超宽带系统运作在超宽带频谱上，而超宽带频谱覆盖了已经存在的无线系统，如全球定位系统（GPS）、IEEE 802.11 WLAN，故规章的制定非常必要。美国联邦通信委员会（Federal Communications Commission，FCC）为超宽带设备进行了定义，同时世界各地的其他规章制定机构也都在为超宽带制定规章。

根据美国 FCC 的定义，频谱的相对带宽大于或等于 20%或绝对带宽大于或等于 500MHz 都可定义为超宽带。超宽带带宽的界定点为低于最高辐射 10dB 的两点。设最高和最低侧的边界分别为 f_H 和 f_L，则相对带宽 FBW 为

$$FBW = 2\frac{f_H - f_L}{f_H + f_L} \qquad (5.1)$$

并且，最高辐射的频率点位 f_M 必须包含在这段带宽内。

如图 5.1 所示为信号带宽计算示意图，其中 f_H 为信号在-10dB 辐射点对应的上限频率，f_L 为信号在-10dB 辐射点对应的下限频率。可见，UWB 是指具有很高带宽比（射频带宽与其中心频率之比）的无线电技术。

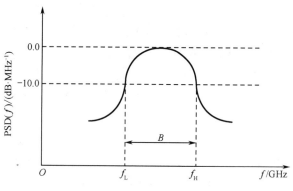

图 5.1　信号带宽计算示意图

尽管超宽带系统有非常低的辐射能量，但对其他无线设备的潜在影响还是应考虑进来，为了有效地避免有害的影响，FCC 规定了超宽带设备的辐射最大限值。在 FCC 的第一份报告和规章中，超宽带设备被定义为传感系统、车载雷达系统、室内系统和手持系统。而室内系统和手持系统是超宽带商用中最被看好的应用。室内系统设备只能在室内操作且由固定的室内设施完成，它利用室外天线来直接进行辐射。超宽带的带宽必须在 3.1～10.6GHz 之间，且其辐射的功率谱密度（Power Spectrum Density，PSD）必须在规定的最大辐射范围内。FCC 对室内和掌上 UWB 系统的要求如表 5.1 所示。

表 5.1　FCC 对室内和掌上 UWB 系统的要求

工作频率范围	平均辐射功率限制		带内的峰值辐射功率	最高等待传输时间
	频率范围/MHz	平均 EIRP/（dBm·MHz^{-1}）（室内/掌上）		
3.1～10.6GHz	960～1610	−75.3/−75.3	大于平均辐射功率 60dB	10s
	1610～1900	−53.3/−63.3		
	1900～3100	−51.3/−61.3		
	3100～10 600	−41.3/−41.3		
	超过 10 600	−51.3/−61.3		

对于无线电发射机来说，决定潜在干扰的因素有很多，如设备启动的时间和地点、发射功率级别、运行的设备数量、脉冲重复频率、发射信号的方向等。

（2）世界其他国家对超宽带的规章制定。

除美国之外的其他国家也在积极制定关于超宽带的规章，它们没有完全采用 FCC 的规章，但也受到 FCC 决策的影响。

在欧洲，欧洲电信联盟（Confederation of European Posts and Telecommunications，CEPT）的电子通信协会（Electronic Communications Committee，ECC）为了保护无线通信系统中的超宽带应用，完成了规章起草报告。和 FCC 中整个 UWB 带宽的单个带宽中辐射限值定义相比，这个报告分两个带宽给出各自的限值定义，分别是 3.1～4.8GHz 和 6～8.5GHz。高频段中的辐射限值是−41.3dBm/MHz。为了保证在低带宽段和其他系统共存，ECC 的报告包括了 DAA（Detect And Avoid）要求，这是一项干扰抑制技术。当 DAA 保护机制存在时，3.1～4.2GHz 的辐射限值是−41.3dBm/MHz。否则，该频段的辐射限值应低于−70dBm/MHz。在 4.2～4.8GHz 频段范围内，直到 2010 年才给出规定辐射限值，为−41.3dBm/MHz。

在日本，内部事务和通信部（Ministry of Internal Affairs & Communications，MIC）在 2005 年完成了草案。和 ECC 相似，MIC 的提案也分成了两个频段进行，低频段为 3.4～4.8GHz，高频段为 7.25～10.25GHz。低频段也同样要求 DAA 保护。

在韩国，电子通信研究院（Electronics and Telecommunications Research Institute，ETRI）提供辐射限值，该辐射限值要比 FCC 的规定限值更宽泛。相比其他国家，新加坡对超宽带持保留态度。新加坡一直在研究超宽带的规章制定。

我国也非常重视 UWB 技术的发展。2001 年 9 月初发布的"十五"863 计划通信技术主题研究项目中，把超宽带无线通信关键技术及其共存与兼容技术作为无线通信共性技术与创新技术的研究内容。

近几年，国内的研究有了较大进展。2005 年 11 月，由中国电子学会和中国通信学会联合主办的"全国超宽带无线通信技术学术会议（UWB-05，CHINA）"在南京召开。2005 年 12 月，东南大学移动通信国家重点实验室和毫米波国家重点实验室宣布已共同成功研制出中国第一套高速超宽带无线通信实验、演示系统，并通过了国家 863 计划通信主题专家组的验收。该系统采用自主设计的双载波-正交频分复用（DC-OFDM）方案，无线传输速率达到 110Mb/s，传输距离超过 10m，可用来同时传输 4 路高清晰度电视节目或未压缩视频图像，也可用于高速无线数据传输。同年，中国科学技术大学无线网络通信实验室成功地进行了基于脉冲超宽带技术（IR-UWB）的无线传输演示，即极窄脉冲信号穿越两堵砖墙和一个走廊，将一间实验室内的视频图像传送到另外一间实验室。

2. UWB 信号的收发

UWB 收发设备框图如图 5.2 所示，其与其他无线发射设备相比要简单很多。经调制后的数据与伪码产生器生成的伪随机码一起送入可编程延时电路，可编程延时电路产生的时延控制脉冲信号发生器的发送时刻。

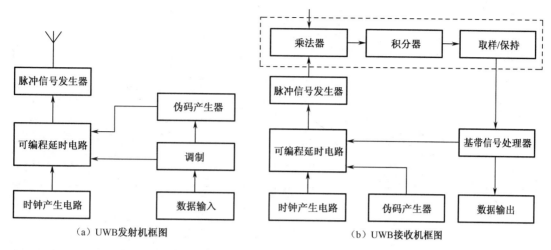

（a）UWB发射机框图　　　　　　　　　（b）UWB接收机框图

图 5.2　UWB 收发设备框图

相关接收器（以下简称相关器）用特定的模板波形与接收到的射频信号相乘，再积分就得到一个直流输出电压。模板波形匹配时，相关器的输出度量了接收到的单周期脉冲和模板波形的相对时间位置差，当直流输出为正或者负时表示接收到的脉冲相位超前或者落后模板波形相位，根据位置差即可解调出数据序列。

3．UWB 技术的特点

与传统通信技术不同的是，UWB 是一种无载波通信技术，即不采用载波，而是利用纳秒至微秒级的非正弦波窄脉冲传输数据，因此其所占的频谱范围很宽。UWB 是利用纳秒级窄脉冲发射无线信号的通信技术，适用于高速、近距离的无线个人局域网通信。

从频域来看，超宽带有别于传统的窄带和宽带，它的频段更宽。相对带宽（信号带宽与中心频率之比）小于 1%的称为窄带；相对带宽在 1%～25%之间的称为宽带；相对带宽大于25%，且中心频率大于 500MHz 的称为超宽带。窄带、宽带、超宽带的区别如表 5.2 所示。

表 5.2　窄带、宽带、超宽带的区别

类　　　别	信号带宽/中心频率
窄带	<1%
宽带	1%～25%
超宽带（UWB）	>25%，且中心频率>500MHz

从时域上讲，超宽带系统有别于传统的通信系统。一般的通信系统是通过发送射频载波进行信号调制的，而 UWB 是利用起、落点的时域脉冲（几十纳秒）直接实现调制的。超宽带的传输把调制信息过程放在一个非常宽的频段上进行，且以这一过程中所持续的时间来决定带宽所占据的频率范围。由于 UWB 发射功率受限，进而限制了传输距离。根据资料，UWB 信号的有效传输距离在 10m 以内，因而在民用方面，UWB 普遍地定位于个人局域网范畴。表 5.3 给出了 UWB 技术主要指标。

表 5.3　UWB 技术主要指标

项　目	指　标
频率范围	3.1～10.6GHz
系统功耗	1～4mW
脉冲宽度	0.2～1.5ns
发射功率	<−41.3dB/MHz
数据传输速率	几十到几百 Mb/s
分解多径时延	≤1ns
多径衰落	≤5dB
系统容量	大大高于 3G 系统
空间容量	1000KB/m²

为了便于学习和参考，本节将 UWB 不同于传统通信系统的技术特点概括如下。

（1）传输速率高，空间容量大。

UWB 通信最主要的优点就是可以获得极低的类似高斯白噪声的功率谱密度，基本上不影响现有的无线通信系统，从而可以与之共存以提高频谱利用率，这一特点对于充分利用宝贵的无线频谱资源十分重要。

根据香农定理，在加性高斯白噪声（AWGN）信道中，系统无差错传输速率的上限为

$$C=B\times\log_2{(1+S/N)} \tag{5.2}$$

式中，B 为信道带宽（单位为 Hz）；S/N 为信噪比。在 UWB 系统中，信号带宽 B 高达 500MHz～7.5GHz。因此，即使信噪比 S/N 很低，UWB 系统也可以在短距离上实现几百 Mb/s 至 1Gb/s 的传输速率。例如，如果使用 7GHz 带宽，即使信噪比低至−10dB，其理论信道容量也可达到 1Gb/s。因此，将 UWB 技术应用于短距离高速传输场合（如高速 WPAN）是非常合适的，它可以极大地提高空间容量。理论研究表明，基于 UWB 的 WPAN 可达的空间容量比目前 WLAN 标准 IEEE 802.11a 高出 1～2 个数量级。

UWB 系统可以在信噪比很低的情况下工作，且 UWB 系统发射的功率谱密度也非常低，几乎被湮没在各种电磁干扰和噪声中，故具有隐蔽性好、截获率低、保密性好等优点，能很好地满足现代通信系统对安全性的要求。同时，UWB 信号的传输速率高，且不单独占用现在已经拥挤不堪的频率资源，而是共享其他无线技术使用的频段，在军事应用中，可以利用巨大的扩频增益来实现远距离传输、低截获率、低检测率、高安全性和高速的数据传输。由于 UWB 通信系统无须中频处理，采用几乎全数字硬件结构，使得 UWB 通信系统可以做到低成本、易维护，且易向 CMOS 集成。

（2）适合短距离通信。

按照 FCC 规定，UWB 系统的可辐射功率非常有限，3.1～10.6GHz 频段总辐射功率仅为 0.55mW，远低于传统窄带系统。随着传输距离的增加，信号功率将不断衰减。因此，接收信噪比可以表示成传输距离的函数 $S/N_r(d)$。根据香农定理，信道容量可以表示为距离的函数，即

$$C(d)=B \times \log_2 [1+S/\mathrm{Nr}(d)] \tag{5.3}$$

超宽带信号具有极其丰富的频率成分。众所周知，无线信道在不同频段表现出不同的衰落特性。随着传输距离的增加，高频信号衰落极快，从而导致 UWB 信号失真，严重影响系统性能。研究表明，当收发信机之间的距离小于 10m 时，UWB 系统的信道容量高于 5GHz 频段的 WLAN 系统；当收发信机之间的距离超过 12m 时，UWB 系统在信道容量上的优势将不复存在。因此，UWB 系统特别适合于短距离通信。

（3）具有良好的共存性和保密性。

在短距离应用中，UWB 发射机的发射功率通常可低于 1mW，这是通过牺牲带宽换取的。从理论上讲，相对于其他通信系统，UWB 所产生的干扰仅仅相当于一个宽带白噪声。低功率谱密度带来的好处包括两方面：一是可以使 UWB 系统与同频段的现有窄带通信系统保持良好的共存性，从而提高无线频谱资源的利用率，缓解对日益紧张的无线频谱资源的需求；二是使得 UWB 信号隐蔽性好，不易被截获，采用编码对脉冲参数进行伪随机化后，脉冲的检测将更加困难，这对提高通信保密性是非常有利的。

（4）多径分辨能力强，定位精度高。

由于常规无线通信的射频信号大多为连续信号或其持续时间远大于多径传播时间，多径传播效应限制了通信质量和数据传输速率。UWB 信号采用持续时间极短的窄脉冲，其时间、空间分辨能力都很强。因此，UWB 信号的多径分辨率极高。极高的多径分辨率赋予了 UWB 信号高精度的测距、定位能力。对于通信系统，必须辩证地分析 UWB 信号的多径分辨率。无线信道的时间选择性和频率选择性是制约无线通信系统性能的关键因素。在窄带系统中，不可分辨的多径将导致衰落，而 UWB 信号可以将它们分开并利用分集接收技术进行合并。因此，UWB 系统具有很强的抗衰落能力。但 UWB 信号极高的多径分辨率也会导致信号能量产生严重的时间弥散（频率选择性衰落），接收机必须通过牺牲复杂度（增加分集重数）来捕获足够的信号能量。这将对接收机的设计提出严峻挑战。在实际的 UWB 系统设计中，必须折中考虑信号带宽和接收机复杂度，以得到理想的性价比。

冲激脉冲具有很高的定位精度，采用超宽带无线电通信可以很容易地将定位与通信合一，而常规无线电难以做到这一点。超宽带无线电具有极强的穿透能力，可在室内和地下进行精确定位，而 GPS 定位系统只能工作在 GPS 定位卫星的可视范围之内；与 GPS 提供绝对地理位置不同，超短脉冲定位器可以给出相对位置，其定位精度可达厘米级。此外，超宽带无线电定位器更便宜。

（5）体积小、功耗低。

传统的 UWB 技术无须正弦载波，数据被调制在纳秒级或亚纳秒级基带窄脉冲上传输，接收机利用相关器直接完成信号检测。收发信机不需要复杂的载频调制/解调电路和滤波器。因此，可以大大降低系统复杂度，减小收发信机的体积和功耗。

UWB 系统使用间歇的脉冲来发送数据，脉冲持续时间很短，一般在 0.20～1.5ns 之间，有很低的占空因数，系统的耗电很少，在高速通信时系统的耗电量仅为几百微瓦到几十毫瓦。民用的 UWB 设备功率一般是传统移动电话所需功率的 1/100 左右，是蓝牙设备所需功率的 1/20 左右，军用的 UWB 电台耗电量也很低。因此，UWB 设备在电池寿命和电磁辐射上相对于传统无线设备有着很大的优越性。

（6）系统结构的实现比较简单。

当前的无线通信技术所使用的通信载波是连续的电波，载波的频率和功率在一定范围内变化，从而利用载波的状态变化来传输信息。而 UWB 则不使用载波，它通过发送纳秒级脉冲来传输数据信号。UWB 发射器直接采用脉冲小型激励天线，不需要传统收发信机所需要的变频，从而不需要功率放大器与混频器。因此，UWB 允许采用非常低廉的宽带发射机。在接收端，UWB 接收机也有别于传统的接收机，不需要中频处理。因此，UWB 系统结构的实现比较简单。

在工程实现上，UWB 比其他无线技术要简单得多，可全数字化实现。它只需以一种数学方式产生脉冲，并对脉冲产生调制，而这些电路都可以集成到一块芯片上，设备的成本很低。

4．UWB 的信道传播特征

信道测量和建模是进行无线通信系统设计和系统性能评估的基础。无线信道的传播特征通常可通过三个层面进行描述，即路径传播损耗、阴影衰落和多径衰落。前两者反映大、中尺度传播特征，表现为信号平均功率的起伏变化，主要用于链路预算；多径衰落反映信号在小尺度范围上的信道传播特征，是影响接收机性能的主要因素。UWB 信道不同于一般的无线衰落信道。传统无线（传统的窄带和宽带带宽小于 20MHz）的小尺度衰落信道一般用瑞利（Rayleigh）分布或莱斯（Rice）分布来描述单个多径分量幅度的统计特性，前提是每个分量可以视为多个同时到达的路径合成。而 UWB 具有很强的室内多径分辨能力，试验数据表明，室内通信信道中多径时延常为纳秒级，窄带无线通信系统无法对如此小的时延进行分辨，室内 UWB 通信系统采用时间宽度为纳秒级的时间离散窄脉冲进行传输，经多径反射的延时信号与直达信号在时间上是可以分离的，具有强抗多径衰落能力。

典型室内环境中的超宽带信道测量和建模工作从 20 世纪 90 年代起，许多公司、大学、研究组织采用各种信道测量方法进行研究，目前主流的信道测量方法包括时域测量和频域测量。时域测量又分为直接射频脉冲测量和借助伪噪声序列（Pseudo-noise Sequence，PN）的序列滑动相关的测量。直接射频脉冲测量直接利用相应频段和带宽的射频窄脉冲激励信道，对接收的信号和使用的窄脉冲进行解卷积，得到信道的时域冲激响应，其多径分辨率取决于脉冲宽度。借助 PN 序列滑动相关的测量利用 PN 序列激励信道，在接收信号中利用 PN 序列的滑动相关特性估计信道的时域冲激响应，多径分辨率取决于 PN 序列码片宽度。频域测量采用扫频测量的方法，在相应的频段范围内以一定的频率间隔发射单频信号并记录信道响应，经过快速傅里叶逆变换（Inverse Fast Fourier Transform，IFFT）处理后得到信道的时域冲激响应，扫频间隔决定了可测量的最大时延扩展，扫频带宽决定了多径分辨率。

随着超宽带通信技术的不断发展，许多超宽带信道模型被逐步提了出来。Δ-K 模型由 Suzuki 于 1977 年提出，该模型考虑到了多径的成簇到达现象，多径的幅度和功率分别为对数正态分布和单指数分布。STDL 模型是由 D. Cassiolii、M. Z. Win 等人于 2001 年提出的一种统计抽头延时线（STDL）超宽带信道模型。该模型直接利用测试得到的功率延迟谱（Power Delay Profile，PDP）对多径信道能量增益 EG（Energy Gain）建模，采用时域无载波脉冲测量方法，中心频率为 1GHz，带宽为 500MHz，测试环境为典型办公室环境。由于其测量频率范围与 FCC 规定的 3.1～10.6GHz 不相容，因此不能客观反映规定频段的信道传播特征。频域 AR-Model 模型由 Saeed S. Ghassemzadeh 等人于 2002 年提出，这是典型的频域超宽带信道模型，采用频域测量方法对家庭环境进行测试，测量频率范围为 4.375～5.625GHz，共 1.25GHz 带宽，在建模方法上采用频域自回归模型（AR-Model），将信道频域响应归纳为 2 极点 AR 模型，经过傅里叶逆变换获得多径信道时域冲激响应。由于信道测量频率范围较小，该模型很少被文献引用。Saleh-Valenzuela（S-V）模型用两个泊松过程描述多径信号的到达，第一个泊松过程描述每一簇的到达时间，第二个泊松过程描述簇内各径的到达时间，且认为多径的能量和幅度分别服从双指数分布和瑞利分布。

经过多次修改，IEEE 802.15.3a 研究小组模型委员会于 2003 年发布了 UWB 室内多径信道模型的最终报告。该模型是由英特尔公司的 Jeff FoerSter 等人根据 2～8GHz 频段测试数据提出的修正 S-V 模型，它是在经典的 S-V 模型的基础上做了少量修改后得到的，其时间分辨率为 0.167ns，保留了 S-V 模型中多径成簇出现及能量服从双指数分布的特点。但根据实际的测量数据对多径的幅度分布做了修正，认为对数正态分布比瑞利分布更好地拟合了实验数据。目前，该模型已经得到广泛认可，成为各研究机构进行超宽带系统性能仿真的公开信道平台。

根据文献报道的若干信道测量结果，表 5.4 列出了典型 UWB 信道的主要特征参数，并与传统窄带信道进行了比较。由表 5.4 可知，UWB 信道的均方根时延扩展远小于窄带信道；由于 UWB 信号多径分辨率极高，多径信号衰落分布不再服从瑞利分布，而演化为 Nakagami、对数正态等分布；信号衰落只有 5dB 左右，远小于窄带信道；阴影衰落比窄带信道明显改善。这充分反映了 UWB 信号的抗衰落特征。

表 5.4　典型 UWB 信道与传统窄带信道参数比较

信道参数	传播环境	UWB 信道	窄带信道
均方根时延扩展/ns	LOS	4～12	10～100
均方根时延扩展/ns	NLOS	8～19	<200
衰落分布	LOS	Nakagami、对数正态等分布	莱斯分布
衰落分布	NLOS	Nakagami、对数正态等分布	瑞利分布
路径损耗指数/dB	LOS	1.5～2	1～3
路径损耗指数/dB	NLOS	2.4～4	2.1～6
阴影衰落标准差/dB	LOS	1.1～2.1	3～6
阴影衰落标准差/dB	NLOS	2～5.9	6～12
衰落范围/dB	—	5	25

5.1.2 UWB 的关键技术

1. 信号波形及其频谱控制方法

UWB 通信系统的两大本质特点，即宽频段及低功率谱密度，均与 UWB 波形特性直接相关。通过对信道建模，研究信道的特性，需要设计出满足频谱规划组织（如 FCC）规定的频谱特性或抑制窄带干扰的特殊波形，使发送信号适合高速无线信道传播，尽量抑制带外辐射，减小符号间干扰，同时提高频谱利用率。

对于 UWB 通信系统，成形信号的带宽必须大于 500MHz，且信号能量应集中于 3.1～10.6GHz 频段。现在适用于 UWB 的成形技术有高斯函数的二阶导函数成形、基于载波调制的成形、Hermite 正交脉冲成形、PSWF 正交脉冲成形等。

（1）高斯函数的二阶导函数成形技术。

脉冲发生器最容易产生的脉冲波形其实类似于高斯函数波形。最常用的 UWB 脉冲信号模型主要是高斯函数的二阶导函数。

$$p(t) = A\left[1 - 4\pi\left(\frac{t - T_c}{T_{au}}\right)^2\right]\exp\left[-2\pi\left(\frac{t - T_c}{T_{au}}\right)^2\right] \tag{5.4}$$

式中，A 是幅度；T_c 是时间偏移；T_{au} 是脉冲形状参数。高斯二阶导函数脉冲仿真波形及功率谱密度如图 5.3 所示。由于高斯脉冲产生简单、容易控制、符合 UWB 技术的要求，所以绝大多数研究者都采用高斯脉冲作为发射信号。从图 5.3 中可以看到，高斯二阶导函数脉冲在-10dB 的时候有更大的带宽。在 UWB 研究中，大多数学者都采用高斯二阶导函数的形式作为接收信号模型。

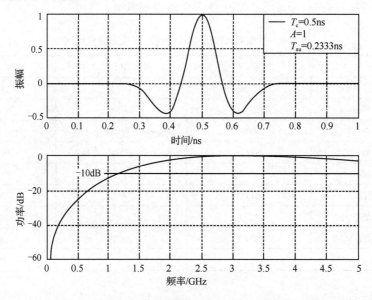

图 5.3　高斯二阶导函数脉冲仿真波形及功率谱密度

（2）基于载波调制的成形技术。

从原理上讲，只要信号-10dB 带宽大于 500MHz，即可满足 UWB 要求。因此，传统的用于有载波通信系统的信号成形方案均可移植到 UWB 系统中。此时，超宽带信号设计转化为低通脉冲设计，通过载波调制可以将信号频谱在频率轴上灵活地搬移。

有载波的成形脉冲可表示为

$$w(t)=p(t)\cos(2\pi f_c t)，\ 0 \leqslant t \leqslant T_P \tag{5.5}$$

式中，$p(t)$ 为持续时间为 T_P 的基带脉冲；f_c 为载波频率，即信号中心频率。若基带脉冲 $p(t)$ 的频谱为 $P(f)$，则最终成形脉冲的频谱为

$$w(t)=\frac{1}{2}P(f+f_c)+\frac{1}{2}P(f-f_c) \tag{5.6}$$

可见，成形脉冲的频谱取决于基带脉冲 $p(t)$，只要使 $p(t)$ 的-10dB 带宽大于 250MHz，即可满足 UWB 设计要求。通过调整载波频率 f_c 可以使信号频谱在 3.1～10.6GHz 范围内灵活移动。若结合跳频（FH）技术，则可以方便地构成跳频多址（FHMA）系统。在许多 IEEE 802.15.3a 标准提案中采用了这种脉冲成形技术。图 5.4 为典型的有载波修正余弦脉冲，中心频率为 3.35GHz，-10dB 带宽为 525MHz。

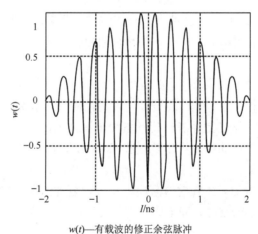

$w(t)$—有载波的修正余弦脉冲

图 5.4　有载波修正余弦脉冲

（3）Hermite 正交脉冲成形技术。

1988 年，Hermite 脉冲就被提出用于图像处理技术，但正交 Hermite 脉冲其实并不满足通信委员会 FCC 的要求。Hermite 脉冲波形能量主要集中在低频部分，各阶波形频谱相差大，为此要对正交 Hermite 脉冲用高频载波搬移频谱，调制后的归一化正交 Hermite 脉冲 $p(t)$ 表达式为

$$p(t)=\frac{1}{\sqrt{n!\sqrt{\pi/2}}}h_n(t)\sin(2\pi f_c t+\phi_r) \tag{5.7}$$

为了保证满足 FCC 要求、频谱利用率最高、正交特性良好，各脉宽因子 t_p 统一由最高阶脉冲的脉宽因子 t_{p_n} 确定，即 $t_p = t_{p_n}$，而最高阶的脉宽因子 t_{p_n} 应使该脉冲满足 FCC 要求，且频段利用率最高。

（4）PSWF 正交脉冲成形技术。

Slepian 等人最早发现椭圆球面波函数（Prolate Spheroidal Wave Function，PSWF）在时域和频域都具有最佳的能量聚集性，并具有双正交特性和频谱灵活可控性等优良特性。目前，PSWF 已广泛应用于通信领域。利用 PSWF 脉冲的双正交特性，CDMA 系统实现了码片波形设计；利用 PSWF 脉冲频谱灵活可控的优点，超宽带系统实现了脉冲波形设计，认知无线电系统实现了自适应波形设计。

为了进一步提高 PSWF 系统的频段利用率，王红星等人提出了采用时域相互叠加、频谱相互交叠的多路并行 PSWF 脉冲组来传输信息，使系统频段利用率得到迅速提高。但频谱的交叠会破坏脉冲的正交性能，因此需要对脉冲组进行正交化处理，以保证脉冲组具有良好的正交性能，从而保证在解调过程中能够实现对正交 PSWF 脉冲信号的良好分离。

正交化方法是保证 PSWF 脉冲组正交性能的关键。常用的正交化方法除了传统的 Schmidt 方法外，还有半正定规划方法、组合优化方法等。但这些方法都针对有具体表达式的固定脉冲形式，而 PSWF 脉冲没有具体的解析式，只有离散数值解，因而这些正交化方法对 PSWF 脉冲组并不适用。因此，对于并行路数较多的情况，有必要寻找一种更为有效的正交化方法来实现脉冲组的正交化，以保证脉冲具有良好的正交性能。

与 Hermite 脉冲相比，PSWF 脉冲可以直接根据目标频段和带宽要求进行设计，不需要复杂的载波调制进行频谱搬移。因此，PSWF 脉冲属于无载波成形技术，有利于简化收发信机的复杂度。

上文几种波形成形技术仅供参考，在超宽带系统中，对脉冲的选择是至关重要的，它将影响滤波器设计、接收机带宽、天线设计、误码性能等。事实上，产生非正弦脉冲要比产生脉冲调制正弦波更容易、更经济。超宽带大电流（Large Current Radiator，LCR）天线的问世，使得用一些经济的技术和工艺（如 CMOS 芯片）来产生持续时间在纳秒级的脉冲成为可能。

随着各国（地区）对 UWB 辐射掩蔽模板研究得更加深入，UWB 功率谱限制也在根据新情况、新研究成果不断修改，而 UWB 信号波形设计也要随之调整，以规避某些敏感频率。

2．适合 UWB 的高效调制技术

UWB 信号的频谱宽且功率受限，接收端信噪比很低，因此高效率的编码和调制方式一直是研究的热点，不同的调制方式具有不同的系统通信性能。

目前可应用于 UWB 系统中的基本调制方式有脉冲位置调制（PPM）、二进制相移键控调制（BPSK）、脉冲幅度调制（PAM）、波形调制、正交多载波调制、开关键控调制（OOK）、多电平双正交键控调制（MBOK）、差分调制（DM）等。下面对几种调制技术进行简单介绍。

（1）脉冲位置调制。

脉冲位置调制（PPM）是一种利用脉冲位置承载数据的调制，信号的调制方式按照采用的离散数据符号状态数可以分为二进制 PPM（2PPM）和多进制 PPM（MPPM）。在脉

冲位置调制方式中，脉冲重复周期内脉冲可能出现的位置有 2 个或 M 个，脉冲位置与符号状态一一对应，根据相邻脉冲位置之间的距离与脉冲宽度之间的关系，可分为部分重叠的 PPM 和正交 PPM（OPPM）。在部分重叠的 PPM 中，为保证系统传输的可靠性，通常选择相邻脉冲位置互为脉冲自相关函数的负峰值点，从而使相邻符号的欧氏距离最大化。在 OPPM 中，通常以脉冲宽度为间隔确定脉冲位置。接收机利用相关器在相应位置进行相干检测。鉴于 UWB 系统的复杂度和功率限制，实际应用中，常用的调制方式为 2PPM 或 2OPPM。

PPM 的优点在于，它仅需根据数据符号控制脉冲位置，不需要进行脉冲幅度和极性的控制，便于以较低的复杂度实现调制与解调。因此，PPM 是早期 UWB 系统广泛采用的调制方式。但是，由于 PPM 信号的单极性，其辐射谱中往往存在幅度较高的离散谱线。如果不对这些谱线进行抑制，将很难满足 FCC 对辐射谱的要求。

（2）脉冲幅度调制。

脉冲幅度调制（PAM）是数字通信系统最为常用的调制方式之一。在 UWB 系统中，考虑到实现复杂度和功率有效性，不宜采用多进制 PAM（MPAM）进行调制。UWB 系统常用的 PAM 有两种方式：开关键控调制（OOK）和二进制相移键控调制（BPSK）。OOK 可以采用非相干检测降低接收机复杂度，而 BPSK 采用相干检测可以更好地保证传输的可靠性。

与 2PPM 相比，在辐射功率相同的前提下，BPSK 可以获得更高的传输可靠性，且辐射谱中没有离散谱线。

（3）波形调制。

波形调制（PWSK）是结合 Hermite 脉冲等多正交波形提出的调制方式。在这种调制方式中，采用 M 个相互正交的等能量脉冲波形携带数据信息，每个脉冲波形与一个 M 进制数据符号对应。在接收端，利用 M 个并行的相关器进行信号接收，利用最大似然检测完成数据恢复。由于各种脉冲能量相等，因此可以在不增加辐射功率的前提下提高传输效率。在脉冲宽度相同的情况下，可以达到比 MPPM 更高的符号传输速率。在符号速率相同的情况下，其功率效率和可靠性高于 MPAM。由于波形调制方式需要较多的成形滤波器和相关器，其实现复杂度较高。因此，在实际系统中较少使用，目前仅限于理论研究。

（4）正交多载波调制。

传统意义上的 UWB 系统均采用窄脉冲携带信息。FCC 对 UWB 的新定义拓宽了 UWB 的技术手段。从原理上讲，-10dB 带宽大于 500MHz 的任何信号形式均可称为 UWB。在正交频分复用技术（Orthogonal Frequency Division Multiplexing，OFDM）系统中，数据符号被调制在并行的多个正交子载波上传输，数据调制/解调采用快速傅里叶变换/快速傅里叶逆变换（FFT/IFFT）实现。由于具有频谱利用率高、抗多径能力强、便于 DSP（数字信号处理）实现等优点，OFDM 技术已经广泛应用于数字音频广播（DAB）、数字视频广播（DVB）、WLAN 等无线网络中，且成为 B3G/4G 蜂窝网的主流技术。

UWB 调制方案需要根据 UWB 技术和应用上的特点，在系统复杂度及通信性能两方面达到符合实际应用要求的平衡，为了实现稳定、可靠、更高速的 UWB 通信系统，需要在调制方案上进一步突破。

3．UWB 多址技术

（1）跳时多址。

跳时多址（THMA）是最早应用于 UWB 通信系统的多址技术，它可以方便地与 PPM 调制、BPSK 调制相结合形成跳时-脉位调制（TH-PPM）、跳时-二进制相移键控系统方案。这种多址技术利用了 UWB 信号占空比极小的特点，将脉冲重复周期（T_f，又称帧周期）划分成 N_h 个持续时间为 T_c 的互不重叠的码片时隙，每个用户利用一个独特的随机跳时序列在 N_h 个码片时隙中随机选择一个作为脉冲发射位置。在每个码片时隙内可以采用 PPM 调制或 BPSK 调制。接收端利用与目标用户相同的跳时序列跟踪接收。

由于用户跳时码之间具有良好的正交性，多用户脉冲之间不会发生冲突，从而避免了多用户干扰。将跳时技术与 PPM 结合可以有效地抑制 PPM 信号中的离散谱线，达到平滑信号频谱的作用。由于每个帧周期内可分的码片时隙数有限，当用户数很大时必然产生多用户干扰。因此，如何选择跳时序列是非常重要的问题。

（2）直扩-码分多址。

直扩-码分多址（DS-CDMA）是 IS-95 和 3G 移动蜂窝系统中广泛采用的多址方式，这种多址方式同样可以应用于 UWB 系统。在这种多址方式中，每个用户使用一个专用的伪随机序列对数据信号进行扩频，用户扩频序列之间互相关很小，即使用户信号间发生冲突，解扩后互干扰也会很小。但由于用户扩频序列之间存在互相关，远近效应是限制其性能的重要因素。因此，在 DS-CDMA 系统中需要进行功率控制。在 UWB 系统中，DS-CDMA 通常与 BPSK 结合。

（3）跳频多址。

跳频多址（FHMA）是结合多个频分子信道使用的一种多址方式，每个用户利用专用的随机跳频码控制射频频率合成器，以一定的跳频图案周期性地在若干个子信道上传输数据，数据调制在基带完成。若用户跳频码之间无冲突或冲突概率极小，则多用户信号之间在频域正交，可以很好地消除用户间干扰。原理上讲，子信道数量越多则容纳的用户数量越大，但这是以牺牲设备复杂度和增加功耗为代价的。在 UWB 系统中，将 3.1～10.6GHz 频段分成若干个带宽大于 500MHz 的子信道，根据用户数量和设备复杂度要求选择一定数量的子信道和跳频码解决多址问题。FHMA 通常与多带脉冲调制或 OFDM 相结合，调制方式采用 BPSK 或 QPSK。

（4）PWDMA。

PWDMA 是结合 Hermite 等正交多脉冲提出的一种波分多址方式。每个用户分别使用一种或几种特定的成形脉冲，调制方式可以是 BPSK、PPM 或 PWSK。由于用户使用的脉冲波形之间相互正交，在同步传输的情况下，即使多用户信号间相互冲突也不会产生互干扰。通常正交波形之间的异步互相关不为零，因此在异步通信的情况下用户间将产生互干扰。目前，PWDMA 仅限于理论研究，尚未进入实用阶段。

4. 超宽带传输信道模型

超宽带信道传输机理目前还远未研究清楚，这也是研究的热点与难点之一。

UWB 极宽的频段将引入多径和群时延问题，不同频率范围内的信号衰减差别也很大。因此，在路径损耗方面要考虑环境、信号类型、所占频段等因素；在多径特性方面要考虑多径分量的数量、多径幅度分布、多径延迟分布、空间变化等；在频谱特性上要考虑调制、中心频率、通信距离等影响；同时，还要研究 UWB 信号对不同材料的穿透能力、衰减情况等。此外，如果信号脉冲间的间隔不够大，多径散射也将导致符号间干扰，因此需要研究 UWB 信道多径散射特性以确定脉冲间最小距离，降低符号间干扰。

为了保证系统传输可靠性和功率效率，UWB 系统一般采用相干检测，因此信道估计问题是 UWB 接收技术中的关键问题之一。在基于脉冲的 UWB 系统中，采用瑞克接收机合并多径信号能量并进行相干检测，信道估计问题即估计多径信号的到达时间和幅度。在基于 OFDM 的 UWB 系统中，接收机根据信道频域响应，对每个子信道进行频域均衡后进行相干检测，信道估计问题即估计信道频域响应。

UWB 信道是典型的频率选择性衰落信道，在时域表现为多径弥散且呈现出多径成簇到达的现象。根据先验信息分类，现有的信道估计方法分为数据辅助（Data-Aided）信道估计和盲（Blind）信道估计。数据辅助信道估计方法利用已知的训练符号进行信道估计，具有估计速度快的特点，但在频谱利用率和功率利用率上要付出一定代价。盲信道估计不需要训练符号，利用信号自身的结构特点或数据信息内在的统计特征进行信道估计，但计算复杂度很高，收敛速度通常很慢。

UWB 系统的典型应用环境为室内环境，与数据传输速率相比，信道的变化速度非常慢，可以看作准静态。因此，对于突发式的包传递模式，采用数据辅助信道估计方法最为合适，此时仅需插入少量训练符号即可快速估计信道信息，配合判决反馈可进一步提高估计精度。盲信道估计则比较适合于连续传输模式的网络。

5. 超宽带天线设计

UWB 信号占据的带宽很宽，在直接发射基带脉冲时，需要对设备功耗和信号辐射功率谱密度提出严格要求，这使得 UWB 通信系统收发天线的设计面临着巨大挑战。

超宽带技术是无线通信领域中极具竞争力和发展前景的技术之一，超宽带天线作为超宽带系统重要的组成部分，已经成为研究热点。辐射波形角度和损耗补偿、线性带宽、不同频点上的辐射特性、激励波形的选取等都是天线设计中的关键问题。在要求通信终端小型化的应用中，往往要求设计高性能、小尺寸、暂态性能好的 UWB 天线。最近的研究中，集中在通信终端小型化的应用中的 UWB 天线，出现了多种具有超宽带性能的微带天线、缝隙天线、平面单极天线、非频变天线等。定向超宽带天线形式主要包括螺旋天线、超宽带喇叭天线、对数周期天线、渐变槽缝天线和长缝隙超宽带天线等。全向超宽带天线的主要结构形式是双锥天线及其演变结构，如泪滴天线、蝶形天线、单极子天线等。由于通信协议的增多，频谱资源分配越来越多。为了实现多种协议之间的兼容，具有陷波特性的超宽带天线成为研究热点，目前有单陷波和双陷波特性的超宽带天线。

UWB 天线设计需要考虑两点：一是由于 UWB 终端的小型化、移动性，UWB 天线要求尺寸小，便于封装；二是 UWB 天线要求具有比窄带天线更大的信号带宽及更严格的线性要求。这是因为占有极大带宽的 UWB 信号在频域上的失真同样会导致时域波形的失真，而这将影响信号的接收，或增加误码率，或增加接收机复杂度。在 UWB 无线链路的不同位置观察，UWB 脉冲波形有不同的形状，而不像窄带信号那样始终是正弦的。因此设计 UWB 天线需要理解天线的时域特性，而以往基于正弦电磁波、正弦信号谐振及傅里叶变换的频域分析等天线设计理论已经不能满足超宽带无线系统的需求，需要使用时域电磁学的方法研究窄脉冲辐射。

以多天线理论为基础的 MIMO 技术是未来无线通信采用的主要技术之一，考虑到 UWB 的技术特点，将二者结合也是极具吸引力的研究方向。利用 MIMO-UWB 的优势，可以提高 UWB 系统容量和扩大通信覆盖范围，并能满足高数据速率和更高通信质量的要求。此外，与天线理论相关的波束赋形，以及空时编码、协作分集等在 MIMO-UWB 系统中的应用也得到了较多的关注。

6. 低成本、低功耗超宽带集成电路（IC）实现

由于 UWB 系统具有极大的带宽，为了满足抽样定理，需要非常高速的 ADC（模数转换）及 DSP（数字信号处理）芯片。而目前使用比较广泛的低成本 ADC 带宽一般都相对较小（小于 1GHz），无法满足 UWB 的要求。而使用高性能的 ADC 和 DSP 芯片可以实现系统功能，但也提高了系统复杂度及成本，不利于 UWB 的推广。因此，设计实现小尺寸、低成本、低复杂度的超宽带 IC 芯片是 UWB 大规模商用推广亟待解决的问题。

7. 组网技术

超宽带网络因其物理层特性而与其他网络不同，需要对传输层以下各层进行充分研究，特别是媒体接入控制子层（MAC）和网络层中的动态路由算法。超宽带网络的 MAC 协议必须适应超宽带系统的技术特点和应用环境，兼顾能耗、安全性、兼容性等因素，可以充分利用超宽带的精确定位信息对整个网络进行规划，以提高系统吞吐量。目前针对 UWB 网络的 MAC 协议有三种方案：一是直接利用已有的 IEEE 802.15.3 的媒体接入控制协议；二是在现有协议基础上依据超宽带系统的特点进行补充改进；三是开发全新的无线媒体接入控制协议。

8. 电磁干扰研究内容

UWB 电磁环境频谱分布如图 5.5 所示。UWB 的频谱非常宽，与许多现有相对窄带通信系统的频谱相重叠，因此电磁干扰问题严重。如果处理不好，将导致现存系统无法工作或 UWB 自身无法工作。一方面，UWB 对其他相对窄带的系统来讲是一种宽带干扰，相当于提高了窄带系统的背景噪声。对这个问题的研究又分为两个方面：①研究 UWB 发射功率掩蔽模板，限制发射脉冲，规避敏感频段，再利用波形设计、天线设计等手段保证

UWB 信号满足这一模板；②在给定 UWB 功率掩蔽模板下，研究 UWB 设备的空间分布密度，研究设备间最小距离与受干扰窄带系统性能衰减之间的关系，用于指导辐射掩蔽模板的修改及 UWB 空间布局研究。另一方面，UWB 系统也可能受到来自其他系统的强窄带干扰。为了有效地抑制这些窄带干扰，可以采用自适应的干扰抑制方案，这也是目前亟待解决的问题。

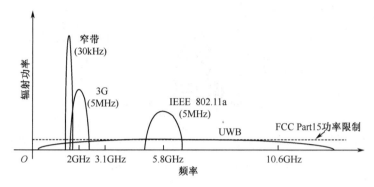

图 5.5　UWB 电磁环境频谱分布

9．快速同步技术

由于 UWB 使用极短脉冲及非常低的功率，时间捕获与同步一直以来都是一个难点，而 UWB 发射接收机对同步的要求很高，为了达到准确同步，一般要花费很长的捕获时间，不能满足实时性要求。研究人员努力寻找更有效的捕获算法以减小同步时间，其中的一个方案是采用多个相关器构成相关器组，将搜索区间分割为若干区域，分别分配相关器进行并行搜索，可以使总搜索时间降低到 510μs 内，优于非线性搜索。进一步降低搜索时间需要更有效的同步方案。

5.1.3　UWB 技术的标准化方案

2004 年 9 月在北京举办的无线技术大会上，飞思卡尔半导体展示了由 3 颗芯片组成的 XS110 DS-UWB 芯片组，这种芯片已批量上市，支持 IEEE 802.15.3 MAC 层，数据速率为 29Mb/s、57Mb/s、86Mb/s 和 114Mb/s，并声称已获得了 FCC 认证。现在飞思卡尔半导体已经用这一芯片组实现了 IEEE 1394、PCI 应用模块和无线 USB 模块。

MBOA 在 MB-OFDM 技术的产业化方面略微落后于 DS-UWB。

研究 UWB 低速应用的 TG4a 工作组进展很顺利，UWB 低速通信与高精度测量应用标准草案已通过了投票。

1．DS-UWB 方案

DS-UWB 方案采用脉冲形式，每个脉冲持续时间为几纳秒，利用多个脉冲传送数据信息。由于单个脉冲持续时间较短，所以从频域角度看，信号带宽很宽。在理论分析中，常用二阶高斯函数作为脉冲波形，时域信号和频域波形如图 5.6（a）、（b）所示。通过调整脉冲的幅度、位置和极性变化，可以用于传递信息。目前主要的单脉冲调制技术包括脉冲幅度调制 PAM、脉冲位置调制 PPM 和跳时直扩二进制相移键控调制（TH/DS-BPSK）等。如图 5.6（c）所示是一个采用 DS-PAM-UWB 调制的示意图。传输 2bit 二进制数值信息，每比特利用伪随机码扩展到 10bit 的二元序列，采用 PAM 方式调制发送。

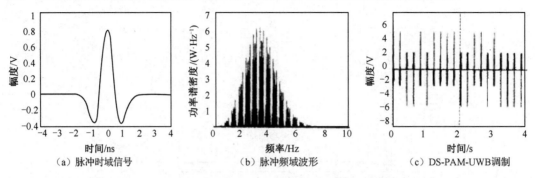

（a）脉冲时域信号 （b）脉冲频域波形 （c）DS-PAM-UWB调制

图 5.6　二阶高斯函数作为脉冲波形的时域信号和频域波形

由于 DS-UWB 是无载波调制，所以系统结构的实现比较简单：UWB 通过发送纳秒级脉冲来传输数据信号，其发射器直接用脉冲小型激励天线，不需要功放与混频器；接收端不需要中频处理。UWB 系统发射脉冲持续时间很短，所以脉冲 UWB 系统功耗很低，适用于如无线传感器网络等的低功耗要求场景。UWB 信号的能量扩展到极宽的频段范围内，功率谱密度低于自然的电子噪声，所以通信的保密性较强。DS-UWB 的缺点是脉冲波形的可控性较差，由于单个脉冲的覆盖频域很宽，可能会对某些通信设备造成干扰。由于 DS-UWB 的发射功耗较低，低信噪比条件下解调难度较高。在目前的条件下不能完全利用整个 7.5GHz 频段，一些设备厂商，如索尼生产的 DS-UWB 实验芯片，都工作在低频段 3.1～5GHz 范围内。

DS-UWB 发射的是持续时间极短的单周期脉冲，占空比极低，多径信号在时间上是可分离的，因此具有很强的抗多径能力。冲激脉冲具有很高的定位精度和穿透能力，采用脉冲超宽带无线电通信，很容易将定位与通信结合，在室内和地下进行精确定位。

2. MB-OFDM-UWB 方案

MB-OFDM-UWB 方案采用多频段方式，技术上易于实现。频段的利用率高，多个频段子段并列，可以避开某些频段，配置灵活，传输速率的扩展性好。其技术方案如图 5.7 所示。将 3.1～10.6GHz 频段分为 14 个子段（Band），每个子段 528MHz；用来发送 128 个载波的 OFDM 信号，每个子载波占用 4.125MHz 带宽；14 个子段又划分成 5 个子段组（Band Group），每组包含 3 个或 2 个子段，通过在不同子段之间跳转，取得频率分集。图 5.8（a）、（b）分别是一个子段的时域和频域信号。

MB-OFDM-UWB 使用多个频率子段，可以很方便地避开一些已被使用的频率（如 5.8GHz 的 WLAN 频段）。MB-OFDM-UWB 方案具有两大特点：首先是抗多径、捕获多径信号的能力强，借助循环前缀克服多径信道引入的时延扩展，用结构较简单的接收机，就能在高度多径环境中捕获到更多信号；其次是频谱灵活性强、共存性好。MB-OFDM-UWB

信号由模数转换器（ADC）产生，可用软件动态地打开或关闭某些特定频段，应用于不同国家的 UWB 频谱模板。MB-OFDM-UWB 可以利用已有的一些 OFDM 技术。MB-OFDM-UWB 方案也存在自身的问题：利用传统的 OFDM 技术，放弃了脉冲形式，导致其消耗功率要高于 DS-UWB 方案，也没有 DS-UWB 的强穿透能力和高保密性等优点。

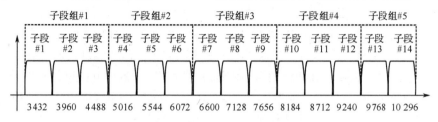

图 5.7　MB-OFDM-UWB 技术方案

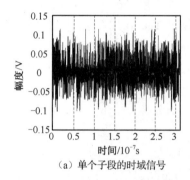 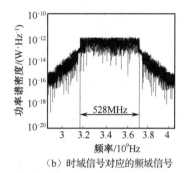

（a）单个子段的时域信号　　　　　　　　（b）时域信号对应的频域信号

图 5.8　MB-OFDM-UWB 子段的时域和频域信号图

3. IEEE 802.15.4a 低速 UWB 标准化

与 IEEE 802.15.3a 不同，IEEE 802.15.4a 旨在研发一种低速的 WPAN 技术，主要技术要求包括：

（1）低复杂度、低成本、低能耗；

（2）精确定位（精度为几十厘米）；

（3）通信距离在 30m 左右（可延伸）；

（4）可靠性和移动性优于 IEEE 802.15.4；

（5）低速率（单链路）1kb/s，高速率（总速率）1Mb/s。

这个标准近期已开始接收提案，原本收到 24 个独立的提案，其中包括一份由中国 UWB 论坛和一家外国公司共同提交的方案。后经过融合，在 2005 年 3 月 IEEE 802 全会召开时合并为 6 个提案。在此次会议上，经过参与 IEEE 802.15.4a 标准化代表的共同努力，最终将这 6 个提案融合成一个提案。这次融合表现了 TG4a 工作组的成员希望 IEEE 802.15.4a 标准化尽快完成的愿望，各个公司都在努力避免重蹈 IEEE 802.15.3a 标准分裂的覆辙。但实际上，这个所谓的"单一提案"还只是一个最初的框架文件，各方代表只是达成了融合的意愿，并对这种技术的某些特征意见达成了一致。

这个"单一提案"支持两种物理层：UWB 频谱内的 UWB 技术和 2.4GHz 频段内的扩频技术（由 IEEE 802.15.4 ZigBee 技术在 2.4GHz 频段物理层基础上发展而来）。其中 UWB

技术由 6 个提案中的 A、B、C、D 融合而成，最终 F 提案接受了 A、B、C、D 融合提案。提案 E 为 2.4GHz 扩频方案。UWB 方案将支持通信和定位业务，但 2.4GHz 扩频方案不支持定位业务。

考虑到 IEEE 802.15.4a 技术主要用于搭建传感器网络或定位，这样的网络通常会一次性建成，所以用户可以选择标准中的某种技术，各种技术混合组网的可能性较小。当混合组网情况发生时，"单一提案"中规定的统一信令可以保证多种技术的互操作性。到目前为止，TG4a 就 UWB 信令格式已达成了一些基本的共识，但其调制技术还有很大差异。就 UWB 技术而言，除传统脉冲调制外，还包括啁啾调制、混沌开关键控等新技术。6 种技术中，除方案 D 由三星电子等提出、方案 E 由 Freescale 公司等提出外，其他的方案都是由较小的公司提出的。中国 UWB 论坛是方案 B 的提出者之一。

总之，IEEE 802.15.4a 标准虽然已经形成了一个"单一提案"，但构成该提案的 6 项技术要想融合为一种技术，仍有很多工作要做，TG4a 工作组于 2006 年中期完成 IEEE 802.15.4a 标准化工作。由于 IEEE 802.15.4a UWB 技术的主要应用——传感器网络、定位系统等都是相对独立的系统，不同网络之间基本不需要互联互通，因此可以分别使用不同的技术。这使 IEEE 802.15.4a 标准可以包含多种可选的技术。

4. 我国 UWB 标准化工作

我国在 2001 年 9 月初发布的"十五"863 计划通信技术主题研究项目中，首次将"超宽带无线通信关键技术及其共存与兼容技术"作为无线通信共性技术与创新技术的研究内容，鼓励国内学者加强这方面的研究工作。至于产品方面，由于 UWB 标准迟迟未定，同时，我国政府还未对 UWB 的频谱做出规划，因此，国内厂商还都处于观望阶段，技术上保持跟踪，生产尚未启动，仅有海尔等少数厂商与国外公司合作，开发一些样品。

在 2005 年全国 UWB 通信技术学术会议上，来自 Intel、Freescale 等多家企业的代表一致认为，目前厂商对 UWB 投入太少，不敢注入资金。但是，各企业也表达了对 UWB 前景的信心和投入的决心。会上，Freescale 公司表示，愿免费开放 IP，与中国企业共享技术，共同努力推进 UWB 迈向市场的步伐。而学术界则呼吁，一方面，厂家应该积极加入标准制定的商讨过程，用技术创新来促进规则更新；另一方面，政府应该尽快做出频谱规划，并尽可能对研发提供资金援助。

目前，我国的 UWB 标准化工作尚未有定论，可根据自身的特点，积极参与 UWB 标准的研究与制定。目前 UWB 国际标准悬而未决的现状也为技术创新与新标准的提出提供了空间和时间。我国应该积极参与三种主流 UWB 标准的制定、修改和评估，为我国选择一种适宜的、更有利于中国 UWB 产业发展的技术，和广大的国内生产厂商一起，推进我国 UWB 技术的标准化工作。

同时，在低速 UWB 技术的研究中，我国 IEEE 802.15.4a 征集提案过程已过，我国仍可根据具有自主知识产权的技术制定国家标准，这也使我国制定不同于国际标准的国家标准成为可能。

5.1.4　UWB 的系统方案

　　UWB 系统方案需要根据具体应用需求、规则约束和信道特征进行优化选择。需要重点考虑的几个内容有频段规划、调制与多址方案、共存性问题、系统复杂度、成本与功耗等。按照美国联邦通信委员会（FCC）规定，UWB 信号的可用带宽为 7.5GHz，瞬时辐射信号带宽应大于 500MHz。对于特定的应用，系统频段规划和应用方案需要综合考虑各种因素，进行合理选择。目前已有的系统方案可以分为单频段和多频段两种体制，如图 5.9 所示。在多频段体制中，根据子段调制式的不同又可分为多频段脉冲调制和多频段正交频分复用（OFDM）调制两种方案。在 UWB 无线通信系统单频段和多频段两种体制中，多频段体制逐渐成为主流技术。以英特尔和 TI 为主的至少 20 家公司支持基于 OFDM 技术的多频段体制的系统频段规划方案，并形成了多频段 OFDM 联盟。

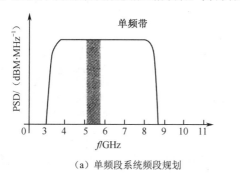
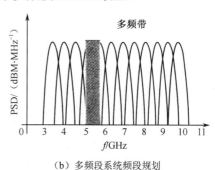

（a）单频段系统频段规划　　　　　　　　（b）多频段系统频段规划

图 5.9　单频段与多频段系统频段规划

1．单频段系统

　　在单频段系统中，仅使用单一的成形脉冲进行数据传输，信号频谱覆盖免授权频段为 3.1～10.6GHz 的一部分或全部，通常信号带宽高达几吉赫兹。如图 5.10 所示为单频段脉冲 UWB 系统信号示意图。由于信号带宽很大，其多径分辨率很高，抗衰落能力强，采用瑞克接收机可以有效地对抗频率选择性衰落。但由于信号的时间弥散严重，若采用瑞克接收机则需要较多的叉指数，增加了接收机的复杂度。同时，在数字接收机中，单频段信号对模数转换器（ADC）的采样率和数字信号处理器（DSP）的处理速度提出很高要求。这在一定程度上将增加系统功

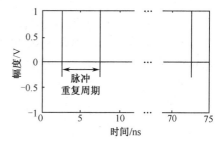

图 5.10　单频段脉冲 UWB 系统信号
示意图

耗。为解决共存性问题，单频段系统一般采用开槽滤波器对信号进行滤波，从而避免与带内窄带系统相互干扰，但开槽滤波器的设计往往是比较复杂的。XSI 和摩托罗拉公司的方案是单频段系统的典型代表，为避免与 UNII 频段（免授权国家信息设施频段）IEEE 802.11a 相互干扰，将 3.1～10.6GHz 分为低（3.1～5.15GHz）、高（5.825～10.6GHz）两个频段，

分别使用，避开 UNII 频段。

在单频段系统中，调制方式可以采用脉冲位置调制（PPM）、脉冲幅度调制（PAM），多址方式采用跳时多址（THMA）、直扩-码分多址（DS-CDMA）。

对于低速系统，由于符号周期比较长，多径信道时延扩展不会引起符号间干扰，此时采用跳时-脉冲位置调制（TH-PPM）、跳时-脉冲幅度调制（TH-PAM）是较合适的 UWB 系统方案。在满足速率要求的前提下，采用二进制脉冲位置调制（2PPM）、二进制脉冲幅度调制（2PAM）将有利于降低设备复杂度；采用多进制脉冲位置调制（M-PPM）、多进制脉冲幅度调制（MPAM）与较低的脉冲重复频率，则有利于克服多径信道引起的符号间干扰。

对于高速系统，由于符号周期较短，多径信道将引起严重的符号间干扰，THMA 性能严重下降，采用 DS-CDMA 将有利于提高系统的可靠性和多用户容量。若符号间干扰非常严重，则要使用瑞克接收机加均衡器的方案进行消除。

2. 多频段系统

多频段系统的 3.1～10.6GHz 频段被划分成若干个 500MHz 左右的子频段，如图 5.8（b）所示。根据具体应用需要，使用部分子频段或全部子频段进行数据传输。信号成形和数据调制在基带完成，通过射频载波搬移到不同的子频段。子频段数量的增加使射频部分复杂度增大，通常需要复杂的射频频率合成电路和相应的切换控制电路。各子频段接收信号经下变频处理后，可以使用相同的基带处理部件和算法完成数据检测。与单频段系统相比，由于每个子频段比单频段信号的带宽小得多，数字接收机对 A/D 转换采样速率和 DSP 计算速度降低了要求。较小的子频段信号带宽使系统抗衰落性能有所下降，但捕获多径信号能量所需的瑞克接收机叉指数较少。多带系统在共存性和规则适应性方面具有很大的灵活性，为避免与窄带系统相互干扰，可以禁用某些子频段，或配合信道监听技术选择无干扰的子频段进行数据传输。

在多频段系统中，通常使用跳频技术（FN）解决多址问题。相对于符号速率，跳频速率可分为慢跳和快跳两种方式。慢跳指跳频速率低于符号传输速率，连续几个符号在同一子频段上传输。快跳指跳频速率高于符号传输速率，每个符号在几个子频段上传输。慢跳可以降低频率切换和同步捕获电路的复杂度，但多径信道引起的符号间干扰将影响传输可靠性。快跳可以克服符号间干扰并获得频率分集增益，但增加了频率切换和同步捕获的难度。因此，跳频方式的选择需要在传输速率、传输可靠性、系统复杂度之间进行折中考虑。

按调制方式不同，多频段 UWB 系统又可分为多频段脉冲无线电（MB-IR）和多频段正交频分复用（MB-OFDM）两种方式，图 5.11 和图 5.12 分别为调频 MB-IR 和调频 MB-OFDM 系统信号示意图。在 MB-IR 系统中，每个子频段利用持续时间极短的窄脉冲携带信息，采用脉位调制（PPM）、脉幅调制（PAM）等调制方式。因此，MB-IR 系统继承了传统脉冲无线电的特点，可以采用瑞克接收机对抗多径信道引起的频率选择性衰落。由于采用了跳频技术，每个子频段的脉冲重复频率大大下降，符号间干扰大大减弱，因此不必采用复杂的均衡技术。

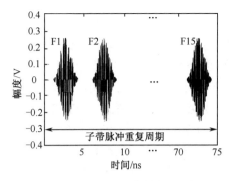

图 5.11　调频 MB-IR 系统信号示意图

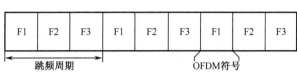

图 5.12　调频 MB-OFDM 系统信号示意图

在 MB-OFDM 系统中，每个子段被划分成若干个等间隔的窄带信道，借助快速傅里叶逆变换/快速傅里叶变换（IFFT/FFT）进行 OFDM 调制/解调。因此，MB-OFDM 系统具有频谱利用率高、符号持续时间长的特点，借助于循环前缀（CP）可以克服多径信道引入的时延扩展。结合跳频技术、交织技术，MB-OFDM 系统可以进一步在时域和频域获得分集增益。OFDM 系统固有的峰均比问题、同步问题、载波间干扰问题是研究 MB-OFDM 系统的难点。

5.1.5　UWB 的应用

1. UWB 的主要应用领域

近年来，超宽带技术在民用领域的商业价值引起了国际社会的普遍重视，主要包括两个方面：一方面是以高速率数据传输为主的近距离无线通信技术；另一方面是以精确测距、定位、成像等为主的无线探测技术。UWB 技术多年来一直是美国军方使用的作战技术之一。由于 UWB 具有巨大的数据传输速率优势，同时受发射功率的限制，在短距离范围内提供高速无线数据传输将是 UWB 的重要应用领域，如当前 WLAN 和 WPAN 的各种应用。此外，UWB 技术具有对信道衰落不敏感、发射信号功率谱密度低、安全性高、系统复杂度低、能提供数厘米的定位精度等优点，也适用于无线定位、车辆雷达、导购、导游等相关民用领域。

（1）短距离（10m 以内）高速无线多媒体智能局域网和个域网。

美国联邦通信委员会于 2002 年 2 月批准了超宽带技术的商业使用之后，影响最大的 UWB 应用就是短距离高速无线通信领域，这也是 UWB 最具潜力的应用环境。因为 UWB 欲实现短距离高速无线应用需要占用极宽的未授权频段，且将与多种现有无线通信系统共享频谱资源，频谱规划组织（如 FCC）给予 UWB 在限定功率下的应用许可扫清了 UWB 高速应用的障碍。与其他商用无线电方式相比，UWB 能在更短的距离内以更低的功率、更廉价的无线电通信装备提供更多的带宽，得到了以低成本达到较高的数据传输速率的结果，如达到 500Mb/s 甚至以上的传输速率。而同类的窄带技术提供的数据传输速率大约仅为 UWB 传输速率的 1/4，并且还需要更大的功率和更昂贵的无线电通信装置。有了 UWB，设备就能够在任何地方以较短的运行时间,快速地传输较大的数据文件,如流媒体文件等。由于 UWB 具有很大的带宽,当容量相同时,意味着需要更低的发射功率,也就可以保证在不对其他现有的无线通信技术产生干扰的前提下实现频谱共享。当然,极低的发射功率也就意味着较短的通信距离,因此,UWB 在实现高速无线通信时,应强调短距离性。这里所述的高速、短距离并没有明确的限制,可根据实际应用需求进行考虑。传输速率要求高一些,距离就要短一些,反之亦然。根据这一特点,UWB 在无线网络覆盖中的应用定位如图 5.13 所示,即 UWB 定位为无线个域网（WPAN）技术,与 WLAN、蓝牙、3G 等技术并不冲突,而且实现了无缝连接、有限重叠、互为补充。图 5.14 展示了三种 UWB 典型无线通信应用场景:场景①利用 UWB 组成智能家庭无线多媒体网络;场景②作为一种无线接入手段,配合光纤接入网（EPON,BPON,GPON）实现高速连接 Internet;场景③在装备了 UWB 设备的移动终端（如手机）间以 Ad Hoc 方式自组网,实现不需要通过基站的手机间高速资源共享。

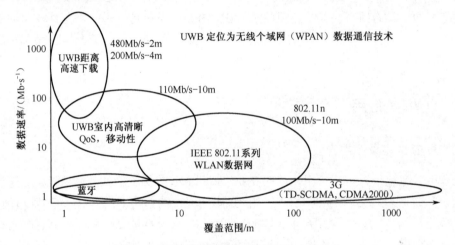

图 5.13　UWB 在无线网络覆盖中的应用定位

在过去的几年里,家庭电子消费产品层出不穷,PC、DVD、DVR、数码相机、数码摄像机、HDTV、PDA、数字机顶盒、MD、MP3、智能家电等出现在普通家庭中。如何把这些相互独立的信息产品有机地结合起来,这是建立家庭数字娱乐中心的一个关键技术问题。未来"家庭数字娱乐中心"的概念是:将来住宅中的 PC、娱乐设备、智能家电和 Internet 都连接在一起,人们可以在任何地方更加轻松地使用它们。例如,家庭用户储存的视频数据可以在 PC、DVD、TV、PDA 等设备上共享观看,可以自由地在 Internet 上交互信息;可以遥控 PC,让它控制你的家电;也可以通过 Internet 连机,用无线手柄结合音像设备营造出逼真的虚拟游戏空间。无线连接的桌面设备如图 5.14 的场景①所示。在这方面,应用 UWB 技术无疑是一个很好的选择。相信 UWB 技术不仅为低端用户所喜爱,且在一些高端技术领域,在军事需求和商业市场的推动下,将会进一步发展和成熟起来。

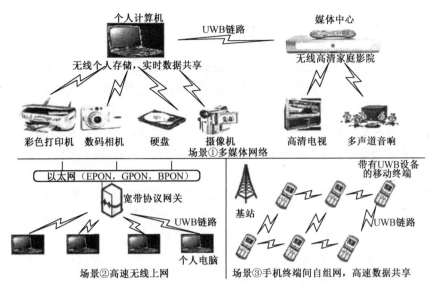

图 5.14　三种 UWB 典型无线通信应用场景

UWB 另一个非常具有价值的应用实例是将 UWB 技术和原有的移动式多媒体教学网络相结合，利用 UWB 在各方面的系统性能都能够满足移动式多媒体教学网络教学资源的实时传输业务的要求，提高当前移动式多媒体教学现状的能力。现在一般学校的多媒体教室以中央控制器为核心，由投影机、电动屏幕、彩色电视接收机、计算机等设备，以及各种数据连接线组成。一般是固定某几间教室，想进行多媒体教学的教师必须到这几间教室。如果将 UWB 无线通信技术应用到移动式多媒体教学环境中，可以将 UWB 内置在 DVD、笔记本电脑及投影仪等设备上，构成一个可移动的多媒体教室。教师可以无线方式将便携式数码摄像机中的视频内容发送到电脑中进行存储；也可将视频内容从电脑或 DVD 播放器中以无线方式传输到电视或投影仪等设备上，这样所有的教室都可以成为多媒体教室，而且可以配合教学需要到不同场所进行多媒体教学。早期的蓝牙技术虽然已经可以使某些设备进行无线互联，但由于其传输速率过低，只能用于某些计算机外设（如鼠标、键盘、耳机等）与主机的连接。而 UWB 技术的高传输带宽可以实现主机和显示屏、摄像头、终端设备及投影仪之间的无线互联，实现高品质传输的多媒体应用，如 HDTV 信号等。

（2）智能交通系统。

UWB 系统同时具有无线通信和定位的功能，可以方便地应用于智能交通系统中，为汽车防撞系统、智能收费系统、测速和监视系统等提供高性能、低成本的解决方案。

智能交通系统（ITS）采用先进的通信技术、计算机技术、网络技术、传感器技术、电子技术、人工智能技术和数理统计等理论综合运用于道路运输和交通服务等方面。

ITS 可通过无线信号将车辆信息、道路信息及交通控制中心的信息在它们之间相互交换，通过无线通信技术可以提供多种交通信息服务，如公共信息、路况信息、导航信息等，为车辆提供服务；还可以对车辆进行远程管理、实时调度等，提高了车辆的利用率。

ITS 根据通信对象的不同，可以把通信系统分为三大部分：

① 以路网基础设施为主的信息传输系统，它是利用沿高速公路（或城市道路）敷设

的光纤或电缆，将沿线的货运站、收费站、管理站、客运站、十字路口等基础设施连接而成的一个通信网。

② 路网与车辆之间的通信系统（Road Vehicle Communication，RVC），它主要利用无线通信技术（广播或专用短距离通信等方式）完成路-车之间的信息交换。

③ 车辆之间的通信（Inter Vehicle Communication，IVC），它利用无线电或红外线完成车与车之间的信息传输。

基于 UWB 的智能公交网络总体设计根据智能交通系统（ITS）的工作流程，总体设计思想为：

① 车载设备。车载设备应为无线接收设备，必要时可以将语音通信进行存储和转发，为了保证信息能够可靠存储和转发，应该在汽车上安装电子标签。由于采用的是 UWB 信号，其发射信号的中心频率为 5GHz，因此天线的尺寸可以很小，便于设备安装。

② 路侧（路边基站）设备（RSU）。在主要交通路口设定路侧设备，其上有天线，负责接收来自车辆的信息，同时将交通控制中心数据向车辆发送。

③ 路边设备。路边设备主要是信号处理发送设备，将采集来的信号进行处理后通过网络传给交通控制中心，同时将交通控制中心的数据通过网络传给路边设备，路边设备再将数据转换成车载设备所能接收的信号。图 5.15 为 UWB 智能交通通信系统示意图。

图 5.15　UWB 智能交通通信系统示意图

基于 UWB 的智能交通通信系统能够实现对车辆的有效监控；也可以结合 UWB 的定位功能，对车辆进行定位；同时可将实时信息、导航地图等信息传送给车辆。如果这种设备应用于公交系统，可实现对公交车辆的调度。目前，我国的智能交通通信系统还没有统一的标准，智能交通通信系统的建设还处于研究阶段。但随着计算机技术、通信技术的不断发展，智能交通通信系统将会有很大的发展空间。

UWB 技术也可以应用在车辆防撞系统中，如图 5.16 所示，通过车载 UWB 系统，实时检测周围车辆、行人的速度、方向和与本车的距离，保证其与本车的安全距离。一旦被检测体出现在本车的安全距离内，系统便及时给司机报警；在紧急情况下，自动对车辆进行控制，即减速或制动；在特别危险的情况下，系统将自动开启安全气囊或安全系统，保护车内乘客和车辆、行人的安全。

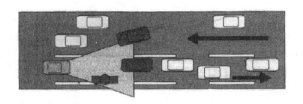

图 5.16　UWB 车辆防撞系统

（3）定位技术。

利用 UWB 无线定位技术可以实时确定物体的位置和运动轨迹。这方面应用主要包括仓库的管理、患者的监护、家庭用品的管理和儿童的监护等。利用 UWB 技术不但可以随时获取目标的精确位置，还可以通过传感器网络随时知道目标本身的详细信息，如物品的名称、产地、用途等，还有患者血压、心跳等身体状况。另外，无线传感网络通常要求传感器的功耗非常小，可以连续工作数月、甚至数年之久而无须充电。目前的做法是通过媒体接入控制层和网络层的协议设计，尽量减少不必要的传输，来有效地利用无线信道和能量资源。在此基础上，采用极低功耗的 UWB 物理层，可以大大简化 MAC 层和网络层的复杂度，使系统总体功耗进一步降低。

目前已经有了一些在智能制造、物流、司法管理、隧道等方面的 UWB 的系统方案，主要用于解决汽车装配、电力电厂、石油化工、仓库仓储、物流运输、厂内供应链、监狱、看守所、办案中心、法院检察院、公路隧道、铁路隧道、地下管廊、智能楼宇、数字机房、智慧养老、自动驾驶等的定位和智能管控。

以 UWB 仓库仓储高精度定位管理系统为例进行说明，其采用 LocalSense 无线脉冲专利技术，通过在仓库内布设有限数量的 LocalSense 微基站，实时精确地定位人员、车辆、资产及工具上的 LocalSense 微标签位置，零延时地将人、车、物的位置信息显示在工厂控制中心，进行储运管理、物流器具管理、产品制造跟踪、关键工位器具管理、关键工艺装备防错管理、人员管理等。精度达到 10cm 级，精确管控以精益生产、合理安排调度、提高智慧工厂管理水平。定位对象：在岗工人、库内资产、运输车辆、库内叉车、工厂 AGV、仓库工具。定位精度：典型 10cm，一般遮挡 30cm，特种应用 5cm。LocalSense 产品如图 5.17 所示。

（4）工程探测。

脉冲超宽带技术由于使用纳秒级脉冲信号，其空间分辨率极高，通常远小于目标尺寸。高的空间分辨率和宽频谱的结合使得超宽带具有精确的目标识别能力，能够获得复杂目标的细微特征。超宽带技术可以应用在穿墙和探地成像系统及动态感应雷达上。

早在 20 世纪初，德国的 Humlsmeyer 就对地下的金属目标利用电磁波技术进行了探测，但是当时对这一现状并没有做相关描述，而是于 1910 年，在一个由德国学者 Leimbach 和 Lowy 申请的专利中对这一现状做了描述。1926 年，Hulsmeyer 在对埋藏介质的结构进行探测时首次用了脉冲技术，在探测中考察到不论何种电介质变化都能引起反射，因而通过该反射可以探测到隐藏的目标。1929 年，Stem 首次将探地雷达应用于实际探测中，这才揭开了超宽带技术在探测目标中应用的序幕。随着超宽带技术的发展，探地雷达的蓬勃发展也使其得到了广泛的应用，这也为对不同目标的探测奠定了基础。2003 年 2 月，美国 Timedomain 公司推出了一款可以穿过墙壁透视的仪器 RadarVision。RadarVision 采用 UWB 技术，可以透过 2～3 层一般墙壁，探测 10m 范围内的物体，为警察、特种部队士兵等制服藏匿于室内的持枪歹徒提供了强有力的工具。在消防上，UWB 设备可用于搜救火场内、废墟下的幸存者。

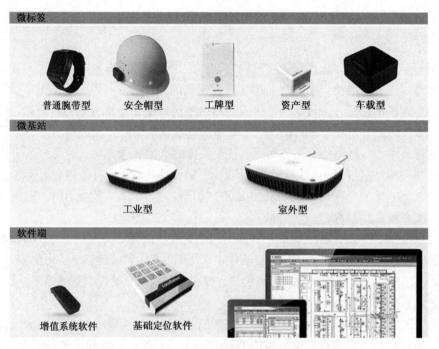

图 5.17　LocalSense 产品图例

在国内，利用超宽带技术对目标的探测研究发展相对缓慢，以前的工程实际应用中基本上依靠从国外引进设备。通过这些年的研究，国内在超宽带技术上不断取得新的成果，不少科研院所已能够把该技术应用到实际中。典型的代表产品如中电集团 22 研究所的 LTD 系列产品、国防科技大学的 RadarEye 及 Rail-GPSAR 等。在超宽带目标探测技术方面，有一些新颖的探测方法被提出，归纳起来可以分为基于模型的目标探测和无模型的目标探测两种方法。其中基于模型的方法中，较为突出的为基于极点特征的目标探测方法和基于散射中心的目标探测方法。20 世纪 70 年代以来，美国以俄亥俄州立大学电子科学实验室为代表的一批科研人员在目标极点方面做了大量的工作。极点特征作为目标本征中一种重要的特征量，它是目前为止被发现仅有的与入射波形、极化和姿态无关的特征量，因此科研人员从理论上对极点数值理论方面的计算方法和简单散射体中极点的分布特征做了探究和解析。在国内，西安交通大学的徐海教授也针对极点的物理意义和分布规律做了相关解析。他首先从简单或简单组合目标极点的计算开始，其次对散射和极点之间的关系做了探究。然而与极点特征不同，目标散射中心的目标探测法与目标的姿态角有关。在不同的姿态角下，同一目标可供观测的散射中心特征变化往往很大，因此该特征长期以来一直备受学者们关注。实际上，早在 20 世纪 80 年代，就有散射中心的相关报道，报道的内容是以散射中心为特征对目标进行检测的探究。当时有学者提出了所谓的目标前时响应模型，是通过匹配滤波器从时域获取的目标散射中心对水下目标进行检测的。

尽管基于极点特征和散射中心特征的方法在目标探测方面取得了一些成就，但是这两种特征本身存在的不足也慢慢被人们发现。1998 年，外国学者尝试了利用 E 脉冲技术对目标探测进行了研究，通过目标回波前时与后时建立统一的指数衰减和参数模型，并进行分析。该方法通过利用目标极点特征的姿态不敏感性，有效地减少了目标检测的搜索空间，在目标探测方面大大提高了检测性能和检测速度。

随着越来越多的学者或研究人员投入到对目标检测的研究中，利用超宽带技术探测目标的技术也随着时代的前进而不断完善。其中目标检测滤波器和指数平均背景去噪法作为传统的目标检测方法在不断地优化，但这两种方法针对运动目标无法提取出目标信息，因此针对超宽带技术目标探测中的运动目标探测成为目前主要的研究方向。事实上，超宽带在雷达上的应用也是其最早期的应用，有着丰厚的研究成果。近期的研究试图将 UWB 从传统的雷达方式向电磁信息泄露截获载体的方式发展，利用 UWB 的低功率、宽频段及高分辨率等特点将远距离电子设备（如显示器屏幕）的辐射信息加载到 UWB 信号上，而后回收发射信号提取有用信息，达到主动获取电磁信息的目的。

在勘探领域，利用 UWB 技术可以探测到地表以下数米深的物质。UWB 技术还适用于安全、监视、成像等系统。

（5）救援和安全等领域。

UWB 系统具有较强的穿透障碍物进行定位的功能，在消防救援、灾害救援和安防等领域有着广泛的应用。

早在 1985 年，欧美发达国家率先在墨西哥地震救援工作中使用生命探测仪进行救援，避免了很多无辜生命的丧生。步入 21 世纪以来，生命探测技术受到很多国家的青睐，很多学者积极投身到研究工作当中，各种新技术层出不穷，主要包括声波振动生命探测技术、雷达生命探测技术、红外生命探测技术及气体生命探测技术。这些非接触方式生命探测技术具有很明显的优势，给全天候地质灾害救援人员带来很多方便；尤其是对于一些重度烧伤病人不便于直接测量呼吸、心跳等信息时，非接触方式成了唯一选择。此外，还可以将此类方法应用于睡眠监测方面，通过超宽带雷达检测出人体生命信息从而判断出睡眠质量状况。

将超宽带雷达技术应用到生命探测方面的时间并不长。20 世纪 90 年代，有学者提出利用连续波雷达技术和生物相关的医学工程技术来实现非接触式生命信息检测，但是由于连续波雷达信号很容易受到周围噪声信号干扰，对最终检测结果带来负面影响，由此提出了采用微功率的超宽带雷达技术来实现生命信息检测。1994 年，美国斯坦福尼亚大学的 NLNL 研究所逐步开展超宽带雷达在生物医学相关领域的应用研究工作；1995 年 3 月，在美国麻省理工学院，雷达被应用于听诊教学领域；1999 年，超宽带雷达被应用在医学相关领域当中，而后取得了重大进展，主要集中在心脏病、呼吸内科等专业上；自从美国 FCC 允许该技术商用以来，许多公司投入到研发当中来。

我国在此方面的技术研究虽然起步晚，但是发展迅速，尤其是在国家的大力扶持之下，2004 年，我国第一部应用雷达穿墙技术非接触式的生命探测仪在第四军医大学诞生；在此之后，各大高校积极开展相关研究工作，西安电子科技大学在这方面的研究取得了不错的成果；2010 年 4 月，我国自主研制的警用超宽带雷达生命探测仪顺利通过验收，并且在玉树地震救援中发挥了很大作用。

同其他类型的雷达相比，超宽带雷达发射频谱可以达到数吉赫兹，实际应用当中如果想要干扰此类信号难度是很大的，而本文的超宽带雷达硬件电路利用的是混沌信号调制，很难分析出原始信号特征。超宽带系统的发射机和接收机不需要隔离，因为硬件内部设置将取样门之外的信号全部滤除。因为超宽带系统的脉冲持续时间特别短，超宽带雷达的定位探测的精度可以达到厘米级别，所以不存在近距盲区问题，完全可以满足近距离生命探测雷达的需求。超宽带雷达的识别能力更强，传统雷达的回波信号是正弦波，接收端得到的信号与发射端的原始信号相比幅度、频率、相位发生了改变；UWB 系统的雷达回波信号仍是一个很陡峭的脉冲信号，同发射端一样，具有更高的识别效率。超宽带雷达的体积更小、功耗也更低，便于携带，成本更低，稳定性也更高。

对于超宽带雷达生命探测来说，其中关键的设计就是选择合适的带宽。由于人体呼吸、心跳时胸腔移动很小，位移大小只有厘米级别，选择频率太低，则无法监测这么细小的位移；选择频率过高，UWB 信号穿透性太强，大量超宽带信号会穿透人体皮肤表面，接收端接收到的信号会弱很多，无法有效检测生命信息。脉冲重复频率的选择也很重要，它会影响雷达距离误差和对某一信号的测试次数，最终会影响时间稳定性。超宽带雷达生命探测算法主要原理是利用多普勒效应。根据多普勒频移原理，当声源和目标物体之间发生位移之后，目标物体接收到的频率会发生改变。多普勒频移和目标物体的运动速度相关，但胸腔的运动速度非常小，所以导致多普勒时移非常小。而超宽带信号频段很宽，占空比小，接收端的回波信号脉冲会产生较大的时移。

（6）军事应用。

UWB 技术在军用方面主要用于如下领域，如 UWB 雷达、UWB 低干扰/低检测（LPI/D）无线内部通信系统（预警机、舰船等）、战术手持和网络的 LPI/D 电台、警戒雷达、探测地雷、检测地下埋藏的军事目标或以叶簇伪装的物体。

超宽带具有极宽带宽、低功率，并且可以和其他应用并存，因此 UWB 可以应用在很多领域。在无线通信领域 UWB 是一个非常有前景的技术。UWB 的应用还有待于具体的开发和实现。

在过去的几年里，几种不同种类的军事通信和传感器系统曾采用并试验过超宽带技术，用于解决多用户环境中不断增长的带宽需求问题。这些系统有德拉科系统、飞机无线内部通信系统、Hydra 超宽带、PUMA 系统、三叉戟超宽带无人值守地面传感器和网状网络系统。尽管有些超宽带系统还是原型，但它们都具备在三维环境中成功应用的潜力。其中，三叉戟系统利用一种先进的超宽带通信网进行低概率拦截和检测。在安全性上，整个系统还能提供最佳 AES 加密。该系统结合了几种可扩展的超宽带无人值守地面传感器节点，为战场的战术边缘提供情报、监视和侦察。其中，哨兵节点可以在近 300m 的范围内为红外运动、声音和地震检测提供高达 250kb/s 的数据传输速率；侦查节点能为高分辨率的视频和图像提供高达 5Mb/s 的数据传输速率，作用范围与哨兵节点相同；夜岗节点用于间距更长的节点之间，能在建筑内部建立网状网络互联，可以支持 100 个网状节点，数据传输速率高达 115Mb/s，作用范围可达 1.5km。

所有这些利用超宽带技术节点的另一个优点是它们具有长的电池寿命，可达 30 多天。利用超宽带无线协议和网状网协议，所有这些节点被连接到一起。数据在网络中传输，通过战术网关或无线电网络接口控制连接到另一个网络。战术网关用来传输网络数据到战术营运中心，也可用于不相容波形的衔接；而无线电网络接口控制能为任何的 Windows CE 或 Windows XP 计算设备、无线网络和标准军事无线电台之间提供接口。这使得该系统成为严峻环境下的理想选择，而且三叉戟节点是坚固的、易安置的且为长期无人操作而设计的。

（7）无线助听器。

图 5.18 给出了基于便携式终端的无线双耳助听器结构框图。助听器系统由左耳侧助听器、右耳侧助听器和便携式终端三部分组成。左、右耳佩戴的耳侧助听器与便携式终端进行双向无线连接。

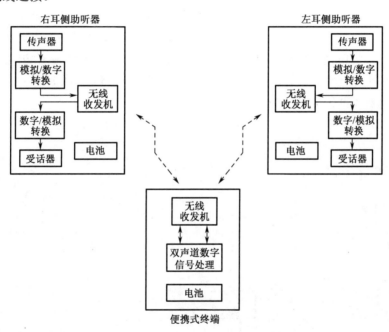

图 5.18　基于便携式终端的无线双耳助听器结构框图

耳侧助听器只需要实现语音的声-电、电-声转换，电信号的 A/D、D/A 转换，以及无线通信功能，而将传统的在耳侧助听器上实现的语音信号处理模块转移到便携式终端上。便携式终端同时处理来自左耳和右耳的声音信号，即实现双声道信号处理，以取得更好的声源定位、噪声抑制和反馈消除性能。

便携式终端包括无线收发机、双声道数字信号处理模块及电池。便携式终端可以是智能手机、平板电脑，也可以是智能手表、智能眼镜之类的可穿戴计算机，还可以是其他为助听应用定制的设备。

语音信号处理模块被转移到便携式终端上，耳侧助听器上集成的模块就减少了，结构变得简单，功耗因此降低，而且更容易在耳侧进行小型化开发。而便携式终端因其电池容量大、硬件计算能力强、算法升级便利灵活的优点便于实现复杂的语音信号处理功能。

在信号通路上，耳侧助听器采集到声音后，分别通过各自的传声器（麦克风）将采集到的声音信号转化为模拟的电信号，然后用 ADC 将此电信号数字化。数字化的语音信号紧接着通过无线低功耗收发机传送到便携式终端。便携式终端通过自身的双声道数字信号处理模块对接收到的语音信号进行处理，即利用智能终端的处理器、存储器等硬件资源，运行针对助听应用的双声道信号处理程序。处理后的数字信号再通过无线传输的方式，分别传送回左、右耳的助听器。耳侧助听器将接收到的处理过的数字信号进行 D/A 转换，最后由受话器（扬声器）将声音进行再生，刺激耳膜产生听觉。

耳侧助听器与便携式终端之间的无线连接采用全双工的通信方式，使耳侧助听器到便携式终端的下行数据流与便携式终端到助听器的上行数据流可以同时发送，以减少信号传输和信号处理所带来的延时。

图 5.19 展示了使用 Chirp-UWB（线性调频-UWB）收发机进行无线数据传输的助听器实施方案。可将 Chirp-UWB 收发机单独或与 ADC、DAC 整合成 SoC 芯片嵌入耳侧助听器内，并由锌空气纽扣电池供电；而便携式终端如智能手机则需要将 Chirp-UWB 收发机做成一个外插模块与手机互联，外插模块可以通过手机的 Micro-USB 接口与手机通信，并由手机电池对外插模块进行供电。

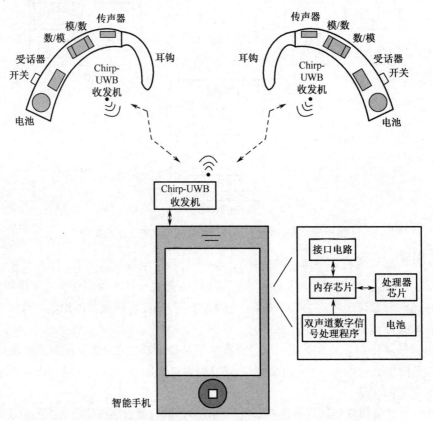

图 5.19　使用 Chirp-UWB 收发机进行无线数据传输的助听器实施方案

耳侧部分的传声器和 ADC 将声音信号转换为数字电信号，并经由 Chirp-UWB 射频收发机直接传至移动智能手机。后者同时接收来自左耳侧和右耳侧的语音信号，并进行助听功能所需要的双耳道语音数字信号处理。处理过的数字信号再从智能手机分别传回助听器左耳侧和右耳侧。耳侧的 Chirp-UWB 射频收发机接收信号后进行 DAC 转换，最后由受话器将模拟电信号转换为声音信号输出。

2. UWB 室内无线通信应用举例

一个完整的室内超宽带无线通信系统主要包括发射端建模、信道建模、接收端建模。本节介绍的室内通信系统应用实例是在搭建完整的室内超宽带无线通信系统的情况下，使用 IEEE S-V/IEEE 802.15.3a 标准超宽带信道模型，对比每比特映射脉冲数在两种不同数值的情况下，使用相干接收算法，分别应用于完全 RAKE 接收机（All-RAKE，A-RAKE）、选择性 RAKE 接收机（Selective-RAKE，S-RAKE）、部分 RAKE 接收机（Partial-RAKE，P-RAKE），同样在硬判决情况下与传统接收法相比，得出系统误码率与接收端信噪比的不同关系。通过仿真可知，相干接收算法能够有效地降低系统的误码率，且可以进一步减少发射端的重复编码次数，提高通信系统的传输速率。下面对每个部分进行详细介绍。

（1）发射端建模。

发射端模型采用跳时超宽带信号（Time-Hopping UWB，TH-UWB）。所谓跳时超宽带，就是除了对脉冲进行调制外，为了形成所产生信号的频谱，要用伪随机码或伪随机噪声（Pseudo Noise，PN）对数据符号进行编码，编码后的数据符号引起脉冲在时间轴上的偏移。结合二进制 PPM 的 TH-UWB 信号的产生描述如下。

PPM-TH-UWB 信号的产生模块如图 5.20 所示，$b = (bit_0, bit_1, \cdots, bit_k, \cdots)$ 为待发射的二进制序列，通过第一个模块使每比特重复 N_s 次，产生一个新的二进制序列：

$$b = (bit_0, \cdots, bit_1, \cdots, bit_k, \cdots) = (rep_0, \cdots, rep_1, \cdots rep_k, \cdots) = rep \qquad (5.8)$$

在这个模块中引入了冗余，称为重复编码，而本文所使用的去噪方法正是利用了这种重复编码所产生的冗余信息。

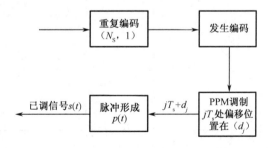

图 5.20　PPM-TH-UWB 信号的产生模块

第二个模块是传输编码器，它是利用整数值序列 $int = (int_0, int_1, \cdots, int_j, \cdots)$ 和二进制数序列 $(rep_0, \cdots, rep_1, \cdots, rep_k, \cdots)$，产生一个新序列 d，序列 d 的一般元素表达式如下：

$$d_j = int_j T_c + rep_j \varepsilon \qquad (5.9)$$

式中，T_c 和 ε 是常量，d 是一个实数值序列，而 rep 是二进制数序列，int 是整数值序列。

T_c 称为码片时间，T_s 为脉冲重复周期，对所有的 int_j，满足条件 $int_j T_c + \varepsilon \leqslant T_s$，通常 $\varepsilon \leqslant T_c$。通常情况下，int 是伪随机码序列，其元素 int_j 为整数，且满足 $0 \leqslant int_j \leqslant N_p - 1$ 码序列。int 可以为周期序列，其周期表示为 N_p，一般有两种特殊情况：第一种，码是非周期的，$N_p \to \infty$；第二种，$N_p = N_s$，这是最常用的一种，这时的编码周期与二进制码重复的次数相等。传输编码扮演了码分多址编码与发射信号的频谱形成双重角色。

实数值序列 d 输入到第三个模块，即 PPM 调制模块，产生的单位脉冲序列分布在时间轴 $jT_s + d_j$ 处，即脉冲位置在 jT_s 基础上偏移了 d_j。

最后一个模块是脉冲形成器。在超宽带通信系统中，所采用的脉冲波形很少是一个周期的正弦波，这是由于产生非正弦脉冲要比产生脉冲调制正弦波更容易、更经济。超宽带大电流辐射天线的问世，使得利用一些经济的技术和工艺来产生持续时间为纳秒级的脉冲成为可能。这种天线是通过电流来激励的，它的辐射功率正比于电流倒数的平方。已有实验证明，当用一个满足阶跃函数的电流来激励天线时，天线的输出端就会产生一个脉冲。这个阶跃电流跳变越陡峭，所产生的脉冲宽度就越窄。

脉冲形成器最易产生的脉冲波形是一个类似于高斯函数图像的波形，是一个钟形。这种高斯脉冲的表达式可以写为

$$p(t) = \pm \frac{1}{\sqrt{2\pi\sigma^2}} e^{-\frac{r^2}{2\sigma^2}} = \pm \frac{\sqrt{2}}{\alpha} e^{-\frac{2\pi t^2}{\alpha^2}} \tag{5.10}$$

式中，$\alpha^2 = 4\pi\sigma^2$，为脉冲形成因子；σ^2 为方差。式（5.10）取负号时所得的脉冲波形和单边能量谱密度（ESD）如图 5.21 所示。

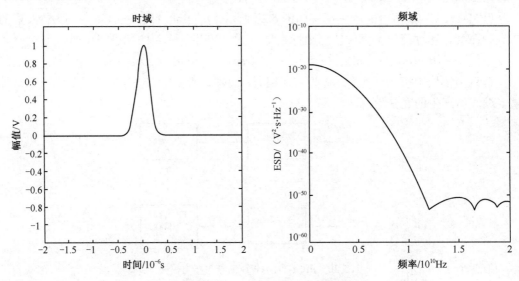

图 5.21　高斯脉冲波形（左）及其单边能量谱密度（右）

为了有效辐射，产生的脉冲应具备无直流分量这一基本条件。在此条件下，有多种脉冲波形可供参考，其中包括高斯函数各阶导数所表示的波形在内。理想情况下，若一个波形为高斯函数一阶导数的电流脉冲馈入天线，天线的输出端将会得到一个高斯二阶导数形

式的脉冲波形。本文中仿真使用的就是高斯函数的二阶导数形成的脉冲作为 UWB 的脉冲信号。高斯函数的二阶导数表达可写为

$$\frac{\mathrm{d}^2 p(t)}{\mathrm{d}t^2} = \left(1 - 4\pi \frac{t^2}{\alpha^2}\right)^{-\frac{2\pi t^2}{\alpha^2}} \tag{5.11}$$

以上所有系统级联以后的输出信号 $s(t)$ 可表示为

$$s(t) = \sum_{j=-\infty}^{+\infty} p(t - jT_\mathrm{s} - \mathrm{int}_j T_\mathrm{c} - \mathrm{rep}_j \varepsilon) \tag{5.12}$$

式中，该脉冲的能量为 $s(t)$。如图 5.22 所示给出了高斯函数二阶导数的脉冲波形及其单边能量谱密度（ESD）。

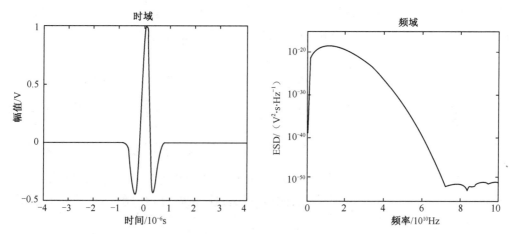

图 5.22　高斯函数二阶导数的脉冲波形（左）及其单边能量谱密度（右）

（2）信道建模。

在无线通信研究中，无线传播信道特性的准确估计直接关系到工程设计中通信设备的能力、天线高度的确定、通信距离的计算及为实现优质可靠通信所必须采用的技术措施等一系列设计问题。但由于进行实际无线通信实验时所需要的实验设备和测试设备成本较高，一般情况下，研究人员都是利用信道仿真软件来做前期的仿真实验，这样可以减少实验成本和缩短开发周期。因此，首先需要建立一个用于描述电磁波在室内传播的信道模型。

根据无线通信需求的不同，电磁传播环境可以分为室内传播和室外传播。现有文献提到的研究和仿真实验中，常用的室内传播模型有楼层间分隔损耗模型、同楼层分隔损耗模型、双径模型、Δ-K 模型、衰减因子模型、对数距离路径损耗模型等，室外传播模型有 Durkin 模型、Hata 模型、Hata 模型的 PCS 扩展模型、Longley-Rice 模型、Okumura 模型、Walfish 和 Bertoni 模型及宽带 PCS 微蜂窝模型等。这些模型在 Theodore S. Rappaport 的著作 *Wireless Communications Principles and Practice*（*Second Edition*）中都有介绍。本文主要研究的是室内信道模型。

IEEE 802.15.3a 标准工作组在研究和分析了大量前期工作的基础上，提出利用基于

S-V 模型的修正模型作为超宽带系统研究和设计的统一信道模型——S-V/IEEE 802.15.3a 信道模型。

S-V/IEEE 802.15.3a 信道模型的信道冲激响应可以表示为

$$h(t)=X\sum_{n=1}^{N}\sum_{k=1}^{K(n)}\alpha_{nk}\delta(t-T_n-\tau_{nk}) \tag{5.13}$$

式中，$X=\dfrac{g}{20}$（g 是均值为 g_0、方差为 σ_g^2 的高斯随机变量，$g_0=\dfrac{10\ln G}{\ln 10}-\dfrac{\sigma_g^2\ln 10}{20}$ 取决于

平均总多径增益 $G=\dfrac{G_0}{D^\gamma}$，G_0 是距离 $D=1\mathrm{m}$ 时的参考功率增益，γ 是能量或功率衰减指数）

为信道的幅度增益，是对数正态随机变量；N 是观测到的簇的数目；$K(n)$ 是第 n 簇内接收到的多径数目；T_n 是第 n 簇到达时间；τ_{nk} 是第 n 簇中第 k 条路径的时延（T_n 和 τ_{nk} 分别为到达速率为 Λ 和 λ 的泊松过程）；α_{nk} 是第 n 簇内第 k 条路径的系数，其定义表达式为

$$\alpha_{nk}=p_{nk}\beta_{nk} \tag{5.14}$$

式中，p_{nk} 为以等概率取 +1 和 −1 的离散随机变量；β_{nk} 是第 n 簇中第 k 条路经的信道系数，且对每个实现，β_{nk} 项包含的总能量需归一化为单位能量，即 $\sum_{n=1}^{N}\sum_{k=1}^{K(n)}|\beta_{nk}|=1$，$\beta_{nk}$ 项的表

达式为 $\beta_{nk}=\dfrac{x_{nk}}{20}$，服从对数分布，式中 $x_{nk}=\mu_{nk}+\xi_n+\zeta_{nk}$ 是均值，μ_{nk} 为标准差为 σ_{nk} 的高斯随机变量，另外的两个变量 ξ_n 和 ζ_{nk} 分别表示每簇和簇内每个分量的信道系数变化。簇幅度和簇内每个多径分量的幅度都服从指数衰减的特性，同时分别用 δ_ξ^2 和 δ_ζ^2 表示 ξ_n 和 ζ_{nk} 的方差，由下式

$$E[|\beta_{nk}|^2]=\left\{E\left[\left|10^{\frac{\mu_{nk}+\xi_n+\zeta_{nk}}{20}}\right|^2\right]\right\}^2=E[|\beta_{00}|^2]\mathrm{e}^{-\frac{T_n}{\Gamma}}\mathrm{e}^{\frac{T_{nk}}{\gamma}} \tag{5.15}$$

可以推导 μ_{nk} 的值为

$$\mu_{nk}=\frac{10\ln(E[|\beta_{00}|^2])-10\dfrac{T_n}{\Gamma}-10\dfrac{T_{nk}}{\gamma}}{\ln 10}-\frac{(\delta_\xi^2+\delta_\zeta^2)\ln 10}{20} \tag{5.16}$$

所以，当簇平均到达速率 Λ、脉冲平均到达速率 λ、簇的功率衰减因子 Γ、簇内脉冲的功率衰减因子 γ、簇的信道系数标准偏差 δ_ξ、簇内脉冲的信道系数标准偏差 δ_ζ、信道幅度增益的标准偏差 σ_g 可以获得后，式（5.13）表示的 S-V/IEEE 802.15.3a 信道模型的信道冲激响应就可以建模。

IEEE 通过实测给出了不同环境下 S-V/IEEE 802.15.3a 信道模型各参数的参考值，如表 5.5 所示。

表 5.5　IEEE 不同环境下 S-V/IEEE 802.15.3a 信道模型参数的参考值

参 数 设 置	Case A LOS（0～4m）	Case B NLOS（0～4m）	Case C NLOS（4～10m）	Case D：极性 NLOS 多径信道
Λ/ns^{-1}	0.0233	0.4	0.0667	0.0667
λ/ns^{-1}	2.5	0.5	2.1	2.1
Γ	7.1	5.5	14.00	24.00
γ	4.3	6.7	7.9	12
σ_1/dB	3.3941	3.3941	3.3941	3.3941
σ_2/dB	3.3941	3.3941	3.3941	3.3941
σ_x/dB	3	3	3	3

　　对表 5.5 中 Case A 的数据使用 Matlab 软件进行仿真，可得其离散信道冲激响应，如图 5.23 所示。

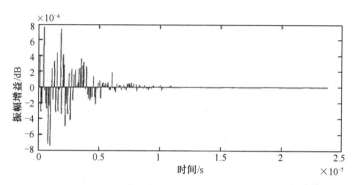

图 5.23　IEEE 在 Case A 环境下的 UWB 离散信道冲激响应

　　S-V/IEEE 802.15.3a 信道模型的数学描述简洁、便于应用，是相对比较完善的室内超宽带多径传播模型。然而，S-V/IEEE 802.15.3a 信道模型在实际应用中存在着模型输入参数（如参数簇到达率）获取困难的问题，且利用该模型生成的信道冲激响应中的随机到达簇可能会过多。有文献指出，上述这两个问题主要是由于模型中簇的个数随机分布所导致的，它一方面使得模型不便于应用，另一方面造成模型仿真输出与实测数据不符。

　　本节将射线追踪法应用在超宽带室内传播信道的电磁仿真模拟中，其遵循的基本思想是：①将天线发射端看作点源，其发射的电磁波看作以点源为中心向外均匀发散的射线；②对于不同极化方向的电场（射线），其衰减不同，分别计算其经过反射、折射和透射等作用并引起相应轨迹、场强、相位的变化；③在接收机处，叠加同一极化方向所有接收到的射线的场强，近似得到该极化方向的场强。

　　射线追踪法一般需要跟踪从发射端发射的所有射线的路线，在跟踪过程中放弃那些不能到达或变得非常微弱的射线路径，只保留最终能到达接收端，且可以被检测接收的射线路径。跟踪过程利用的是几何光学寻迹知识：镜像法和蛮力法。镜像法是一种点到点的跟踪技术，是一种精确算法，但该方法在计算一些结构复杂的物体的时候，因为在传输过程中会产生多次反射，有一些射线会由于反射次数太多而使能量消耗掉，所以会花费大量时间，且这种方法在复杂环境中选择产生镜像的散射体也比较困难。蛮力法相对于镜像法更适合用在较复杂的环境中进行射线路径的追踪，它是一种近似算法。本节建模实现时，将蛮力法和镜像法相结合来解决寻迹的问题，综合考虑上文所述两种方法的特点，算法实现框图如图 5.24 所示。

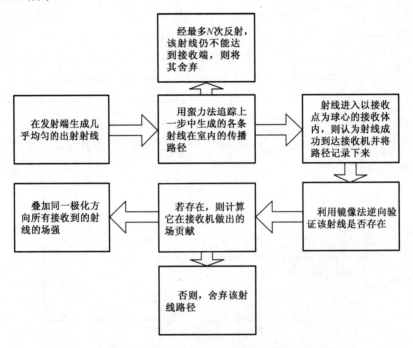

图 5.24 蛮力法和镜像法相结合的射线追踪算法实现框图

传统的信道建模采用的是统计法，将整个无线通信系统等效为一个微波网络，如图 5.25 所示。其中 V_H 表示源电压矢量；I_i 表示发射端的电流矢量；I_r 表示接收端的电流矢量；V_i 表示发射端的电压矢量；V_r 表示接收端的电压矢量；Z_S 表示发射端源阻抗；Z_L 表示接收机的负载（在实验中，将接收端和发射端的射频电路部分负载和源阻抗都简化为 50Ω）。使用导纳矩阵和微波网络理论描述该系统中的无线信道部分。这样一个信道包括以下三个部分：发射天线和接收天线、无线环境、发射天线和接收天线的激励源端射频电路部分。通过推导发射源的电压向量与接收端电压向量之间的传输方程，最终可以推导出该信道的数值模型。由此得到的信道数值模型不仅包括了发射天线和接收天线之间的互耦，同时也考虑了电磁波在室内无线环境中接收天线和发射天线之间传输的多径效应。

经过一系列相关的近似计算和数学推导可以得到描述室内电磁波多径衰落的 $\bar{\bar{\beta}}$（衰落系数矩阵），可以写为

$$\overline{\overline{\beta}} = \begin{bmatrix} \beta_{\theta\theta} & \beta_{\theta\varphi} \\ \beta_{\varphi\theta} & \beta_{\varphi\varphi} \end{bmatrix}$$

$$= \begin{bmatrix} \beta_{\hat{\theta}^r}\cos(\xi) & \beta_{\hat{\varphi}^r}\cos(\zeta) \\ \beta_{\hat{\theta}^r}\cos(\phi) & \beta_{\hat{\varphi}^r}\cos(\psi) \end{bmatrix} \qquad (5.17)$$

$$= \begin{bmatrix} \beta_{\hat{\theta}^r}\cos\xi_H e^{-j\varphi_1} & \beta_{\hat{\varphi}^r}\cos\zeta_H e^{-j\varphi_2} \\ \beta_{\hat{\theta}^r}\cos\phi_H e^{-j\varphi_3} & \beta_{\hat{\varphi}^r}\cos\psi_H e^{-j\varphi_4} \end{bmatrix}$$

式中，$(j = 1,2,3,4)$ 表示的是两个复数向量的 Kasner's 伪角，此处用来描述的是传输过程中电磁波的相位变化；下标 H 表示的是两个复数向量的 Hermitian 角，用来描述各个极化方向上通过无线信道传输后，在传输到接收机处相对于发射机处极化方向的变化；$\hat{\theta}^r$ 和 $\hat{\varphi}^r$ 分别为 θ 和 φ 极化方向上的信号衰减幅度。

描述无线信道室内传播环境中电磁波传输衰减模型的 $\overline{\overline{\beta}}$ 矩阵与室内环境和传播的电磁波的频率相关。在室内电磁波衰减模型中使用复角度来描述 $\overline{\overline{\beta}}$ 矩阵中的元素，这样就可以在原有基础上，将其扩展到有限厚或有损介质的仿真计算中。

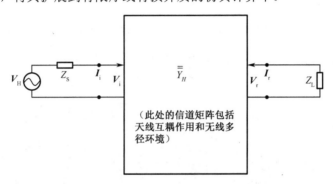

图 5.25　将无线信道等效为一个微波网络

（3）接收端建模。

接收端利用瑞克接收机的分集接收技术，收集接收信号的能量，并对不同多径信道产生的多径分量进行合并。由于超宽带具有非常宽的信号带宽，其对应的是纳秒级（或亚纳秒级）的脉冲，使得其多径信号在超宽带信道中有大量可被分辨。这些多径分量中包含着发射端信号的有用信息，通过收集这些多径分量的能量，并有效地进行组合，瑞克接收机可以大大提高接收端的信噪及系统性能。瑞克接收机原理框图如图 5.26 所示。

从图 5.26 中可以看出，瑞克接收机有很多相关器，每个相关器接收一个信号的多径分量，且每种模板都应用于所有相关器上，该模板在不同时延（该时延根据对信道中多径时延的估计值选取）上与接收到的多径信号进行相关运算，最后对相关器的输出根据其强度进行加权、合并为一个输出信号。从图 5.26 所示的原理图可以看出，要使得最后的判定更加准确，就需要尽可能多地将多径分量收集、合并。最理想的情况是将所有的多径分量全部接收，这样的瑞克接收机叫完全瑞克接收机（All-RAKE，A-RAKE）。在实际情况下，A-RAKE 接收机是不可能实现的。一是因为这需要很多的相关器，使得系统非常复杂；

二是因为脉冲自身的多径分量之间并不是完全能够分离的，这些不可分离的多径分量无法有效地通过瑞克接收方式进行收集。所以，A-RAKE 接收机主要是作为一个实际系统性能的理论上限，其他瑞克接收机可以通过有效的设计来逼近该上限值。尽可能多地接收多径分量可以提高系统的性能，像上面提到的 A-RAKE 接收机，这就需要很多的相关器，但发展超宽带的目的之一就是要求其具有低的系统复杂度。为了解决好这两者的矛盾，需要在系统性能和系统复杂度之间进行衡量。很多文献都提出了相应的改进方案：一种是选择性瑞克接收机（Selective-RAKE，S-RAKE）；另一种是部分瑞克接收机（Partial-RAKE，P-RAKE）。S-RAKE 接收机选择到达接收端的所有多径分量中能量最大的 L 个多径分量，这样既减少了相关器的数量，又最大可能地保证了系统的性能。但由于 S-RAKE 接收机是从所有多径分量中选择能量最大的 L 条路径，这就需要扫描所有信道多径并估值，以比较选择其中能量最强的多径分量。为了进一步降低复杂度和提高实时性，提出了 P-RAKE 接收机。顾名思义，P-RAKE 接收机也不是接收全部的多径分量，且它没有选择过程，而是直接合并最先达到的 L 个多径分量。

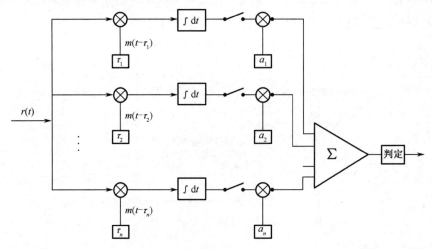

图 5.26　瑞克接收机原理框图

通过采用 Matlab 仿真完全瑞克接收机（A-RAKE）、选择性瑞克接收机（S-RAKE）和部分瑞克接收机（P-RAKE）并进行对比，其中，S-RAKE 接收机设置接收信噪比按大小排序最大的 5 条路径来接收，设置选取最先到达的 5 条路径来接收。A-RAKE 接收机的信道估计值与 S-RAKE 接收机的信道估计值、P-RAKE 接收机的信道估计值情况分别如图 5.27～5.29 所示。

最后的数值分析结果显示，室内无线通信信道在使用 IEEE 的 S-V/IEEE 802.15.3a 标准超宽带信道模型情况下，将相干结合接收算法应用于脉冲位置调制和重复编码下的超宽带 A-RAKE 接收机、S-RAKE 接收机、P-RAKE 接收机中，可以增大接收信号的信噪比，有效地改善系统的误码率。且当重复编码中每个比特映射的脉冲数越大时，系统误码率就越低。也就是说，在该超宽带系统中，保证同样系统误码率的情况下，可以进一步减少发射端的重复编码次数，这样就可以同时提升通信系统的传输速率。

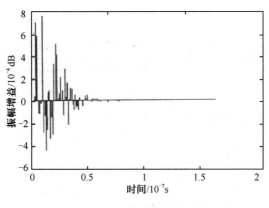

图 5.27　A-RAKE 接收机的信道估计值

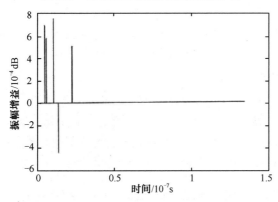

图 5.28　S-RAKE 接收机的信道估计值

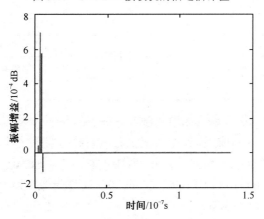

图 5.29　P-RAKE 接收机的信道估计值

5.2　60GHz 无线通信技术

5.2.1　60GHz 无线通信技术简介

1．60GHz 频段的特点和优势

从 21 世纪初开始，科学家们对基于毫米波，特别是 60GHz 频段的毫米波通信技术的研究取得了丰硕的成果，在不久的将来，基于 60GHz 无线通信技术的无线局域网、无线高清接口乃至专用数据传输系统将为人们的生活带来更多便利。

2003 年 7 月，IEEE 802.15.3 标准工作组为无线局域网（WLAN）和无线个人局域网（WPAN）开放了 60GHz 频段附近的 7GHz 的频谱带宽作为无执照许可（ISM）的频段。各国和地区 60GHz 频段附近的免许可连续频谱如表 5.6 所示。由表 5.6 可以看出，在各国和地区开发的频谱中，大约有 5GHz 的重合，这是为开发世界范围内适用的技术和产品而预留的，我国开放的 59～64GHz 频段正好处于这个重合部分，这就奠定了实现 Gb/s 级传输速率的基础。免许可特性又使得用户无须负担昂贵的频谱资源允许费用。因此 60GHz 通信技术将成为超高速室内无线短距离通信的必然选择，也是相关学术团体和标准化组织的最新研究热点。

表 5.6　各国和地区 60GHz 频段附近的免许可连续频谱

国家或地区	频谱范围/GHz
欧洲和日本	59～66
北美和韩国	57～64
澳大利亚	59.4～62.9
中国	59～64

我国对 60GHz 技术展开研究相对较晚，有些科研院所和大学目前已经开始了毫米波技术的研究并取得了一定的成果，如中科院上海微系统与信息技术研究所在上海市自然科学基金项目支持下，进行了一系列 60GHz 射频收发芯片的相关研究。目前该研究所已经实现了一款基于 0.15μm GaAs pHEMT 工艺的 60GHz 宽带低噪声放大器。该放大器工作频率为 45～65GHz，增益为 18dB，功耗为 96mW，尺寸为 2mm×1mm。该研究所与上海中芯国际合作，深入研究 CMOS 工艺的共面波导线（CPW）和器件模型，有望在未来利用国内 0.13μm CMOS 工艺实现 60GHz 射频芯片，从而实现系统应用。东南大学毫米波国家重点实验室长期致力于毫米波频谱资源的开发利用研究，在微波毫米波单片集成电路方面，已完成 8mm 波段 VCO、混频器、倍频器、开关、放大器等单功能芯片的研制，目前正在开展单片接收/发射前端的设计与研制。北京邮电大学对超帧结构设计、基于 ER 算法的空间复用方法等方面的毫米波技术进行了前期研究。2009 年，由四川省科技厅批准成立了四川省微波毫米波工程技术研究中心，全面开展毫米波基础研究和关键共性技术研

究。中国科学技术大学微波毫米波工程研究中心从 20 世纪 80 年代初开始从事毫米波研究，完成了我国第一批混合集成形式的毫米波接收前端，并在毫米波基础器件、微波毫米波通信技术、毫米波测量技术等方面获得了重大成果。2011 年，科技部国家 863 计划也支持了"毫米波与太赫兹无线通信技术开发"的项目，力争减小我国在 60GHz 无线通信领域与国外厂商、科研院所先进技术的差距。

2. 60GHz 无线通信的特点和优势

60GHz 无线通信的特点和优势与其物理特性密切相关，60GHz 频段具有信号路径损耗大、氧气吸收损耗大、绕射能力差、穿透性差等特点，这些基本特点在 60GHz 无线通信中都有体现。在通信过程中为了充分发挥 60GHz 频段的优势、克服其不利影响和提升系统性能，通常需要采用一些相应的技术措施，如定向波束成形、多跳中继、空间复用等。

（1）60GHz 无线通信技术的特点。

① 定向发射和接收。

为了降低信号传输过程中面临的高路径损耗和吸收损耗，可以加大发射功率，减小接收端噪声，增加接收天线增益，但实际天线设备在提高发射功率和抑制噪声方面都受到很大限制，因此一般只能采用高增益的定向天线来补偿 60GHz 信号额外增加的 30dB 损耗。与 2.4GHz 频段相比，60GHz 频段上更容易使用多天线波束成形技术实现天线高增益。这是因为 60GHz 信号波长更短，天线之间的距离可以很近，同样面积上能够放置更多的天线单元，简单灵活的波束成形算法很容易实现 10～20dB 的方向性增益。小体积的天线阵列还可以同时配置在接收端和用户终端，接收定向天线联合就能实现 20～40dB 的定向增益，足以弥补信号传输中的高损耗。

定向发射和接收为 60GHz 无线通信带来了巨大的好处。第一，定向发射和接收能显著减小信号多径时延扩展；第二，定向发射意味着干扰区域的减小，同时毫米波的高衰减特性也缩短了信号的干扰距离，不同链路之间的干扰大为降低，这就使得 60GHz 无线通信在通信的安全性和抗干扰性方面存在天然的优势。

但是，定向发射和接收也给系统带来一个很大的麻烦，即可能出现因定向发射与收发设备初始天线方向没有对准而产生的"听不见"（Deafness）的接收现象。这就需要在 MAC 协议的设计中专门考虑定向通信环境下的设备发现、网络初始化操作等问题。

② 多跳中继。

由于 60GHz 信号传输损耗大、绕射能力差，室内环境中的家具、墙壁、门和地板等都会阻断信号传输，因此其通信主要建立在视距通信的基础上。决定信号实际覆盖范围的往往不是电磁波在自由空间中的传输损耗，而是穿透损耗，其有效通信范围常常仅限于一个房间之内。同时，室内人体的移动也会对信号传播带来很大影响。当视距（LOS）通路被人体遮挡时，信号会额外产生 15dB 甚至更高的衰减，从而导致正在进行的通信中断。为了扩大 60GHz 无线通信网络覆盖范围并保持足够高的强健性，可以借助中继、利用协同或多跳等方式来进行组网。只要在一些关键位置上布置很少的中继，通过节点之间的接力即可绕过障碍物，保持整个网络的连通性。同时，在天线技术上可采用相控阵天线技术。

2010 年 5 月，IBM 和 MTK（联发科）在 IEEE 电子射频集成电路研讨会上展示了联合开发的 60GHz 收发芯片，该芯片采用 BiCMOS 硅锗工艺，双极型晶体管采用 SiGe 工艺以产生 60GHz 频率，芯片其余部分则采用标准 CMOS 工艺，毫米波天线也集成在标准封装中。IBM 和 MTK 采用军事应用的相控阵雷达技术，可使信号穿过阻拦物体。IBM 研究院的 T. J. Watson 表示，该芯片拥有低成本的多层 16bit 带宽的阵列天线，可以覆盖 60GHz 的 4 个频段。这款芯片还拥有一项特殊的算法，可对每个信号提供可替代路线，因此当信号突然中断后，芯片可以很快地切换传输路线。实验证明，在 5Gb/s 的传输速率下，毫米波能够可控地"绕过"障碍物。

③ 空间复用。

定向链路之间的低干扰特性意味着 60GHz 无线通信网络具有很大的空间复用潜力，即允许多条同频通信链路在同一空间内共存，从而有效提升网络容量。这一特性对于办公室或公共场所等密集通信场所尤为重要。需要在一个很小的空间内同时提供多条 Gb/s 级的数据连接，必须借助空间复用能力才能实现。

④ 单载波调制与 OFDM。

目前 60GHz 无线通信在技术方案的选择上有单载波调制和 OFDM 两大备选技术。由于 60GHz 无线通信采用定向视距传输，多径效应不是主要问题，因此 OFDM 技术并无明显优势，且 OFDM 技术具有高峰均功率比、对相位噪声敏感及能耗较高等缺点。两种技术有大致相当的频谱效率，可以根据不同的应用和场景结合使用。例如，单载波调制实现成本低，可用于传输速率在 2Gb/s 以下的低端应用中。

（2）60GHz 无线通信技术的优势。

① 抗干扰性强与安全性高。

在 60GHz 频段处，氧气对无线信号的吸收达到峰值（自由空间中，传输路径损耗在 60GHz 频段附近约为 15dB/km），这是 60GHz 频段只适用于近距离传输的一个重要原因。室内环境中的玻璃等障碍物对毫米波信号的衰减作用也是十分明显的（见表 5.7）。因此，60GHz 无线通信只能用来实现近距离的无线通信。然而其在短距离通信的安全性能和抗干扰性上有天然的优势（比如在相邻空间的多组无线网络中，相互干扰会很低）。此外，60GHz 频段的无线信号波束较窄，方向性很好，4.7° 的范围内集中了 99.9% 的波束（见表 5.8）。不同的 60GHz 无线信号干扰不同，很适合点对点的无线通信。这些特点都使系统间的干扰几乎不存在。所以，60GHz 无线短距离通信有很强的安全性与抗干扰性。

表 5.7　障碍物对 60GHz 通信的穿透损耗

材　　料	衰减/（dB·cm^{-1}）
干燥墙体	2.5
办公室白板	5.1
光滑玻璃	11.2
金属网格加固的玻璃	31.9

表 5.8　无线信号方向性

频率/GHz	99.9%的波束/°
2.4	117
24	12
60	4.7

② 高传输速率及大系统容量。

60GHz 无线通信不但带宽宽，并且允许的最大发射功率也很高，正是这些固有特性，使其能够满足高速无线数据通信（Gb/s 级）与极高的系统容量的需求。在高速传输速率的实现中，传统的窄带系统是通过高阶调制等增加频谱利用率的方法来实现的。但这样会使其接收信噪比要求很高，且系统的实现也很复杂。与传统窄带系统相反，60GHz 无线通信在低阶调制与极低信噪比的条件下就能提供 Gb/s 级的传输速率。60GHz 无线通信的信道带宽为 2.5GHz，UWB 为 520MHz，IEEE 802.11n 为 40MHz，这三者的比较如表 5.9 所示。在传输速率上，由表 5.9 可以看出：60GHz 频段无线通信 25 000Mb/s 的极限数据传输速率远远大于 IEEE 802.11n（80Mb/s）和 UWB（1100Mb/s）。欧、美、日规定，60GHz 无线通信在此波段上的等效全向辐射功率（EIRP）为 10～100W，这正是为了抵抗 60GHz 传输路径自由空间的高损耗特点。欧、美、日等国家和地区的 60GHz 频谱分配如表 5.10 所示。在功率确定的情况下，根据香农定理有

$$C=B\times\log_2(1+S/N) \tag{5.18}$$

式中，C 是信道容量；B 是信道带宽（Hz）；S 是信号功率（W）；N 是噪声功率（W）。

由式（5.18）可以得出，信道容量 C 随着信道带宽 B 的增大而增大，因此 60GHz 的超大带宽使其具有高信道容量。

表 5.9　60GHz 无线通信与 UWB、IEEE 802.11n 的比较

通 信 技 术	比 较 项 目			
	可获得的频谱/GHz	信道带宽/MHz	有效发射功率/mW	最大可能的传输速率/（Mb·s⁻¹）
60GHz	7	2500	8000	25 000
UWB	1.5	520	0.4	80
IEEE 802.11n	0.66	40	160	1100

表 5.10　欧、美、日等国家和地区的 60GHz 频谱分配表

国家和地区	免许可的频谱范围	等效全向辐射功率（EIRP）
美国和加拿大	7GHz（57～64）	40dBm（ave），43dBm（max）
澳大利亚	3.5GHz（59.4～62.9）	150mW
日本	7GHz（59～66）	57dBm（max）
欧洲	9GHz（57～66）	57dBm（max）

由于 60GHz 无线通信的宽带特性，在雷达中可用窄脉冲和宽带调频技术获得目标的

细小部位特征，在通信系统中能传送更多的信息，极大地拓宽现在已经十分拥挤的通信频谱，为更多用户提供互不干扰的通道。宽带特性也能为各种系统提供高质量的电磁兼容特性。其中，60GHz是高衰减峰，常用于军事保密通信，稍远距离或定向范围之外就有极大衰减，因而不易被敌方截获。根据国际电联规定，60GHz属于星间通信的频段。如MILSTAR军事卫星系统，该卫星系统工作在极高频（EHF）频段，上/下行频率为44/20GHz，星间链路（ISL）为大量战术用户提供实时、保密、抗干扰的通信服务，通信波束覆盖全球。但是由于其衰减特性，可以在卫星和地面实现频率复用，国外将之称为"Unlicensed Band"。60GHz频段同样可以在各种地面通信中使用，如地面近距离（如前沿阵地）通信，为了保密也使用60GHz频段（如美国雷神公司研制的TMR-2设备）。所以60GHz频段的这个缺点并不能制约60GHz技术的应用，反而引起了人们对它的更多关注。

③ 具有国际通用性和免许可特性。

欧美等国家和地区纷纷在57～66GHz之间划分了不同带宽的连续频谱资源，且最为重要的是这些频谱资源是免许可的，最宽的频谱能达到9GHz。从表5.10中可以看出，各国分配的频谱都使用了59.4～62.9GHz，这样在国际通用性上，60GHz无线通信产品会有较大优势。更为重要的是，60GHz频谱资源是免费的，这大大降低了成本。正因为这些经济上的巨大优势，众多公司和研发团体开始了对60GHz无线通信的研究。

④ 小尺寸天线与可集成化电路。

一般情况下，天线的尺寸大小数量级与其工作频率对应的波长数量级大致上相比拟。因为60GHz信号为毫米级的波长，导致其天线的尺寸相对于低频天线尺寸大大减小。由天线知识可知

$$G = 4\pi A/\lambda^2 \tag{5.19}$$

式中，G代表增益；A代表天线面积；λ代表信号波长。

从式（5.19）不难看出，信号波长越短，天线增益越大。同样增益条件下，相对于4GHz频段的天线尺寸，60GHz频段的天线尺寸只有其1/225。波长越短，其增益越大，这正好弥补了传播过程中的巨大损耗。天线小型化的同时，其关键模块电路也向小型化的方向发展。与微波元件相比，毫米波元件的尺寸要小很多，这对于电子设备，特别是手机、移动存储设备等本身体积不大的电子产品而言是很有现实意义的。在汽车防撞雷达和卫星通信等用途上，毫米波芯片体积小的优势已经发挥得淋漓尽致。例如，2006年，飞思卡尔公司在日本展示的一款面向毫米波雷达的射频芯片，在展台前还专门放置了显微镜供参观者观赏该芯片的构造。2007年，IBM和MediaTek共同研发的一款用于高清视频传输的无线射频芯片（见图5.30），连上封装的尺寸也不过12mm²，这样大小的芯片可实现1080p视频的高速传输，即在5s内传送大约10GB文件。按照这样的速度发展下去，毫米波器件的低成本、低功耗、小型化目标一定能够实现。

图5.30　IBM和MediaTek共同研发的用于1080p视频传输的毫米波射频芯片

5.2.2　60GHz 无线通信的标准化

学术界、工业界和标准化组织已经投入力量研究 60GHz 无线通信技术及其标准。在 60GHz 无线短距离通信系统标准化过程中，先后出现了 IEEE 802.15.3c、IEEE 802.11 ad 和 ECMA 387 三种国际标准。

60GHz 无线通信的相关标准情况如表 5.11 所示。

表 5.11　60GHz 无线通信的相关标准情况

标　准　号	标准化组织	应　用　范　围	主导的企业	物　理　层	媒体接入控制层（MAC）
ECMA 387（等同于 ISO/ IEC 13156—2009）	欧洲计算机产业协会（ECMA）、ISO/IEC	无线个域网（10m 以内）分 3 类设备。 A 类：提供 10m 范围内（视距/非视距环境）视频流和其他 WPAN 应用。 B 类：提供 1～3m 范围内点对点视频和数据应用。 C 类：只支持 1m 视距范围内点对点数据通信	—	物理层分为 3 类设备，可相互通信。 A 类支持单载波和 OFDM 两种模式。 B 类有多种调制方式。 C 类（WOK）为必选。 物理层速率最高达 6.35Gb/s	基于 ECMA 368（超宽带 ISO/IEC 26907）中的 MAC 机制； 使用独立的信道，发现信标建立网络； 支持无线 HDMI，具有协议适配层
IEEE 802.15.3c—2009	IEEE	无线个域网（10m 以内）	松下、NEC、Sony	支持单载波、高速率接入和音视频 3 种模式； 支持多种调制方式，π/2 BPSK 为必选； 物理层速率最高达 5.7Gb/s	基于 IEEE 802.15.3 中的 MAC 机制。使用相同的信道作为发现信标建立网络； 无协议适配层
IEEE 802.11ad（2012 年制定完毕）	IEEE	家庭影音视频无线传输、办公环境，兼容 IEEE 802.11 系列其他标准	Intel、Dell、LG	支持单载波（SC）、止交频分复用（OFDM）和低功耗单载波模式； 与 IEEE 802.11 系列标准的 PHY 相互兼容，具有统一的前导符、编码等； 物理层速率为 1Gb/s	保留 IEEE 802.11 的基本 MAC，并提出一种新的架构； 支持多信道
—	Wireless HD 联盟（负责推广 IEEE 802.15.3c 标准）	无压缩高清视频传输、多声道音频、智能格式与控制数据，以及视频内容保护	松下、东芝、NEC、Sony、LG、三星	定义了两种类型物理层：高速率物理层（HRP）和低速率物理层（LRP）； HRP 可以实现 4Gb/s 的音视频数据传输，支持波速成形和波束控制技术，LRP 在近距离内有 2.5～10Mb/s 的全向数据传输选择； 物理层速率最高达 4Mb/s	

标　准　号	标准化组织	应 用 范 围	主导的企业	物 理 层	媒体接入控制层（MAC）
—	WiGig 联盟（负责推广 IEEE 802.11ad 标准）	消费电子、计算机、半导体及手持设备	Intel、Dell、LG、NEC、MediaTek、Microsoft、Nokia、Panasonic、Samsung	支持 OFDM 模式、单载波模式；物理层速率最高达 7Gb/s	—

纵观 60GHz 技术的三个标准，物理层主要规定了信号收发、天线控制和调制方式等；MAC 层主要规定了器件搜索、物理信道选择、工作状态控制、波束控制等。60GHz 技术标准的应用层的功能是服务选择、内容编解码、视频/音频模式选择等。不同的 60GHz 技术标准所利用的频段都在 60GHz 附近，但物理层技术和 MAC 层技术各不相同。综合分析各标准的物理层技术，存在的问题有：现行的各标准物理层调制模式过多，如存在 OOK、DPSK、4ASK、QPSK、SC、OFDM 等，这不利于实现；IEEE 802.15.3c 信标与数据共用一个信道，时延较大；IEEE 802.11ad 标准的 MAC 层协议不完全利于低功耗；ECMA 387 采用专门信道传输信标及控制信令，影响网络整体性能。

另外，从国际标准制定情况来看，60GHz 技术主要利用国际上普遍开放的 60GHz 免执照频段，各国 60GHz 设备频率基本处于 57～66GHz 频段之间，最多为 7GHz 带宽频段，最少只有 3.5GHz 带宽频段。根据我国《关于 60GHz 频段微功率（短距离）无线电技术应用有关问题的通知》中的相关规定，59～64GHz 可用于微功率无线传输，且须遵照《微功率（短距离）无线电设备的技术要求》的规定。由此可以看出，我国颁布的《关于 60GHz 频段微功率（短距离）无线电技术应用有关问题的通知》中要求的 59～64GHz 峰值等效全向辐射功率限值为 47dBm，以及平均等效全向辐射功率限值为 44dBm，基本与上述国家和地区的规定相符。随着所有主要的 WLAN 芯片厂商对该技术表现出极大的兴趣，毫米波通信的地位正在悄然发生变化，有可能成为 IEEE 802.11n 的后续规格。

5.2.3　60GHz 无线通信关键技术

1. 信道

信道的研究作为通信系统研究的基础，一直以来都是通信系统研究的重点之一。而 60GHz 系统会比 60GHz 以下的系统多 20～40dB 的功率损耗，大气吸收在 57～64GHz 频段给接收信号带来额外的 7～15.5dB/km 的功率损耗。虽然水蒸气在正常浓度时不会使信号过分衰减，但是当水蒸气饱和形成雨滴时会进一步衰减信号。上述这些信号减损效应使得 60GHz 系统需要补偿接收信号的低功率，也使得 60GHz 毫米波不太可能用于数千米以上的通信中。材料衰减也是 60GHz 系统必须考虑的问题，60GHz 电磁场会遭受很大的材料衰减作用，其衰减程度比 2.5GHz 信号更大。这一效果与路径损耗一起决定了 60GHz

信号会被强烈衰减。这样在提高了通信安全性的同时也限制了通信覆盖范围。

60GHz 无线通信中的多路径产生了多径干扰，每一条路径不同的延迟和衰减由物体的反射、散射和折射决定。对于 60GHz 无线通信来说，反射是其主要的多径来源。当物体尺寸比波长大时，反射就可能发生。均方根延迟（T_{RMS}）量化了无线信道的信道长度，60GHz 信道的 T_{RMS} 为 10～80ns。若信道的均方根延迟为 T_{RMS}，那么码间干扰所影响的符号数为 $|f_s T_{RMS}-1|$，其中 f_s 为符号率。由于 60GHz 系统的带宽很大，因而很小的 T_{RMS} 都会产生很明显的码间干扰。

60GHz 信道路径损耗比低频段的路径损耗大，且在很多材料中的传输损耗也显著增大。因此 60GHz 信号被有效地限制在一个小范围空间内。已经存在的低频段，如 5GHz 的 WLAN 和 3～10GHz 的 UWB 信道模型，不适用于这些信道模型。目前很少有信道模型考虑到空间特性和人为因素，且现有的 60GHz 信道测量结果与其测量条件紧密相关，包括测量环境、测量技术、测量设备及天线参数等。为此，应排除这些影响实际信道的因素，建立更准确的传播信道模型。

在 60GHz WLAN 系统中，考虑到 60GHz 信道特性及 60GHz WLAN 技术的应用，一个好的信道模型要满足以下四点基本要求：

（1）对主要使用模型中的传输信道，要能提供准确的空时特性；

（2）在发射端与接收端都要支持可控定向天线，在天线技术（不可控天线、扇区开闭天线、天线阵列）上不能有限制；

（3）要考虑天线与信号的极化特性；

（4）因为人为活动导致了时间独立的信道变化，这样引起的非平稳特性要能够支持。

2．收发机结构

作为通信系统的重要组成部分，收发机的结构对硬件特性指标有直接影响，对 60GHz 无线通信系统的收发机结构的研究至关重要。收发机结构包括射频收发电路、天线/天线阵列、ADC/DAC 电路、数字基带处理电路等。在目前 60GHz 系统超宽带宽和 Gb/s 级速率的要求下，低成本、低功耗、高性能、可商用化的 60GHz 收发机的研究设计是实现 60GHz 无线短距离通信的关键，也是目前各大学和企业研究机构 60GHz 无线短距离通信研究的主要目标。下面给出常见收发系统的基本结构模型，以供参考。

（1）常见发射机模型。

在通信过程中，发射机所要完成的功能包括调制、混频、滤波、放大等。相比接收机而言，发射机对性能的要求并不太严格。以下列举两种常见的发射机结构。

如图 5.31 所示是最简单的发射机模型——直接变频式发射机。DAC 发射的基带信号直接与射频本振信号混频，其主要特点是载波的频率与本振的频率相同。在直接变频式发射机中，调制与上变频同时完成，这样做的好处是省略了中频变换的过程，也就没有了在中频变换时的镜像频率分量和为了滤除该分量而设计的中频带通滤波器。直接变频式发射机的不足也十分明显，主要是会产生直流失调与本振信号容易被破坏。

直流失调指放大器的输出耦合回混频器，再次与本振信号混频，产生直流分量。放大器之后的大功率输出信号容易耦合回本振电路，对本振信号产生干扰。

如图 5.32 所示为外差式发射机模型。外差式发射机的结构特点是本振频率不等于载波频率。中频信号通过带通滤波器 BPF1，滤除中频信号中的谐波与谐波产生的其他频率分量，然后与本振信号混频，再通过带通滤波器 BPF2 滤除其他无用频率分量，最后经过放大器，直至天线发射。

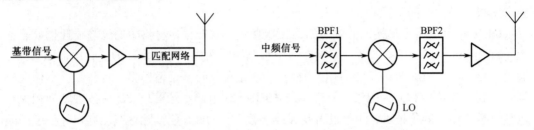

图 5.31　直接变频式发射机模型　　　　图 5.32　外差式发射机模型

外差式发射机的优点是本振信号与载波信号不在同频段上，彼此之间不会形成干扰。外差式发射机的缺点在于对带通滤波器 BPF2 的性能要求比较高，通常难以集成，价格昂贵。

（2）常见接收机模型。

在通信系统中，接收机的结构往往比发射机的结构复杂得多，其性能指标的要求也比发射机严格。在本节中，简单介绍若干种常见的接收机结构，为 60GHz 无线通信接收机方案提供一些参考。

如图 5.33 所示是超外差接收机模型。在超外差接收机中，射频信号经由天线，通过射频滤波器滤除发射带宽之外的杂散信号。信号再经由低噪声放大器和一系列滤波器组，对信号进行放大与滤波后，信号再与本振信号 LO1 进行第一次下变频。中频信号通过中频带通滤波器滤除第一次下变频带来的其他信号，再与本振信号 LO2 进行正交下变频，得到同相路与正交路两路基带信号。

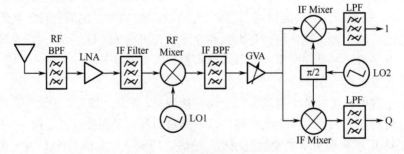

图 5.33　超外差接收机模型

超外差接收机的优点在于其通过选择合理的中频与滤波器参数能够获得极佳的灵敏度与性能。由于存在两级甚至多级下变频，减少了因为下变频信号耦合回混频器产生的直流偏差与本振泄露。对于超外差接收机，中频信号频率的选择十分重要，因为其决定了镜像频率与有用信号之间的频率差。若中频选择得过高，则相邻信道的干扰信号能量较高，有利于抑制镜像干扰；若中频选择过低，则不利于抑制镜像干扰，不过有利于抑制邻近信道的信号干扰。

超外差接收机以其良好的特性得到了广泛应用，但由于对滤波器的要求过高，使得其在单片集成电路上的实现存在较大的困难，因此，超外差接收机往往不能集成在单片电路上。

如图 5.34 所示是零中频接收机模型。与超外差接收机相比，零中频接收机的优点是结构简单，不需要高 Q 值带通滤波器，且能在集成单片电路中实现。在零中频接收机中，接收到的射频信号首先经过射频带通滤波器与低噪声放大器，信号得到带外的滤除与有效的放大；其次与正交的两路本振信号进行下变频，分别得到同相路与正交路的基带信号；再通过带通滤波器与放大器对信号进行修整，最后送入数字平台的前端 ADC 芯片中。

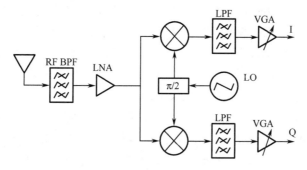

图 5.34　零中频接收机模型

如图 5.35 所示为近零中频接收机模型。与零中频接收机类似，接收到的信号通过射频带通滤波器与低噪声放大器之后，再经由多相带通滤波器组与本振 LO 进行混频，得到的信号接近于基带的中频信号，为低中频。再通过一个带通滤波器传送给 ADC，最后对其进行数字下变频处理，得到基带信号。

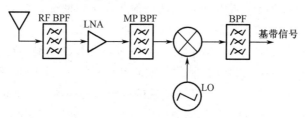

图 5.35　近零中频接收机模型

近零中频接收机的优点是射频信号下变频为低频信号，避免了电路中的直流信号对信号本身的干扰；且近零中频接收机具有实现简单、容易集成、体积小等优点，容易实现载波恢复。

近零中频接收机的缺点是需要抑制镜像频率的影响，且近零中频接收机对 I 路、Q 路不平衡十分敏感。

3．天线技术

由于 60GHz 毫米波信号的巨大路径损耗，毫米波天线必须能够支持在大带宽下的高增益和高效率。这就必须采用天线波束成形技术来解决此问题。利用现在的多输入多输出（MIMO）技术和波束合成技术，可以在 60GHz 频段上形成具有更优鲁棒性的通信系统。MIMO 技术具有几种典型的应用方式：在高信噪比环境下，利用多天线增大数据传输速率；牺牲数据传输速率，在城市或多反射的环境下得到更优鲁棒性的通信；利用天线阵列和波束成形技术及智能天线算法形成有效的单点对多点通信。对于 MIMO 的通信环境，在点对点通信链路应用中可以利用多天线增大数据传输速率，如爱立信、Nokia 都退出了利用多天线技术达到数 Gb/s 级数据传输速率的微波链路产品，转向电信主干网和光纤延伸等应用市场。MIMO 的这种应用方式可作为增大卫星间通信数据传输速率的一个解决方案。60GHz 无线通信的其他应用场景有机舱内通信和下一代室内无线网络等。在室内、机舱内等复杂反射环境下，60GHz 毫米波信号的高方向特性将变为一个严重的缺点，但是利用 MIMO 技术，即使没有直射通道，也可以利用反射、折射分量恢复无线通信数据，并且可以利用空时编码等技术进行多用户的码分多址。

目前要实现波束成形技术仍存在很多技术难题，如相控阵天线中的高复杂度相控网络、高损耗的馈电网络、天线单元及馈线之间的耦合等。这些技术难题使得大型相控阵天线的实现变得更加复杂和昂贵。研究低成本、小型化、超轻、高增益并易集成、易控的天线阵列，成为天线技术研究的主要方向。2010 年 5 月，IBM 和 MTK 联合开发的 60GHz 收发芯片，毫米波天线被集成在标准封装中。该芯片采用军事应用的相控阵雷达技术，拥有低成本的多层 16bit 带宽阵列天线，可以覆盖 60GHz 的 4 个频段。

4．调制技术

调制技术的选择依赖于传播信道、天线与射频技术的情况。在 60GHz 无线通信系统中比较适用的调制方案主要有两种：基于 SC 单载波体制的调制方案和基于 MB-OFDM 多带正交频分复用体制的调制方案。MB-OFDM 调制是并行的传输多路载波，而 SC 调制是高速的传输单路载波。MB-OFDM 调制的子载波是正交的，因此其系统在频域内的信道均衡复杂度比较低；并且 SC 调制必须使用高性能的时域均衡器，这使得时域均衡器的复杂度较高。因此在多径干扰较为严重的信道中，主要使用 MB-OFDM 调制方案。下面对这两个方案进行简要介绍。

（1）单载波体制。

单载波体制是在一个固定的频段内只采用一个载波的调制技术。应用于 60GHz 频段的主要单载波调制类型为最小频移键控（Minimum Shift Keying，MSK），采用这种体制的 60GHz 无线通信系统无较大的峰均功率比，且其功率利用率较高。但是，单载波体制的吞吐量比较低，在低速率（kb/s、Mb/s 级）传输应用上受到限制。采用单载波体制需要在时域均衡信道上，且 Gb/s 级的高速传输对此具有更高的要求，因此必须使用高性能的时域均衡器，这使得时域均衡器的复杂度较高。

（2）多带正交频分复用体制。

采用多带调制可以提高系统的频谱利用率。多带正交频分复用（MB-OFDM）技术通过把高速率的数据流划分成 N 个低速率的数据流，展宽了 OFDM 信号的持续时间，从而将频率选择性信道转化为平坦衰落信道，通过这种转化就能够有效地减小时间弥散引起的码间干扰，也会在一定程度上降低接收机内均衡复杂度。在多径时延扩展较大的系统中，通常采用 OFDM 技术来降低时间弥散所引起的码间干扰。OFDM 技术通过串/并转换将信道分成子信道，各个子信道相互正交，多个并行的子信道同时进行数据传输。OFDM 技术从时域上展宽了 OFDM 符号的持续时间，使子信道中数据传输速率降低，从频域上将信道变成了平坦衰落信道，有效弥补 60GHz 毫米波信号的巨大路径损耗和快速衰落，提高系统的可靠性。基于 MB-OFDM 调制 60GHz 无线通信系统的子载波相互正交，可以使频域上的信道均衡复杂度降低。多载波传输把数据流分解为比特速率较低的子比特流来调制子载波，使得每个子载波上的数据符号持续传输时间相对增加，有效地减少由无线信道的时间弥散引起的码间干扰。

这两种方案都有许多问题值得进一步研究。OFDM 有较大的峰均值功率比（PAPR），这将影响功率放大器的效率。60GHz 无线通信系统具有较大的相位噪声，限制了单载波高阶调制技术的应用。如何选择合适的调制技术，这需要大量实验来探索。

5. 电路集成技术

在毫米波段主要包括三类集成技术。

第一类：第三代和第四代半导体技术，如 GaAs 和 InP。

第二类：SiGe 技术，如 HBT 和 BiCMOS。

第三类：硅片技术，如 CMOS 和 BJT。

三类集成技术的工作频率如图 5.36 所示。可以看出：早期的硅片技术的工作频率最低，仅在 10GHz 以内；而第三代和第四代半导体技术的工作频率最高。

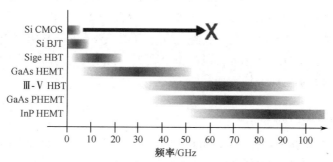

图 5.36　三类集成技术的工作频率

最初的 60GHz 射频收发机主要是采用 GaAs 基来实现的，但是这些半导体价格十分昂贵，同时成品率较低，导致其所能提供的集成度受限，成本效益不高。从扩大产品市场的角度出发，小型化、低成本是电路集成技术主要考虑的发展目标。CMOS 技术由于其相对成本低、集成度高、代价小，基本上取代了 GaAS 基工艺及其他半导体工艺，在射频低频段中得到广泛应用。伯克利大学无线研究中心对 90nm CMOS 工艺的晶体管的测试表明：晶体管的特征频率超过 100GHz，最大工作频率超过 200GHz。CMOS 工艺目前已经应用于 60GHz 射频模块中。但是 CMOS 工艺存在较高的噪声、较低的增益、较高的温度灵敏度及随着工艺节点的增多产生的漏电流效应。因此，新兴的半导体工艺也有待探索。

60GHz 的电路封装技术逐渐占据重要地位。60GHz 毫米波电路中，由于尺寸的减小、工作频率的升高，封装对芯片性能产生的影响越来越显著。例如，芯片与天线互联材料和互联方法引起的互联损耗在高频段更为严重。60GHz 芯片封装技术主要包括多层的低温共烧陶瓷（Low Temperature Co-fired Ceramic，LTCC）技术和标准的 RF 解决方案（BGA 和 FR4 PCB 复合板）。一些新的基片材料也正在尝试开发中，如 LCP（液晶聚合物）。

5.2.4　60GHz 无线通信的应用

60GHz 无线通信系统的应用范围包括毫米波高速无线通信、无线高清多媒体接口、汽车雷达、医疗成像等应用。各国在 60GHz 频段附近分配的连续频谱资源都可以提供 5GHz 以上的频宽，实现 2～4Gb/s 高传输速率的无线数据通信。

1．无线个域网

60GHz 无线通信是实现无线个域网（Wireless Personal Area Network）的理想选择。60GHz 无线通信网络逐渐取代现在广泛使用在办公室和家庭宽带通信中的光纤（如千兆以太网、USB 2.0 IEEE 1394），降低了组网的成本和复杂度。60GHz 无线通信具备高传输速率的特点，有利于实现无线个域网中电子设备间的无线互联，如无线显示器、无线扩展器、无线数据传输等。电子器件之间的数据传输，可以有效地减少通信传输的时间，提高传输效率。

自 2008 年以来，许多公司瞄准面向数字家庭和办公室的无线个域网技术，研发工作的重点是开发毫米波频段的芯片组，开发用于 WPAN 的 IEEE 802.15.3c 兼容芯片组，为 WPAN 组网提供以 60GHz 为中心，带宽大约为 7GHz 的芯片。利用这类设备组网，可以实现跨越单个房间，以短距离毫米波覆盖整个区域，使得房间内所有音频和视频设备都能够以超过 2Gb/s 的速率实现无线连接。

2．无线高清多媒体接口

无线高清多媒体接口（Wireless HDMI）是高清电视的接口标准。随着数字电视的变革，显示器的数据处理能力不断增强，使得接收完全非压缩方式的高清多媒体信号成为可能。例如，高清多媒体协议 1080i，分辨率为 1920 像素×1080 像素，帧频为 25f/s，传送非压缩方式视频、音频数据要求数据传输速率约为 2.1Gb/s。60GHz 无线通信网络可以支持高于 2Gb/s 的无线数据传输。因此可以利用 60GHz 无线通信系统供用户通过 DVD、机顶盒、手机等终端，以无线方式向显示器、扬声器系统传送非压缩方式的视频、音频数据。

3．汽车雷达

60GHz 无线通信技术的应用之一是汽车雷达。随着汽车工业和高速高架公路的飞速发展，汽车碰撞事故也随之日益增多，汽车防撞报警是迫切需要实现的技术问题。例如，在夜、雨、雪、雾等恶劣天气条件下，能见度很低，司机视距小，汽车高速行驶时，很难及时发现前方障碍物并采取必要的措施。我国的桥梁、高速公路的运行受大气条件影响较大，即时的报警系统可以避免生命财产的损失。近几十年来，美、日、西欧等国家和地区的多家汽车公司投入巨资，先后成功研发了 24GHz、60GHz、76.5GHz 等频率的单脉冲和调制连续波两种体制的雷达系统。这两种体制的雷达系统已经在国外一些汽车公司的高档轿车中应用，但由于其价格高昂而未得到广泛应用。由于受经济技术发展水平等因素的影响，我国的汽车防撞技术研究起步较晚。但这方面的研究已得到业界的高度重视。可以基于 60GHz 频段，开展我国汽车防撞雷达的研究。采用 CMOS 工艺研究汽车防撞雷达系统，能够有效降低硬件成本，为其市场化提供良好的保障。

4．医疗成像

60GHz 无线通信的高速性，使其在医疗设备中应用成为可能。在一些医疗设备（核磁共振、超声波检测成像等）中，数据传输速率达到了 4～5Gb/s。现在的医疗设备采用传输电缆来解决高速传输问题。但这种利用传输电缆的方式限制了医疗设备使用的灵活性，必须在传输电缆可支持的范围内活动，传输电缆在使用上也有很多潜在的危险。无线技术的 60GHz 无线通信技术能很好地解决灵活性的问题。5Gb/s 的传输速率对 60GHz 无线通信技术来说是完全能胜任的，能很轻松地达到医疗设备高速性的要求，使医疗设备更加方便灵活。60GHz 无线通信将会给医疗设备领域带来很大的变化。

5．卫星通信

由于 60GHz 无线通信具有天然的高安全性和抗干扰性，这项技术已应用于军用卫星通信领域。如美国军用战略、战术和中继卫星 Milstar，正是使用 60GHz 频段作为其各卫星之间交叉通信链的频段，以减少对地面站的依赖，在失去地面支持的情况下，通信网能自主工作半年之久。

随着空间技术的发展，一个国家空间技术的实力很大程度上代表了该国家的综合实力。卫星通信技术则是空间技术的基础。卫星间的交叉通信链更是军用通信卫星的基本功能。因此，60GHz 无线通信技术在卫星通信上的应用也是一大热点。

6．点对点链路

点对点链路应用于无线通信回传，采用高增益天线以扩大链路的范围。60GHz 毫米波段在点对点链路中的应用已经投入市场，该系统中射频芯片采用Ⅲ-Ⅴ族元素器件实现，价格相对昂贵。随着亚微米 CMOS 工艺技术的不断提高，沟道长度、截止频率的性能等不断提升，深亚微米 CMOS 工艺特征频率已经提高到 100GHz 以上。相较于其他工艺技术，深亚微米 CMOS 工艺有价格低、集成度高、功耗低等优点，使得 60GHz 无线短距离通信技术的应用成为可能；使其具有更高的市场竞争力，扩大应用市场。

本章小结

  本章主要介绍两部分内容，第一部分首先概述了超宽带技术的产生与发展及其技术特点，分析了由于超宽带（UWB）系统具有极宽的带宽，其信道传输特性与传统的无线信道有明显的差异，详细介绍了 UWB 信道的传输特征；其次对超宽带的关键技术如调制与多址技术、无线脉冲成形技术等做了详细介绍；最后描述了 UWB 的系统、技术方案、UWB 的应用和研究方向。第二部分首先简要介绍了 60GHz 无线通信技术的发展情况，详细分析了其主要特点及优势；其次介绍了 60GHz 无线通信技术的标准化概况和 60GHz 无线通信的关键技术，主要包括收发电路、天线等；最后介绍了 60GHz 无线通信的相关应用。

  UWB 技术和 60GHz 无线通信技术都具有频段宽、易于实现高速率传输、频段免费许可、定向性好、保密性好的优势。相信在军事需求和商业市场的推动下，越来越多的研究者将投身到 UWB 技术和 60GHz 无线通信技术研究中，从事 UWB 技术和 60GHz 无线通信技术的开发和应用开发，使得 UWB 技术和 60GHz 无线通信技术进一步发展和成熟起来。

思考题

  （1）简述 UWB 技术的发展历程。

  （2）简述 UWB 技术的主要技术特点，并用自己的语言阐述 UWB 的技术优势。

  （3）超宽带无线通信脉冲成形技术有哪些？各有什么特点？

  （4）WB 调制技术和多址技术有哪些？它们的特点是什么？

  （5）单频段系统和多频段系统各自的优缺点是什么？

  （6）简述两种高速 UWB 技术方案的特点及各自应用领域。

  （7）简述 UWB 的信道传播特性。

  （8）简述 UWB 系统定时同步方法。

  （9）如何选择瑞克接收机？

  （10）如何看待 UWB 的标准化之争及 UWB 的应用前景？

  （11）UWB 技术有哪些应用？

  （12）什么是 60GHz 无线通信？

  （13）60GHz 无线通信有哪些技术优势？

  （14）60GHz 信号传播特性有哪些？

（15）60GHz 无线通信标准制定现状如何？

（16）60GHz 无线通信技术的特点与优势有哪些？

（17）简述 60GHz 无线通信研究的热点和趋势。

（18）简述 60GHz 无线通信的应用领域。

参考文献

[1]　焦胜才. 超宽带通信系统关键技术研究[D]. 北京：北京邮电大学，2006.

[2]　王德强，李长青，乐光新. 超宽带无线通信技术 1[J]. 中兴通信技术，2005，11（4）：75-78.

[3]　王德强，李长青，乐光新. 超宽带无线通信技术 2[J]. 中兴通信技术，2005，11（5）：54-58.

[4]　王德强，李长青，乐光新. 超宽带无线通信技术 3[J]. 中兴通信技术，2005，11（6）：55-59.

[5]　武海斌. 超宽带无线通信技术的研究[J]. 无线电工程，2003，33（10）：50-53.

[6]　利嘉. 超宽带无线电及其在军事通信中的应用前景[J]. 重庆通信学院学报，2000，19（3）：1-9.

[7]　刘琪，闫丽，周正. UWB 的技术特点及其发展方向[J]. 现代电信科技，2009（10）：6-10.

[8]　张伟. UWB：值得关注的无线通信新技术，天极网.

[9]　肖岩. 脉冲超宽带收发机关键技术研究与实现[D]. 郑州：郑州大学，2016.

[10]　G F Ross. A New Wideband Antenna Receiving Element[R]. NREM conference symposium record, 1967.

[11]　A M Nicholson, G F Ross. A New Radar Concept for Short-range Application[C]. Proceedings of IEEE first Int. Radar Conference, 1975: 146-151.

[12]　R N Morey. Geophysical Survey System Employing Electromagnetic Impulse [OL]. United States Patent Office, 1974.

[13]　C L Bennett, G F Ross. Time-domain Electromagnetics and Its Application[J]. Proceedings of the IEEE, 1987, 66(3): 299-318.

[14]　R A Scholtz. Impulse radio[J]. IEEE PIMRC97, 1997.

[15]　美国联邦通信委员会. FCC: federal communications commission[EB/OL]. Rule Part15, 2003 http://ftp. fcc. gov/oet/info/rules/part15/part15-12-8-03.pdf.

[16]　FCC 文献[EB/OL]. http://www.fcc.gov/.

[17]　IEEE 802.15 工作组文献 ［EB/OL］. http:// IEEE 802.org/15/index.html.

[18]   多频带 OFDM 联盟. MBOA: Multi-Band OFDM Alliance [EB/OL]. http://www.mboa. org/.

[19]   WiMedia 联盟. http://www.wimedia.org/.

[20]   UltraLab. http://ultra.usc.edu/New Site/.

[21]   M Y Win, R A Scholtz. Ultra-wide Bandwidth Signal Propagation for Indoor Wireless Communications[C]. Proc. IEEE International Conference on Communications, 1997, 1, 56-60.

[22]   M Z Win, R A Scholtz. Impulse Radio: How It Works[J]. IEEE Communications Letters, 1998, 2(2): 36-38.

[23]   R J Cramer, M Z Win, R A Scholtz. Impulse Radio Multipath Characteristics and Diversity Reception[C]. Conference Record of 1998 IEEE International Conference on Communications, 1998, 98(3): 1650-1654.

[24]   刘空鹏. 室内超宽带（UWB）无线通信系统研究[D]. 杭州：浙江大学，2013.

[25]   Gabriel C. Compilation of the Dielectric Properties of Body Tissues at RF and Microwave Frequencies [J]. 1996.

[26]   王亮. 基于超宽带雷达生命探测算法研究[D]. 杭州：浙江大学，2017.

[27]   孙晓明. 基于 UWB 的运动目标成像算法的分析与实现[D]. 成都：成都理工大学，2016.

[28]   张锋，梁步阁，容睿智，等. UWB 雷达生命探测仪系统设计[J]. 与试验消防科学与技术，2016，7（35）：967-969.

[29]   周波，陈霏. 生物医疗电子系统：能量注入与无线数据传输[M]. 北京：北京理工大学出版社，2015.

[30]   蔡新梅. UWB 技术在的智能交通通信系统的应用[J]. 公路交通科技（应用技术版），2013，7（103）：313-315.

[31]   朱政亮，梁步阁，王亚夫，等. IR-UWB 穿墙雷达动目标探测实验[J]. 雷达科学与技术，2018，12（6）：645-649.

[32]   T.W. Barrett. History of Ultra Wide Band(UWB) Radar and Communications: Pioneersand Innovators[C]. Progress in Electromagnetics Symposium 2000 (PIERS2000), 2000.

[33]   LA. De Rosa. Random Impulse System [R]. United States Patent Office, 1954.

[34]   李敏，李荔华. 浅谈毫米波通信技术及应用[J]. 黑龙江邮电报，2004，9（3）：17-38.

[35]   孙锐，闰晓星，蒋建国. 毫米波无线通信系统的技术与研究展望[J]. 电信科学，2007（12）：63-66.

[36]   王静，杨旭，莫亭亭. 60GHz 无线通信研究现状和发展趋势[J]. 信息技术，2008（3）：140-144.

[37]   张春红，裘晓峰，夏海轮，等. 物联网技术与应用[M]. 北京：人民邮电出版社，2011.

[38] 卓兰，郭楠. 60GHz 毫米波无线通信技术标准研究[J]. 标准化研究，2011（11）：40-43.

[39] 60GHz 无线高速公路. Chip 新电脑，2010（8）.

[40] L A Hung, T T Lee., F. R Phelleps, et al. 60-GHz GaAs MMIC low-noise amplifers[C]// IEEE Microwave and Millimeter-Wave Monolithic Circuits Symposium, 1988: 87-90.

[41] E T Watkins, J M Schellenberg, L H Hackett, et al. A 60 GHz GaAs FET amplifier[C] // IEEE Microwave Symposium Digest, MTT S International, 1983: 145-147.

[42] C H Doan, S Emami, A M Niknejad, et al. Design of CMOS for 60GHz Applications[C]. IEEE International Solid-State Circuits Conference, Digest of Technical Papers, 2004(1): 440-538.

[43] B. Razavi. A 60-GHz CMOS receiver front-end[J]. IEEE Journal of Solid-State Circuits Conference, 2006, 41(1): 17-22.

[44] Gaucher B. Complety Integrated 60GHz ISM Band Front End Chip Set and Test Results[OL]. IEEE 802.15-06-0003-00003c, 2006.

[45] A Oncu, M Fujishima. 19.2mW 2Gbps CMOS Pulse Receiver for 60GHz Band Wireless Communication[C]. 2008 IEEE Symposium on VLSI Circuits, 2008: 158-159.

[46] C Marcu, D Chowdhury, C Thakkar, et al. A 90nm CMOS Low-power 60GHz Transceiver with Integrated Baseband Eircuitry[C]. IEEE International Solid-State Circuits Conference Digest of Technical Papers, 2009: 314-315.

[47] A Natarajan, S Nicolson, Tsai Ming-Da, et al. A 60GHz Variable-Gain LNA in 65nm CMOS[C]. 4th IEEE Asian Solid-State Circuits Conference, 2008: 117-120.

[48] K Raczkowski, W De Raedt, B Nauwelaers, et al. A Wideband Beamformer for a Phased-array 60GHz Receiver in 40nm Digital CMOS[C]. IEEE International Solid-State Circuits Conference Digest of Technical Papers(ISSCC), 2010: 40-41.

[49] 李戈. 60GHz 通信系统关键技术仿真[D]. 成都：电子科技大学，2013.

[50] 李翔. 60GHz 频段前端性能分析[D]. 成都：电子科技大学，20112.

第6章

无线短距离通信主动传输技术

....

6.1 无线短距离通信主动传输技术简介

RFID 技术、NFC 技术及太赫兹技术等作为当前无线短距离通信传输技术的重要发展成果，已被广泛应用到日常的生产与生活中。这些技术的应用一方面提高了通信的质量，另一方面也提高了信息传输的效率。

基于 RFID 的无线短距离通信技术是一种通过无线通信实现的非接触式自动识别技术。主要利用无线电信号来识别特定的目标物体并读取目标物体所携带的数据。该目标物体可以是静止的，也可以是快速移动的，且不需要识别装置与被识别目标直接进行接触；具有防伪性强、信息量大、可读写、抗干扰能力强、寿命长等特点。

NFC（近场通信）是一种新兴的技术，是 RFID 技术的高级应用，它集合了 RFID 技术和互联互通技术，可以让 2 个设备进行数据的互换。普通的 RFID 技术通过读写器读取电子标签数据，然后再进行相应的处理；而 NFC 直接把读写器和电子标签更换为 2 个带有 RFID 模块的设备，然后再进行数据的交换处理。

随着无线通信技术的高速发展，无线短距离通信的带宽要求越来越高，采用更高的载波频率成为必要的选择。相对微波而言，太赫兹波能提供更高的带宽和更多的信道；相对于光波而言，太赫兹波具有在纸片、塑料等材料中传输衰减率低的特点。这些都使得太赫兹技术特别适用于地面室内无线短距离通信。

本章主要介绍 RFID、NFC 和太赫兹 3 种典型无线短距离传输技术，分别从各自的工作原理、关键技术及主要应用场景情况等方面来进行分析和探讨。

6.2　RFID 技术

射频（Radio Frequency）技术是扫描装置给接收装置发射一个特定频率的无线电波，接收装置用该电波驱动自身电路，并发送代码，扫描装置即可以接收该代码。其中，接收装置具有免刷卡、免使用电池、免接触的特性，所以不怕脏污；并且晶片密码还具有寿命长、安全性高的特点。射频技术常见的应用有射频识别（Radio Frequency Identification，RFID）。它是一种无线短距离通信主动传输技术，主要利用无线电信号来识别特定的目标物体并读取目标物体所携带的数据。目标物体可以是静止的，也可以是快速移动的，且不需要识别装置与被识别目标之间直接进行接触。

RFID 技术起源较早，最早出现在 20 世纪 60 年代的英国。像许多技术一样，RFID 技术最初应用于军事中用来辨别敌我双方的飞机，即识别飞机的"身份"，之后才逐渐投入商用。美国在 2005 年规定所有的军用物资都必须使用 RFID 标签，从而能够快速、唯一地识别军用物资。此后美国还将 RFID 技术应用于对假药品渠道追踪上，并取得了实质性的效果，很好地打击了假药制造商。在价格方面，RFID 标签的价格也从较昂贵逐渐变为十分廉价。在 2000 年，每个 RFID 标签的价格是 1 美元，虽然价格并不算昂贵，但若 RFID 电子标签被普遍使用，则成本非常高。因此为了使 RFID 技术能够被大规模应用，必须至少满足两个条件：一个是不断降低 RFID 标签的价格；另一个则是令 RFID 技术有尽可能多的增值服务，从而提高该技术的吸引力。目前超高频 RFID 标签的价格仅仅 10 美分左右，这在一定程度上促进了 RFID 技术的普及发展。

我国很多场合已实际应用了条形码或磁卡技术，成功实现了信息化和现代化管理，大大提高了各行各业的经济效益和社会效益，解决了以往效率低、数据后期无法进行追溯和统计的问题。但是随着信息化水平的不断提高，条形码和磁卡的存储信息量小、抗干扰能力不强、不能重复利用、不能实现长距离探测、读取效率低等问题日益凸显。与条形码和磁卡技术相比，基于 RFID 技术的无线短距离通信技术是一种通过无线通信实现的非接触式自动识别技术，具有防伪性强、信息量大、可读写、抗干扰能力强、寿命长等特点。

6.2.1　工作原理

1. RFID 系统结构

历史上 RFID 技术的首次应用可追溯到第二次世界大战期间，雷达的改进和应用催生了 RFID 技术。RFID 系统主要由三个部分构成，分别为读写器、应答器和天线。

（1）读写器。

读写器的功能可以分为两种，即读取数据和写入数据。但无论是读取数据还是写入数据，其都需要通过读写器中的内置天线与 RFID 应答器进行信息交互，即无线通信；从而获取应答器内的每个相应内置物体的唯一识别码或所要标识物体的关键信息；也可以根据实际需要向应答器内写入数据。除此之外，读写器也是整个 RFID 系统的枢纽，负责将读取到应答器中的数据传输给应用软件中的应用程序，从而使应用软件做出相应的处理。因此 RFID 读写器作为整个 RFID 技术的"大脑"，是整个信息系统的控制中心，也是信息的处理中心。一般来说，读写器包括三个不可或缺的部分，分别为：用于与应答器进行通信的内置天线；用于读取应答器数据的接收器及向应答器写入数据的发送器（统称为收发模块）；用于整个系统控制的控制模块。读写器按类型分可分为两种：一种为手持式的，如地铁、公交、轮渡等的自动收费设备；另一种为固定式的，如 ETC 系统中路测单元、停车场的自动收费系统等。

（2）应答器。

应答器的概念不是伴随着 RFID 技术的发展而来的，而是在电子信息技术发展的早期就已经出现了。最开始凡是能够进行信息传输和信息回复的电子模块，都被称为应答器。但随着 RFID 技术的出现及不断完善和普及，应答器开始逐渐有了新的含义。应答器又被称为 RFID 电子标签。每个标签都有特定的编号，用来标识不同的目标物体。除此之外，应答器中通常还含有被标识物体的关键信息。电子标签按是否需要电源分为两类。一类为本身不需要电源的无源电子标签。此类电子标签一般处于睡眠状态，当电子标签和读写器在一定范围内时，由读写器发出的无线电波激活电子标签。另一类为有源电子标签。有源电子标签自带电源，不需要读写器发射无线电波来激活，并且可以主动地不断发射无线电波。

（3）天线。

天线是日常生活中经常会用到和见到的物体，如收音机的天线、电视机的天线等，其主要作用是提高通信质量。在 RFID 技术中，天线的作用也是如此。天线用来在读写器和电子标签中传递射频信号，帮助读写和在电子标签通信时进行最大能量传输，使电子标签能够获得能量并进入被激活状态。

最简单的 RFID 系统由三部分组成：一般由电子标签（Tag）、阅读器（Reader）及后台数据库系统服务器（Database Server）组成。标签由耦合元件及芯片组成。每个附着在物体上的标签具有唯一的电子编码。阅读器（Reader）是读写标签信息的设备，与天线一起设计，有手持式或固定式两种。阅读器根据它本身的输出功率和发送频率不同，其读取距离可长可短。

读写器主要通过天线向电子标签发送指令，通过半双工方式与电子标签进行信息交换。RFID 系统的频段、识别范围、应用场合均由读写器的工作频率、发射功率和体积大小决定，所以，读写器的性能在整个 RFID 系统中起着至关重要的作用。读写器与电子标签之间的信息传输一般包括以下两个步骤：

第一步：建立应答机制。

应用系统中的上位机向读写器发出指令，读写器再通过天线将指令传给电子标签，电子标签从发射来的电磁波信号中获得能量，向读写器发出一个响应，读写器获得这个响应，在读写器和电子标签间建立安全的应答机制，然后再进行信息的读取。

第二步：发射与接收信号。

读写器通过调制射频信号向电子标签发射编码信息和连续的载波信号。电子标签从接收到的电磁波信号中解调出有用信息，并且利用接收到的电磁波来驱动内置芯片、天线，通过调节天线的反射阻抗系数来向读写器传送信息。

标签读写原理示意图如图 6.1 所示。

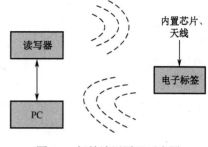

图 6.1 标签读写原理示意图

2. RFID 技术原理

RFID 技术的实现思路比较简单，读写器发射出一定频率的射频信号，装有电子标签的物体在进入工作区磁场的一定范围内时，产生感应电流，其自身获得能量而激活；电子标签主动或者被动将自身的电子编码等信息通过内置天线发射出去，读写器接收到电子标签反射回来的微波，按数据发送的顺序接收并经读写器内部的中心处理器处理之后，将电子标签的编码信息进行解码、识别等；再通过无线方式等将数据传送到数据处理中心或计算机中的相应程序上，实现网络数据同步并进行处理，从而做出一系列决策。RFID 技术基本原理图如图 6.2 所示。

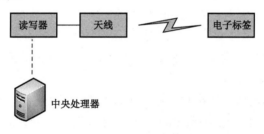

图 6.2 RFID 技术基本原理

具体实现过程如下：

（1）电子标签发送数据。读写器不断地发出无线电波，无源电子标签在进入读写器的无线电波范围内后，电子标签中的感应线圈会接收无线电波并产生感应电流激活电子标签；从而向读写器发送相应的信息。有源电子标签由于自身配备电源，因此不需要读写器的激活，自身一直处于活跃状态，且能够主动地按某一特定的时间间隔向周围发射自身相应的信号。当读写器与电子标签在通信范围内时，读写器便能够接收电子标签发射的信号，获取标签内的相应信息。

（2）读写器接收数据。读写器按照一定的通信协议接收电子标签的信息：读写器按电子标签发送信息的时间序列进行信息的接收，即先发送的信息先接收、先处理；读写器接收到的信息并不是直接可读的，信息是经过加密的，若信息未被加密，则很有可能被人拦截从而导致用户信息泄露，无法保障用户的信息安全，因此读写器接收到加密的信息后，需要进行解密，将信息转化为应用程序可读的形式后，信息再进行进一步的传输。

（3）信息送至中央处理器进行相应的处理分析。读写器对获取的信息进行一定的解读后将信息送至中央处理器，由中央处理器对电子标签中的数据进行处理分析，从而执行一定的决策。以 ETC 系统为例，当 ETC 系统中的读写器即路测单元获取车辆电子标签中的内容并进行处理后，就要将处理后的信息传输至计算机的应用程序中；应用程序根据电子标签中的车牌号、驾驶员驾驶等信息计算得出应该收取的费用，并从用户绑定的银行账户中直接扣款，从而达到不停车收费的目的。

一般来说，RFID 系统的工作方式有以下两种：

（1）电感耦合方式。

基于法拉第电磁感应定律，读写器通过天线产生电磁波，当电子标签处于其天线的近场区域时，接收到其电磁波能量，通过自由空间中的交变电磁场将能量传送到电子标签，使得电子标签完成自身充电，在很短时间内稳定电压输出电子标签所需的工作电压。这种通信方式需要将电子标签紧贴在读写器上以产生互感效应，识别范围一般在 10cm 左右，所以常用于较近的 RFID 系统，如门禁、电子票据、公交卡、校园卡等场合。

（2）电磁反向散射耦合方式。

首先通过读写器的天线向电子标签发送指令，一般情况下，电子标签的负载处于匹配状态准备接收来自读写器的指令。当电子标签收到指令后，通过改变自身的负载阻抗来改变匹配状态，电子标签向读写器发送所需信息，发出的连续波信号的数据位会随匹配状态的变化而变化。这种系统的识别范围一般为 10～15m，可用于 ETC 收费站。

RFID 产品的应用频段有：低频（LF，125～134kHz）、高频（HF，13.56MHz）的短距离 RFID 系统，通过读写器天线和标签天线，依靠磁场的电感耦合来工作；超高频（UHF，433MHz、840～960MHz）、微波（2.45GHz 和 5.8GHz）的长距离 RFID 系统，依靠读写器天线和电子标签天线发射电磁波实现长距离通信。

低频 RFID 技术读写传输距离短，数据传输率低，可以穿透水，不能穿透金属，其探测半径小于 0.5m，数据传输率小于 1kb/s，一般用于动物识别。高频 RFID 技术传输距离长，具有较高的数据传输率，可以穿透水，不能穿透金属。超高频 RFID 技术的传输距离更长，数据传输率很高，能同时读取 100m 以上的电子标签，不能穿透水和金属。频率范围在 433～956MHz 范围的超高频电子标签，其探测距离最长可达 100m，一般用于物流业。对于 2.45GHz 微波频段的电子标签，其探测距离为 10m，一般用于车辆收费系统。5.8GHz 的 RFID 技术在读写距离和数据传输率上有不可替代的优势，但其不能穿透水和金属。

6.2.2 关键技术

RFID 关键技术主要集中在芯片技术、天线技术、安全技术、封装技术及防碰撞技术等方面，目前对此已有各种各样的研究。如果要进一步提高 RFID 系统的整体性能，在更多的应用系统解决方案中应用 RFID 关键技术，则需要进一步加深对关键技术的研究来促进 RFID 技术的发展。

1. 芯片技术

RFID 电子标签是 RFID 系统的核心组成部分，一个电子标签芯片就是一个系统，由耦合元件和 RFID 芯片、天线复合而成，集成了除电子标签天线及匹配线以外的所有电路。每个电子标签拥有唯一的 ID 号（UID），还可以存储着物品的相关信息，可被读写器以非接触方式读写。芯片一般具有轻薄、小巧、成本低廉的特点。RFID 芯片设计与制造技术的趋势是功耗更低、作用距离更远、成本更低。电子标签的生产成本决定了其使用范围，所以降低电子标签的生产成本对于物联网的发展具有重要意义。无芯片电子标签由于没有集成电路（Integrated Circuit，IC），其成本远远低于传统电子标签，对于物联网的普及有着极大的推动作用。

按照工作频率范围的不同，RFID 电子标签可分为低频、高频、超高频、微波、双频五类。按封装形式不同，RFID 电子标签可分为 IC 卡标签、纸质标签、玻璃管标签、线形标签、圆形标签及其他特殊形状标签等。按供电方式不同，可分为无源标签和有源标签两种。目前应用于无线短距离通信领域的主要是高频无源电子标签（13.56MHz），可根据实际应用的场合，选择对应的封装方式。目前采用的电子标签大部分是纸质的或塑料的，具备一次性应用或者能承受恶劣环境的特点。

2. 天线技术

小型化一直是 RFID 电子标签天线设计中重点考虑的问题。天线带宽和增益及极化特性也是重要的研究方向。片外独立天线虽然 Q 值高、易于制造，但是体积太大，容易折断。将天线集成于电子标签芯片上，则无须外部器件就可以工作，从而使得电子标签体积大为缩小，制作也更为简单，降低了生产成本。一般而言，很多材质对电磁波的传播都不会产生影响，但是对具有金属结构的物体来说，金属对天线会产生非常严重的干扰，由此产生了一系列抗金属天线。对于金属物品，可以利用物品结构的金属特性，在金属体上开缝，做成缝隙天线。

3. 安全技术

由于大部分 RFID 设备采用公开的标准通信协议进行数据传输，使得 RFID 系统容易受到恶意入侵。RFID 空中接口常遇到的风险有如下几种。①数据窃听：无线传输是开放的，任何人都可以通过接收设备接收到信息。②假冒攻击：由于通用 RFID 协议如 EPC、ISO 等没有规定对电子标签进行认证，所以读写器无法鉴别克隆标签的真伪。攻击者可以将接收到的信息进行修改后传给读写器。③目标跟踪：RFID 电子标签以明文方式发送 EPC 编码，任何一台拥有兼容该协议的读写器都可以读取电子标签的编码。由于电子编码具有全球唯一的编号，攻击者可以通过获取 EPC 编码分析出目标的位置和个人信息，具有极大的安全隐患和隐私泄露风险。目前针对 RFID 空中接口数据防护的方法主要有：数据加密、专有安全协议、空中接口入侵检测等。

由于无源被动式电子标签只能从读写器信号获得极少能量，在获得能量后向读写器反馈信号。这种电子标签会对所有提供能量的读写器进行响应，会使电子标签存储的信息暴露，甚至会泄露隐私信息。为了保护其信息安全，常常采用隐私保护认证（Privacy-Preserving Authentication，PPA），但是 PPA 要求读写器和电子标签之间利用共享密钥进行认证和识别。如果制造商在电子标签中预置密钥会产生密钥托管问题，用户不能生成自己的密钥；同时，目前被动式无源标签没有物理接口能与别的设备相连，所以不可能通过物理连接生成密钥；另外，由于读写器与标签之间的通信通过天线传输，无法避免被他人截取信息，所以也不能将密钥由读写器传给标签；由于标签的体积及生产成本决定了其存储和计算能力都非常有限，所以不可能实施基于密码学的一些运算来加密。有文献提出在标签上使用密钥安全无线生成法（Wireless Key Generation，WiKey）。WiKey 利用了读写器与标签前后信道（Forward Channel, Backward Channel）的非对称性，读写器天线的发射功率一般较大，其辐射范围也更广，容易被监听，而无源被动式标签仅当收到信号时才向读写器发射信号，其自身没有辐射源，所以其信号弱、作用距离短，不容易被监听。现有的工业标准协议 EPC Class 1 Generation 2（EPC C1G2）由两部分组成：取产品码（Electronic Product Code，EPC）和读/写用户区操作。当标签收到读写器发来的查询指令后返回一个 16bit 的随机数，读写器收到这个随机数后，将该随机数作为应答返回给标签，标签验证这个数与自己所发的数一致的时候，就向读写器发送其产品码（EPC）或标签地址（Tag ID），在读/写用户区操作中，读写器收到电子标签的 ID 后再向标签发送指令请求一个新的随机数作为读/写操作的会话句柄。确认身份后，读写器再向标签发送信息以进行读或写的操作，由于标签用户可以目测到进入标签区域的监听设备，所以不容易布置监听设备。另外，由于无源标签的信号很弱，距离稍远则监听困难。但是由于标签自身条件的限制，导致应用于标签的身份认证协议不能有太高要求，很多 RFID 身份认证协议不能使用传统的加密算法，只能使用计算量更小的单向哈希函数和伪随机数生成器来保证其信息的安全。现有的 EPC 及与 EPC C1G2 标准相符的身份认证协议，被称为轻量级 RFID 身份认证协议。另一个富有挑战的 RFID 设计协议思想是将标签所需的计算复杂度降至最低，不用密码学元件，仅仅使用最简单的或、与等操作，该协议被称为超轻量级 RFID 身份认证协议。

4．防碰撞技术

被动电子标签身份识别中常常涉及碰撞问题。防碰撞算法可以解决读写器读取标签耗时过多、误读、漏读、读取距离近、识别区域受限等问题。防碰撞算法可以分为：空分多址（Space Division Multiple Access，SDMA）、码分多址（Code Division Multiple Access，CDMA），频分多址（Frequency Division Multiple Access，FDMA）和时分多址（Time Division Multiple Access，TDMA）。被动标签识别中现有的碰撞算法大都基于 TDMA。TDMA 对各个参与者将整个信道容量按时间进行分配。基于 ALOHA 的 TDMA 算法由标签驱动，各个标签随机选择时间发送信息；基于二叉树的 TDMA 算法是由读写器发送指令，符合指令的标签响应，如果存在碰撞，读写器就按一定准则将该标签分成两组，再逐一进行识别，分组持续到没有碰撞为止。前者相对简单，但是基于 ALOHA 的算法，有可能存在某些标签的时间点始终跟别的标签有冲突的情况，会导致标签一直无法被识别。通常，会将两种算法相结合，以获取更好的性能。

6.2.3 主要应用场景

RFID 技术涉及的学科众多，包括天线技术、射频电路、计算机技术等。射频技术在无线通信中的应用主要有以下 3 个方面。

（1）蓝牙射频技术。

蓝牙射频技术使用的是数字编码技术，这种技术大大地增加了比特数据的发送数量。蓝牙射频技术可以在较短距离内实现和手机、计算机等通信装置的无线连接。它使用的是全球通用 2.4GHz 频段，数据传输可以流畅地进行。它以调频技术作为基础，不仅充分扩展了频谱范围，而且有效降低了信号功率谱的密度。进而在提高了系统的抗电磁干扰性能的基础上，使得数据传输可靠和安全。蓝牙射频技术选用 2.402～2.480GHz 之间的频段，高端设置的保护频段一般是 3.5MHz，低端设置保护频段一般是 2MHz。蓝牙发射功率阶段有三个：发射功率为 1mW 是第一阶段；发射功率为 2.5mW 是第二阶段；发射功率为 100mW 是第三阶段。通常人们所采用的发射功率是第一阶段的 1mW，它有 1Mb/s 的传输速率，具有 10m 的传输距离。若使用 100mW 的发射功率，它就具有 10Mb/s 的传输速率，100m 的传输距离。蓝牙射频系统包括接收器、合成器及发送器等。合成器是核心组成部分，在通常情况下，它的工作频率是发射频率的一半。各类数码设备间的无线沟通是蓝牙射频技术在无线通信领域应用的重要意义。

（2）WLAN 射频技术。

当下最前沿的 WLAN 射频技术具有很强的信息传输优势，它是通过无线电磁波进行数据传输的，可以在几十米的范围之内传播。这种无线局域网的数据传输是通过一个或多个无线连接装置进行的，目前通常使用的是具有 2.4GHz 802.11b/g 的 Wi-Fi，使用更高端模块和设备能够提供双波段 Wi-Fi 或高速 MIMO。双波段 Wi-Fi 可以提供 2.4GHz 802.11b/g 和 5.8GHz 802.11b/g 两种使用方式。高速 MIMO 在 2.4GHz 频段范围内能够应用多个射频，从而使性能得到提高。总而言之，WLAN 射频技术不但减少了设备之间的相互干扰，而且提高了数据传输的稳定性。

（3）超宽带无线技术。

超宽带无线技术增加了系统的安全性，它采用了跳时扩频技术，发射功率谱密度很低，它的射频带宽在 1GHz 以上，信号能够隐藏在其他信号和环境噪声中间。接收和识别该信号使用传统的接收装置是不可以的，必须要使用与发射装置一致的扩频脉冲序列装置才可以进行解调。超宽带无线技术信号的扩频处理增益是比较大的，采用低增益的全向天线进行几公里的通信，使用小于 1mW 的发射功率就可以，这么低的发射功率可以减少系统电量的消耗，延长电源的使用时间，适合应用在移动通信装置上。有科学研究表明，使用超宽带无线技术的手机，有长达 6 个月的待机时间。超宽带无线系统容量比其他的无线系统都高，高带宽不仅使系统有了极大的容量，而且使系统有很高的增益，并且有很强的多径分辨力。超宽带无线技术目前是无线通信领域的发展前沿，相较于传统截波通信系统其具有明显的优势。

在科技水平不断发展和鼓励创新的时代背景下，RFID 技术对行业的发展起到了至关重要的作用，其应用越来越广泛，市场需求更加广阔。基于 RFID 电子标签的近场通信的未来发展趋势主要体现在 3 个方面上。

（1）电子票务。

现在各种各样的展览、演出和会议门票越来越多，但是大多数还是使用传统的条形码票、磁卡票。这使得查票效率低下，无法避免一样条形码的假票和无法存储更多的信息，票务中心很难给使用者提供更多的优质服务。基于 RFID 电子标签近场通信的电子门票，可以取代现有的条形码票、磁卡票。电子门票可以提高门票安全性，杜绝票证伪造，保证票证的可靠性；也可以根据实际需要，为终端客户提供多样化的服务，有效地提高运营效率，降低成本。

（2）PVC 卡。

将 RFID 电子标签用 PVC 材料进行封装即可成为 PVC 卡，在酒店等需要智能钥匙和访客证件的场合尤为适用，可以极大地提高便捷性。因为 PVC 卡内部可以存储信息，所以其也可以用在个人身份证明等产品中，如学生证、会员卡等。

（3）NFC。

NFC（近场通信）是一种新兴的技术，是 RFID 技术的高级应用，它集合了 RFID 技术和互联互通技术，可以让 2 个设备进行数据交换。普通的 RFID 技术是通过读写器读取电子标签数据再进行相应处理的。而 NFC 则直接把读写器和电子标签更换为 2 个带有 RFID 模块的设备，然后再进行数据的交换处理。以手机为例，NFC 有 3 种不同的数据交换方法：①整合在手机硬件上是目前市场上较为常见的实现方法，即手机自带 NFC 功能；②整合在 SIM 卡上，运营商的蜂窝网络能识别手机订阅者的卡；③整合在 microSD 上，Visa 与 Device Fidelity 很早就已经合作推出支持 NFC 支付功能 microSD 卡了，并已经可以在 iPhone 上使用了。近年来，DeviceFidelity 公司已经和多个信用卡公司合作，推出具有 microSD 卡的信用卡，用户收到 SD 卡后，插入手机并按照流程设置，用户就可以直接在 NFC 读取器上进行支付。相信在未来的移动支付市场中，NFC 会发挥非常重要的作用。

6.3　NFC 技术

近场通信（Near Field Communication，NFC）技术由非接触式射频识别（RFID）技术演变而来，是飞利浦半导体（现恩智浦半导体）、诺基亚和索尼公司共同研制开发的一种短距高频无线电技术。NFC 技术运行于 13.56MHz 射频段，使用特殊的射频衰减技术，通过缩短通信距离来保证通信场景的安全与可靠，有效距离约 10cm。

该通信技术标准以 ISO 18092、ETSI TS 102 190 和 ECMA 340 作为基础的标准化框架，兼容常见的 Felica 和 ISO 14443 Type-A 架构，提高了通信的灵活性和方便性。NFC 可以部署于多种设备，比如智能手机、平板电脑、PDA 设备、门禁卡等，数据传输速率也高，覆盖通信距离为 10cm 或 20cm，功耗较小，能够延长移动设备电池寿命，采用多种非对称加密技术、电子数据签名技术，具有较高的安全性，能够避免信息被监控和篡改，实现了短距离的信息服务功能。NFC 技术主要应用于金融支付，比其他支付方式更加安全、便捷。NFC 技术还广泛应用于交通、广告、图书出版、人机交互等领域。

6.3.1　工作原理

1. NFC 技术原理

天线产生的电磁波区域，可以根据不同的特性划分为三类：感应近场、辐射近场和辐射远场。其中感应近场区域指的是靠近天线的区域，这个区域中电磁场的能量是振荡的，不产生辐射。辐射近场区域介于感应近场和辐射远场之间，在该区域中由于与距离的一次方、平方和立方成反比的场分量都占据一定的比例，所以在不同距离上计算出的天线方向图是有差别的。辐射近场区域之外就是辐射远场区域，属于天线的实际使用区域，该区域的场幅度与离开天线的距离成反比。NFC 称为近场通信，NFC 技术原理是基于感应近场的，如图 6.3 所示。在该区域中，离天线或辐射源越远，场强的衰减就越大，所以非常适合在短距离内传输与安全相关的数据。

图 6.3　NFC 技术原理

NFC 技术主要利用 13.56MHz 频段进行无线通信，通信的距离一般在 10cm 左右。与 RFID 技术不同的是，NFC 技术可以进行通信，这与传统的 RFID 技术有着明显的区别，其通过利用传统 RFID 技术提供的射频场，完成 NFC 设备之间的通信，通信可以是主动的，也可以是被动的。主动模式中，通信发起者与接收者之间是相互对等的。发起者在发起对目标设备通信的请求时会产生一个射频场，若目标设备准备应答，则其也需要在应答的同时产生射频场，从而实现对目标设备的应答。而在被动模式中，不需要目标设备提供射频场进行应答，目标设备主要利用负载调制技术完成对通信发起者的应答。此外，NFC 技术在进行无线通信的时候数据传输速率一般为 106kb/s、212kb/s 或 424kb/s。

NFC 设备主要包括 3 部分：读取设备、电子标签及天线。读取设备一般由微控制器组成，实现 13.56MHz 频段的无线短距离通信。电子标签包括有源标签和无源标签，其由特殊的线圈线路构成。目前常见的 NFC 电子标签识别卡主要为 S50、S70 和 UltraLight 卡。S50 卡的内存为 1KB，包含 16 个扇区，共有 1024B；S70 卡的内存为 4KB，包含 40 个扇区，共有 4096B；而 UltraLight 卡拥有 512bit 内存。NFC 技术原理如下：

（1）阅读器产生射频场，电子标签从射频场中耦合得到能量后，反馈给阅读器应答信息。

（2）阅读器将要发送的信息经过调制后发送给电子标签，电子标签通过负载调制将阅读器所需信息传回阅读器。

2．NFC 工作模式

NFC 工作模式是指 NFC 设备之间的通信方式和操作过程，有文献也称之为通信模式或操作模式。这里把通信模式和工作模式看成按照不同参照划分的种类，按照通信的发起者划分，工作模式可分为主动模式（Activie Mode）和被动模式（Passive Mode）。

在主动模式下，通信双方均产生射频场；在被动模式下，只有通信发起者产生射频场。在主动模式下，发起设备和目标设备使用各自的射频场传输数据。发起者按照选定的传输速率进行通信，目标设备按相同的速率应答。发起设备可以选择 106kb/s、12kb/s 或 424kb/s 其中一种传输速率，目标设备必须按照相同的速率将数据传回发起者。

主动模式如图 6.4 所示。主动模式的发起设备和目标设备处于对等状态，不存在主从关系，在数据传输过程中，双方都需要产生射频场，并且两台设备都要求支持全双工数据交换。发起设备传送数据时，产生自己的射频场，而目标设备此时会关闭自己的射频场并进入侦听状态，接收发起设备传输的数据。数据传输结束后，发起设备关闭自己的射频场，转为侦听状态，此时目标设备自己产生射频场向发起设备传送数据。这样的方式可以进行非常快速的连接设置。

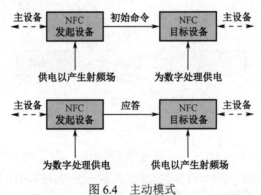

图 6.4　主动模式

在主动模式下，目标方必须是有源设备，这使得通信双方均有能力产生射频场，发起方和目标方的关系处于平等的状态，适合点对点的数据传输。而且可以使主动通信比被动通信的传输距离稍远。通信双方均是有源设备还解决了双方同是移动设备时电源消耗不平衡的问题。

在被动模式下，发起设备按照选定的传输速度发起通信，目标设备以加载调制的方式响应发起设备命令，按照相同的传输速率应答。从产生射频场的角度看，发起设备是主动的，目标设备是被动的。因此，单纯地从产生射频场的角度来区别发起设备和目标设备是不合适的，因为在主动模式下两者均产生射频场，应该从通信的发起设备来区分发起设备和目标设备。

被动模式如图 6.5 所示。在被动模式下，启动 NFC 设备进行通信地称之为发起设备，而通信的接收设备称为目标设备。在被动通信中，由发起设备提供射频场，并选择 106kb/s、

212kb/s 或 424kb/s 中的一种传输速率对信息进行传送。在该过程中，目标设备不产生射频场，而是从发起设备发射的射频场中获取能量，然后目标设备使用负载调制的方式，用相同的速率将信息传回发起设备。由于使用了这样的通信建立过程，在被动模式下，若要检测相同的非接触式智能卡和 NFC 设备并与之建立联系，可以使用相同的连接和初始化过程。

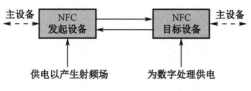

图 6.5　被动模式

由于被动模式的目标设备不需要产生射频场，所以大量的移动 NFC 设备都采用被动模式进行通信。其中，无源设备和有源设备均可以借助发起设备射频场提供的能量。在这种情况下，有源设备就可以降低电源的功率，延长电池的使用时间。在有些应用中，可以要求低电量设备在通信中以被动模式通信，充当目标设备来节约电能。

NFC 设备所采用的工作模式还会影响到实际的数据传输速率，所以在通信发起前，发起设备需要依照相关协议选定一种通信模式和传输速率，一旦选定，在通信开始后将无法更改。传输速率与射频载波的关系为：$V=f_{cx}D/128$，其中 D 为乘数因子。

由传输速率与射频载波的关系可得通信模式与传输速率的关系如表 6.1 所示。

表 6.1　通信模式与传输速率的关系

工 作 模 式	传输速率/（kb·s^{-1}）	乘数因子（D）
主动/被动	106	1
主动/被动	212	2
主动/被动	424	3
主动	847	8
主动	1695	16
主动	3390	32
主动	6780	64

按照通信的对象划分，可分为点对点模式（P2P Mode）、读卡器模式（Reader/Writer Mode）和卡模拟模式（Card Emulation Mode）。

（1）点对点模式。

NFC 设备在点对点模式下可以实现较短距离下的无线通信，以及简单的数据交换等，通信距离一般在 20cm 以内，这也是 NFC 技术与传统非接触式射频技术的区别所在。因此，NFC 技术的设备在点对点模式下可以实现安全可靠的设备间的无线通信，这种通信可以是双向的，也可以是单向的。

点对点模式能够在两个具备 NFC 功能的设备之间实现数据点对点传输，如共享音乐、传输图片等。在此模式下，发起设备发起通信，与目标设备建立链接进行数据传输。发起设备首先产生射频场初始化 NFCIP-1 通信，目标设备则响应发起设备所发出的命令，并选择由发起设备所发出的或是自行产生的射频场进行通信。NFCIP-1 是 NFC 技术的基础，其定义了电感耦合设备在频率 13.56MHz 下的通信模式，并规定了射频接口的调制、编码、传输速度、帧格式及初始化等。

（2）读卡器模式。

在读卡器模式下，NFC 设备作为读卡器，使用 13.56MHz 载波振幅调制与 NFC 标签（Tag）进行通信，载波的振幅变化导致 Tag 感应线圈的电压随之改变，Tag 使用简单的解码电路对信号进行解码。Tag 与读卡器的通信，采用负载调制的方法来实现，通过 Tag 线圈的负载是通过改变并联电容的开关实现的。

NFC 技术的读卡器模式中，NFC 设备主要被用于非接触式读取，可以给标签写入特定的信息，此时的读卡器模式主要完成的只是对标签信息的读取。此外，这种工作模式下的 NFC 设备也可实现设备之间的数据交换。

（3）卡模拟模式。

卡模拟模式，相当于采用 RFID 技术的 IC 卡，可以完成现有 IC 卡的工作。NFC 设备可以代替信用卡、公交卡、门禁卡等 IC 卡。在该模式下，充当 IC 卡的 NFC 设备不用产生射频场来供电，其属于被动组件，射频场由读卡器产生。与采用传统射频技术的 IC 卡不同的是，该模式下的 NFC 设备在被当成模拟卡期间，当宿主设备没有电时（如手机），充当 IC 卡的 NFC 设备仍可以正常工作，其工作可以在无源情况下完成。此时是通过读卡器的射频场进行供电的，这是该模式最大的优点。

3．NFC 标准

随着 NFC 技术的不断发展，飞利浦、索尼、诺基亚推出了 NFC 的标准化规范（Near Field Communication Interface and Protocol），即 NFCIP-1，并牵头组建了 NFC 的标准化组织 NFC Forum（NFC 论坛）。随后 NFCIP-1 被提交给欧洲计算机制造商协会 ECMA，被批准为 ECMA 340 标准。ECMA 又将该标准推向国际标准化组织 ISO，批准为 ISO 18092。2003 年，NFCIP-1 被欧洲电信标准化协会 ETSI 批准为 TS 102 190 v1.1.1；2004 年，NFC 论坛再次推出 NFCIP-2，旨在解决非接触智能卡的兼容问题，该标准最终被国际标准化组织接受，批准为 ISO 21481。

（1）标准化概况。

NFC 标准化规范主要由 NFC Forum 整理发布，NFC Forum 整合了 13.56MHz 频段下其他的识别通信技术，分别引用借鉴了 ISO/IEC 14443 非接触卡的系列标准、ISO/IEC 15693 临近式卡系列标准及日本 JIS X6319 Felica 标准，并且把它们整理融合成了 NFC 四种协议类型与五种标签类型。

GSMA（Global System for Mobile Communication Associate）发布的 NFC 测试规范——TS.27 NFC Handset Test Book 直接引用了 NFC Forum 的测试规范，并未对 NFC 技术进行了其他的补充与定义。

（2）NFC Forum 主要标准。

NFC Forum 的标准主要分为三大类。

① 由技术委员会制定、发布、更新的技术规范，包括：

NFC Forum 模拟技术规范；

NFC Forum 数字协议技术规范；

NFC Forum 活动技术规范；

NFC Forum 逻辑链接控制协议技术规范；

NFC Forum 数据交换格式技术规范；

NFC Forum 简单交换协议技术规范。

这些技术规范主要定义了 NFC 产品的通信方式和交互指令。

② 由执行委员会制定、发布、更新，并且进行认证维护的测试规范，包括：

NFC Forum 模拟测试规范；

NFC Forum 数字协议测试规范；

NFC Forum 逻辑链接控制协议测试规范；

NFC Forum 简单交换协议测试规范；

NFC Forum 类型 1 标签及操作测试规范；

NFC Forum 类型 2 标签及操作测试规范；

NFC Forum 类型 3 标签及操作测试规范；

NFC Forum 类型 4 标签及操作测试规范；

NFC Forum 类型 5 标签及操作测试规范；

NFC Forum 标签性能测试规范。

这些测试规范定义了 NFC 技术的不同产品的测试方法、技术指标及详细参数。

③ 特殊兴趣小组则针对 NFC 技术应用的行业，制定 NFC 技术行业应用规范。

目前特殊兴趣小组已经制定了交通行业白皮书、IoT 行业白皮书等，并且计划制定发布 NFC 技术支付行业应用场景相应规范。

④ NFCIP-1 对 NFC 设备的物理层和数据链路层都进行了严格的规定，其中包括调制方案、编码方式、帧格式等内容，除此之外，NFCIP-1 还对 NFC 设备主、被动模式初始化过程中的数据冲突控制机制所需的初始化方案和条件进行了规定。NFCIP-1 还定义了传输协议，其中包括协议启动和数据交换方法等。

在 NFCIP-1 中规定了 NFC 的三种应用模式：卡模式、读写模式和点对点通信模式。

NFCIP-1 规定，NFC 工作在 13.56MHz 频段的频率下，具有三种不同的传输速率，分别为 106kb/s、212kb/s 和 424kb/s。其工作速率与通信距离有关，一般通信距离最大为 20cm，实际通信距离由于受到电磁兼容性标准的严格限制，一般不会超过 10cm。

NFCIP-1 规定了 NFC 的调制方式。对于目前的三种传输速率，标准规定使用 ASK（幅移键控）来进行调制。ASK 是一种相对简单的调制技术，具有易于实现和带宽占用较小的优势。对于不同的速率，标准规定了不同的调制度。106kb/s 传输速率下，采用 100%的 ASK 调制，其他两种速率则采用 10%的调制度。而大于 424kb/s 的高速率传输，协议没有对其做出明确规定。

NFCIP-1 规定了 NFC 的编码方式，其中包括信源编码和纠错编码。对于信源编码，不同的数据传输速率采用的编码方式和规则是不一样的。在 106kb/s 速率下，信源编码采用了改进型的米勒码（Miller）。对于其他两种传输速率，信源编码采用曼彻斯特码（Manchester）进行编码，或者可以采用反向曼彻斯特码表示。对于纠错编码，则采用循环冗余校验法，所有的传输比特，包括数据比特、校验比特、起始比特、结束比特及循环冗余校验比特都要参加循环冗余校验。由于编码是按字节进行的，因此总的编码比特数应该是 8 的倍数。

NFCIP-1 规定了 NFC 的帧结构。不同速率下使用的帧结构是不同的。在 106kb/s 下，存在着三种帧结构：短帧（Short Frame）、标准帧（Standard Frame）和面向比特的 SDD 帧（Bit-oriented Single Device Detection Frame）。其中，短帧用于通信的初始化，包括起始位、结束位和 7 位指令码。指令码包括阅读请求、阅读响应、唤醒请求、单用户设备检测请求、选择请求、选择响应及休眠请求等。标准帧用于数据的交换，组成包括起始位、结束位和 $n×8$ 数据比特、位奇校验比特。面向比特的 SDD 帧用于多个设备的冲突检测。其他两种速率的帧结构基本相同，其中前导符至少要有 48bit 的"0"信号；同步标志有 2B，第一个字节的同步码为"B2"，第二个字节的同步码为"4D"；数据长度是一个 8bit 码，它表示有效传输数据的字节数。

NFCIP-1 规定了 NFC 的冲突检测方法。多台 NFC 设备在同时工作时，可能会干扰其他设备。为了避免这种情况的产生，标准规定：在 NFC 设备开始工作之前，先进行设备初始化，对周围的射频场进行一定的检测，只有在周围射频场的阈值低于 0.1875A/m 时才能继续工作。如果两台 NFC 设备需要进行点对点通信，那么两台设备会同时开机产生射频场，这就需要采用单用户检测来保障点对点通信的正常进行，即检测 NFC 设备识别码或信号时隙。

NFCIP-1 规定了 NFC 的传输协议。该协议包括协议激活、数据交换和协议关闭三个方面。其中，协议激活用于目标设备和发起设备的属性请求和参数协商。数据交换采用半双工模式，以数据块为单位进行传输。协议关闭包括撤销选中和释放连接，使目标设备和发起设备都回到初始化状态。

（3）NFC 技术结构。

在 NFC 技术中，产品分为发送者与接收者。发送者需要在一个有限的范围内发送通信信号，而接收者需要在这个范围内接收到信号并对信号进行调制解析。在通信中，NFC 设备可以单纯作为发送者或者接收者，也可以在发送者和接收者角色之间进行切换。NFC 技术结构如图 6.6 所示。

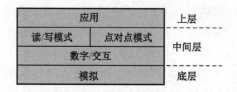

图 6.6　NFC 技术结构

① Analog。

Analog 是 NFC 的底层技术，定义了 NFC 设备的射频模拟特性，分为 NFC-A、NFC-B、NFC-F 和 NFC-V 四种技术类型。

Analog 强调了设备功率、设备对场地影响、设备载波频率、设备重置、发送设备的防碰撞方式等关键条件。

Analog 的所有设定基于其定义的工作空间，模拟工作场景如图 6.7 所示，操作区域参数值如表 6.2 所示，通过特殊的衰减技术，NFC 的交互需要在这个工作空间里才能触发认证。

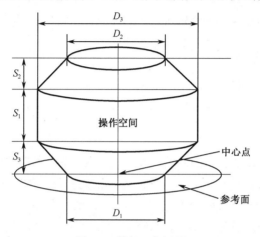

图 6.7　模拟工作场景

表 6.2　操作区域参数值

项　　目	参　　数	值	单　　位
工作空间	D_1	10	mm
	D_2	20	mm
	D_3	20	mm
	S_1	5	mm
	S_2	0	mm
	S_3	0	mm

在工作空间中，Analog 技术通过坐标 (r, φ, z, θ) 来定义每个点的位置（见图 6.8），P_0 点是平面线圈的中心位置，r 代表中心位置平面半径长度，φ 是平面夹角，z 是高度，θ 则是另一个设备线圈相对此设备线圈的夹角。

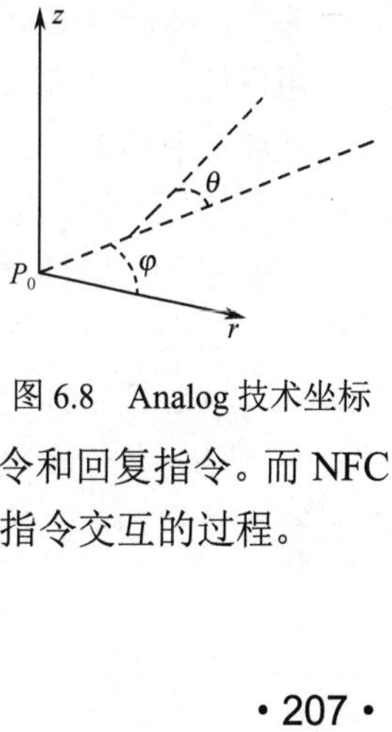

② Digital/Activity。

NFC 的数字技术（Digital）定义了 NFC 设备通信数据的编码格式、调制方式等信息，包括：序列格式、比特平面编码、帧

图 6.8　Analog 技术坐标

格式、数据和有效载荷格式、命令集及不同通信协议对应的轮询指令和回复指令。而 NFC 的交互技术（Activity）则规定了 NFC 设备之间建立通信的流程及指令交互的过程。

Digital 技术对不同的接收者分别定义了 Type 1 Tag、Type 2 Tag、Type 3 Tag、Type 4A Tag、Type 4B Tag 和 Type 5 Tag 六种类型标签，调制方式和标签如表 6.3 所示。

表 6.3　调制方式和标签

项　目	类　别					
调制方式	NFC-A			NFC-B	NFC-F	NFC-V
标签	Type 1 Tag	Type 2 Tag	Type 4A Tag	Type 4B Tag	Type 3 Tag	Type 5 Tag

对于不同的标签，Digital 技术分别定义了读取标识符、不同指令的应答请求、错误处理等，同时还规定了时序要求等参数信息。

6.3.2　安全与技术问题

1．NFC 安全问题

随着移动互联网和移动支付的发展，NFC 技术、NFC 移动终端及应用被迅速推广和普及。2014 年，中国人民银行因安全问题叫停二维码支付，鼓励银行拓展 NFC 手机支付应用，中国银联和三大运营商斥巨资开发 NFC 支付软件和硬件。在政府和法规政策的支持下，NFC 技术发展迅速。基于 NFC 技术的应用，尤其在移动支付方面，在不断推广和流行。由于 NFC 系统和应用可能包含敏感的个人隐私、支付信息等，其安全性更加重要。如图 6.9 所示，NFC 安全威胁从整体上可分为终端安全威胁、系统安全威胁、应用安全威胁和通信安全威胁。终端安全威胁包括终端丢失、设备损坏、SIM 卡克隆、电磁辐射窃听、芯片安全等。终端丢失将可能直接导致用户信息被窃取，是终端面临的最大安全风险。此外，设备损坏将导致信息不可用，SIM 卡克隆能够通过复制手机 SIM 卡获取用户信息；电磁辐射窃听可获取手机通信的信息；智能芯片可被植入恶意程序来获取用户信息等。系统安全威胁包括系统漏洞、恶意软件、系统 API 滥用、权限滥用、系统后门等。智能终端操作系统存在大量安全漏洞或后门，系统 API 和权限存在被滥用的风险，且恶意软件也能危及系统的安全，这些因素将危及 NFC 依赖的智能操作系统的安全。应用安全威胁包括应用漏洞、逆向工程、重打包、恶意软件等。应用程序开发者良莠不齐，应用存在大量安全漏洞；由于对安全重视不足，通过逆向工程技术或重打包，能够获取应用程序的源代码、用户信息，并植入恶意程序，严重危害了应用程序的安全。通信安全威胁包括窃听、数据破坏、中间人攻击、拒绝服务攻击等，通过监听数据、修改数据、重放数据等造成通信中断、信息泄露、经济损失等严重的后果。

NFC 技术具有无线短距离通信的特点，这也使得该技术与传统的无线通信技术相比具有更好的安全性。当 NFC 设备在仿真卡的模式下工作时，NFC 设备在将 IC 卡信息传入到 NFC 射频器期间，会经过一系列复杂的验证，由 NFC 设备的 MCU 做出相应的操作和处理。此外，传输距离过长会使信息传输的可靠性下降，因此，NFC 技术的无线通信技术具有更可靠的信息传输效率。

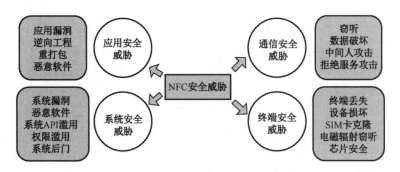

图 6.9　NFC 安全威胁

NFC 技术安全性的另一方面则体现在其标签本身的安全性上。NFC 的标签具有唯一、数据不可改写及额外的密码加密的特点。其中，NFC 标签具有 7B 的唯一 ID，数据在被写入后是无法被非法操作的，加上额外的 32bit 密码加密，相较于现有的无线通信技术具有更好的安全性。下面主要对 NFC 技术标签的加密技术进行介绍。

NFC 标签在生成时会被写入一个 ID 序列，该序列是唯一不可复制的；通过非对称算法由该 ID 序列可得到一个密文，该密文被存储在标签的数据区。因此，NFC 设备在进行数据通信的时候，可以通过对该密文的对比匹配，判断标签的真伪，实现 NFC 技术的安全通信。

NFC 标签的防伪判别主要体现在两个方面：一个是其唯一的 ID 序列，这种序列的唯一性使得一旦发现仿冒的 NFC 标签，即可通过仿冒标签的序列找到其生产厂商，有效地避免了仿冒标签的生产；另一个则是由非对称算法得到的密文，这种密文具有不可逆性，不能被反向译解，就算复制得到标签的 ID 序列，也无法生成密文。因此，NFC 技术的安全性也可由 NFC 标签体现。

2. NFC 技术问题

NFC 技术虽然具有安全可靠的特点，但是在其发展过程中也存在着一些问题。第一，NFC 技术现在主要被用在移动设备上，但是目前一些 NFC 设备并不支持卡模拟，这是由于这些设备只含有 NFC 芯片而没有安全模块，安全模块主要完成对敏感信息的存储。第二，虽然 NFC 技术具有较传统无线通信技术更可靠的数据传输，但是这种数据传输仍然存在着问题，影响着通信安全。NFC 技术短距离信息传输的可靠性有所提高，但是通过特定的天线，标签信息有可能被窃听；因为标签内部的信息在传输过程中并不是一直加密的，一般信息在链路层通信时并没有对信息进行加密，这使得信息在该层传输时被窃听的可能性增加，从而导致信息泄露。

NFC 技术除硬件问题和信息窃听问题外，还存在着信息复制、信息恶意破坏、受到中间攻击等问题。

6.3.3　主要应用场景

近几年，以美国、英国为首的西方国家均联合国内的大型企业，开始提供基于 NFC

技术的移动支付服务，包括谷歌钱包、星巴克移动支付在内的支付应用逐步获得市场认同。目前，NFC 手机支付产品还包括万事达卡的 PayPass、VISA 的 V.me 等。据 Markets and Markets 统计，到 2020 年，全球支持 NFC 功能的芯片将占到芯片总数的 90%。

（1）国际研究进展情况。

在美国，苹果公司于 2016 年推出了基于 NFC 技术的 Apple Pay 移动支付服务，并携手美国银行、大通银行、花旗银行等共同推广 Apple Pay 移动支付。同时，移动支付公司 PayByPhone 在纽约、迈阿密、旧金山、伦敦、渥太华、温哥华和布鲁克林等城镇化率高的地区均已完成了 NFC 系统的布局，它们的注册用户使用手机的 NFC 功能，便可以完成停车费用支付。

在欧洲，NFC 技术发展势头同样迅猛。万事达公司已经要求其所有商户在 2020 年以前将终端升级以支持 NFC 功能，而英国伦敦的公共交通运输系统也已经全面支持使用 NFC 设备进行支付。

根据国际市场研究组织（Global Market Insights）的预测，到 2023 年，Automotive NFC 的市场规模将会达到 220 亿美元；根据 Packaging World 的预测，不久的将来无线通信中将会有更多的设备使用 NFC 技术，以及会有更多的物联网设备接入网络；根据交通市场调研组织 WhaTech 预测，移动票务市场将会得到增长。

（2）国内研究进展情况。

早在 2006 年，中国便已出现了第一款 NFC 手机，诺基亚和中国移动、飞利浦、易通卡公司在厦门试点 NFC 手机支付，用户使用内嵌 NFC 模块的诺基亚 3220 手机，便可在厦门市内任何一个易通卡覆盖的营业网点进行支付。现今，北京移动用户已经可以到指定的营业厅办理更换支持 NFC 功能的 SIM 卡，并且使用 NFC 手机就可以实现刷手机乘坐公交地铁。

近些年，越来越多的中国厂商开始尝试研究并研发 NFC 设备。目前我国已经成为 NFC Forum 成员的单位有华为技术有限公司、中国移动通信有限公司、中国电子技术标准化研究院等。目前 NFC 技术在中国主要应用于门禁系统、电子付费、手机游戏、健康保障、市场宣传、零售及付费、交通、旅行住宿、可穿戴设备等领域。2017 年，"ofo 小黄车"的电子车锁也尝试了引进 NFC 技术进行开关锁的控制。

NFC 技术具有的安全性及无线短距离通信的特点，使得该技术在移动支付、门禁管理、银行安防等领域具有很好的发展潜力，而且随着物联网、智慧城市在国内的持续发展，NFC 技术可应用的场景也将越来越多，具体的应用场景主要有：

（1）移动支付。

NFC 技术目前主要应用于移动设备端，用于支付等。利用移动设备的便捷性，采用了 NFC 技术的移动支付具有更高的安全性和可靠性。将 NFC 芯片内嵌至移动设备内部，如手机等，极大地方便了人们消费，同时并不会影响设备的正常使用，还可以实现用户间的信息传递和设备互联。因此在金融支付方面，银联与中国移动及广发、光大等银行已经开始着手推出基于 NFC 技术的手机钱包；在交通方面，支持 NFC 技术的手机已经可以对公交卡充值，深圳一些公司也在合作研究 NFC 手机公交一卡通的解决方案。

（2）信息媒体。

在媒体方面，NFC 标签可以结合线上、线下的信息，使商家了解广告位的冷热程度及广告的投放时效。对于图书出版等行业，NFC 技术既可以用作防伪，也可以用来增强图书的互动性与个性化。NFC 标签具有低成本的特点，而且标签内部可以被写入特定的信息，可以发展为新媒体。相比于传统的媒体，如纸媒，NFC 技术发展的新媒体更节约能源，其可以把信息内容写入标签，标签开放后，被写入的内容可以被外部的 NFC 设备识别。此外，也可发展为新的流媒体，利用标签可以下载特定的多媒体资源。

（3）门禁管理。

NFC 技术相较于传统的非接触式射频技术，其与移动设备实现了更好的连接。被嵌入用户设备中的 NFC 芯片可以被写入用户的多个数据内容，对传统的非接触式射频识别的 IC 卡进行集成，一方面可以避免因为消费者手中 IC 卡数量太多而容易丢失的现象发生，另一方面也可以避免用户的卡片被恶意复制等安全问题的发生。利用 NFC 技术的门禁管理，更高效、更安全。

（4）安防领域。

NFC 技术除可以应用在门禁管理方面外，其在安防领域也有着广泛的应用前景，可用于用户的车辆防盗、银行安保，利用其复杂的验证过程，完成用户的识别，避免用户的车辆被非法操作和造成不必要的损失。在通信行业，基于 NFC 技术的 NFC 数码相机、NFC 智能家电也开始逐渐走入人们的生活。

随着 NFC 技术的应用环境越来越复杂，NFC 的技术规范和应用规范始终保持了一个较高频率的迭代更新，NFC 技术也在持续融合和发展。

6.3.4　RFID 与 NFC 技术

RFID 与 NFC 均属于无线射频技术，这也正是二者之间的最大共同点。目前，RFID 技术的应用范围已经涉及人们生活与生产的各个方面，比如身份识别、供应链与资产管理等，从而使整个 RFID 市场得到迅速发展。和 RFID 技术相似，NFC 技术同样通过频谱中无线频率部分的电磁感应耦合形式实现传输，不过二者之间依然存在较大差异。

1．RFID 与 NFC 技术的工作原理

（1）RFID 技术原理。电子标签和读写器间主要是通过耦合元件，使射频信号的空间（无接触）耦合，在耦合通道中得以实现，并按照时序关系完成能量传输与数据互换的。而针对出现在读写器与电子标签间射频信号的耦合来讲，其类型主要分为两种。第一种，电磁反向散射耦合。主要是雷达原理模型通过发射出的电磁波在遇到目标之后进行反射，以此将相应目标信息携带回来，其主要依据为电磁波的空间传播规律。此种耦合形式适合运用在高频、微波工作的远距离射频识别系统中。第二种，电感耦合。主要是变压器模型经过空间高频交变磁场而形成耦合，其主要依据为电磁感应定律。而此种耦合形式则适合运用在中、低频工作的短距离射频识别系统中。

（2）NFC 技术原理。支持 NFC 技术的设备可在主动或者被动模式下实现数据互换。在被动模式下，启动 NFC 通信设备，也可将此设备叫作 NFC 发起设备，需要在通信中供应射频场。其可对 106kb/s、212kb/s 及 424kb/s 之中任意一种传输速率进行选择，进而把相关数据传输至另外一台设备上。而另外一台设备则被叫作 NFC 目标设备，并且无须供应射频场，运用负载调制技术便可通过一样的传输速率把数据传输至发起设备。这种通信体系和在 ISO14443A、MIFARE 与 FeliCa 基础上的非接触式智能卡相互兼容，所以在被动模式下，NFC 发起设备能够通过一样的连接与初始化过程，对非接触式智能卡或者 NFC 目标设备进行检测，同时与之建立联系。

2. RFID 与 NFC 技术的主要区别

即便 RFID 和 NFC 均使用了射频识别技术，两者之间依然具有非常明显的差异，可以从安全功能与工作距离方面体现出来。因为 NFC 的部分运用和安全有着紧密联系，如支付与门禁等，所以对提供安全的解决方案具有十分重要的作用。而在先进智能芯片的基础上，运用 NFC 非接触式智能卡技术，可以将财务或个人信息进行安全存储，同时通过识别功能授权合法用户接入相应服务。非接触式智能卡安置了安全的硬件与采用了先进的加密技术，此类技术的读取范围仅有 10cm 左右。对非接触式设备而言，NFC 设备与 RFID 设备相比，其包含相似的智能设备及其内部存储器等；而特殊功能则包含了在卡片上安全地存储信息、实施管理、同时保证用户可以安全访问卡片信息等各个方面。同时，在远程黑客对芯片及安全功能进行攻击的过程中，NFC 技术可采取有效防范措施，还可通过射频实现与非接触式读卡器之间的智能互动。

另外，两者之间的明显差异还体现在：①NFC 技术可实现设备间的双向通信。使用 NFC 技术的设备不仅可以在仿真卡的模式下实现传统非接触式射频技术的数据读取，作为一种无线通信技术，其设备间的通信可以完成数据交换等信息操作。此外，使用 NFC 技术的设备在双向通信期间，可选择的工作模式也更多，扩大了应用范围。②传输距离的不同。NFC 技术作为一种新兴的无线通信技术，其传输距离一般在 10～20cm 之间，因此 NFC 技术在应用时是作为一种无线短距离通信技术的，而 RFID 技术的传输距离一般超过数米，最大可以实现几十米的传输。相比之下，NFC 技术的传输距离更短，这也是该技术具有更低功耗特点的原因。此外，这种短距离的无线通信方式也是 NFC 技术具有安全性的原因之一。

3. RFID 与 NFC 技术的具体应用

（1）RFID 通信的应用。按照能量供给形式的差异，RFID 电子标签可以划分成三种形式，即有源、无源与半有源；而按照工作频率的差异，RFID 电子标签则可以划分成四种形式，即低频（LF）、高频（HF）、超高频（UHF）与微波频段（MW）。我国对 HF 芯片的设计技术已经有较为全面的掌握，进而实现了其产业化发展，并且对 UHF 芯片的开发也已顺利完成。当前，我国在 RFID 运用架构、公共服务体制与系统集成等各个方面获得了初步成效，RFID 测试中心也被纳入了科技发展规划中。因此，RFID 通信技术在生产过程管理、铁路车号识别与票证管理等各个领域中得到了十分广泛的应用。

（2）NFC 技术的应用。NFC 主要是提供服务安全与快速通信服务的一种无线连接技术，与 RFID 进行比较，其传输范围相对更小。不过，因为 NFC 采用了比较特殊的信号衰减技术，所以相较于 RFID，NFC 有着传输距离短与能耗低等一系列特征。同时，因为 NFC 和已有非接触智能卡技术能够相互兼容，所以针对厂商来讲，当前此种技术已经逐渐变成他们予以支持的主要标准。NFC 设备主要可应用在非接触式智能卡、智能卡的读写器终端及其设备之间的数据传递渠道上，其运用范围十分广泛，主要可以将此划分为以下几个方面。第一，接触、连接。把两台支持 NFC 技术的相关设备连接在一起，便可以实现点对点网络数据的相互传输，如下载图片等。第二，接触、确认。此类型主要包含与移动支付相关的应用，用户需要将密码输入才能够确认交易或仅是接受交易。第三，接触、完成。例如可以应用在门禁管制、活动检票等相关方面，用户仅需要把储存票证或门禁代码的相关设备与相应阅读器贴近便可。

6.4 太赫兹技术

太赫兹波（或称为太赫兹射线）是 20 世纪 80 年代中后期才被正式命名的，在此以前科学家将其统称为远红外射线。太赫兹波是指频率在 0.1～10THz 范围内的电磁波，波长为 0.03～3mm，波长介于微波与红外线之间。实际上，早在 100 年前，就有科学研究涉及过这一波段。在 1896 年和 1897 年，Rubens 和 Nichols 就研究这一波段，红外光谱到达 9pm（0.009mm）和 20pm（0.02mm），之后又有到达 50pm 的记载。之后的近百年时间内，远红外技术研究取得了许多成果，并且已经产业化。但是涉及太赫兹波段的研究结果和数据非常少，主要是受到有效太赫兹产生源和灵敏探测器的限制，因此这一波段也被称为太赫兹间隙。

随着 20 世纪 80 年代以来一系列新技术、新材料的发展，特别是超快技术的发展，使得获得宽带稳定的脉冲太赫兹波辐射源成为一种准常规技术，太赫兹技术得以迅速发展，并掀起一股太赫兹研究热潮。2004 年，美国政府将太赫兹技术评为"改变未来世界的十大技术"之四，而日本于 2005 年 1 月 8 日更是将太赫兹技术列为"国家支柱技术十大重点战略目标"之首，举全国之力进行研发。我国政府在 2005 年 11 月专门召开了"香山科技会议"，邀请国内多位在太赫兹研究领域有影响的院士专门讨论我国太赫兹事业的发展方向，并制定了我国太赫兹技术的发展规划。另外，美国、欧洲、亚洲、澳大利亚等许多国家和地区的政府、机构、企业、大学纷纷投入太赫兹技术的研发热潮之中。太赫兹研究领域的开拓者之一，美国著名学者张希成博士称："Next ray, T-Ray！"

目前所述的太赫兹波一般是指频率在 100GHz～10THz 之间的电磁波。这一段电磁频谱处于传统电子学和光子学研究频段之间的特殊位置上，过去对其研究及开发利用都相对较少。随着无线通信技术的高速发展，现有的频谱资源已变得日益匮乏，开发无线通信的新频段已逐渐成为解决此矛盾的一种共识；而在太赫兹频段存在大量未被开发的频谱资源，使得太赫兹频段适合作为未来无线通信的新频段。在众多技术途径中，采用固态电子学的技术途径实现无线通信系统，未来存在将系统进行片上集成的可能，这对太赫兹无线通信系统走向实用化具有重要意义。

根据 Edholm 的带宽定律，无线短距离通信的带宽需求每 18 个月翻一番。为了提供足够高的通信带宽，采用更高的载波频率成了必要的选择，这就要求未来通信载波要拓展到太赫兹波频段，太赫兹波无线通信因而也就成了下一代无线短距离通信的重要研究课题。而且未来无线通信的发展对带宽、容量、传输速率的要求几乎是没有止境的，频谱资源是每个国家无形的战略资源。目前这个资源供需矛盾已十分突出，而且需求越来越急迫，这也就使人们将对新频率资源开发的目光转移到从前较少关注的太赫兹频段上来。

使用太赫兹技术进行无线通信最为显著的优势是太赫兹频段具有大量的绝对带宽资源。在地面上，太赫兹波无线通信技术非常适用于短距离高速无线数据传输的应用场合，如移动通信基站数据回传、人员高度密集场所的高速无线接入、偏远地区用户的"最后一千米"连接等。除了本身具有的巨大带宽，太赫兹波无线通信技术也具有其他的独特优势。相对于微波而言，太赫兹波能提供的带宽和信道数多得多；相对于光波而言，太赫兹波具有在纸片、塑料等材料中的传输衰减率很低的特点。这些都使得太赫兹技术特别适合作为未来新一代外层空间卫星间高速无线通信、地面室内无线短距离通信及局域网的宽带移动通信的解决方案。

6.4.1　工作原理

相较于目前已经得到广泛应用的微波通信技术，太赫兹波通信具有更为稳定的特点。其极高的频率、极小的波长使得太赫兹波通信技术拥有了更高的信息容量和传输速率，其理论传输速率最高可以达到 10Gb/s。太赫兹波的理论频段宽度，高出了微波通信频段宽度 1～4 个数量级。而太赫兹波较短的波长也使其波束较窄，这样，太赫兹波就具有较强的方向性，可以减小天线尺寸，简化设备结构。而相对于光波通信而言，太赫兹波具有更强的穿透性。可以降低天气对电磁波信号传输效果的影响，同时能量利用率较高。因此，在解决了辐射源稳定性的问题之后，太赫兹波传输在未来必将是一种高穿透性、高速率、低能耗的电磁波通信手段。

太赫兹波通信系统主要包括全电子学太赫兹波通信系统、光电子太赫兹波通信系统、量子级联太赫兹波通信系统、时域脉冲太赫兹波通信系统等，性能参数包括误码率、通信速率、传输距离、通信频段、发射功率和接收灵敏度等。目前太赫兹波通信主要有两种方法：一种是基于现有微波通信技术，采用低频微波段调制方式，通过倍频技术到太赫兹频段实现通信；另一种是采用直接调制太赫兹波辐射源的方法，在太赫兹波辐射源上直接加载调制信号，实现太赫兹波无线通信。

用于太赫兹波通信的典型太赫兹波辐射源主要包括：基于光电子原理的连续太赫兹波辐射源、电子学倍频太赫兹波辐射源、真空太赫兹波辐射源和量子级联太赫兹激光器等。

对于太赫兹波通信，通常用肖特基二极管（SBD），检测频率大于 2THz。启闭键控（OOK）和幅移键控（ASK）等二元幅相调制的通信可采用肖特基二极管进行非相干检测；多元幅相正交调制（MPSK、MQAM）等多元正交调制的通信可采用肖特基二极管进行混频相干检测。在基于晶体管 TMIC 的混频相干检测方面，国外研制了基于 30nm InP HEMT 的 0.67THz 相干接收机，包括低噪放、倍频源、混频器等。对于 MQAM 和 MPSK 等正交调制信号，解调时 I/Q 正交混频器基于 InP HEMT 实现。太赫兹接收用的低噪声放大器采用 InP HEMT 和 HBT 晶体管。

太赫兹波通信的传输包括发射机、接收机中的有线传输和天线辐射后的空间电磁波传输。传输器件主要包括太赫兹传输线和滤波器等无源器件。基于超材料、光子晶体、石墨烯等微纳结构，太赫兹传输器件是目前研究热点。

太赫兹波段吸收衰减的影响表现为线谱吸收和连续吸收。对于长距离太赫兹脉冲传输，不同水汽密度和传输距离对波形幅值、相位及频谱特性有较大影响。太赫兹波在 350pm（0.85THz）、450pm（0.67THz）、620pm（0.48THz）、735pm（0.4THz）、870pm（0.34THz）、0.24THz 和 0.14THz 附近，有大气衰减较低的"传输窗口"。因此，在 0.1～0.4THz 波段可进行远距离通信。而在 0.4～1THz 波段大气衰减在每千米数十分贝以上，只能用于进行短距离战术通信。在大于 1THz 的太赫兹高频段，受大气衰减和调制技术的制约，目前的通信传输速率较低，传输距离较近。

太赫兹波通信系统需要研究其性能参数测试评估技术，研究重点为太赫兹波通信发射系统、接收系统及整机通信参数测试技术和太赫兹波通信测试设备校准技术，以实现太赫兹波通信系统的联调、性能指标的测试及系统优化。

6.4.2　关键技术

目前太赫兹波通信的应用依然存在着很多技术瓶颈无法突破。第一，目前很难保证太赫兹波在大气传输过程中的频段稳定性。即使频段得到了稳定的控制，也很难在当前的技术范围内找到一种合适的调制技术对波段进行控制。第二，由于太赫兹波通信信号源载波功率较低，必须对太赫兹波进行间接调制才能够实现信息传输。而实际应用中，在技术上要求的载波功率通常要高于实际的太赫兹载波功率。因此，必须通过完善太赫兹载波信号放大技术进行调制与解调。然而，此项技术还没能有效实现。其三，虽然在理论上太赫兹波的传输稳定性很高，但是还不能完全满足商业化、普及化应用的需求。频率不足、传输性能不足、调制和探测技术不成熟也就成了太赫兹波通信技术发展的重大瓶颈。综上所述，太赫兹波的最终大规模应用还需要攻克调制的高效性、信号源的稳定性、更为有效的接收技术和信号放大技术等技术难关才能够真正得到大规模的实际应用。

因此太赫兹波通信技术目前还处在高性能核心器件的研究开发及通信系统实验室演示阶段，急需在太赫兹源、探测及调制技术和测试校准技术方面开展研究。总体来说，需要研究解决的关键技术主要包括：

（1）太赫兹波辐射源问题。

目前，广泛应用的太赫兹波辐射源主要有两种。一是半导体太赫兹波辐射源。该种辐射源具有体积小、使用方便、能耗低的特点。目前使用较为广泛的有 Impatt、Gun 振荡器，光子产生方面有 QCL 等。目前较为主流和先进的太赫兹波辐射源可以达到 200mW 的脉冲功率，并且已经产生了太赫兹波成像技术。二是基于光学和光子学的太赫兹波辐射源。其以飞秒级的激光脉冲形成光电流，产生太赫兹辐射脉冲。

太赫兹波辐射功率较低，很难达到通信对载波功率的要求，缺少室温下连续工作的高功率太赫兹波辐射源。因而，需要研究太赫兹频段载波信号放大技术，研制新型全固态室温大功率太赫兹波辐射源，解决目前太赫兹波辐射源输出功率低和能量转换效率低等问题。

（2）太赫兹波调制技术。

若要利用无线电传输信号，就必须对无线电波进行调制。在 2003 年，科研人员就已经通过半导体结构和电控结构对太赫兹波进行调制，但效果不佳，且只能在低于 80K 的温度下进行工作。由于太赫兹波频率过高，传统的无线电调制技术很难对其进行调制，所以一般采用电磁波代替电流信号的调制方法进行调制。该方法可以在较高的工作温度下进行，而且大幅度地提高了数据的传输速率。在解调方面，目前也只能通过间接的方法对太赫兹波的振荡进行检测。在太赫兹调制器的研究方面，研究领域开始倾向寻找更具性能优势的新材料，其中石墨烯材料的应用价值被研究人员发现。基于以往半导体硅的研究成果，研究人员开始将石墨烯与硅材料相互融合，通过硅基片转移的方式，加入石墨烯材料，从而提升太赫兹调制器的调制功能。例如某研究机构采用石墨烯 CVD 法进行合成，通过高电阻硅片覆膜的方式，实现了高电阻率调制器性能的提升，效果十分显著。

攻克高码率调制解调技术难关，需要研制高性能的调制、滤波、波导等太赫兹调制解调器件，进行复杂的直接高速调制。同时研究宽带复杂调制波形载波技术，实现复杂环境下的信道传输。

（3）太赫兹波脉冲规律。

太赫兹波的波长介于微波与光波之间，略长于红外线。因此，太赫兹波的传波过程中容易发生衍射。同时，太赫兹波在传播过程中，也极易受到介质散射作用的影响。即散射颗粒越小，介质对太赫兹波的散射作用越明显。在空气中传播时，受空气中极性分子所带电荷的影响，太赫兹波容易被极性分子吸收，这进一步加强了太赫兹波的衰减。目前，较为知名的 120GHz 无线电通信技术，仅仅可以通过亚太赫兹波实现 10m 以内的短距离通信和 1km 左右的长距离通信。但是相较于红外线传输技术，这已经是一项较为重要的进步。

（4）固态太赫兹电路技术。

太赫兹接收系统灵敏度较低，需研制室温工作的高灵敏度太赫兹探测器，研究高速高灵敏度抗干扰的接收技术及高增益的收发天线。如果采用相干探测方式，则对接收端灵敏度要求较低，但是目前缺少具有良好相干性、频率稳定性的信号源与本振源，以及高速率的太赫兹外调制器与混频器。

在无线通信领域的技术研究中，太赫兹技术主要的应用场景集中在地面无线通信和雷达成像两个领域上。而在这两个领域中，外差接收是二者共同需要具备的信息接收机制，因此外差接收机制中的频率变换电路、信号放大电路等成为主要的技术革新方向。但在太赫兹电路中，Ⅲ-Ⅴ族的化合物半导体技术尚不成熟，因此利用这一化合物所进行的半导体晶体管设计无法满足应用需求，使得固态放大器相对缺乏。而在太赫兹技术领域，利用固态电路进行放大器设置已经成为未来发展的主要方向，研究领域开始将固态混频器和固态倍频器作为研究创新的目标。

基于设计和太赫兹波通信技术的要求，固态混频器要求具备极高的噪声性能；同时在进行信号接收时，信号接收端需要能够快速实现低噪声接收，从而完成对微弱信号的接收工作。而固态倍频器主要能力应当体现在运行效率等方面，从而利用肖特基势垒二极管进行半导体设备的工艺生产。通过这类生产项目能够保证太赫兹波通信拥有更加广泛的应用场景，在射电天文甚至是空间探索等高精尖科技领域得到应用。

（5）太赫兹波通信新体制和新的信号处理方法。

从技术实现角度来看，光子学和电子学两种学科均在不断向前发展，目前的光电结合只是在发射机和接收机的不同环节分别应用光子学和电子学理论，所以亟须研究新体制的太赫兹波通信。

（6）太赫兹波通信系统平台建设。

系统化的发展是太赫兹波通信技术近年来的发展方向，在国内外的研究中，已经出现了部分能够实际应用于巨量数据传输和高速传输速率条件的太赫兹波通信平台。例如在有线通信平台设计和构建当中，研究人员就通过有线误码率测量模块和有线通信视频传输模块共同构建了太赫兹有线传输平台。其中有线误码率测量模块主要以基带测试的方式，通过发射机生成的帧头数据递增包，对相同发射机的数据包和接收数据解码进行对比，从而判断其误码情况。而在有线通信视频传输模块中，则利用 PC 设备与基带发射机相互连接，从而形成拥有信源编码能力的发射设备，同时通过建设信源解码模块，将发射机与接收机之间运用同轴电缆完成连接，最终实现太赫兹信号数据的实时视频传输能力。

而在无线平台的建设设计中，研究人员则充分利用太赫兹信号的衰减频率，设计不加装天线设备的近场通信平台系统。在系统当中，硬件设备包含基带发射机、PC 终端、放大电路、调制器及太赫兹波辐射源等。其中，PC 终端主要任务是对信号源进行编码，再由发射机进行编码新到设置。此时调制器通过驱动装置，对电流进行模拟信号设置，从而实现电流零偏压。系统平台在实际通信应用中效果明显，载波标准为 330GHz，调制器速率最高达到 500MHz，可以完成高速的近场通信。

同时，太赫兹波通信系统性能指标及参数的测试评估和计量技术手段尚缺，亟须开展这方面的研究，为太赫兹频段通信系统参数量值准确、可靠提供技术支撑。

6.4.3　主要应用场景

根据新兴市场研究报告统计，全球太赫兹系统技术市场份额在 2008 年达 7720 万美元，2018 年左右增长到 5.21 亿美元，年增长率约为 37.2%。目前日本、美国、德国等发达国家太赫兹波通信技术居于领先水平，其中日本 NTT 公司电子通信实验室在太赫兹无线局域网通信技术方面处于国际领先地位。美国国防预先研究计划局（DARPA）编制了"太赫兹作战延伸后方（THOR）"计划，该计划包含研发和评估一系列可用于移动的 Ad Hoc 自由空间光通信系统技术，通过移动自由空间光路径将宽带通信（宽管道类型）延伸到战区。目前，国际上完成的太赫兹波无线通信系统有日本 NTT 的 0.125THz 和 0.3THz 通信系统、德国 IAF 的 0.22THz 和 0.24THz 通信系统、美国贝尔实验室的 0.625THz 通信系统。国内代表性成果有中国工程物理研究院电子工程研究所的 0.14THz 和 0.34THz 通信系统、中科院微系统与信息技术研究所的 41THz 通信系统。

（1）美国太赫兹波通信研究进展。

2011 年美国贝尔实验室采用 625GHz 的载波频率进行研究，发射功率为 1mW，通信系统的传输速率达到 2.5Gb/s。诺斯罗普·格鲁曼公司曾于 2010 年率先成功开发出"太赫兹电子器件"项目第一阶段所要求的工作频率在 0.67THz 的单片集成电路。2012 年 7 月，美国诺斯罗普·格鲁曼公司成功研发出工作频率在 0.85THz 的集成接收器，创造了新的性能记录，达到了美国 DARPA "太赫兹电子器件"项目第二阶段的技术要求。

美国及欧洲已开始使用自由电子激光器太赫兹波辐射源。据估算，这种装置可产生 0.03～30THz 的辐射，其亮度可超过现有太赫兹波辐射源 9 个数量级。此外，JPL、SLAC 与 Brown 大学合作研制的纳米速调管，频率为 0.3～3THz，当工作电压为 500V 时，其连续波输出功率高达 50mW。

（2）欧洲太赫兹波通信研究进展。

欧盟将太赫兹波星际通信列为太空计划的主要研究领域，研究 0.1～1.5THz 波段的星际通信。德国布伦瑞克工业大学高频段技术研究所的通信实验室通过建立各种室内模拟环境，实验研究了在各种反射涂料及反射镜对室内太赫兹波接收装置接收信号的改善情况，以及发射接收装置的覆盖接收最优化的空间位置的建模研究，为将来室内太赫兹波无线通信提供了有利的数据支持，并且预测在未来 10 年无线通信的速度将会到达 15Gb/s。2011 年，德国弗劳恩霍夫应用固体物理研究所（IAF）搭建了一套 0.22THz 的无线通信演示系统。在输出功率约为 1.4mW，采用 16/64/128/256 QAM、OOK 等调制方式时，实现了 12.5Gb/s 传输速率、传输距离 2m 的通信，并完成太赫兹波在纯净大气、大雨和大雾天环境下的衰减测试。2012 年，他们对该系统进行了适当改进，实现了 15Gb/s、20m 和 25Gb/s、10m 的通信演示实验。2013 年，该研究所创造了传输速率 40Gb/s、通信距离 1km 的无线通信世界新纪录，并在容量上实现了与光纤的无缝连接。2012 年 1 月，德国达姆施塔特工业大学成功研发出可在常温下使用的微型太赫兹发射器，并创造了 1.111THz 的电子发射器频率记录。2010 年，意大利、法国和俄国的 F. Palma、F. Teppe 和 Y. Vachontin 等人，研制了以太赫兹波 QCL 作为发射源、以 HEB 作为探测器的太赫兹波通信系统，调制速率在 MHz 量级。

（3）日本太赫兹波通信研究进展。

2004 年日本 NTT 公司率先公布了其最新研究成果——120GHz 毫米波无线通信系统，该套系统可实现长距离（大于 1km）同时传输 6 路未压缩的高清晰度电视（HDTV）节目信号。2006 年，研制出 15km 的太赫兹波无线通信演示系统，完成世界上首例太赫兹波通信演示。2009 年，NTT 公司用电子学方法实现了 120GHz、10Gb/s 无线通信系统，系统核心为基于 0.1μm InP HEMT MMIC 的集成收发芯片，通过 800m 传输距离实验验证，最大传输距离预计为 2km。2012 年，日本 NTT 公司采用 UTC-PD 作为发射器、SBD 作为探测器，搭建了一套 300GHz 的无线通信演示系统。该系统用于短距离（0～0.5m）传输应用，实现 24Gb/s 传输速率的无差错传输，误码率达到 10^{-9} 量级。

（4）中国太赫兹波通信研究进展。

自 2008 年开始，中国科学院上海微系统与信息技术研究所开展了太赫兹波通信技术研究。2012 年，采用大离轴抛物面镜搭建了 2.4m 通信链路。实验结果表明，链路的最大传输速率可达 5Mb/s，系统时延为 220ns。2013 年，该所在频点 3.9THz 处搭建了一套太赫兹波无线通信系统。以 1Mb/s 的通信速率，实现 2.4m 的视频无线传输。国内"十一五"期间，中国工程物理研究院、电子科技大学、中科院上海微系统与信息技术研究所等单位进行了太赫兹波通信关键技术和功能器件的研究并取得了一定的成果。国内太赫兹波通信系统主要有：中国工程物理研究院电子工程研究所的 0.14THz 和 0.34THz 通信系统，电子科技大学的 0.11THz 通信系统，中科院微系统与信息技术研究所的 4.13THz 通信系统。另外，天津大学和南开大学利用液晶填充的光子晶体，研制了磁控太赫兹频段的滤波和调制器件。

上述研究机构搭建了太赫兹波通信演示系统，并完成地面短距离大气衰减和通信时延测试。比如在短距离室内通信领域，2004 年德国 M.Koch 等人提出短距离室内太赫兹波无线通信设想，演示了采用二维电子气调制器进行声音信号的传输。接着德国的布伦瑞克工业大学研究团队，研究设计了可以在常温下实现对太赫兹波调制的新型半导体太赫兹调制器，并在 TDS 系统基础上，成功设计了太赫兹波无线通信系统。2008 年，德国 Jastrow 等人利用 VDI 公司的太赫兹器件设计了 300GHz 太赫兹波通信系统，成功传输了视频信号，传输距离为 22m。2010 年，德国物理技术研究院和德国国家计量所研制了 300GHz 信道测量系统。该系统采用 2 个发射器、检波器、肖特基二极管混频器和金属波导，实现了 96Mb/s 的 DVB-S2 数字信号的传输，传输距离达到 52m。2011 年，德国 IAF 研究所研制基于 InP mHEMT TMIC 的全固态 0.22THz 通信系统时，分别采用 16QAM、4QAM、128QAM 和 256QAM 调制方式进行了 DVB-C 数据传输。64QAM 的传输速率为 10Mb/s，256QAM 的传输速率为 14Mb/s，在相距 1m 时误码率分别为 10^{-8} 和 9.1×10^{-4}，传输速率为 7.5～25Gb/s，距离为 0.5～2m。2013 年，该研究所研制了全固态 0.24THz 通信系统，实现 1km 以上距离的传输；同时，在 0.24THz 频段上基于全电子学方式实现了 40Gb/s 传输速率、1km 距离的无线传输，采用 mHEMT 工艺研究的发射机和接收机 TMIC 芯片仅有 4mm×1.5mm 大小。2013 年 10 月，IAF 采用光电变换的发射机（光学梳状谱+UTC-PD），和电子学的 HEMT TMIC 接收机芯片，基于 QPSK、16QAM 多元调制体制，在 0.24THz 频段上实现了 100Gb/s 速率和 20m 距离的无线传输和离线软件解调。进一步研究期望在 0.2～0.3THz 的大气窗口内通信速率达到 1Tb/s。

本章小结

无线短距离通信技术的快速发展，有力地推动了无线通信特别是信息网络的覆盖和普及。而且在未来的生产发展中，伴随着越来越多的便携式个人通信设备和家用电器的出现，人们对信息传输与信息交流的要求也越来越明确，希望实现在任何时间、任何地点之间的信息交流，因此未来短距离通信技术还存在较大的扩展空间。

RFID 与 NFC 均属于无线射频技术，都是通过频谱中无线频率部分的电磁感应耦合形式实现传输，但 NFC 技术作为 RFID 技术的演进，两者在工作原理、通信技术等方面有着比较明显的差异。太赫兹技术作为未来无线短距离通信的热门技术，受到太赫兹波产生源和太赫兹波通信技术等方面的研究进展限制，影响了太赫兹波无线通信系统的实用化进程。

总体来说，RFID、NFC 和太赫兹等技术作为三种比较典型的无线短距离传输技术，分别具有其优缺点，也有着各自适用的频段、调制方式、作用距离和应用领域等，它们相互之间是互为补充的。需要充分利用这些技术的特点，不断完善和优化相关技术，以拓展其功能范围和降低经济成本，满足不同应用层面的人们对于无线短距离通信技术的有效需求。

思考题

（1）RFID 技术的基本工作原理是什么？

（2）RFID 技术有哪些关键技术？其典型的应用场景有哪些？

（3）NFC 技术的基本工作原理是什么？

（4）NFC 技术有哪些关键技术？其典型的应用场景有哪些？

（5）太赫兹技术的基本工作原理是什么？

（6）太赫兹技术有哪些关键技术？其典型的应用场景有哪些？

（7）分析 RFID、NFC 和太赫兹技术三种典型无线短距离传输技术的优缺点及相互间的差异。

参考文献

[1] 王志伟，闫秀霞，孙宝连. RFID 技术应用研究综述及研究趋势展望[J]. 物流技术，

2014，33（9）：1-5.

[2]　李玉明，刘英，何朝保. 一种基于 RFID 的有源电子标签在动车组上的应用[J]. 铁道机车与动车，2017（8）：31-32.

[3]　宋战伟. 基于智能天线的 UHF RFID 阅读器的研究与设计[D]. 天津：天津工业大学．2017.

[4]　辛永豪. RFID 宽带小型化天线的研究与设计[D]. 成都：西南交通大学，2017.

[5]　粟向军，郭观七. RFID 电子标签关键技术的应用与发展[J]. 电子科技，2012，25（7）：145-147.

[6]　陈晨. 双极化 RFID 无芯片标签的研究与实现[D]. 大连：大连海事大学，2017.

[7]　何洋. 缝隙结构天线在新型 RFID 标签设计中的应用研究[D]. 合肥：中国科学技术大学，2017.

[8]　黄伟庆，丁昶，崔越，等. 基于恶意读写器发现的 RFID 空口入侵检测技术[J]. 软件学报，2017，17（10）：1-15.

[9]　鲁力. RFID 系统密钥无线生成[J]. 计算机学报，2015，38（4）：822-832.

[10]　田芸. 被动电子标签身份识别中的若干问题的研究[D]. 上海：上海交通大学，2013.

[11]　Finkenzeller K. RFID Handbook: Fundamentals and Applications in Contactless Smart Cards and Identification[M]. Second Edition. New York: John Wiley & Sons, 2003.

[12]　黄伟华，杨建华，谭丽，等. 基于无线射频技术的高速公路自动收费系统设计及软件实现[J]. 电气自动化，2010（3）：72-73.

[13]　秦敏，赵飞，刘宁. "物联网"推动 RFID 技术和通信网络的发展[J]. 通讯世界，2016（3）：60-60.

[14]　雷琦. 计算机物联网技术在各个领域的应用[J]. 通讯世界：下半月，2016（2）：99-99.

[15]　张婷. 射频技术在物联网中的应用[J]. 现代电子技术，2014（6）：56-58.

[16]　王祝，李小勇. 射频技术在物联网中的应用研究[J]. 无线互联科技，2015（12）：43-44.

[17]　胡俊华. NFC 技术在汽车上的应用[J]. 中国电子商务，2014（18）：88-89.

[18]　田斌，张小娟，周倩倩，等. 基于 NFC 技术的门禁系统设计[J]. 电子世界，2014，22：21-22.

[19]　刘浩. 基于 NFC 技术的近场通信应用探索[J]. 中国无线电，2010（12）：34-35.

[20]　李卫. NFC 电子标签调制解调电路的研究与设计[D]. 合肥：安徽大学，2015.

[21]　王三元，程代伟. NFC 技术发展与应用[J]. 北京电子科技学院学报．2016，24（4）：44-49.

[22]　Coskun V, Ozdenizci B, Ok K. A survey on Near Field Communication (NFC) technology[J]. Wireless Personal Communications ,2013, 71(3): 2259-2294.

[23]　贾凡，佟鑫. NFC 手机支付系统的安全威胁建模. 清华大学学报（自然科学版）[J]. 2013，52（10）：1460-1464.

[24]　张玉清，王志强，刘奇旭，等. 近场通信技术的安全研究进展与发展趋势[J]. 计算

机学报，2016，39（6）：1190-1207.

[25]　史春腾. NFC 标准与技术发展研究[J]. 标准化研究. 2018（3）：55-58.

[26]　吴宇婷. 基于 NFC 技术的校园手机一卡通系统设计及应用[J]. 数字技术与应用，2017（4）：76.

[27]　李洪，江志峰，王颖，等. NFC 手机钱包的关键技术与应用展望[J]. 电信科学，2014（1）：66-68.

[28]　郭云，李军，包先雨. 基于 NFC 技术的物联网溯源系统研究与应用[J]. 计算机应用与软件，2018（2）：102-106.

[29]　宋清平. NFC 技术在物流业隐私保护和移动支付中的应用研究[J]. 无线互联科技，2016（16）：145-146.

[30]　CHERRY S. Edholm's Law of Bandwidth[J]. IEEE Spectrum, 2004, 41(7): 58-60.

[31]　FEDERICI J, MOELLER L. Review of Terahertz and Subterahertz Wireless Communication[J]. Journal of Applied Physics, 2010, 107(111101):1-22.

[32]　SONG H J, NAGATSUMA T. Present and Future of Terahertz Communications[J]. IEEE Transactions on Terahertz Science and Technology, 2011.

[33]　NAGASTSUMA T. Terahertz Technologies: Present and Future[J]. IEICE Electronics Express, 2011, 8(14): 1127-1142.

[34]　樊勇，陈哲，张波. 太赫兹高速通信系统前端关键技术[J]. 中兴通信技术，2018，24（3）：15-20.

[35]　VEKSLER D, ANIEL F, RUMYANTSEV S, et al. GaN heterodimensional Schotky Diode for THzdetection[C]. New York:IEEE, 2006.

[36]　DEAL W, MEI X B, LEONG K M K H, et al. THz Monolithic Integrated Circuits Using InP Highelectron Mobility Transistors[J]. IEEE Transactions on Terahertz Science and Technology, 2011, 1(1):25-32.

[37]　王玉文，董志伟. 太赫兹脉冲大气传输衰减特性[J]. 太赫兹科学与电子信息学报，2015，13（2）：208-214.

[38]　张健，邓贤进，王成，等. 太赫兹高速无线通信：体制、技术与验证系统[J]. 太赫兹科学与电子信息学报，2014，12（1）：1-13.

[39]　王娜，安振波. 关于太赫兹波通信技术研究现状分析及展望[J]. 通信技术，2016（6）：29.

[40]　韩晓，安景新，钟玲玲. 太赫兹通信技术动态分析及启示[J]. 电子世界，2018（3）：5-7.

[41]　邹明芮，周海东，李光彬，等. 太赫兹无线局域网媒体访问控制协议的优化设计[J]. 系统工程与电子技术，2017，39（12）：2824-2830.

[42]　杨鸿儒，李宏光. 太赫兹波通信技术研究进展[J]. 应用光学，2018（1）：12-21.

[43]　王娜，安振波. 关于太赫兹波通信技术研究现状分析及展望[J]. 数字技术与应用，2016（6）：29.

[44] HIRATA A, KOSUGI T, TAKAHASHI H, et al. 120GHz-band Milimeter-wave Photonic Wireless Link for 10-Gb/s Data Transmission[J]. IEEE Trans. on Microwave Theory and Techniques, 2006, 54 (5):1937-1944.

[45] SONG H J, AJITO K, MURAMOTO Y, et al. 24 Gbit/s Data Transmission in 300GHz Band for Future Terahertz Communications [J]. Electronics Letters, 2012, 8(15): 953-954.

[46] MOELLER L, FEDERICI J, SU K. 2.5 Gbit/s Duobinary Signaling with Narrow Bandwidth 0.625 Terahertz Source [J]. Electronics Letters, 2011,47 (15): 856-858.

[47] Lothar Moeller, John Federici, Ke Su. THz Wireless Communications: 2.5Gb/s Error-free Transmission at 625GHz Using a Narrow-bandwidth 1 mW THz Source[J]. IEEE Photonics Technology Letters, 2011, 9(2): 259-261.

[48] Kleine-Ostmann, C Jastrow. Measurement of Channel and Propagation Properties at 300GHz [J]. IEEE Spectrum, 2012, 41(7): 1324-1329.

[49] Ho-Jin Song, Tadao Nagatsuma. Present and Future of Terahertz Communications [J]. IEEE Transactions on Terahertz Science and Technology, 2011, 1(9): 256-263.

[50] J Antes, J Reicharty, D Lopez-Diaz. System Concept and Implementation of a mmW Wireless Link Providing Data Rates up to 25 Gbit/s [J]. Electronics Letters, 2013, 46(9): 34-40.

[51] H-J Song, K Ajito. 24Gbit/s Data Transmission in 300GHz Band for Future Terahertz Communications [J]. Electronics Letters, 2012, 48(7): 31-37.

[52] 顾立，谭智勇，曹俊诚. 太赫兹通信技术研究进展[J]. 物理，2013，42（10）：659-706.

[53] 宋琳. THz 空间通信可行性及需求分析[J]. 大连大学学报，2015，36（3）：17-21.

[54] JASTROW C, MUNTER K, PIESIEWICZ R, et al. 300 GHz Transmission System[J]. Electronics Letters, 2008, 44(3): 213-215.

[55] IBRAHEEM A, NORMAN Krumbholz, DANIEL Mittleman, et al. Low-dispersive Dielectric Reflectors for Future Wireless Terahertz Communication System[J]. IEEE , 2008, 12(9):930-931.

[56] PIESIEWICA R, JANSEN C, MITTLEMAN D, et al. Scatering Analysis for the Modeling of THz Communication Systems[J]. IEEE Trans. on Antennas and Propagation, 2007, 55(11):3002-3009.

[57] 杨鸿儒，李宏光. 太赫兹波通信技术研究进展[J]. 应用光学，2018，39（1）：12-21.

[58] 杨文文，刘文朋. 太赫兹通信研究进展[J]. 北京联合大学学报，2015，29（4）：19-28.

第 7 章

无线短距离通信与物联网系统

• • • • • • • •

作为新一代信息技术的高度集成和综合运用，物联网（Internet of Things，IOT）备受各界关注，也被业内认为是继计算机和互联网之后的第三次信息技术革命，其存在着巨大的应用前景和商机。物联网可应用于仓储物流、城市管理、交通管理、能源电力、军事、医疗等诸多领域，广泛涉及国民经济和社会生活的方方面面。

本章主要介绍与物联网密切相关的无线短距离通信技术，以及具有代表性的物联网应用：智能交通、智能家居、基于 5G 的智慧城市及无线智能电网和家庭能源管理等内容。

7.1 物联网的基本概念

2005 年，国际电信联盟（ITU）在突尼斯举行的信息社会世界峰会（WSIS）上，正式确定了"物联网"的概念，并在之后发布的《ITU 互联网报告 2005：物联网》报告中提出了普遍认可的"物联网"定义：通过射频识别（RFID）、红外感应、全球定位、激光扫描等信息传感设备，按约定的协议，把任何物品与互联网相连接，进行信息交换和通信，以实现对物体的智能化识别、定位、跟踪、监控和管理的一种网络。

广义地讲，物联网是一个未来发展的愿景，等同于"未来的互联网"或"泛在网络"；即能够实现人在任何时间、地点，使用任何网络与任何人或物信息交换的网络。狭义地讲，物联网是物品之间通过传感器连接起来的局域网。

在物联网的应用场景中，传感器等物联网设备需要实时交互共享信息，采用对等通信的方式，需要具有低功耗、无中心特征的无线短距离通信技术。无线传感设备网络技术用来建立局部范围内的物联网，再通过网关等特定设备接入互联网或广域核心网。物联网设备分为嵌入式系统和传感器两类。其中无线短距离通信技术主要用于包括嵌入式系统在内的电子设备之间的互联。

无线短距离通信技术以其丰富的技术种类和优越的技术特点，满足了物物互连的应用需求，逐渐成为物联网体系架构的主要支撑技术。同时，物联网的发展也为无线短距离通信技术的发展提供了丰富的应用场景，极大地促进了无线短距离通信技术与各行业的融合。

7.1.1　物联网的体系架构

物联网的体系架构主要包括三层：感知层、网络层和应用层，如图 7.1 所示。

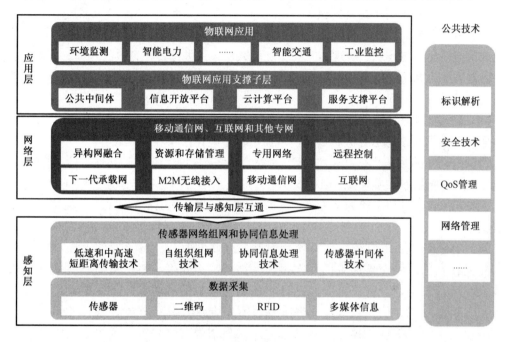

图 7.1　物联网的体系架构

感知层：感知层处在物联网体系架构的最底层。传感器系统、标识系统、卫星定位系统及相应的信息化支撑设备（如计算机硬件、服务器、网络设备、终端设备等）组成了感知层的最基础部件。感知层的功能主要是采集包括各类物理量、标识、音视频等在内的物理世界中发生的事件和数据。

网络层：网络层由各种私有网络、互联网、有线和无线通信、网络管理系统等组成，在物联网中起到信息传输的作用。该层主要用于对感知层和应用层的数据进行传输，它是连接感知层和应用层的桥梁。

应用层：主要包括云计算、云服务和决策模块。其功能主要体现在两个方面：一是完成数据管理和数据处理；二是将这些数据与各行业信息化需求相结合，实现广泛智能化应用。

此外，围绕物联网的三个逻辑层，还存在一个公共技术层。公共技术包括标识解析、安全技术、网络管理和 QoS 管理等技术。

7.1.2 物联网的特点

（1）全面感知。利用 RFID、传感器、二维码等随时随地获取物体的信息，包括用户位置、周边环境、个体喜好、身体状况、情绪、环境温度、湿度，以及用户业务感受、网络状态等。物联网为每一个物体植入一个传感器，然后将各个传感器采集到的信息进行综合分析、科学判定，得出综合结论。

（2）可靠传输。通过各种网络融合、业务融合、终端融合、运营管理融合，将物体的信息实时准确地传递出去，实现信息的交互和共享，并进行各种有效的处理。在这一过程中，通常需要用到现有的电信运行网络，包括有线和无线网络，其中无线传感网络技术应用较为广泛。

（3）智能处理。智能处理是指利用云计算、模糊识别等各种智能计算技术，对随时接收到的海量数据和信息进行分析处理，从而进行智能化决策和控制。

物联网采集的数据往往具有海量性、时效性、多态性等特点，给数据存储、数据查询、质量控制、智能处理等带来极大挑战。信息处理技术的目标是将传感器等识别设备采集的数据收集起来，通过信息挖掘等手段发现数据内在联系，发现新的信息，为用户下一步操作提供支持。

（4）信息安全要求更高。信息安全问题是互联网时代十分重要的议题，安全和隐私问题同样是物联网发展面临的巨大挑战。物联网除面临一般信息网络所具有的如物理安全、运行安全、数据安全等问题外，还面临特有的威胁和攻击，如物理俘获、传输威胁、阻塞干扰、信息篡改等。保障物联网安全涉及防范非授权实体的识别，阻止未经授权的访问，保证物体位置及其他数据的保密性、可用性，保护个人隐私、商业机密和信息安全等诸多内容，这里涉及网络非集中管理方式下的用户身份验证技术、离散认证技术、云计算和云存储安全技术、高效数据加密和数据保护技术、隐私管理策略制定和实施技术等。

7.1.3 物联网的应用场景

物联网被很多国家称为信息技术革命的第三次浪潮，有专家预言：物联网一定会像现在互联网一样高度普及。

物联网的应用领域，几乎涉及各行各业。比如环境保护、安全防范、卫生安全、商务金融、交通事业、物流配送、电力系统、城市社区、教育娱乐、工业生产、农林畜牧、司法行政、国防军事和医疗保健等。目前，物联网技术已经应用在公共安全、城市管理、环境监测、节能减排、交通监管等领域。

7.2　智能交通——车联网

7.2.1　技术概述

车联网（Internet of Vehicles）的概念是国内基于物联网概念提出的，在国外尚无完全对应的描述，近似的概念有 V2X，Connected Vehicle 等。根据中国车联网产业技术创新战略联盟的定义，车联网是以车内网、车际网和车载移动互联网为基础，按照约定的通信协议和信息交互标准，在车-X（X 为车、路、行人及互联网等）之间进行无线通信和信息交互的大系统网络，是能够实现智能化交通管理、智能动态信息服务和车辆智能化控制的一体化网络，是物联网技术在交通系统领域的典型应用。

车用无线通信技术（Vehicle to Everything，V2X）是将车辆与一切事物相连接的新一代信息通信技术，其中 V 代表车辆，X 代表任何与车交互信息的对象，当前 X 主要包含车、人、交通路侧基础设施和网络。车用无线通信技术信息交互模式包括车与车之间（Vehicle to Vehicle，V2V）、车与路之间（Vehicle to Infrastructure，V2I）、车与人之间（Vehicle to Pedestrian，V2P）、车与网络之间（Vehicle to Network，V2N）的交互，如图 7.2 所示。

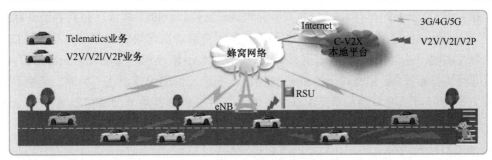

图 7.2　车用无线通信技术

V2V 是指通过车载终端进行车辆间的通信。车载终端可以实时获取周围车辆的车速、位置、行车情况等信息，车辆间也可以构成一个互动的平台，实时交换文字、图片和视频等信息。V2V 通信主要用来避免或减少交通事故的发生及对车辆进行监督管理等。V2I 是指车载设备与路侧基础设施（如红绿灯、交通摄像头、路侧单元等）进行通信，路侧基础设施也可以获取附近区域车辆的信息并发布各种实时信息。V2I 通信主要用于实时信息服务、车辆监控管理等。V2P 是指弱势交通群体（包括行人、骑行者等）使用用户设备（如手机、笔记本电脑等）与车载设备进行通信。V2P 通信主要用来避免或减少交通事故发生、提供信息服务等。V2N 是指车载设备通过接入网/核心网与云平台连接，云平台与车辆之间进行数据交互，并对获取的数据进行存储和处理，提供车辆所需要的各类应用服务。V2N 通信主要应用于车辆导航、车辆远程监控、紧急救援、信息娱乐服务等。

因此，V2X 将人、车、路、"云"等交通参与要素有机地联系在一起，不仅可以支持车辆获得比单车感知更多的信息，促进自动驾驶技术的创新和应用，还有利于构建一个智慧的交通体系，促进汽车和交通服务新模式、新业态的发展，提高交通效率、节省资源、减少污染、降低事故发生率。

V2V 通信的两大技术标准是专用短程通信（Dedicated Short Range Communication，DSRC）和长期演进技术——车辆通信（LTE-V）。

车联网是移动自组织网络的一种特殊形式和应用，主要包括车辆与车辆（V2V/IVC）、车辆与路旁设施（V2I/VRC）及车辆与行人（V2P）之间的直接或多跳通信，使得在现有道路网中动态、快速构建一个自组织、分布式控制的车辆专用短程通信（DSRC）网络成为现实。

IEEE 发布了车辆自组织网络（Vehicular Ad Hoc Networks，VANET）专用的车辆环境中的无线接入（Wireless Access in Vehicular Environments，WAVE）标准。其中，IEEE 802.11p 标准规范了 WAVE 标准的物理层与 MAC 层，它是决定 VANET 性能好坏的关键。

WAVE 标准的特点：设备间通信距离在 1000m 范围内；数据传输速率可以达到 3～27Mb/s；针对交通安全应用做优化，预留专门信道给公共安全。

7.2.2　DSRC 与 LTE-V2V 对比

作为 V2X 技术的先行者，经过多年的测试与验证，DSRC 技术已经具备了良好的可靠性与稳定性，目前已经非常成熟，在高速公路收费或者在车场管理中，都采用了 DSRC 技术建设实现不停车快速通道。在可用性方面，DSRC 不依赖网络基础设施和自组织网络，所以其网络稳定性强；但是由于 DSRC 使用的是不经过协调的信道接入策略，这对于以后 V2V 在确定性时延方面的要求是无法满足的，并且在系统容量上 DSRC 技术也无法达到 LTE-V 的水平。

LTE-V 技术作为后起之秀，发展潜力巨大。LTE-V2V 技术是在蜂窝技术基础上提出来的，因此在许多方面都与现行 LTE 系统极为相似，如帧结构和资源块等。LTE-V2V 可以重复使用现有的蜂窝式基础设施与频谱，不需要布建专用的路侧设备，同时也不需要提供专用频谱，并且能够使用手机中的同一类型的单一 LTE 晶片组，其成本也会大大降低。在覆盖范围、感知距离、承接数量、缩短时延等方面，LTE-V2V 技术更占优势。

7.2.3　WAVE 通信技术

协议模型能够表示网络中每一层协议的功能，另外，它还能描述上层协议与下层协议之间的相互作用。开放系统互连（OSI）模型是当前应用最广泛的互联网参考模型，它由一系列分层的相关协议构成。在这个模型中，网络被分为 7 层，每一层都提供了不同的功能和服务。另外，这个模型还定义了每层协议与其上层和下层之间的相互作用。

车辆自组织网络的关键技术便是利用车辆之间的无线通信。IEEE 定义的 WAVE 协议栈包含了 IEEE 802.11p 协议和 IEEE 1609 协议族。它们之间的异同点有：①在 OSI 模型和 WAVE 协议栈中，物理层和数据链路层的使用方法是类似的；②WAVE 协议栈的网络层和传输层规范与 OSI 模型不同；③WAVE 协议栈没有包含 OSI 模型的应用层、表示层和会话层；④WAVE 协议栈定义了两个新的组件，也就是资源管理器和安全服务。

图 7.3 给出了 WAVE 协议栈与 OSI 模型之间的映射关系。

OSI模型		WAVE协议栈
应用层 表示层 会话层	IEEE 1609.1	上层协议
传输层 网络层	IEEE 1609.3	网络服务
数据链路层	IEEE 1609.4	MAC层
物理层	IEEE 1609p	物理层

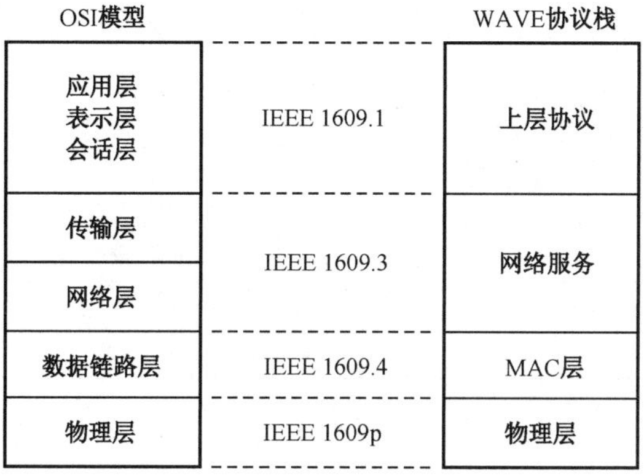

图 7.3　WAVE 协议栈与 OSI 模型之间的映射关系

WAVE 协议栈中，IEEE 802.11p 协议可用于定义 VANET 的物理层和 MAC 层。在 IEEE 802.11p 的基础之上，IEEE 1609 协议族实现了 WAVE 协议栈中的较高层协议，其中 IEEE 1609.1～1609.4 的功能分别如下所述：

（1）IEEE 1609.1：定义了 WAVE 协议栈的资源管理器。它描述了 WAVE 系统架构的关键组件，定义了数据流与资源，除此之外还规定了命令的消息格式与数据的存储格式。它还详细说明了 OBU（车载单元）可以支持的设备类型。

（2）IEEE 1609.2：处理应用与管理消息的安全性服务。它定义了安全消息的格式与处理过程，以及规定了应当使用安全信息交换的场合。

（3）IEEE 1609.3：定义了网络服务。它定义了网络层与传输层的服务，包括寻址与路由，支持安全的 WAVE 数据交换。它还描述了 WAVE 短消息（WSM）协议，这是一种可以替代 IP 协议的高效的 WAVE 专用协议，应用可以直接使用这个协议。它还涉及 WAVE 协议栈的管理信息库（MIB）。

（4）IEEE 1609.4：描述了对 IEEE 802.11 MAC 层的上半层的改进，规范了信道分配和协调方案，WAVE 的多信道操作特性便是由它定义的。

WAVE 标准架构如图 7.4 所示。

1. 物理层

（1）10MHz 信道。

IEEE 802.11p 定义了 WAVE 标准的物理层和 MAC 层，它涵盖了车辆自组织网络的几个主要特性：高动态的移动性、网络拓扑结构的快速变化、低延迟等。

IEEE 802.11p 的物理层具有 7 个信道，每个信道的带宽都为 10MHz，如图 7.5 所示。

资源管理器 IEEE 1609.1		WAVE 管理实体 （WME） IEEE 1609.3	安全服务 IEEE 1609.2
UDP/TCP	WAVE 短消息协议 （WSMP）		
IPv6			
LLC			
多信道操作 IEEE 1609.4			
WAVE MAC IEEE 802.11p		MAC 层管理实体 （MLME）	
WAVE PHY IEEE 802.11p		PHY 层管理实体 （PLME）	

图 7.4　WAVE 标准架构

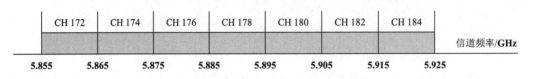

CH 172	CH 174	CH 176	CH 178	CH 180	CH 182	CH 184

信道频率/GHz

5.855　　5.865　　5.875　　5.885　　5.895　　5.905　　5.915　　5.925

图 7.5　IEEE 802.11p 的物理层信道

IEEE 802.11p 的物理层使用了正交频分复用（Orthogonal Frequency Division Multiplexing，OFDM）技术，它能够提高数据传输率，并且能够克服无线通信中的信号衰减。IEEE 802.11p 的物理层类似于 IEEE 802.11a 的物理层设计，但是它们之间主要的不同点在于 IEEE 802.11p 每个信道的带宽都是 10MHz，而 IEEE 802.11a 的信道带宽则是 20MHz，这意味着前者的所有参数在时域上是后者的两倍，IEEE 802.11a 与 IEEE 802.11p 的主要参数对比如表 7.1 所示。

表 7.1　IEEE 802.11a 与 IEEE 802.11p 的主要参数对比

参　　数	IEEE 802.11a	IEEE 802.11p	改　　进
数据速率	6/9/12/18/ 24/36/48/54Mb/s	3/4.5/6/9/ 12/18/24/27Mb/s	一半
调制方式	BPSK，QPSK， 16QAM，64QAM	BPSK，QPSK， 16QAM，64QAM	不变
编码效率	1/2，1/3，1/4	1/2，1/3，1/4	不变
子载波数量	52	52	不变
OFDM 符号长度	4μs	8μs	两倍
保护间隔时间长度	800ns	1600ns	两倍
训练序列长度	16μs	32μs	两倍
子载波间隔	312.5kHz	156.25kHz	一半
信道带宽	20MHz	10MHz	一半
纠错编码	$K=7$ 的循环卷积编码	$K=7$ 的循环卷积编码	不变

　　IEEE 802.11p 采用 10MHz 信道带宽的关键原因就是为了解决在车辆环境中增加的均方根（Root Mean Square，RMS）延时扩展。卡内基梅隆大学与通用汽车公司的研究表明，20MHz 信道带宽下的保护间隔时间长度，不足以抵消最坏条件下的 RMS 延时扩展（如在车辆环境中，当某个无线设备发射信号时，保护间隔时间长度可能不足以防止符号间干扰）。从表 7.1 中可以看出，IEEE 802.11p 的保护间隔时间长度为 1600ns，是 IEEE 802.11a 的两倍，这也就意味着 IEEE 802.11p 可以容忍更大的均方根延时扩展，这一选择方案可以用于室外高速移动的车辆环境。

　　（2）多信道操作。

　　IEEE 1609 协议族中的 IEEE 1609.4 协议支持多信道操作，并且改善了 IEEE 802.11p 的 MAC 层性能。这个协议描述了 7 个具有不同特性和用途的信道，它们的工作频率与发射功率各不相同。IEEE 802.11p 的工作频段被分为 6 个服务信道（SCH）及 1 个控制信道（CCH），它们都有着不同的特性。WAVE 标准的可用信道如图 7.2 所示。

表 7.2　WAVE 标准的可用信道

特　　性	信　道　编　码						
	172	174	176	178	180	182	184
信道类型	SCH	SCH	SCH	CCH	SCH	SCH	SCH
发射功率/dBm	33	33	33	44.8	23	23	40
工作频率/GHz	5.860	5.870	5.880	5.890	5.900	5.910	5.920

　　从表 7.2 中可以看出，每个信道的用途不同，它们的发射功率也就有着相应的差别。因为信道 178 是控制信道，而它所传输的数据大多都是安全性消息，所以它的发射功率应当是最大的（44.8dBm），这样可以保证这些重要数据传输得更远。

　　每个 WAVE 设备都可以在控制信道和一个服务信道之间来回切换，但是同一时刻不能使用两个不同的信道。包含一个控制信道间隔和一个服务信道间隔的周期时间不能持续超过 100ms。控制信道一般用于系统控制数据和安全性消息传输，而非安全性消息只能在 6 个服务信道中进行交换。

　　（3）更高的接收器性能指标。

　　虽然在美国或者其他国家，有很多的信道可以用于 IEEE 802.11p 的部署与使用，但是道路上车辆密集分布的特点使得人们越来越关注交叉信道干扰。若多辆紧靠相邻的车辆（例如在相邻车道中紧靠的两辆车）分别工作于两个相邻的信道中，则会有互相干扰的可能性存在。例如，车辆 A 在信道 176 上发送数据帧，可能会干扰并阻止相邻车道的车辆 B（假设相距 2.5m）在信道 178 上接收从相距 200m 远处的车辆 C 发来的安全性消息。

　　交叉信道干扰是无线通信中众所周知的自然物理特性。对这个问题最有效及最适当的解决方法就是使用完全在 IEEE 802.11 体系范围之外的信道管理策略。尽管如此 IEEE 802.1 lp 还是以相邻信道抑制的方式引入了一些更高的接收器性能指标，如表 7.3 所示。

表 7.3　更高的接收器性能指标

调制方法	编码率/R	相邻信道抑制/dB	非相邻信道抑制/dB
BPSK	1/2	28	42
BPSK	3/4	27	41
QPSK	1/2	25	39
QPSK	3/4	23	37
16QAM	1/2	20	34
16QAM	3/4	16	30
64QAM	2/3	12	26
64QAM	3/4	11	25

（4）改良的频谱遮罩。

频谱遮罩描述了无线发射器的非线性特性，同时它也是无线设备发射功率所引起的相邻信道干扰大小的重要评估指标。5.850～5.925GHz 频段上 IEEE 802.11p 的频谱遮罩如表 7.4 所示。

表 7.4　IEEE 802.11p 的频谱遮罩

站点发射功率等级	允许的功率谱密度/dBr				
	±4.5 MHz 偏移（±f1）	±5.0 MHz 偏移（±f1）	±5.5 MHz 偏移（±f1）	±10 MHz 偏移（±f1）	±15 MHz 偏移（±f1）
Class A	0	−10	−20	−28	−40
Class B	0	−16	−20	−28	−40
Class C	0	−26	−32	−40	−50
Class D	0	−35	−45	−55	−65

IEEE 802.11p 频谱遮罩如图 7.6 所示，图中显示了信道起始频率与信道编号所定义的信道中心频率（Fc）。0dBr 等级是在信道中测得的最大功率谱密度。

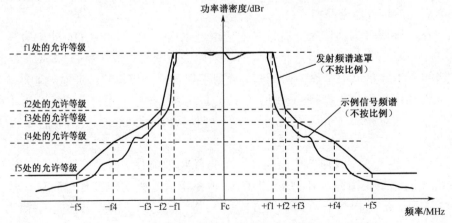

图 7.6　IEEE 802.11p 频谱遮罩（频谱模板）

2．MAC 层

（1）WAVE 模式。

WAVE 标准为 IEEE 802.11 协议族定义了一个新的工作模式，称为"WAVE 模式"。如果一个 IEEE 802.11 无线设备工作在 WAVE 模式下，那么它所收发的所有数据帧中的基本服务集标识符（Basic Service Set ID，BSSID）字段都是通配符（Wild Card）BSSID，这个无线设备既不是基础设施型 BSS 中的成员，也不是独立型 BSS 中的成员。通配符 BSSID 是一种特殊的 BSSID，它的取值全部都是"1"，表示无线设备工作在 WAVE 模式下。

车辆安全性通信需要即时的数据交换能力，但是在传统的 IEEE 802.11 中，每个站点在展开通信之前，必须首先执行复杂耗时的身份验证、网络关联等 MAC 操作，通信时的数据保密性服务也会造成很大的时间延迟。如果车辆自组织网络采用传统的 IEEE 802.11，那么就可能会导致两个问题：一是当一辆车在路上遇到另一辆迎面驶来的车辆时，如果车辆的相对速度很快，则可用于通信的时间就会非常短，它们根本来不及交换车辆安全性消息；二是快速接近路侧基站（可能这个基站提供数字地图下载服务）的车辆，由于它通过这个基站覆盖范围的时间极短，基站根本来不及为这辆车提供任何服务。

综上所述，传统 IEEE 802.11 的 MAC 操作耗时太长，所以 IEEE 802.11p 中必须关闭身份验证、网络关联、数据保密性服务等功能。这就意味着只要两辆车的无线设备工作在 WAVE 模式下，一旦这两辆车相遇，就可以立即展开通信，而没有任何额外的开销。如果某些应用需要使用这些功能，那么可以由上层协议来实现它们。

IEEE 802.11p 定义了一个新的管理信息库（Management Information Base，MIB）属性，也就是 dot11OCBEnabled 属性。无线设备可以通过设置这个属性的值，在传统模式和 WAVE 模式之间切换。如果 dot11OCBEnabled 属性值等于 1，则工作在 WAVE 模式下；如果 dot11OCBEnabled 属性值等于 0，则工作在普通模式下。

（2）站点同步与定时公告。

如果无线设备工作在普通模式下，那么它们都应当使用定时同步功能（TSF），与一个外部公共时钟（可能由接入点提供）保持同步，并且维护一个本机内部的 TSF 计时器。但是，在 WAVE 模式中，由于每个无线设备都是对等的，并不存在公共时钟，所以就不能按照上述方式使用 TSF 计时器实现定时同步功能。

有些工作在 WAVE 模式下的无线设备为了使用多项服务，可能需要在信道间隔边界上切换信道。由于没有外部时间标准，所以此时就需要使用 TSF 计时器。TSF 计时器是无线设备的内部时钟，可用于确定服务信道和控制信道的间隔时间，TSF 时间的分配使得无线设备在没有 GPS（可以提供 UTC 时间）的情况下也能够同步切换信道。IEEE 802.11p 设备通过定时公告帧交换各自的定时同步信息，它可用于站点之间的时序分配与时间校准。发送数据的无线设备会发送这个帧，对外公布自己的时间标准，而接收数据的无线设备会根据这个帧中的定时同步信息，将自己的时间估计校准到与发送数据的无线设备相同。

（3）身份验证与网络关联。

传统的 IEEE 802.11 规定无线设备在正式进行通信之前，必须先使用身份验证与网络关联功能，以便确认无线设备的身份是否合法，然后再允许其加入网络。这两项功能会耗费大量的时间与资源，使得交通环境下所需要的突发即时通信变得难以实现。由于车辆自组织网络对通信延迟的要求非常高，所以 IEEE 802.11p 取消了这两项功能，以确保数据传输的时效性。如果某些应用需要在验证和关联之后才能够提供服务，那么就应当由上层协议实现这两项功能。

（4）BSS 外部数据通信。

IEEE 802.11p 为工作在 WAVE 模式下的无线设备定义了一种新的数据通信过程。当 dot11OCBEnabled 属性值等于 1 的时候，无线设备便工作在 WAVE 模式下，它们可以在 BSS 的覆盖范围之外展开数据通信。

WAVE 无线设备可以将数据帧发送到一个单个目的 MAC 地址（单播），也可以发送到一个群组目的 MAC 地址（组播和广播）。这种类型的通信可以保证即时通信，避免了与 BSS 建立关联和身份验证时所带来的延迟。任何工作在 WAVE 模式下的无线设备既不是基础设施型 BSS 中的成员，也不是独立型 BSS 中的成员，它们不会使用 IEEE 802.11 的身份验证、关联，以及数据保密性服务。这种能力尤其适合在快速变化的通信环境中使用，如某些移动车辆之间的通信，它们之间的通信间隔时间是非常短的（通常只有数十或数百毫秒）。

WAVE 无线设备的数据通信可能会在某个专用的频段中发生，而这个频段需要各个国家和地区的监管机构的授权。WAVE 设备起初会在一个预先已知的信道中发送与接收数据，这个信道可以是监管机构指定的频段，也可以是在监管范围之外的 ISM 频段。IEEE 802.11p 的供货商特定（Vendor Specific）动作帧提供了一种方法，使得 WAVE 无线设备可以在 BSS 覆盖范围之外进行数据通信之前，相互交换管理信息。所有的 WAVE 无线设备都会将帧中的 BSSID 字段设置为通配符 BSSID 值。

（5）EDCA 机制。

为了减少冲突和提供对信道的公平访问服务，IEEE 802.11p 使用了带冲突避免的载波监听多路访问（CSMA/CA）机制。为了正确描述 CSMA/CA 的工作机制，有必要首先解释一下两个重要参数：

① 仲裁帧间间隔（AIFS）：无线设备发送数据之前，用于监听信道空闲状态的最短时间。

② 退避时间：当无线设备发送数据遇到冲突，或者数据未能发送成功时，就会被强制停止一段时间，这段时间是随机的。

当一个无线设备有数据等待发送时，它首先会在一段长度为 AIFS 的时间内监听传输介质的状态，如果传输介质空闲，那么这个无线设备就会开始发送数据。如果传输介质忙碌，那么这个无线设备就应当执行退避操作。

IEEE 802.11p 的 MAC 层不仅使用了 WAVE 架构的多信道操作功能，而且还使用了 IEEE 802.11e 的增强型分布式信道访问（EDCA）机制。EDCA 机制是一种服务质量扩展功能，它将重要的消息按照优先级高低进行了分类。这个机制为每个信道定义了 4 个不同的访问类别（AC）。访问类别可以表示为 AC[0]～AC[3]，每个访问类别都有 1 个独立的发送队列。

　　EDCA 机制通过为每个访问类别分配不同的竞争参数达到区分优先级高低的目的。AC[3]具有最高的介质访问优先级，而 AC[0]的优先级则是最低的。因此，6 个服务信道和 1 个控制信道的每一个信道都具有 4 个不同的访问类别。在数据传输期间，为了取得介质访问权，会进行两次竞争：①内部竞争，每个信道的各个访问类别之间展开的竞争；②外部竞争，信道之间为了争取介质访问权而展开的竞争。内部竞争与外部竞争过程如图 7.7 所示。

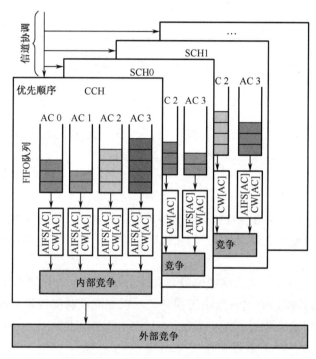

图 7.7　内部竞争与外部竞争过程

　　在整个数据传输的过程中，EDCA 机制会根据消息的重要程度，将每个帧分类到不同的访问类别中。然后，被选中的帧会使用它们自己的竞争参数参与介质访问权的竞争。控制信道的默认竞争参数如表 7.5 所示。

表 7.5　控制信道的默认竞争参数

访 问 类 别	CWmin	CWmax	AIFSN	TROP Limit
AC_BE	aCWmin	aCWmax	9	0
AC_BK	aCWmin	aCWmax	6	0
AC_VI	（aCWmin+1）/2-1	aCWmin	3	0
AC_VO	（aCWmin+1）/4-1	（aCWmin+1）/2-1	2	0

在表 7.5 中，AC_BE 对应于 AC[0]，AC_BK 对应于 AC[1]，AC_VI 对应于 AC[2]，AC_VO 对应于 AC[3]。每个访问类别的传输机会时限（TROP Limit）都是 0，这表明当某个无线设备获得介质访问权之后，无论它使用的数据传输速率是多少，在这段时间内总是能够刚好传输完一个数据帧，这就确保了无线设备不会因为占用传输介质的时间不够长而导致传输失败。图 7.8 为 EDCA 机制的时序关系。

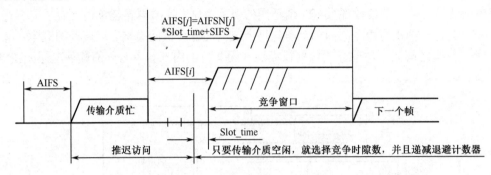

图 7.8   EDCA 机制的时序关系

从图 7.8 中可以看出，AC[i]的优先级要高于 AC[j]，因为 AC[i]的 AIFS 较小（AIFS[i]<AIFS[j]），它能够比 AC[j]更早地进入竞争窗口。

3．网络层与传输层

IEEE 1609.3 定义了网络层与传输层服务的操作。此外，它还提供了车辆与车辆之间（V2V）、车辆与基础设施之间（V2I）的无线连接方法。WAVE 的网络服务功能可以分为两大类：

（1）数据服务：负责发送网络通信量和支持 IPV6 与 WAVE 短消息协议（WSMP）。安全性应用可以通过 WSMP 对外发出短消息，用以提高及时接收消息的概率。

（2）管理服务：负责配置和维护系统，如 IPV6 配置、信道使用情况监控、应用注册等。这类服务被称为 WAVE 管理实体（WME）。

任何工作在 WAVE 模式下的无线设备都应当按照 RFC768 和 RFC793 分别实现 UDP 协议和 TCP 协议。

4．资源管理器与安全服务

在车辆自组织网络中，有两种类型的无线访问方法：

（1）路侧单元（Road Side Unit，RSU）：RSU 是放置于道路两侧的静态基站。

（2）车载单元（On Board Unit，OBU）：OBU 是装备在车辆上的无线收发设备，可以在车辆移动时进行操作。

如图 7.9 所示为 WAVE 架构的主要功能组件。

RSU 是一系列能够提供各项应用服务的主机。为了使用这些应用服务，OBU 上也安装有相应的对等应用程序。另外，当 OBU 远离 RSU 时，其无线设备上也会安装一些能够不依赖于 RSU 的应用程序。

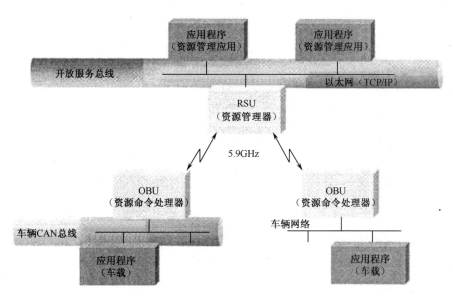

图 7.9　WAVE 架构的主要功能组件

　　IEEE 1609.1 定义了一种 WAVE 应用，称为资源管理器（Resource Manager，RM）。无论是 OBU，还是 RSU，它们都会实现 RM 的功能。RM 会接收远端 OBU 上的应用程序发来的请求，然后通过开放服务总线向这些 OBU 提供 RSU 上的应用服务。

　　为了增强车辆网络通信的安全性与保密性，确保它们不会受到各种类型的网络攻击，车辆自组织网络需要一套合适的防护机制。IEEE 1609.2 标准为 WAVE 架构及运行在 WAVE 架构上的应用程序提供了安全保密服务。这个标准定义了安全保密消息的格式，以及这些消息的处理方法。此外，它还描述了核心的安全保密功能。

7.2.4　LTE-V 通信技术

　　DSRC 发展较早，目前技术已经非常成熟，但 LTE 技术在未来的汽车联网领域仍有广阔空间。LTE-V 是基于移动蜂窝网络的 V2X 通信技术，LTE V2X 针对车辆应用定义了两种通信方式：蜂窝式（LTE-V Cell）和直通式（LTE-V Direct）。蜂窝式也称为集中式，类似于传统网络，需要基站进行控制。直通式也称为分布式，不需要基站作为信息控制中心。

　　随着移动通信技术不断进步，5G 技术应用有望满足车联网对更高可靠性与更低时延的需求，并且可以解决 DSRC 技术在离路覆盖、容量与安全等方面的问题。目前的 LTE-V 通信技术主要基于 4G 网络，其包含以下几点优势：可以借助原有的网络设备进行部署，共用蜂窝网络；借助集中式的资源协调技术，传输更加可靠；可以实现大带宽、大覆盖通信；主推者主要是电信企业，能够使网络运营更加规范。

　　LTE-V 对 V2X 通信的需求如表 7.6 所示。

　　5G 技术的普遍应用会使车联网的应用场景产生质的变化，其定义的超高可靠与低时延的通信（Ultra Reliable & Low Latency Communication，URLLC）是 ITU-R 确定的 5G 三大主要应用场景之一，其提出了以下的性能指标：低时延，单数据包用户面空口单次传输时延不大于 1ms；高可靠性，在多次重传总时延不大于 10ms 的条件下，空口传输可靠性不低于 99.999%；高移动性，支持高达 200km/h 的车辆绝对速度，在高多普勒效应下保持网络传输的稳定与可靠。

表 7.6　LTE-V 对 V2X 通信的需求

类　　型	业　务　场　景	时　　延	数据包大小	覆　盖　范　围
安全	碰撞预警	20～100ms	较小	<300m
交通	交通指示灯、路况、导航	500ms	较小	1000m 至全覆盖
娱乐	娱乐信息	1～10s	大（可至兆级）	全覆盖

V2V 通信是指通过车载终端进行的车辆之间的通信，作为 ITS 的重要组成部分，其主要实现的是在相互靠近的移动车辆间进行数据的高效可靠传输。V2V 通信技术摆脱了传统的固定式基站的制约，不需要通过基站的转发，车辆之间就可以直接进行无线信息的传输与交换，是一种给移动状态下的车辆终端提供直接的端到端的通信技术。

与传统 LTE 系统中信息只通过上行信道与下行信道进行传输不同，V2V 通信中增加了一种新的通信模式 Sidelink，它是一种实现用户之间近距离服务的通信模式。Sidelink 包含四个物理信道，分别是物理 Sidelink 广播信道（Physical Sidelink Broadcast Channel，PSBCH）、物理 Sidelink 控制信道（Physical Sidelink Control Channel，PSCCH）、物理 Sidelink 发现信道（Physical Sidelink Discovery Channel，PSDCH）和物理 Sidelink 共享信道（Physical Sidelink Shared Channel，PSSCH）。其中，PSBCH 用于广播信息，PSCCH 用于控制信息，PSDCH 用于通信的发现过程，PSSCH 用于传输用户数据信息。并且 Sidelink 同步信号包含 2 个信号：主 Sidelink 同步信号（Primary Sidelink Synchronization Signal，PSSS）和辅 Sidelink 同步信号（Secondary Sidelink Synchronization Signal，SSSS）。

V2V 通信场景基于两类通信方式，一类是基于 PC-5 接口，另一类是基于 Uu 接口。如图 7.10 所示为基于 PC-5 接口的 V2V 通信场景，基于 PC-5 接口的通信方式不经过演进的 UMTS 陆地无线接入网（Evolved UMTS Terrestrial Radio Access Network，E-UTRAN）的转接，而是车辆之间直接进行消息的发送，由发射车辆将信息发送给接收车辆。PC-5 接口同样支持在 V2P、V2I 等场景中应用，即由发射车辆完成对 RSU 或行人的消息传输。传输方式包括单播、多播和广播。

如图 7.11 所示为基于 Uu 接口的 V2V 通信场景，在该通信场景下，发射车辆将消息通过上行链路发送给 E-UTRAN，然后由 E-UTRAN 通过下行链路发送给接收车辆，Uu 接口同样支持在 V2N、V2I 等场景中应用。对于上行链路，传输方式一般为单播传输；对于下行链路，传输方式包括单播、多播和广播。

由于不需要经过基站或者 RSU 的转接，所以系统时延会大大降低，但是其通信范围有限，并且当车辆密度较大时，车辆之间的干扰较重。而基于 Uu 接口的 V2V 通信系统因为需要经过基站或 RSU 的转接，系统时延会比较大，而且对系统带宽需求大；但是经过基站的转接后，其通信信息发送的有效距离会大大增加。因此，在研究无线短距离通信时，一般采用基于 PC-5 接口的场景，而在研究长距离无线通信时，通常会采用基于 Uu 接口的场景。本节所研究的 V2V 通信是正是基于 PC-5 接口场景的通信。

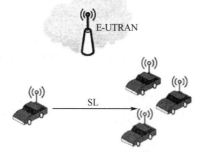

图 7.10　基于 PC-5 接口的 V2V 通信场景

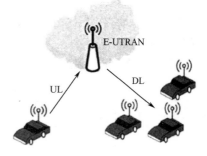

图 7.11　基于 Uu 接口的 V2V 通信场景

1. 通信的时频资源

V2V 网络中信息的传输是以帧进行的，直通链路 Sidelink 由无线帧组成，其长度为 T_f，帧结构与 TD-LTE 系统的帧结构相同。从时域角度来看，1 个无线帧为 10ms，每个无线帧由 10 个 1ms 的子帧构成，每个子帧包含 2 个时隙，开始于 1 个偶数时隙，每个时隙长度为 0.5ms。如图 7.12 所示，$T_f = 307\,200 \times T_s = 10\text{ms}$，$T_{\text{slot}} = 153\,600 \times T_s = 0.5\text{ms}$。另外，每个子帧的最后一个 SC-FDMA 符号作为保护间隔不能使用。时域上 Sidelink 无线帧结构如图 7.12 所示。

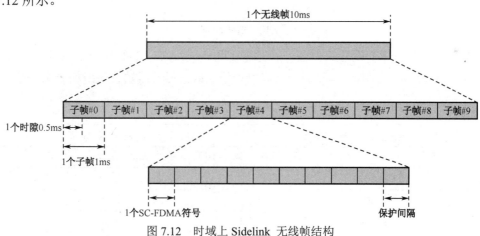

图 7.12　时域上 Sidelink 无线帧结构

从频域角度来看，单元资源由 12 个子载波组成，其带宽为 180kHz，频域上的结构如图 7.13 所示。

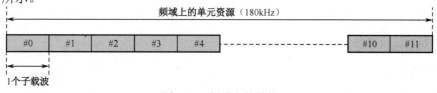

图 7.13　频域上的结构

最小的资源单位是资源粒子（Resource Element，RE），其在时域上为1个OFDM符号，频域上为1个子载波。物理层以RE为基本单位进行资源映射。资源调度的最小单位为资源块（Resource Block，RB），其由1个时隙内所有的OFDM符号和频域上12个子载波组成的，资源块结构如图7.14所示。循环前缀（Cyclic Prefix，CP）的长度影响着1个时隙内OFDM符号的个数，1个时隙内包括的OFDM符号总个数是NsymnSL个。当CP为常规类型时，NsymnSL对应7个符号；当CP为扩展类型时，NsymnSL对应6个符号。因此，如果是常规类型，则1个RB由12×7=84个RE组成；如果是扩展类型，则1个RB由12×6=72个RE组成。

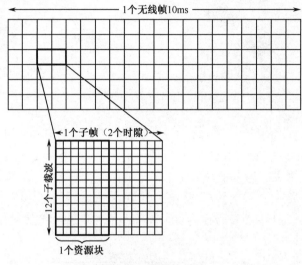

图 7.14　资源块结构

天线端口上的一个符号的信道可以通过在同一天线端口上的另一个符号的信道来推断。每一个天线端口都有一个资源网格。物理信道或信号天线端口映射如表7.7所示。

表 7.7　物理信道信号天线端口映射

物理信道或信号	天 线 端 口
PSSCH	1000
PSCCH	1000
PSDCH	1000
PSBCH	1010
同步信号	1020

资源粒子RE在天线端口P对应一个复值，若未发生混淆或未指定特定的天线端口时，该端口P可以省略。在时隙中不用于传输物理信道或信号的资源粒子所对应的复值应设置为零。

2. 广播协议

LTE-V2V系统为安全类应用设计，车辆在高速行驶过程中，需要不间断地获取周围车辆和路况环境信息。因此，LTE-V2V 采用车辆周期广播信息的方式，保障周围车辆和自身能够及时有效地接收路况信息。对于车联网中广播协议的研究主要从不同场景、不同车流密度及时延性等方向展开。目前用于车联网中较为成熟的广播协议包括城市多跳广播（Urban Multihop Broadcast，UMB）协议、智能广播（Smart Broadcast，SB）协议及二元分割广播（Binary Partition Assisted Broadcast，BPAB）协议等。

7.2.5　5G 车联网

5G 网络的主要目标是让终端用户始终处于联网状态。在汽车行业，这会对智能网联汽车的应用起到关键的支持作用，特别是 5G 通信技术在低时延、高移动性车联网场景中的应用，能有效解决当前车联网面临的多方面问题和挑战，使 5G 车载单元（OBU）在高速移动的情况下获得更好的性能。而且 5G 通信技术无须车联网单独建设基站和服务基础设施，而是随着 5G 通信技术的普及而普及，这为车联网的发展带来历史性的机遇。

1. 5G 车联网的体系结构

未来 5G 通信技术在车联网场景的应用使车联网拥有更加灵活的体系结构和新型的系统元素（5G 车载单元、5G 基站、5G 移动终端、5G 云服务器等），除了在车内网、车际网、车载移动互联网实现 V2X 信息交互以外，5G 车联网还将实现 OBU、基站、移动终端、云服务器的互联互通，并分别给予它们特殊的功能和通信方式。5G 车联网体系结构的特点主要为 OBU 多网接入与融合、多身份 5G 基站、OBU 多渠道互联网接入。

（1）OBU 多网接入与融合。

在车联网中，多种网络（包括基于 IEEE 802.11a/b/g/n/p 的 WLAN、2G、3G 蜂窝通信、LTE 及卫星通信等网络）共存，这些网络在车联网通信中使用不同的标准和协议，数据处理和信息交互不完善。而 5G 车联网将融合多种网络，实现无缝的信息交互和通信切换。5G 移动通信网络是一个包括宏蜂窝层和设备层的双层网络，其中，宏蜂窝层与传统蜂窝网络相似，涉及基站和终端设备之间的直接通信。在设备层通信中，设备到设备（Device-to-Device，D2D）通信是 5G 移动通信技术的重要组成部分，是一种终端与终端之间不借助任何网络基础设施直接进行信息交互的通信方式。根据基站对资源分配和对起始、目的、中继终端节点的控制情况，D2D 终端通信方式可分成四类。5G 车联网基于 D2D 的通信方式如图 7.15 所示。

第一类是基站控制链路的终端转发。终端设备可在信号覆盖较差的环境下，通过邻近终端设备的信息转发与基站通信。其中，通信链路的建立由 5G 基站和中继控制。在这种通信方式下，终端设备可实现较高的服务质量（Qualify of Service，QoS）。第二类是基站控制链路的终端直通。终端之间的信息交互与通信没有基站的协助，但需要基站控制链路的建立。第三类是终端控制链路的终端转发。基站不参与通信链路的建立和信息交互，源终端与目的终端通过中继设备协调控制彼此之间的通信。第四类是终端控制链路的终端直通。终端之间的通信没有基站和终端设备的协助，可自行控制链路的建立，这种方式有利于减轻设备之间的干扰。未来 5G 车联网 D2D 通信技术将为车联网提供新的通信模式。在车载移动互联网中，OBU 可直接通过 5G 基站或中继（包括邻近的 OBU、用户移动终端）快速接入互联网，实现车与云服务器的信息交互；在车内网中，为充分实现用户与车辆的人机交互，在 OBU 为媒介且与用户 5G 车载终端之间在没有基站或其他终端设备协助的情况下，通过自行控制链路，进行短距离的车辆数据传输；在基于 D2D 的通信网络中，OBU 可在网络通信边缘或信号拥塞地带基于单跳或多跳的 D2D 建立网络，实现车辆自组织网络通信。通过对 5G 车联网通信方式的分析可知，5G 车联网将改变基于 IEEE 802.11p 的车联网通信方式，实现多实体之间（OBU 之间及 OBU 与车主移动终端、行人、5G 基站、互联网之间）的信息交互，实现 OBU 的多网接入及车内网、车际网、车载移动互联网的"三网融合"。5G 车联网"三网融合"结构如图 7.16 所示。

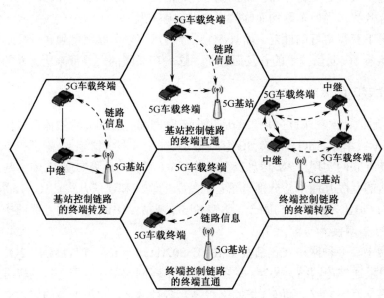

图 7.15　5G 车联网基于 D2D 的通信方式

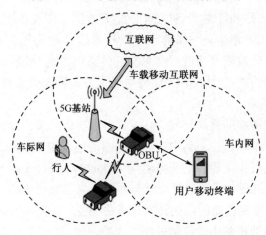

图 7.16　5G 车联网"三网融合"结构

（2）多身份 5G 基站。

传统的基站作为终端通信的中继，在数据转发和链路控制等方面起着重要作用，而 5G 基站的大量部署，将实现超密集网络，从而满足用户的精确定位、协助终端通信等需求。在基于 5G 技术的通信网络中，D2D 技术涉及终端与基站（D2B）、基站与基站（B2B）之间的直接通信。其中，D2B 与 B2B 以自组织方式通信将是一个重要的突破，这决定了 5G 基站将以不同的角色发挥至关重要的作用。

在车联网的应用场景中，5G 基站将拥有以下功能。一是协作中继。5G 基站具备传统基站的中继转发功能，作为无线接入点，协助车与互联网通信。二是担当 RSU。在高速运行的环境中，车辆自组织网络通信中的 5G 基站将取代 RSU，与 OBU 实时通信，通过广播的方式向车辆自组织网络中的车辆发布交通信息，并协助车与车通信及多个车辆自组织网络通信。这不仅节约了车联网体系的构建成本，而且解决了 V2I 通信系统融合面临的多方面问题。三是精确定位。GPS 作为当前 OBU 的定位系统是非常脆弱的，容易受到欺骗、阻塞等多种类型的攻击。并且，GPS 的信号容易受到天气影响，导致无法精确定位。未来 5G 基站的大量部署，使用更高的频率和信号带宽，实施密集网络及大规模的天线阵列，使 OBU 在非视距（Non-Line of Sigh，NLOS）复杂环境下减少定位误差。另外，D2D 通信充分利用高密度终端设备连接的优势，从两个方面提高定位性能：一方面是大量的 D2D 链路可以为确定车辆之间的伪距（由于卫星钟、接收机钟的误差及无线电信号经过电离层和对流层中的时延，实际测出的距离与卫星到接收机的几何距离有一定的差值，因此一般称测量出的距离为伪距）提供信号观测；另一方面是 OBU 的 D2D 通信链路为定位直接交换所需数据，可进一步加快局部决策，改进位置估计过程的收敛时间。

（3）OBU 多渠道互联网接入。

在将来 5G 移动网络通信中，5G 终端通过自行控制通信链路建立、定期广播身份信息、其他邻近的终端及时发现并评估多个信道状态信息（Channel State Information，CSI），自适应地选择当前最优的信道，建立一个 5G 终端之间的直接通信或选择合适的中继转发消息。这种通信方式使 5G 终端以最优的方式实现信息交互，同时也提高了频谱和能源的利用率。根据 5G 终端高效、多样化的通信方式，OBU 多渠道互联网接入如图 7.17 所示，OBU 除当前车联网的 V2I 协作通信方式外，还可通过邻近的 5G 基站、5G 车载单元（OBU）和 5G 移动终端等多渠道自适应地选择质量较好的信道接入互联网。

2. 5G 车联网的特征

5G 移动通信融合认知无线电（Cognitive Radio，CR）、毫米波、大规模天线阵列、超密集组网、全双工通信（Full-duplex，FD）等关键技术，显著提高了通信系统的性能。相比 IEEE 802.11p 通信，5G 车联网的特点主要体现在低时延与高可靠性、频谱和能源高效利用及更加优越的通信质量上。

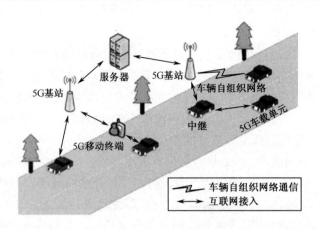

图 7.17　5G 车联网 OBU 多渠道互联网接入结构

（1）低时延与高可靠性。

作为车联网信息的发送端、接收端和中继节点，消息传递过程必须保证私密性、安全性和高数据传输率，通信应具有严格的时延限制。车联网通信数据的密集使用及频繁交换对实时性要求非常高，然而，受无线通信技术的限制（如带宽、速度和域名等），通信时延达不到毫秒级，不能支持安全互联需求。而 5G 高/超高密集度组网、低设备能量消耗大幅度地减小信令开销，解决了带宽和时延（时延低至毫秒级）等相关问题，满足了低时延和高可靠性需求，这成为车联网发展的最大突破口。5G 网络服务的优化不仅要支持当前的应用服务，而且要适应高速增长的信息量并满足将来多样性的服务需求，尤其是对于时延高度敏感的通信，如车联网 V2X 通信场景，严格要求低时延和高可靠性，这是 5G 网络体系结构应用的显著特点。

（2）频谱和能源高效利用。

5G 车联网的一个重要的特征是频谱和能源的高效利用。5G 通信技术在车联网的应用将解决当前车联网资源受限等问题。5G 车联网的频谱和能源的高效利用主要体现在以下几个方面上。一是在 5G 通信中，D2D 通信方式通过复用蜂窝资源实现终端直接通信。OBU 将基于 D2D 通信技术实现与邻近的 OBU、5G 基站、5G 移动终端的车联网自组织网络通信和多渠道互联网接入，提高了车联网通信的频谱利用率；且与基于 IEEE802.11p 的车联网 V2X 通信方式相比，节约了成本和能源。二是 5G 移动终端设备使用全双工通信方式，允许不同的终端之间、终端与 5G 基站之间在相同频段的信道同时发送并接收信息，使空口频谱效率提高 1 倍，从而提高频谱使用效率。三是由于 5G 采用 CR，在车联网应用场景中，车载终端通过对无线通信环境的感知，能获得当前频谱空洞信息，从而快速接入空闲频谱，与其他终端进行高效通信。这种动态频谱接入的应用满足了更多车载用户的频谱需求，提高了频谱资源的利用率。而且，车载终端利用认知无线电技术可以与其他授权用户共享频谱资源，从而解决无线频谱资源短缺的问题。最近的相关研究表明，在不影响通信性能的情况下，5G 基站的大规模天线阵列的部署有潜在的节约能源作用。在车辆自组织网络中，OBU 及时发现邻近的终端设备，且与之通信的能力也会降低 OBU 间通信的能源消耗。

（3）更加优越的通信质量。

5G 网络被期待拥有更高的网络容量和可为每个用户提供每秒千兆级的数据传输服务。有研究表明，频段为 30～300GHz 的毫米波通信系统可让 5G 终端之间及终端与基站之间以更好的通信质量进行信息交互。其中，毫米波通信系统拥有极大的带宽，具有非常高的数据传输速率，并能减少环境的各种干扰，降低终端之间连接中断的概率。5G 车联网 V2V 通信的最大距离约为 1km，从而可解决 IEEE 802.11p 车辆自组织网络通信中短暂、不连续的连接问题，尤其是在通信过程中遇到大型物体遮挡的 NLOS 环境下更是如此。5G 车联网为 V2X 通信提供高速的下行和上行链路数据传输服务（最大传输速率为 1Gb/s），从而使车与车、车与移动终端之间实现高质量的音视频通信。与 IEEE 802.11p 通信相比，5G 车联网支持车速更快的车辆通信，支持车辆最大的行驶速度约为 350 km/h。

3．5G 车联网面临的挑战

5G 车联网将先进的 5G 通信技术应用在车联网领域，改善了传统车联网的通信方式、通信质量，优化了车联网的体系结构，为车联网发展带来了重大变革。但 5G 车联网也面临着重大的挑战，主要体现在干扰管理、通信安全和驾驶安全三个方面。

（1）干扰管理。

5G 蜂窝网络采用资源复用和密集化方式，实现了有限资源的高效利用，这虽然增加了信号容量和吞吐量，并额外地提高了宏蜂窝与局域网络的资源共享效率，但却不可避免地产生了同信道干扰问题。基于 D2D 的基站控制通信链路的终端直接通信及终端作为中继的通信方式，基站可以进行资源分配和链路管理，并可通过实施集中化的管理方法减轻干扰问题。但对于将来的 OBU 之间的直接通信，在没有基站作为中继或管理链路的情况下，5G 车联网通信中的干扰问题将不可避免。针对车联网中基于 D2D 的 V2X 通信场景中的干扰问题，有文献提出了一种基于 CR 的资源配置方案。这种方法能有效使用空白频谱，不仅能提高频谱和能源的利用效率，而且不会产生新的干扰。在基于 D2D 的 V2X 通信场景中，需要从各个角度充分考虑干扰管理问题，适当地选择复用信道并遵守以下原则：处理由 D2D 通信链路产生的干扰时，要确保蜂窝网络用户能够满足自身 SINR（Signal to Interference plus Noise Radio，含义是信号与干扰加噪声比，是指接收到的有用信号的强度与接收到的干扰信号的强度的比值，可以简单理解为"信噪比"）的需求；确保由蜂窝网络用户产生的干扰对基于 D2D 的 V2X 通信链路的影响尽可能小。

（2）通信安全。

在当前的车联网中，存在着严重的通信安全问题。例如，在 VANET 中可能存在"恶意的"车辆，这些"恶意的"车辆发送虚假信息欺骗其他车辆，造成车辆信息和车主隐私信息的泄露；另外，一些"恶意的"车辆还会盗用多个身份，伪造交通场景，影响交通秩序，破坏网络正常运行，威胁用户生命财产安全，因此安全认证和隐私保护是车联网发展的焦点问题。为支持数据流量的不断增加，5G 网络需要更高的容量和高效的安全机制。而在 5G 网络通信体系中，终端用户和不同的接入点之间需要更加频繁的认证以防止假冒终端和中间人的攻击。5G 车联网的用户和车辆相关数据的传输需要通过其他车载单元、移动终端及基站。因此，必须采取有效措施保证通信的安全性和数据的完整性。在 5G 车联网复杂的通信过程中必须实施多方安全认证。安全认证主要包括车内无线局域网中用户移动终端与 OBU 的强安全认证，车际网中车与车之间、车与行人之间、车与中继（5G 终端或 OBU）之间及车与 5G 基站之间的安全认证。在保证通信安全的过程中，驾驶员更关心的是隐私的安全性，这关系到车联网能否被人们接受并广泛使用。在通信过程中，车辆无线信号在开放的空间中传输，容易被窃取并泄露车辆和用户的身份信息；若车内数据总线网络遭到入侵，可能带来不可预估的灾难。如何保障用户和车辆的隐私安全，成为近年来的研究热点。考虑 5G 车联网多种异构网络的存在，将会出现新型的安全通信与隐私保护协议。譬如，有文献提出在 5G 终端通信中使用软件定义网络（Software Defined Network，SDN）技术，其主要特点是能将网络控制面与数据面分离，促进 5G 网络智能化和可编程化，实现高效的安全管理。这是因为 SDN 技术可根据数据流的敏感度级别，为数据流选择多种传输路径。在接收端，只有接收者可以用私人密钥解密并重组来自多个网络传输路径的数据流，从而避免隐私在无线接入点泄露。

（3）驾驶安全。

车联网的重要应用领域之一就是交通安全，而驾驶行为的分析和预测是安全保障的基础，如何对运动轨迹预测并建模是提高驾驶安全的关键问题。虽然车联网中网络拓扑频繁变化，数据海量递增，但车辆运动受道路拓扑、交通规则和驾驶者意图的限制，为行为预测提供了可能性。车联社会网络（Vehicular Social Network，VSN）中节点的活动规律能够在车联网行为预测中发挥作用。反之，车联网中的移动模型、社会应用、感知计算模型和用户行为预测模型也为 VSN 提供支持和反馈。通过对大规模 OBU 数据的挖掘和分析，提取有应用价值的社群交互特征信息，VSN 能够对一些交通问题和车辆安全问题的分析预测提供有力的支持，如预估道路车流量、预测交通堵塞地段等。在对驾驶行为的建模和预测中，数据来源和数据挖掘是首要问题，也是安全系统应用的瓶颈。目前，车辆行驶轨迹数据获取的主要来源是基于历史数据预测的，而历史数据必须准确且具有时效性，但现有 VANET 环境下的方法无法满足获取运动轨迹的精度要求（包括位置精度和时间精度）。5G 车联网中采用 D2D 通信方式，可为每个用户提供每秒千兆级的数据传输服务以满足 QoS 的要求，空口时延在 1 ms 左右、端到端时延限制在毫秒级的实现，在极大程度上保证了时间精度；同时，基于 5G 基站的精确定位技术将位置精度控制在允许范围内，解决了预测模型中的数据来源问题。目前，针对车联网数据挖掘，并没有太多的算法和技术提出，车联网数据处理的关键是在对海量数据（TB 级）进行挖掘时，保证当前数据流（平均数万条/s）高速可靠地写入。如何快速地对读取的数据进行分析、建模、预测，是未来研究的重要方向。

在 5G 网络大量部署的时代，5G 车联网所构建的可多网接入与融合、多渠道互联网接入的体系结构，基于 D2D 技术实现的新型 V2X 的通信方式及低时延与高可靠性、频谱与能源高效利用、优越的通信质量等特点，为车联网的发展带来历史性机遇。5G 车联网因不需要单独部署路边基础设施、可与移动通信功能共享计费等优势，会得到快速发展，并应用于高速公路、城市街区等多种环境中。5G 车联网不仅局限于车与车之间、车与交通基础设施之间等的信息交互，还可应用于商业领域及自然灾害等场景中。在商业领域，商店、快餐厅、酒店、加油站、4S 店等场所将会部署 5G 终端，当车辆接近这些场所的有效通信范围时，可根据车主的需求快速地与这些商业机构间建立 Ad Hoc 网络，实现终端之间高效快捷的通信，从而可快速订餐、订房、选择性地接收优惠信息等。5G 终端在通信过程中不需要连接互联网，这将取代目前商业机构中工作在不授权频段、通信不安全、通信质量无法保障、干扰无法控制的蓝牙或 Wi-Fi 通信方式，也将带动一个新的大型商业运营模式的产生与发展。随着车辆的广泛普及使用，车辆已经成为人在家、办公室之外最重要的活动场所。在地震、泥石流等自然灾害发生的地区，当通信基础设施被破坏，无法为车载单元提供通信服务时，有相当数量的人可能正在车辆上或正准备驾乘车辆离开。OBU 可在没有基础设施协助的情况下，通过基于单跳或多跳的 D2D 方式与其他 OBU 通信，并且 5G 车载终端也可作为通信中继，协助周边的 5G 终端进行信息交互。

车联网正在改变人类交通和通信方式，促使车辆向网络化、智能化发展。相信 5G 车联网的发展可促进社会的巨大演进，使生活更加方便、安全、快捷、高效。

7.2.6　主要应用

车联网应用从不同的视角有不同的分类方式。根据联网技术不同，可以分为车内网、车际网及车云网应用；根据车联网应用对象不同，可以分为单用户应用及行业应用，行业应用又进一步分为企业应用和政府应用等；根据需求对象不同，可以分为自动驾驶、安全出行、效率出行、交通管理、商业营运及涉车服务等应用。无论哪种应用分类方式，都涉及以用户体验为核心的信息服务类应用、以车辆驾驶为核心的汽车智能化类应用和以协同为核心的智慧交通类应用。

1．以用户体验为核心的信息服务类应用

此类应用既包括提高驾乘体验、实现欢乐出行的基础性车载信息类应用，也包括与车辆上路驾驶、车辆出行前或出行后的涉车服务、后市场服务、车家服务等应用。该类应用需要车辆具备基本的联网通信能力和必要的车辆基础状态感知能力。

基础性车载信息类应用仍是当前车联网主要的应用形态，主要涉及车主的前台式互动体验，包含导航、娱乐、通程诊断和救援、资讯等。目前很多车辆已加装车载模块，用户可以通过车联网获得信息服务，包括在线导航、娱乐等多媒体服务。随着语音识别、人眼动作识别等技术的逐步发展，车载信息类应用将更加丰富。

涉车服务主要与定位、支付相结合，包括共享汽车、网约车、网租车等应用。后市场服务主要有汽车保险、车辆维护延保、车辆美容、二手车交易等应用，随着汽车保有量增速的放缓，后市场服务应用将获得更多关注。车家服务主要通过使用位置、时间、日期等信息来智能化判定车主行为习惯，创建相应规则并为车主提供智能家居系统服务应用（包括家用电器远程遥控等）。

2. 以车辆驾驶为核心的汽车智能化类应用

此类应用主要与车辆行驶过程中的智能化相关，利用车上传感器，随时感知行驶中的周围环境，收集数据、动静态辨识、侦测与追踪，并结合导航地图数据，进行系统运算与分析，主要有安全类和效率类应用。

安全类应用与车辆行驶安全及道路通行效率息息相关，这类应用有助于避免交通事故的发生。目前，依靠单车感知的安全驾驶辅助系统等传统应用处于快速成长期，向中低端车型的渗透率将会逐步增加。同时，随着网联技术的不断成熟，出现了更多安全预警类应用。例如，通过网联技术，行驶在高速公路等快速路段的前车，在感知到事故后可以提早通知后面车辆事故信息，避免追尾事故的发生。

效率类应用主要通过车车、车路信息交互，实现车辆和道路基础设施智能协同，以缓解交通拥堵等。典型应用有交叉口智能信号灯、自适应巡航增程、智能停车管理等。例如，交叉路口智能信号灯应用通过网联技术来收集周边车辆速度、位置等信息，对信号灯参数进行动态优化，提高交叉路口车辆通行效率。

3. 以协同为核心的智慧交通类应用

此类应用是在自动驾驶的基础上，与多车管理调度及交通环境等智慧交通相关，最终支持实现城市大脑智能处置城市运行和治理协同。智慧交通主要是基于无线通信、传感探测等技术，实现车、路、环境之间的大协同，以缓解交通拥堵、提高道路环境安全、达到优化系统资源为目的。在实现高等级自动驾驶之后，应用场景将由限定区域向公共交通体系拓展。

在相对封闭的环境或更危险的场景中，因物理空间有限，行驶路况、线路、行驶条件等因素相对稳定，重复性高，通过独立云端平台，协调调度管理，采用固定路线、低速运行、重复性操作的应用更容易成熟落地。典型应用有园区、景区、机场、校园等限定区域内自动驾驶巴士的调度及港口专用集装箱智能运输等。

在公共交通系统场景下，车辆的路径规制和行为预测能力对车辆的智能化、网联化水平提出了更高要求，需要更完善的自动驾驶控制策略、全覆盖的 5G-V2X 网联技术及云平台的高效衔接调度。该类应用除依赖技术突破，还涉及伦理、法规等，距实际成熟应用尚需时日，如自动驾驶出租车、自动驾驶公交车、智能配送等。

7.2.7 示范项目

无锡车联网城市级应用示范项目在无锡的国家智能交通综合测试基地开展，由无锡市组织中国移动、公安部交通管理科学研究所、华为、无锡市公安局交通警察支队、中国信息通信研究院、江苏天安智联 6 家核心单位实施，一汽、奥迪、上汽、福特等车企及中国交通频道、高德、江苏航天大为等 23 家单位共同参与标准制定、研发推进、开放道路实测、演示的系列活动。

截至目前，无锡已建设完成了现阶段全球最大规模的城市级车联网 LTE-V2X 网络，覆盖无锡市主城区、新城主要道路 240 个信号灯控路口，共 170km² 的范围。项目以人-车-路-云系统协同为基础，开放 40 余项交通管控信息，实现 V2I/V2V/V2P 信息服务，覆盖车速引导、救护车优先通行提醒、道路事件情况提醒、潮汐车道、电单车出没预警等27 个典型应用场景。未来，LTE-V2X 技术将能支持实现高级自动驾驶、人车路协同感知和控制，道路会更智慧、驾驶会更简单。

如图7.18、图7.19所示为无锡车联网城市级示范应用重大项目工程示范区及覆盖范围。

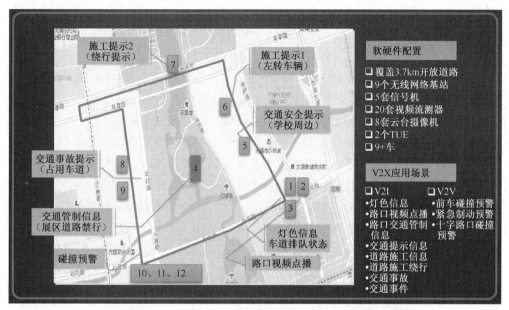

图 7.18　无锡车联网城市级示范应用重大项目工程示范区

图 7.19　无锡车联网城市级示范应用重大项目覆盖范围

7.3 智能家居

7.3.1 智能家居概述

网络化的智能家居系统具有家电控制、照明控制、电话远程控制、室内外遥控、防盗报警及可编程定时控制等多种功能，使人们的生活更加舒适、便利和安全。

1．智能家居定义

智能家居可以定义为一个过程或者一个系统。智能家居利用先进的计算机技术、自动化控制技、网络通信技术、综合布线技术将与家居生活有关的各种子系统有机地结合在一起，通过统筹管理家中的各种设备（如音视频设备、照明系统、窗帘控制、空调控制、安防系统、数字影院系统、网络家电等），使家居生活更加舒适、安全、有效。一方面，智能家居将让用户用更方便的手段来管理家庭设备，如通过触摸屏、无线遥控器、电话、互联网或者语音识别控制家用设备，可以执行场景操作，使多个设备形成联动；另一方面，智能家居内的各种设备相互间可以通信，不需要用户指挥也能根据不同的状态互动运行，从而给用户带来最大程度的高效、便利、舒适及安全体验。

2．智能家居的主要功能

现有的智能家居所实现的主要功能有：家庭安全防范（如防盗、防火、防天然气泄漏及紧急求助等）；照明系统控制（如控制电灯开关、明暗等）；环境监测与控制（通过传感器获取家庭温度、湿度、光照度、风速等信息来控制窗帘、门窗、空调等电器）；家电控制（如控制家庭影院、电饭煲、微波炉、电风扇等）；智能化监控（火灾自动断电、天然气泄漏时自动关闭气阀并打开窗户和换气扇，以及下雨时自动关闭窗户等）；多途径控制（通过遥控器、触摸屏、电话、手机、网络等多种不同的方式控制家庭设备）。

3．智能家居所采用的技术和布线方式

现有的智能家居所采用的技术和布线方式可分为以下四种。

（1）集中控制技术：以单片机为核心，集成外围接口单元。但由于系统容量限制，安装完毕之后扩展增加控制回路比较困难。拓扑结构主要是星状结构。

（2）现场总线技术：主要由电源供应器、双绞线和功能模块三个基本部分组成，功能模块只要接入总线就可以加入系统，可扩展性较强。拓扑结构主要采用星状与环状结构。

（3）电力载波技术：将 120kHz 的编码信号加载到 50Hz 的电力线上，由发射设备将高频信号发射给接收器。其优点是直接通过预设电力线进行信号传输、即插即用、使用方便，拓扑结构可以根据需求动态变化。

（4）无线射频技术：利用无线射频技术，在电器上增加无线通信等功能，使得智能家居布设简单、成本降低、使用方便。其拓扑结构和电力载波技术一样，都可以根据需求进

行动态变化。

从 2009 年起，随着物联网技术的兴起，基于无线射频技术的智能家居技术逐渐开始成为业界研究和发展的重点。

7.3.2　智能家居研究现状

1. 国外智能家居研究现状

在智能家居领域，美国、日本、法国、韩国等国家已经有不同的方案和案例，智能家居产品在这几个发达国家都有广泛的应用。当前，Control4、Honeywell、IBM、谷歌、苹果、微软、三星、罗格朗、英特尔等大企业纷纷加入智能家居的研发行列中。

在美国，几乎每个家庭都非常关注家居安防问题。X-10 技术在智能家居行业中非常突出，且具有广泛的应用。用户在 X-10 通信协议下，在整个系统内部可以实现各种设备相互通信。2001 年，美国 IBM 公司将家庭网关作为一个系统，实现智能家居控制，可以让人们对家庭中的环境实现远程控制操作。在 2013 年国际消费类电子产品展览会上，IBM 公司展示了一种新的智能家居控制方案，通过云端计算和控制来支持智能家居功能的实现。它可以通过语音识别和手势控制来完成开门、设备启用等操作。IBM 主推的 Watson 物联网平台采用的技术——人工智能技术，是当时展览会最前沿的技术，Watson 物联网平台具有自我学习和提高的能力，会不断地改进和提升，使用户服务越来越好。在 2014 年智能家居平台发布会上，苹果公司展示了最新的智能家居平台——Homekit 智能家居平台，该平台的优点是可以融入第三方技术，通过 MFI 认证，第三方产品和技术就可以融入 Homekit 智能家居平台中。该平台可以通过苹果手机来进行控制，最终能够将不同公司的产品融入一个系统中，实现多元控制。在自动控制技术领域比较突出的企业——Honeywell 公司也进入了智能家居行业，它以推出单一的智能家居产品为主，如空气净化器、净水器、门锁等，Honeywell 公司在智能家居领域的目标是实现智能家居方案一体化。在构建这个一体化系统时，其基于灵活的控制方式——H+App 控制技术，融入比较突出的自动化控制技术来进行统一的控制。在 2017 年 1 月 CES 的发布会上，英特尔公司首次推出了一款全新的计算卡（Computer Card），这款 Computer Card 不是简单的运算提速器，它是一台完整的小型计算机。在硬件上 SoC、RAM、ROM 和 I/O 接口一应俱全，它甚至还拥有无线连接模块。它的主要任务是帮助用户快速升级家中的智能家居设备，它适用于各种智能家居产品和商业设备，能够帮助老旧的家居设备重获新生，延长家居设备的使用周期。

在日本，开发各种各样的智能化设备已经非常普遍了，日本的家居生活和家居系统的智能化程度非常高，一些科技含量高的技术和产品已经逐步地走向了市场。日本在智能家居行业非常注重生活中的小细节，如帮助用户进行人体数据检测，而且检测的数据精确度非常高。在智能单品上，其也具有很大的领先优势，如智能马桶盖等。

在澳大利亚，专家们提出了"全屋自动化"的概念，它的主要特点是房子内各个设备和设施实现全部自动化，无须任何手动控制，同时在屋内不会设置任何控制装置。例如，喷淋灌溉系统具有自动开始和自动结束功能，每天到了规定时间内就开始作业；家中的游泳池和浴室具有自动加水和排水功能，当水位下降到一定程度就开始自动加水，当水位超过了目标值，就开始自动排水。

在韩国，专家们提出了"4A"概念，意在说明韩国的数字化家庭系统（HDS）拥有的四个优势，表明 HDS 系统可以让用户实现在任何时间、任何地点、使用任何设备、获得任何服务（Any Time，Any Where，Any Device，Any Service）的目标。在 HDS 中，用户可以任意控制联网设备，比如家中的窗帘和电饭煲，用户可以坐在沙发上进行控制。在韩国还有一种称为 Nespot 的安全系统，它将有线技术和无线技术两者融合，监控家中情况、检测安全节点，可以通过手机查看家中的煤气是否泄漏、家中是否有小偷闯入等。当用户使用 Nespot 设备时，需要安装传感器用于检测和识别，将家庭状况实时传输到用户计算机、手机或 PAD 上。在 2004 年智慧社区的推广会上，三星公司展示出了一个符合社区需求的 Homerita 系统，其主要目的是创建一个智慧小区，将智能化的元素融入小区的方方面面中。三星公司凭借巨大的手机市场，推出了一个用三星手机与家庭中家用设备实现相互通信的方案。2018 年，三星公司首次推出了语音控制电视的产品，在全新的 QLED TV 电视中嵌入 Bixby 语音助手功能，用户就可以通过语音识别功能来控制电视。

在法国，智能家居的特点更多体现在人性化上。像罗格朗公司推出的 BTicino 系统，就充分展示了人性化控制的特点。其设计采用模块化方案，可以根据不同的需求来进行适度的改变，从而对系统进行升级、更新，对办公楼、公共场所、厨房、卧室等不同场景进行合理的定制，充分体现了智能家居人性化的特点。

2. 国内智能家居研究现状

在国内，智能家居研发起步相对较晚。进入 21 世纪后，智能家居行业技术有了新的突破后，智能家居厂家开始加快研发速度抢占市场，智能家居行业呈现出了百花齐放的新格局。当时，智能家居的发展主要体现在智能单品上，如智能音箱、智能摄像头等。在 2008 年以后，从事智能家居研究的机构逐步向系统化转变，比如海尔集团。随后的几年里，国内的巨头企业纷纷将目标对准了智能家居领域，比如国内的阿里巴巴、华为、美的、小米、魅族、长虹等大企业都加入了这一行列，致力于研发系统化的智能家居产品。

2009 年，海尔集团首次在国内发布了 U-home 智能家居系统，该系统可以实现设备与设备之间相互联网的功能。通过设备之间的联网，形成一个强大的物联网，各种设备就可以实现互动和数据通信。

2014 年，长虹公司首次推出了一款可以用手机控制的电视，手机可以替代电视遥控器，开启电视、选择调频，甚至还有回放功能。2018 年中国家电及消费电子博览会上，长虹又率先推出了一款带有娱乐、居家服务功能的智能家居系统（CHiQ Life），CHiQ Life 可以通过语音识别技术来控制家用设备。这是一项技术创新，能给居家生活带来完美的体验。

2015 年，华为公司正式加入智能家居的研发行列中，其在智能家居领域的发展理念是注重智能家居生态规划。2016 年，华为公司发布了 HiLink 生态规划，2018 年中国家电及消费电子博览会上，华为推出了分布式路由器，并在智能家居生态论坛上正式提出华为将全方位融合华为技术、品牌和渠道优势，助力智能家居生态建设。其技术核心以 HiLink 为开放平台，解决各智能终端之间互联互通问题，平台功能主要包含智能连接、智能联动两部分，平台支持 Wi-Fi、低功耗蓝牙（Bluetooth Low Energy，BLE）、ZigBee 等联网方式，帮助智能硬件厂商快速集成 HUAWEI HiLink 协议。总体来说，华为 HiLink 生态智能家居解决方案能快速构建智能硬件，缩短产品上市周期，提升用户体验。

2017 年，阿里巴巴旗下的阿里云也宣布入局智能家居市场，阿里云物联网（Internet of Things，IoT）事业部正式发布"智能生活开放平台"，这是一种智能家居生态体系，其理念是通过提供连接、设备管理、数据分析等一揽子解决方案，帮助合作伙伴低成本实现家居设备智能化。其功能主要有实现单品设备联网、设备之间互相联通和协同工作、提供完整的场景化智能服务（如离家模式、睡眠模式等）。此外，其还能使智能家居厂商通过平台实现产品数据上下行传输和存储，也能在平台上管理智能设备接入进程，以及售后、数据分析等。其中，阿里云 IoT 平台具备亿级设备稳定接入、安全高并发和双向通信能力，能满足企业在国际、国内市场的拓展需求，也能应对企业硬件产品数量大幅增长的情况，并提供安全解决方案。在智能家居生态建设中，充分融合了云计算技术和大数据技术，这也是它的技术核心。

随着智能家居和智慧概念的不断扩展，智能家居引起了越来越多在校大学生的关注，国内的部分高校也投入了力量，组建了智能家居实验室，加入对智能家居系统的研究行列中。这些智能家居系统的搭建一般是实现综合安防、家居控制、健康监测、能耗管理、数据分析等目标，即可以利用手机、平板、计算机或室内终端对实验室内的各个节点进行精准控制。技术核心是基于 ZigBee 的组网模式，结合 Wi-Fi 技术，搭建智能家居系统。

7.3.3　智能家居系统的整体架构

1. 智能家居系统的整体架构设计

图 7.20 为一般智能家居内部系统架构图。在家庭外部通过互联网将每家每户的智能网关连接到同一个服务器上，计算机或手持移动设备通过互联网与智能家居服务器相连，进而可以获得用户所需要的信息或者对智能家居设备实施控制。智能家居系统整体架构如图 7.21 所示。

2. 智能家居系统的主要功能模块

（1）无线智能网关。一方面，它是所有家庭内部无线传感器模块和无线控制设备的信息收集控制终端；另一方面，它连接智能家居系统内部网络和 Internet。该系统使用 ZigBee 作为智能家居系统内部的网络协议。通过无线智能网关设备将智能家居系统里所有的传感器设备采集的信息和家用电器的相关信息传输到网络服务器，通过 Internet 访问服务器获得用户所需信息，或者通过这些终端设备向智能家居系统里控制设备和用电器发送命令。

此外，警报信息也通过该智能网关主动地发送到用户终端设备中。

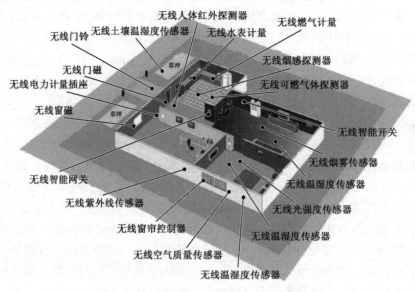

图 7.20　一般智能家居内部系统架构图

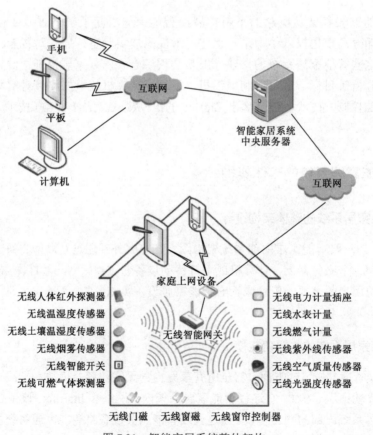

图 7.21　智能家居系统整体架构

（2）无线智能开关。家中的墙壁开关面板可以直接被此开关取代，该开关不但可以像传统灯光开关一样使用；而且 ZigBee 网络将智能开关与其他智能家居设备组成了无线传感器控制网络，可以通过控制终端和智能网关向该开关发送命令，进一步调节灯光的明暗。在与其他智能家居终端节点协同工作时，可以根据需要个性化地进行智能调节。例如可以设定起床和睡眠模式，在定时器的驱动下，对室内明暗环境进行个性化调节。当用户出门在外时，可以通过手持终端查询电灯开关状态，在出门忘记关灯时可以通过手持终端对电灯实施关闭操作。

（3）无线温湿度传感器。该模块主要用于对室内、室外或土壤温湿度进行实时监测。为了保证对家庭各个区域进行全面的监测，需要在室内布置多个此类节点。有了无线温湿度传感器，可以确切地知道室内准确的温湿度。其现实意义在于可以根据室内温湿度情况，适时地启动空调和加湿器来保证室内温湿度适宜用户居住。而且在住户在回家前可以查看室内温湿度情况，根据查得的数据，适时打开或调节空调和加湿器，使住户回到家后马上可以享受家里舒适的环境。

（4）无线电力计量插座。主要用于统计家用电器的耗电量，并可以对数据做进一步分析，为节约用电提供支持；在电流过载时能适时地关闭电力通路保护电器；也可以对部分电器实施开关控制，如饮水机、电热水器等。

（5）无线人体红外探测器。主要用于防止非法入侵，也可以根据室内是否有人和光线强弱对智能开关实施控制。例如，在黑暗中家人进入某一房间时，人体红外探测器监测有人进入后会打开电灯来照明，这一功能对儿童和上了年纪的老人尤为重要。在家人离开家并布防后，如果有人非法入侵，人体红外探测器可检测到入侵并向用户发出入侵警报。在监控设备的支持下，还可以控制监控设备记录入侵过程。

（6）无线空气质量传感器。该传感器模块主要用来探测室内的空气质量，并根据检测结果控制室内通风或净化设备对空气进行净化，使室内空气质量适合居住。这对于幼儿和病人意义很大，并可以在一定程度上预防感冒等流行性疾病。

（7）无线可燃气体探测器。该传感器模块主要用来探测室内的可燃气体含量，当可燃气体含量超出阈值后会发出警报，并实施通风等操作，防止发生火灾和引起中毒；在火灾发生后可以及时地报警和向手机等终端发出警报。这在家中没有监护人的情况下尤为重要，可以用于预防灾难的发生和进行灾难报警及保护家人生命和财产的安全，避免意外损失。

（8）无线门磁、窗磁主要用于非法入侵监测。当有人在家时，安防处于撤防状态，门、窗的打开不会触发报警。在布防状态下，一旦有人非法入侵，该模块就会通过智能家居网关向用户发出报警信息，并联合监控设备对入侵实施记录。

（9）无线窗帘控制器。该设备就是窗帘的无线遥控器，可以用来控制窗帘的打开和关闭的幅度。如果用户设定起床模式，则在该模式生效后，系统会自动向窗帘控制器发出打开指令，并根据无线光强度传感器采集的光照强度数据适当地调节窗帘。

（10）无线光强度传感器。主要用于监测室内光照强度，在系统支持下，控制窗帘和电灯等设备来调节室内光照强度。用户可以个性化设定，系统会根据该模块采集的信息调节室内光照强度。

3．智能家居系统的网络拓扑结构

智能家居系统可选择的网络拓扑结构有三种：星状、树状和网状。在该系统中网络协调器的通信距离可以覆盖正常的家庭居住环境，所有终端节点均可以直接与网络协调器通信，终端节点与传感器和控制器连接，传输环境数据和控制命令，数据量都很小。采用星状网络拓扑结构完全可以满足系统要求，并且有控制简单、故障诊断容易、不涉及路由寻址等优点。在 ZigBee 网络中，协调器和路由节点是全功能设备，信息采集和控制节点只需要精简功能设备，它们只能与 ZigBee 网络协调器通信，相互之间不能通信，一个基于 ZigBee 技术的智能家居系统应包括以下 6 个部分。

（1）网络协调器：主要负责建立和管理网络，接收从终端节点获取到的数据或向终端节点发送控制命令，以及与智能网关或上位机通信获取控制命令或上传终端节点采集到的数据。

（2）信息采集节点：网络终端节点分为采集节点和控制节点两种，采集节点负责采集各种传感器或门磁等装置的状态变化信息。

（3）控制节点：控制节点通过执行网络协调器发送来的命令实现对所连接的智能家居设备的控制。

（4）路由节点：路由节点负责扩展网络覆盖范围及转发数据，可使更多的设备加入网络。

（5）PC：用于扩展系统功能，PC 可以显示网络协调器接收到的信息或向网络协调器发送控制命令，同时可以通过以太网向远程 PC 传送数据。

（6）智能网关：智能网关除实现上位机功能外，还可以接入短信模块，实现 ZigBee 网络与广域无线网的融合，用户可以通过手持终端接收信息或发送控制命令。

系统需要设计的功能模块包括 ZigBee 无线通信模块、温湿度采集模块、光照采集模块、可燃气体监测模块、空气质量监测模块、红外入侵监测模块、门磁感应模块、窗帘无线控制模块、电子锁无线控制模块等。图 7.22 展示了智能家居系统的网络结构。

在智能家居系统中，由于终端节点数目较多，多个终端节点同时发送数据可能造成数据丢失，所以应根据各节点具体任务的不同设置不同的任务优先级，以保证优先级高的任务实施的可靠性。涉及安防监控的节点的优先级应该最高，包括红外入侵监测、门磁感应、可燃气体监测等；控制节点的优先级次之，包括窗帘无线控制和电子锁无线控制；温湿度采集、光照采集、空气质量监测等环境状态信息采集任务的优先级设置为最低。

在系统中，网络协调器通过电源直接供电，信息采集节点和控制节点大多采用两节干电池供电，所以在设计和使用中应尽量减少使用电池节点的工作时间，以延长节点的使用寿命。

4．ZigBee 网关设备

根据 ZigBee 设备的功能完整性，可以将 ZigBee 设备分为全功能设备（FFD）和简化功能设备（RFD）。全功能设备包含完善的功能，而简化功能设备则精简了一部分功能。

从网络配置上来讲，ZigBee 网络中有三种类型的节点：ZigBee 协调器（ZC）、ZigBee

路由器（ZR）和 ZigBee 终端设备（ZE）。ZigBee 网络的协调器必须是 FFD，且只能有一个，它负责新建网络、设置网络参数、管理网络中的节点及存储网络中的节点信息，一般由电源直接供电。ZigBee 网络的路由器也必须是 FFD，其在网络中起到路由发现、数据转发和网络扩展等作用。ZigBee 终端设备可以是 FFD，也可以是 RFD，通常用来与传感器或控制器连接采集环境数据或执行控制命令，由于常放置在各种恶劣环境中，所以一般采用电池供电。

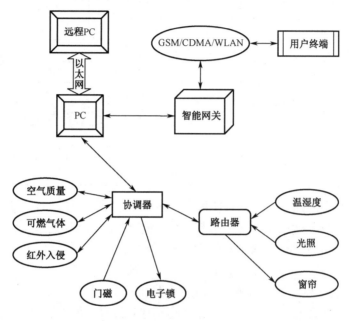

图 7.22　智能家居系统的网络结构

7.3.4　智能家居网关通信技术

1. 内部网络通信技术

智能家居内部网络通信方式有无线和有线两种选择。相较于有线通信，无线通信能够省去布线的麻烦，可以方便地增加或删除网络节点，甚至改变网络的拓扑结构。但是由于无线通信方式出现较晚，其发展远远落后于有线通信，在性能、技术成熟度、普及性等方面远远不及有线通信。出于成本和性能的考虑，早期的智能家居内部网络通信方式以有线（双绞线）为主，如消费电子总线（Consumer Electronics Bus，CEBUS）、Lon Works 总线、ApBUS 总线等。近年来，随着无线通信技术的飞速发展，无线通信性能显著提高，其成本不断下降，已经逐渐渗透到各行各业中，并在诸如智能家居内部网络等很多应用场合取代了有线通信方式。智能家居内部网络的通信距离通常在 100m 以内，并且无线短距离通信与长距离无线通信相比具有低成本、低功耗、小体积的优势，因此智能家居内部网络的构建以无线短距离通信方式为主。时下主流的无线短距离通信技术有 ZigBee、Bluetooth、HomeRF、Wi-Fi、UWB 等，对这几种典型的无线通信技术进行比较如表 7.8 所示。

表 7.8　几种典型的无线通信技术比较

比 较 项 目	无线通信技术类型				
	ZigBee	Bluetooth	HomeRF	Wi-Fi	UWB
频段	2.4GHz/915MHz/ 868MHz	2.4GHz	2.4GHz	2.4GHz	3.1～10.6GHz
调制技术	BPSK/OQPSK	GFSK	FSK	QPSK、 CCK	PPM、 PAM、OFDM
最大速率	250kb/s	1Mb/s	2Mb/s	54Mb/s	1Gb/s
功耗	<100mW	1～100mW	<1W	>1W	<1W
覆盖距离	10～100m	100m	50m	100m	10m
网络节点个数/个	255	8	127	50	>100
安全性	高	高	高	一般	高
成本	低	高	高	高	高
主要应用	采集、传输数据	语音、图像传输	计算机、电话及移动设备	计算机、Internet网关	多媒体

除表 7.8 中介绍的几种无线通信技术外，还有工作频段为 433MHz、覆盖距离为 500m、功耗小于 2W 的无线通信技术。从组网节点数、传输距离、通信速率、功耗、稳定性、成本、适应国内的 ISM 频段（2.4GHz 免许可证频段）及利于智能家居系统的布置、使用和推广等方面综合考虑，最终采用 ZigBee 技术支持智能家居内部网络通信。

与其他无线短距离通信技术相比，ZigBee 技术具有以下优势 。

（1）低功耗：收发信息功率较低，无数据发送和接收时处于低功耗的休眠状态。

（2）低成本：软件上 ZigBee 协议栈设计简单，硬件上普通节点只需 8 位处理器，研发和生产成本低。

（3）短时延：ZigBee 网络节点从睡眠转入工作状态仅需 15ms，入网仅需 30ms 。

（4）高容量：一个 ZigBee 主节点最多可管理 254 个子节点，ZigBee 主节点还可由上层网络节点管理，可组成最多 65 000 个节点的网络。

（5）高可靠：MAC 层采用 CSMA/CA（带冲突避免的载波监听多路访问）碰撞避免机制及完全确认的数据传输机制。

（6）高安全：ZigBee 提供三级安全模式，可以采用 AES-128 加密技术（高级加密标准的对称密码）保证数据安全 。

ZigBee 技术支持三种静态和动态的自组织网络拓扑结构：星状、网状、树状。ZigBee 的物理层和 MAC 层直接引用了 IEEE 802.15.4。IEEE 802.15.4 定义了两种不同的网络设备：全功能设备（Full Functional Device，FFD）和精简功能设备（Reduced Functional Device，RFD）。IEEE 802.15.4 规定网络中有一个称为 PAN 网络协调器（Coordinator）的 FFD 设备，它是 LR-WPAN 网络中的主控制器，负责发送网络信标、建立网络、管理网络节点、寻找节点间路由消息、接收节点信息。FFD 设备具备控制器的功能，可以和网络中的 FFD、RFD 设备进行双向通信，可以作为网络协调器、路由器，也可以作为终端设备。RFD 设备功能有限，只能与 FFD 设备双向通信，在网络中只用作终端设备。

ZigBee 技术的工作原理：首先由一个 FFD 设备担任网络协调器，该协调器扫描搜索一个未用的最佳信道，并以此信道建立网络；其次让其他的 FFD 和 RFD 加入该网络；最后形成一个完整的 ZigBee 工作网络。当网络中某节点需要发送数据时，进行下列操作：

（1）对该节点进行天线能量检测（ED）和载波检测（CS），并结合信道空闲评估（Clear Channel Assessment，CCA）算法确定信道是否空闲。

（2）若信道空闲，该节点向目标端发送请求发送（Request to Send，RTS）帧，直到接收到来自目标端的允许发送（Clear to Send，CTS）帧，开始数据传输。

（3）该节点收到来自目标端的 ACK 帧，数据传输结束。RTS/CTS 握手程序确保了数据传输过程中不会发生碰撞。

ZigBee 技术是针对近距离、低复杂度、低功耗、低速率、低成本、自组织的网络而设计的，主攻市场为家庭、建筑物控制自动化和工业控制自动化等。

近年来，ZigBee 技术得到了迅猛发展，在无线传感器网络领域被广泛使用，因此选择 ZigBee 技术支持智能家居内部网络通信。

2．外部网络通信技术

目前嵌入式系统接入 Internet 公网的方式有多种，包括无线方式（Wi-Fi、GPRS、3G 等）、有线方式（ISDN、ADSL、以太网等）及混合方式（HFC 等）。在这众多的技术手段中，以太网以其高度灵活、相对简单、容易实现、方便管理、易于扩展、开放性高的特点，成为占主导地位的局域网组网技术。

以太网不是一种具体的网络，它是一种技术规范，是当今局域网应用中最通用的通信协议标准，定义了局域网中采用的电缆类型和信号处理方法。标准以太网（IEEE 802.3）采用同轴电缆、双绞线、光纤等多种介质作为传输载体，传输速率可达 10Mb/s；快速以太网（IEEE 802.3u）采用双绞线、光纤作为传输载体，传输速率可达 100Mb/s；千兆以太网（IEEE 802.3z、IEEE 802.3ab）采用光缆、双绞线作为传输载体，传输速率可达 1000Mb/s；万兆以太网（IEEE 802.3ae）采用光纤作为传输载体，传输速率可达 10Gb/s。这 4 种以太网技术采用相同的格式、结构、网络协议、全/半双工工作方式、流控模式、布线系统及完全兼容的技术规范，因此它们之间能够很好地配合工作，并且使以太网具有升级平滑、实施容易、性价比高、管理方便等优点。以太网支持总线拓扑和星状拓扑两种网络拓扑结构，采用 CSMA/CD（带冲突检测的载波监听多路访问）机制，以太网中的每个节点可以看到网络中发送的所有信息，因此它是一种广播网络。当以太网中的一台主机需要发送数据时它将执行下列操作：

（1）监听信道上是否有信号在传输，如果有，则说明信道处于忙碌状态，继续监听直到信道空闲为止。

（2）如果监听到信道空闲，则立即开始传输数据。

（3）传输数据的过程中保持监听，若检测到冲突，则执行退避算法，随机等待一定的时间，重新执行动作（1）。

（4）若传输数据时未发生冲突则发送成功，进行下一次数据发送前需等待 9.6 μs 以上（10Mb/s 为例）。

以太网因其成熟的技术、广泛的用户基础和较高的性价比，成为传统的数据传输网络应用中非常出色的解决方案。

7.3.5 智能家居发展趋势

当前，随着物联网技术、远程控制技术、云计算技术、大数据技术等的快速升级和普及，这些最新技术必将融入未来的智能家居发展中。与此同时，5G 技术的问世，能够让终端用户始终处于联网状态，能有效解决智能家居行业网络通信的难题。人工智能技术研究的不断深化和成熟，使人工智能技术与智能家居技术深度融合成为可能。对于整个行业而言，这是一次历史性的发展机遇。随着智能家居的不断进化，每一年、每一个阶段就会有不同的角色参与进来，参与的角色都集中在感知、判断、动作三个层面上。基于这样的定义，智能家居以控制为中心，实现一体化控制。

智能家居单一产品在远程控制上会有一定的发展，但终究会被完整的智能家居系统所代替。控制是目前智慧生活当中的一个基础技术，接下来整个智能硬件设备会承载信息交互、消费服务功能，把生活中的很多场景有机整合起来，这样才能为地产行业、互联网家装行业解决孤岛信息问题。

未来智能家居发展的理念是"围绕着场景做连接，而不是为了连接而连接"。智能家居单一产品优化完善，微系统套装价值凸现，套装销售的本质就是所谓的小场景连接。AI 成为构建智能家居生态连接的技术基础，甚至提出了"全屋智能 2.0"大趋势下行业的生态构建。

在"全屋智能 2.0"时代，智能家居可以实现无感控制，不仅操控便捷，而且"全屋智能 2.0"大大拓展了智能家居的外延，提供更加立体、综合的生活服务。"全屋智能 2.0"将大力推动品牌设备行业的发展，形成新的格局，整个行业将会因此迎来一次全新的调整，也将会涌现出一大批新兴的智能设备。

7.4 基于 5G 技术的智慧城市

1. 5G 技术"科技让城市更美好"

智慧城市的本质是利用先进的信息技术，实现快速智慧化管理，从而促进城市可持续发展。5G 技术被认为是万物互联的开始，一方面指向更高效的资源运用；另一方面带来可靠的低时延物联网，能够为智慧城市必需的电网、交通、安防等方面提出处理计划。

按照技术发展趋势，未来 5G 技术应用将趋于成熟。届时，大容量、低时延的网络传输将变为现实，人类进入万物互联时代。在 5G 技术加持下，智慧城市建设也将飞速发展，实现"科技让城市更美好"。

2018 年上半年，新一代物联网技术宣布在天津全面商用，5G 联合创新中心在天津建立开放实验室，集中展示 5G 在智慧城市、行业应用、智慧生活等方面的应用方案。其中，智慧城市领域的演示为人们展现了未来城市生活的新景象，智能停车、智能井盖、智能抄表、智能路灯、智慧安防等物联网应用可以实现智能管理和远程调度，让城市管理更加便捷高效。

同期，深圳也在加快拓展 5G 应用。鼓励支持企业推进 5G 在工业、能源、交通、医疗、环保、智慧城市等经济社会各领域的应用，拓展 5G 发展空间，带动深圳智慧城市和数字政府建设水平，推动万物感知、万物互联、万物智能，让城市更加智慧。

如今，智慧城市与 5G 结合的应用项目建设在国内外许多地区已经展开，国内的上海、北京、台北、重庆、西藏，国外的马耳他、杜伊斯堡等均取得了一系列成果。

2．5G 助力智慧城市的方方面面

5G 网络可从出行、电网管理、公共安全等多方面实现智慧化管理和运行，推动城市的可持续发展。

在高危电力施工现场，5G 网络可通过连接远程控制设备、配电线路、高清摄像头等，实时监测运行状态，进行故障诊断，尽快恢复非故障区域正常供电，实现远程维护与操作。并且能够根据用电终端负荷信息实时反馈，精准掌握不同用电需求，实现高效用电与错峰用电。

在城市安防领域，结合人脸识别等技术，可以通过消防预警摄像头与巡检无人机实时传输超清视频，对潜在危险进行提前识别；同时，对火灾等紧急情况进行巡检，做出实时预警。消防预警摄像头、企业安全网格员、负责人可在出现消防警报的第一时间，开启消防预警摄像头监控现场情况，第一时间调用摄像头数据判断火情、查找火源点。

在交通出行方面，能够根据车流量来调节红绿灯时间，对出入口进行规划、道路疏导，提前预堵。另外，5G 网络的低延迟、高可靠性可支持全部形式的车对万物的连接，实现车辆自动驾驶，提供自由度更高的出行服务，人们可以根据道路高清摄像头低延迟地传送实时图像进行室内远程驾驶。

作为建设新型智慧城市的技术利器，5G 正在创新城市应用，未来还将加快推进城市照明、养老建设等方面高度智能化进程。

当今，全面部署 5G 产业已是大势所趋。智慧城市建设已成为当今世界城市发展的潮流，而 5G 网络是连接整个城市系统无线传感器的网络，5G 为智慧城市的电网、安防、交通等方面提供了直接解决方案，带来多方面社会效益和经济效益，是智慧城市的基石。

7.5 无线智能电网和家庭能源管理

1．Wi-SUN 通信技术

无线智能泛在网络（Wireless Smart Ubiquitous Network，Wi-SUN）是一种基于 IEEE

802.15.4g 的技术，它由促进 Wi-SUN 规范的全球行业联盟 Wi-SUN Alliance™支持。Wi-SUN 网络支持星状、网状及混合星状/网状拓扑结构，但通常采用网状拓扑结构，每个节点为网络中继数据，以提供网络连接。Wi-SUN 网络部署在供电和电池驱动设备上。

与 LoRaWAN 和窄带物联网（Narrow Band Internet of Things，NB-IoT）相比，Wi-SUN 具有更高的通信速率，在整个网络中保持一致，并且延迟更低（见表 7.9）。

表 7.9 Wi-SUN 与常用网络的比较

物 联 网	带宽/（Kb·s⁻¹）	延 迟 / s
Wi-SUN	300	0.02
LoRa WAN	50	1～2
NB-IoT	60	2～8

2. 发展现状

Wi-SUN 主要用于智能电表与家庭智能能源管理系统间的通信，也就是后端智能电表与消费者应用端的这段距离的通信。在前端，电力公司采用 4G、PLC、Sub-GHz 等通信方式与智能电表通信。

无线智能电网及家族能源管理系统如图 7.23 所示。

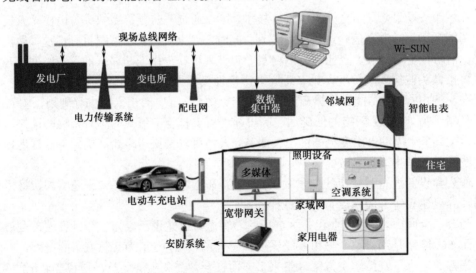

图 7.23 无线智能电网及家庭能源管理系统

Wi-SUN 适用于家庭能源管理的最后一公里。因为 Wi-SUN 运行在 920MHz 频段上，具备极佳的穿透力，经测试发现它可以穿透钢筋水泥建造的公寓大楼，垂直穿透力可达 3 层楼，水平穿透力则为 300m，因此不管是公寓大楼还是独栋的庭园住宅，原则上单一节点即可保障通信。又因为 Wi-SUN 耗电量低，Wi-SUN 模块通常可以使用 10 年之久。与一般家用通信技术相比，Wi-SUN 可比 Wi-Fi 消耗更低的电力能源、可比蓝牙的传输距离更长，即集这两种常见的无线通信技术的优点于一身。

Wi-SUN 通信协议在日本政府的推动之下，逐渐融合到智能电表应用之中，其将逐步拓展至智能家居领域之中。由于该联机技术传输距离长、省电等特性，有望在智能家居领域大显身手。随着 Wi-SUN 技术在日本市场的渗透率逐渐增加，该模块的单价竞争力也将逐渐提升，有望成为重要的通用通信协议。

本章小结

本章主要介绍了无线短距离通信技术在物联网中的应用，目前比较成熟的应用有车联网、智能家居、无线智能电网及家庭能源管理等。在车联网应用中，DSRC 技术已经具备了良好的可靠性与稳定性，目前已经非常成熟。LTE-V 技术作为后起之秀，发展潜力巨大。在覆盖范围、感知距离、承接数量、短时延等方面，LTE-V2V 技术更占优势。特别是随着 5G 的商用，基于 5G 的 C-V2X 技术的应用也在逐渐展开。在智能家居方面，随着智能家居和智慧概念的不断扩展，国内外许多公司提出了自己不同的解决方案，采用了专有的协议和标准，比较典型的有海尔集团的 U-home 智能家居系统、华为的 HiLink 解决方案、苹果公司的 Homekit 智能家居平台等。国内高校的方案则多是基于 ZigBee 技术的组网模式，结合 Wi-Fi 技术，搭建智能家居系统。随着 5G 的商用化，其三大应用场景中的 eMBB 应用（移动宽带增强业务）、mMTC 应用（大规模物联网业务）也会在智能家居的应用中展开。在智慧城市的应用中，5G 方案的三大应用场景具有独特的优势。在无线智能电网和家庭能源管理应用中，Wi-SUN 通信协议在日本政府的推动之下，逐渐融合到智能电表应用之中，其将逐步拓展至智能家居领域之中。

思考题

（1）比较典型的采用无线短距离通信技术的物联网应用场景有哪些？
（2）物联网的定义是什么？
（3）简述物联网的体系架构。
（4）车联网目前的两大技术标准是什么？各有什么特点？
（5）车联网的主要应用分哪几类？
（6）简述 IEEE 802.11p MAC 层的 EDCA 机制的原理和主要内容。
（7）智能家居定义的基本内容是什么？
（8）智能家居的主要功能是什么？

参考文献

[1] 董健. 物联网与无线短距离通信技术[M]. 北京：电子工业出版社，2012.

[2] 魏强. 物联网的概念、基本架构及关键技术[EB/OL]. https://www.sohu.com/a/249464391_100256334. 赛迪智库，2018.

[3] 吴文斌. 无线短距离通信技术在物联网建设中的应用[J]. 现代信息科技，2018.

[4] 李孟臻. 无线短距离通信技术在物联网中的应用探讨[J]. 通信设计与应用，2019.

[5] 物联网 10 大无线短距离通信语言及技术[EB/OL]. http://www.eepw.com.cn/article/201710/368078.htm.

[6] 杨斌. IEEE 802.11 p 协议分析与研究[D]. 南京：南京理工大学，2013.

[7] 荚超超. 车联网 V2V 通信仿真平台开发与资源分配算法研究[D]. 合肥：安徽大学，2019.

[8] 刘宗巍，匡旭，赵福全. 中国车联网产业发展现状、瓶颈及应对策略[J]. 通信设计与应用，2016.

[9] 中国信息通信研究院. 车联网白皮书（2018）.

[10] 朱红芳. 5G 技术及其在车联网中的应用浅析[J]. 汽车维护与修理，2018.

[11] 许毅，陈立家，甘浪雄，等. 无线传感器网络技术原理及应用[M]. 北京：清华大学出版社，2019.

[12] 祝章伟. 基于 ZigBee 网络的智能家居网关及终端节点设计与实现[D]. 吉林：吉林大学，2013.

[13] V Rai，F Bai，J Kenney, et al. Cross-Channel Interference Test Results：A report from the VSC-A project [C]. IEEE 802.11 Task Group p report, July 2007.

第8章

无线自组织网络技术

● ● ● ● ● ● ●

无线自组织网络是一种特殊的无线移动网络，一般是由一组具有自主能力的无线终端相互协作形成的一种独立于固定基础设施、采用分布式管理的多跳网络。网络中所有节点的地位都是平等的，无须任何预设的基础设施和任何中心控制节点；网络中的节点具有普通移动终端的功能；节点间可通过空中接口直接通信，且具有分组转发能力。

8.1 Ad Hoc 网络协议

Ad Hoc 网络是一种典型的无线自组织网络，有比较完备的架构和通信协议。

8.1.1 移动 Ad Hoc 网络 MAC 协议

对于移动 Ad Hoc 网络来说，信道接入的控制节点必须是分布式的。每个移动节点必须知道自己的周围环境中发生了什么，且需要和其他节点合作，实现网络业务传输。因为移动 Ad Hoc 网络中的节点常常是移动的，所以 MAC 协议的复杂性较高。由于这种分布式的特性，移动 Ad Hoc 网络的信道接入需要在竞争节点之间协调。因此，需要采用某些分布式协商机制来得到高效率的 MAC 协议。其中，协商中需要的时间和带宽等信道资源是影响网络性能的重要因素。下面介绍移动 Ad Hoc 网络的主要 MAC 协议。

1. 隐藏终端与暴露终端问题

隐藏终端是基于竞争机制的协议中普遍存在的问题，在 ALOHA、时隙 ALOHA、CSMA、IEEE 802.11 等协议中均存在。当两个节点向同一个节点发送数据时，如果在接收节点处冲突，就认为这两个节点相互隐藏（互相不在对方的信号范围之内）。如图 8.1

所示的节点 A、C 相对于节点 B 是隐藏终端。

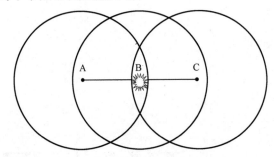

图 8.1　节点 A、C 相对于节点 B 是隐藏终端

为了避免冲突，所有接收节点的邻近节点需要得到信道将被占用的通知。通过使用握手协议让节点预先留出信道。请求发送（Request to Send，RTS）帧可以用来表示节点请求发送数据。如果接收节点允许发送，就用同意发送（Clear to Send，CTS）帧表示同意。由于消息的广播特性，发送者和接收者的所有邻近节点都被通知信道要被占用，这样就可以禁止邻近节点发送，避免冲突。RTS/CTS 交互如图 8.2 所示。

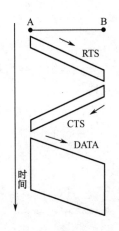

图 8.2　RTS/CTS 交互

RTS/CTS 交互的方法在一定程度上减少了冲突的发生，但并没有完全解决隐藏终端的问题。下面将介绍不同节点发送的 RTS 帧和 CTS 帧发生冲突的实例。冲突情形之一如图 8.3 所示。节点 B 发送 CTS 帧响应节点 A 发送的 RTS 帧，与节点 D 发送的 RTS 帧在节点 C 处发生了冲突。此时，节点 D 是节点 B 的隐藏终端。因为节点 D 没有接收到节点 C 的 CTS 应答，所以定时器超时，重传 RTS 帧。当节点 A 收到节点 B 的 CTS 帧时，并不知道发生在节点 C 处的冲突，所以继续向节点 B 发送数据帧。在此情形中，数据帧与节点 C 发出的 CTS 帧（应答节点 D 的 RTS 帧）发生了冲突。

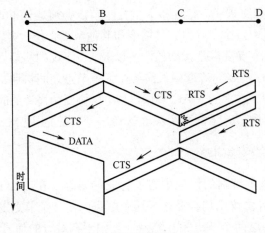

图 8.3　冲突情形之一

冲突情形之二如图 8.4 所示。两个节点在不同时刻发送 RTS 帧，节点 A 发送 RTS 帧给节点 B，当节点 B 用 CTS 帧应答节点 A 的时候，节点 C 向节点 B 发送 RTS 帧。因为节点 C 在向节点 D 发送 RTS 帧的时候不可能听到节点 B 发出来的 CTS 帧，所以节点 C 不知道节点 A、节点 B 之间的通信。节点 D 用 CTS 帧应答节点 C 的 RTS 帧。所以，最后节点 A 和节点 C 的数据帧发生了冲突。

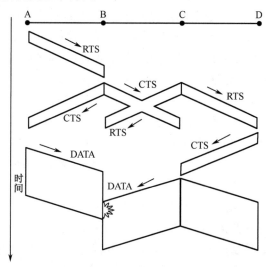

图 8.4　冲突情形之二

如果一个节点知道邻近节点正在发送数据，它就自动禁止向其他节点发送数据，这就是所谓的暴露终端问题。暴露终端问题导致了系统的“过激”反应，即引起了不必要的禁止接入。暴露终端即节点在发射机的范围之内而在接收机的范围之外。如图 8.5 所示节点 A 为暴露终端。

隐藏终端问题降低了网络可用性和系统吞吐量。可以使用控制信道和数据信道分离的方法或使用定向天线的方法解决隐藏终端问题。前者将在 PAMAS 和 DBTMA 中讨论。对于后者，如果使用定向天线，这个问题可以得到缓解。两对节点同时传输如图 8.6 所示，节点 A 与节点 B 可以进行通信而不影响节点 C 与节点 D 之间的通信。定向天线的方向性改变全向天线所不能提供的空间复用和连接分离的状况。

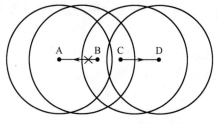

图 8.5　节点 A 为暴露终端

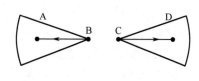

图 8.6　两对节点同时传输

2. MACA 协议与 MACAW 协议

MACA 协议是 PhilKarn 在其业余分组无线电研究中提出的。当时的业余分组无线电只能使用单一频率的信道，饱受隐藏终端和暴露终端问题的困扰。于是 PhilKarn 提出了 MACA 协议，用来降低这些问题的规模。同时 MACA 协议也可以加以扩展，使发射机能自动进行功率控制。

在业余分组无线电研究中使用的 CSMA/CA 协议，采用载波监听多路访问（CSMA）信道与 RTS/CTS 握手来进行冲突避免（CA）。但是，当隐藏终端存在时，移动节点没有监听到信道载波并不总意味着发送没有问题。同样，当暴露终端存在时，也不总是表示此时不能发送。换句话说，载波监听经常是不起作用的。所以 Karn 就提出了一个"激进"的建议：将 CSMA/CA 中的 CS 去除，不采用物理载波监听，将剩下的 MA/CA 称为 MACA，即带冲突避免的多路访问。MACA 冲突避免的核心就是 RTS/CTS 帧对信道上其他移动节点的影响。当移动节点"无意中听到"（Overhear，以下简称"听到"）一个发送给其他节点的 RTS 帧时，就停止自己发射机的发送，直到这个 RTS 帧的目的节点响应了 CTS 帧为止。当移动节点听到发送给其他节点的 CTS 帧时，就停止自己的发射机的发送，直到正在发送数据的节点发送完数据为止。一个节点听到 RTS 帧或 CTS 帧之后，即使没有听到对 RTS 或 CTS 的响应帧（CTS 和 DATA），这个节点也必须等待适当的时间。如图 8.7 所示的帧交互示例，节点 C 不能收到节点 A 发送的帧，但能收到节点 B 发送的帧。如果节点 C 听到了节点 B 发给节点 A 的 CTS 帧，那么节点 C 就需要等待一段时间，直到节点 B 已经接收完来自节点 A 的数据为止。节点 C 如何确定需要等待的时间呢？可以在发送节点 A 的 RTS 帧中包含待发送数据的长度，然后接收节点 B 将这个长度数据复制到 CTS 帧中，节点 C 通过计算即可知道需要等待的时间。所以，只要网络中每一对链路都是对称的（即如果节点 A 能收到节点 B 发送的数据，且节点 B 也能收到节点 A 发送的数据，那么节点 A、B 之间的链路就称为对称链路），则听到其他节点之间交互 CTS 帧的移动节点就知道邻近节点有数据分组要传送，MACA 协议就遏制了其他移动节点发送分组的"企图"。这样，MACA 协议就减轻了隐藏终端问题。

移动节点如果听到了 RTS 帧（不是发送给自己的），但是没有听到这个 RTS 帧的应答，那么它就会假定 RTS 帧的接收者不在其接听范围内或已经关机。减轻暴露终端问题如图 8.8 所示，节点 A 在节点 B 的发送范围之内，但在节点 C 的发送范围之外。当节点 B 向节点 C 发送 RTS 帧时，节点 A 可以听到，但是不能听到节点 C 的 CTS 帧。于是节点 A 就可以发送帧，而不必担心干扰节点 B 的数据发送。在这种情况下，如果使用 CSMA 协议就会不必要地禁止节点 B 的发送，所以 MACA 协议减轻了暴露终端问题，但并没有完全消除帧之间的冲突。

通过采用与 CSMA 协议相似的随机指数退避策略，可以将冲突的概率降低。因为 MACA 协议没有使用载波监听，所以每一个节点都需要在原有等待时间（由于听到了其他节点的 RTS 帧或 CTS 帧）的基础上再等待一段随机时间。这种机制可以尽量避免多个节点同时争用信道，使相互冲突的机会减少。

显然，如果数据帧的长度与 RTS 帧的长度相当，那么 RTS/CTS 对话的开销就会很大。此时，移动节点可以省略 RTS/CTS 对话的过程，直接发送数据帧。当然，如果听到了 RTS 帧或 CTS 帧，这个移动节点还是需要推迟发送。不过，在这种机制中数据帧仍然存在冲突的风险，但是对于较小的帧来说，仍是一种不错的选择。

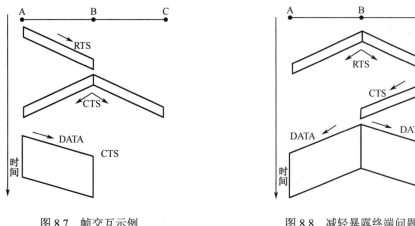

图 8.7　帧交互示例　　　　　　　　　图 8.8　减轻暴露终端问题

如果对 MACA 协议进行扩展，可以增加发射机功率控制的功能。经过每一次 RTS/CTS 交互，发送节点都会更新到达接收节点需要的功率估计值，以后发送分组时（包括本次对话中的数据分组）就可以将其发射功率调节到最有效的值上。在 MACAW 协议中，Bharghavan 建议使用 RTS-CTS-DS-DATA-ACK 的消息交换机制发送数据帧。相比 MACA 协议来说，MACAW 协议增加了 DS 和 ACK 两个控制帧。当有一个节点收到目的节点发来的 CTS 帧时，就发送 DS 帧。DS 帧用来通知收发节点的邻近节点：RTS/CTS 交互已经成功完成，马上要发送数据帧。对于新增的 ACK 帧，则希望通过使用 ACK 帧，尽量使节点在 MAC 层就快速重传冲突的帧，而不需要在传输层进行重传，提高了网络的性能。为了进一步改善上述退避策略的性能，学者们在 MACAW 协议中引入一种新的退避机制——MILD 算法，这个算法提高了信道接入的公平性。

3. IEEE 802.11 MAC 协议（DCF）

IEEE 802.11 MAC 协议是 IEEE 802.11 无线局域网（WLAN）标准的一部分（另一部分是物理层规范）。IEEE 802.11 MAC 协议的主要功能是信道分配、协议数据单元（PDU）寻址、成帧、检错、分组分片和重组等。IEEE 802.11 MAC 协议有两种功能：一种是分布式控制功能（Distributed Coordination Function，DCF）；另一种是中心控制功能（Point Coordination Function，PCF）。由于 DCF 采用竞争接入信道的方式，且目前 IEEE 802.11 WLAN 有比较成熟的标准和产品，因此目前在移动 Ad Hoc 网络研究领域中，很多测试和仿真分析都基于这种方式。

DCF 是用于支持异步数据传输的基本接入方式，它以"尽力而为"（Best Effort）的方式工作。DCF 实际上就是 CSMA/CA（带冲突避免的载波监听多路访问）协议。为什么不用 CSMA/CD（带冲突检测的载波监听多路访问）协议呢？因为冲突发生在接收节点，移动节点在传输的同时不能听到信道发生了冲突，自己发出的信号淹没了其他信号，所以冲突检测无法进行。DCF 的载波监听有两种实现方法：第一种是在空中接口实现，称为物理载波监听；第二种是在 MAC 层实现，叫作虚拟载波监听。物理载波监听通过检测来自其他节点的信号强度判别信道的忙碌状况。节点通过将 MAC 层协议数据单元（MPDU）的持续时间放到 RTS、CTS 和 DATA 帧的头部来实现虚拟载波监听。MPDU 指从 MAC 层传到物理层的一个完整的数据单元，它包含头部、净荷和 32bit 的 CRC（循环冗余校验）码。持续期字段表示目前的帧结束后，信道用来成功完成数据发送的时间。移动节点通过这个字段调节网络分配矢量（Network Allocation Vector，NAV）。NAV 表示目前发送完成需要的时间。无论是物理载波监听还是虚拟载波监听，只要其中一种方式表明信道忙碌，就将信道标注为"忙"。

接入无线信道的优先级用帧之间的间隔表示，称为 IFS（Inter Frame Space），它是传输信道的强制空闲时段。DCF 方式中的 IFS 有两种：一种为 SIFS（Short IFS）；另一种为 DIFS（DCF IFS）。其中 DIFS 大于 SIFS。移动节点如果只需要等待 SIFS 时间，就会比等待 DIFS 时间的节点优先接入信道，因为前者等待的时间更短。对于 DCF 基本接入方式（没有使用 RTS/CTS 交互），如果移动节点监听到信道空闲，它还需要等待 DIFS 时间，然后继续监听信道。如果此时信道仍然空闲，那么移动节点就可以开始 MPDU 的发送。接收节点计算校验和，确定收到的帧是否正确无误。一旦接收节点正确地接收到帧，等待 SIFS 时间后，会将一个确认帧（ACK）回复给发送节点，以此表明已经成功接收到数据帧。如图 8.9 所示为 DCF 基本接入方式，当数据帧发送出去时，其持续期字段让听到这个数据帧的节点（目的节点除外）知道信道的忙碌时间，然后调整各自的网络分配矢量（NAV）。这个 NAV 里也包含了一个 SIFS 时间和后续的 ACK 持续期时间。

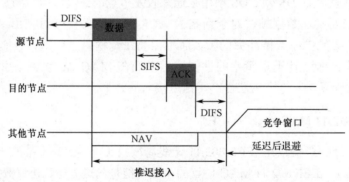

图 8.9　DCF 基本接入方式

节点无法知道自己发送的帧是否产生了冲突，所以即使冲突产生，也会将 MPDU 发送完。如果 MPDU 很大，就会浪费宝贵的信道带宽。解决的办法是在 MPDU 发送之前，采用 RTS/CTS 控制帧实现信道带宽的预留，减小冲突造成的带宽损耗。因为 RTS 帧的大小为 20B，CTS 帧的大小为 14B，而数据帧最大为 2346B，所以 RTS/CTS 帧相对较小。如果源节点要竞争信道，则首先发送 RTS 帧，周围听到 RTS 帧的节点从中解读出持续期字段，相应地设置它们的网络分配矢量（NAV）。经过 SIFS 时间以后，目的节点发送 CTS 帧。周围听到 CTS 帧的节点从中解读出持续期字段，相应地更新它们的网络分配矢量（NAV）。一旦成功地收到 CTS 帧，经过 SIFS 时间后，源节点就会发送 MPDU。正如已经在 MACA 协议中提到的那样，周围节点通过 RTS 帧和 CTS 帧头部中的持续期字段更新自己的 NAV，可以缓解隐藏终端问题。RTS/CTS 交互方式如图 8.10 所示。移动节点可以选择不使用 RTS/CTS，也可以要求只有在 MPDU 超过一定的大小时才使用 RTS/CTS，或不管什么情况下均使用 RTS/CTS，一旦冲突发生在 RTS 帧上或 CTS 帧上，带宽的损失也都是很小的。然而，对于低负荷的信道，RTS/CTS 的开销会增加时延。

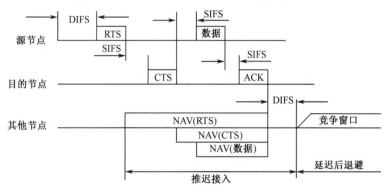

图 8.10　RTS/CTS 交互方式

　　较大的 MPDU 从逻辑链路层传到 MAC 层以后，为了增加传输的可靠性，会将其分片（Fragment）发送。怎样确定是否分片呢？用户可以设定一个分片门限（Fragment Threshold），一旦 MPDU 超过这个门限就将其分成多个数据片，数据片的大小与分片门限相等，最后一个数据片为变长的，一般小于分片门限。当一个 MPDU 被分片以后，所有的数据片按顺序发送，分片交互方式如图 8.11 所示。信道只有在所有的数据片传送完毕或目的节点没有收到其中一个数据片的确认（ACK）帧时才被释放。目的节点每接收到一个数据片，都要向源节点回送一个 ACK 帧。源节点每收到一个 ACK 帧，经过 SIFS 时间，再发送另外一个数据片。所以，在整个数据帧的传输过程中，源节点一直通过间隔 SIFS 时间产生的优先级来维持对信道的控制。如果已经发送的数据片没有得到确认，源节点就停止发送过程，重新开始竞争接入信道。一旦接入信道，源节点就从最后未得到确认的数据片开始发送。如果分片发送数据的时候使用 RTS/CTS 交互方式，那么只有在第一个数据片发送时才进行。RTS/CTS 头部的持续期只到第一个数据片的 ACK 帧被接收为止。此后，其他的周围节点从后续的数据片中提取持续期来更新自己的网络分配矢量（NAV），CSMA/CA 协议的冲突避免功能由随机指数退避过程实现。如果移动节点准备发送数据帧，并且监听到信道忙，节点就一直等待，直到信道空闲了 DIFS 时间为止，接着计算随机退避一段时间。在 IEEE 802.11 中，时间用划分的时隙表示。在时隙 ALOHA 中，时隙和一个完整帧的传输时间相同。但是在 IEEE 802.11 中，时隙远比 MPDU 小得多，与 SIFS 时间相同，其被用来定义退避时间。需要注意的是，时隙的大小与具体的硬件实现方式有关。将随机退避时间定义为时隙的整数倍。开始时，在[0,7]范围内选择一个整数，当信道空闲了 DIFS 时间以后，节点用定时器记录消耗的退避时间，一直到信道重新忙或退避时间定时器超时为止。如果信道重新忙，并且退避时间定时器没有超时，节点将冻结定时器。当定时器时间减到零时，节点就开始发送帧。如果两个邻近节点或更多个邻近节点的定时器时间同时减到零，就会发生冲突。每个节点必须在[0,15]范围内，再随机选择一个整数作为退避时间。对于每一次重传，退避时间按 2^{2+i}ranf( )增长，其中 i 是节点连续尝试发送一个 MPDU 的次数，ranf( )是(0，1)之间的随机数。经过 DIFS 空闲时间以后的退避时间称为竞争窗口（Contention Windows，CW），这种竞争信道方式的优点是提高了节点之间的公平性。每当节点发送 MPDU 时，都需要重新竞争信道。经过 DIFS 时间后，每个节点都以同样的概率接入信道。

4．感知功率的带信令的多路访问协议（PAMAS）

在移动 Ad Hoc 网络中，节点不论是在发送、接收或处于空闲状态时都会消耗功率。节点处在发送状态时，其所有的邻近节点都会听到它的发送。这样，即使不是发送的目的节点，这些邻近节点也要消耗功率进行接收。基于这种现象，Raghavendra 等提出 PAMAS 协议。这个协议源于 MACA 协议，但是带有一个分离的信令信道。该协议的主要特点是当节点没有处于发送状态和接收状态时，会智能地将节点关闭，以降低节点的消耗。

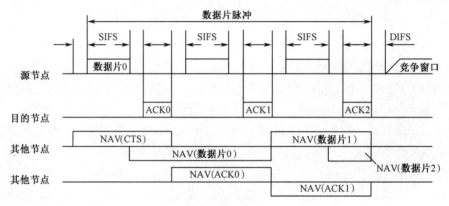

图 8.11　分片交互方式

在 PAMAS 协议中，假定 RTS/CTS 信息交互在信令信道上进行，数据分组在数据信道上传送，两个信道之间是分离的。信令信道决定了节点关闭时间及关闭时间长度。PAMAS 协议的状态转换如图 8.12 所示，该图比较详细地描述了协议的行为。

从图 8.12 中可以看到，一个节点可能处于 6 种状态，即 Idle（空闲）状态、Await CTS（等待 CTS）状态、BEB（十六进制指数退避）状态、Await Packet（等待分组）状态、Receive Packet（接收分组）状态和 Transmit Packet（发送分组）状态。当节点状态处在没有发送、接收分组、没有分组要发送及有发送但不能发送（原因可能是一个邻近节点正在接收）时，这个节点就处于 Idle 状态。当这个节点有分组需要发送时，就发送 RTS 帧，接着进入 Await CTS 状态。如果等待的 CTS 帧没有到达，节点就跳转到 BEB 状态。要是等待的 CTS 帧到达了，节点就开始发送分组，进入 Transmit Packet 状态。目的节点一旦发出 CTS 帧，发送节点就跳转到 Await Packet 状态。如果数据分组在一个往返时间（加上处理时间）内没有到达目的节点，目的节点就回到 Idle 状态。

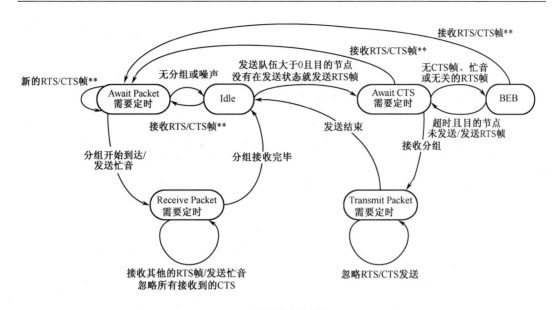

**表示数据信道空闲

图 8.12　PAMAS 协议的状态转换

当节点在Idle状态收到RTS帧时，如果没有邻近节点处于Transmit Packet状态或Await CTS状态，就用CTS帧应答。对于节点来说，很容易确定它的邻近节点是否处于Transmit Packet状态，但是很难确定这些邻近节点处于Await CTS状态。在PAMAS协议中，如果节点在RTS帧到来的时间里在信令信道上听到了噪声，就不应答CTS帧。然而如果在下一个时间周期里没有听到一个分组开始传输，就假定没有邻近节点处于Await CTS状态。现在考虑一个处于Idle状态的节点有分组要发送的情形：在节点发送了一个RTS帧后，进入Await CTS状态；然而，如果邻近节点正在接收，并发出一个忙音（2倍的RTS/CTS帧长度），则会和这个节点接收的CTS帧冲突，导致节点强制转入BEB状态，并且不能发送分组；如果没有邻近节点发送忙音，且CTS帧正确接收，则可以发送分组，该发送节点跳转到Transmit Packet状态。

若节点发出RTS帧，但没有收到CTS帧，则进入BEB状态，并等待RTS帧重传。如果某个其他邻近节点发送一个RTS帧给这个节点，该节点就离开BEB状态，发送CTS帧（假设没有邻节点在发送分组或处于Await CTS状态），并进入Await Packet状态（如等待一个分组的到来）。当分组到达时，节点进入Receive Packet状态。若在期望的时间（到发射机的往返时间+很短的接收机处理时延）内没有收到分组，它就返回Idle状态。

当节点开始接收分组时，则进入Receive Packet状态，并立即发送一个忙音（比CTS帧的2倍还要长）。若节点在接收一个分组时听到一个RTS帧（来自其他节点）或在控制信道上有噪声，则这个节点就发送一个忙音，确保发送RTS帧的节点不能收到CTS帧的应答，阻挡其发送。

为了降低移动节点的能量消耗，延长工作时间，PAMAS 协议要求节点在听到有帧传输时关闭。节点可以在下列两种条件下关机：

（1）若节点的邻近节点开始发送，且这个节点无分组发送，那么这个节点关机。

（2）若节点至少有一个邻近节点在发送，还有一个邻近节点在接收，则该节点关闭。

若一个邻近节点要向一个已经关闭的节点发送分组，则必须等待这个节点重新开启。对于关机时间，在 PAMAS 协议中有规定。PAMAS 协议利用探测（Probe）分组的交互及折半查找的方法，决定节点继续关闭的时间。应当强调的是，探测分组在控制信道上可能发生冲突，因为存在多个节点同时重新开启的可能。在这种情况下，可以使用 P-Persistent CSMA 协议来解决。

PAMAS 协议提出了一种简化的探测方式，即假设节点仅仅关闭数据接口，但信令接口一直开启，这使节点能够一直了解新分组的发送长度，在适当的时候关闭数据接口。如图 8.13 所示为 PAMAS 协议控制框图。

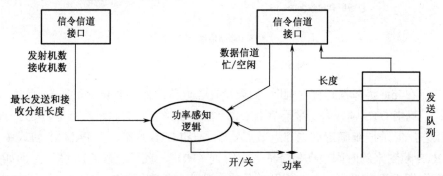

图 8.13　PAMAS 协议控制框图

5. 基于移动 Ad Hoc 网络的其他 MAC 协议

前面已经介绍了很多移动 Ad Hoc 网络的 MAC 协议，包括单信道协议、控制和数据信道分离协议、功率控制和定向 MAC 协议。这些协议都在一定程度上解决了无线链路接入的问题。但是，随着用户对各种业务的需求越来越广泛，对移动 Ad Hoc 网络的性能要求也越来越高，因此移动 Ad Hoc 网络的 MAC 协议也在不断发展。目前 MAC 协议主要的发展方向集中在支持多信道（指数据信道）、支持 QoS、支持多种传输速率上等。

由于通信设备的飞速发展，新的问题随之出现，如不同设备间的通信问题及不同的通信设备的发送和接收速率不相同问题。为了支持通信，要求 MAC 协议必须支持多种传输速率的信道。这样，用户就可以手动或由节点自动进行传输速率的转换，有利于多种设备之间的通信。但是也应该看到，很多新的 MAC 机制都或多或少地提高了对硬件的要求。相信随着技术的发展，硬件成本会降低，很多复杂但性能更好的 MAC 协议将会得到应用。

8.1.2　移动 Ad Hoc 网络路由协议

本节对目前一些主流的移动 Ad Hoc 网络路由协议进行介绍，包括主要原理和思想，并简单地对各种路由协议的性能进行比较，分析各种路由协议的优点和不足。

1. 移动 Ad Hoc 网络路由协议的分类

传统的路由建立及维护方法通过周期性地发送控制信息来更新网络节点的路由表（主要是表驱动类型）。这种方法对静态网络节点位置不发生变化或变化很慢的网络结构非常适用，但对于像移动 Ad Hoc 网络这样具有特殊要求的移动无线网络来说，这样的方法无疑会消耗很多的资源。因为其中很大一部分路由信息是很少使用甚至无用的，即由于节点的移动，很多信息已经过期，从而产生很大的资源浪费。

目前，已经提出多达 10～20 种移动 Ad Hoc 网络路由协议，但最基本、具有原创性的也不过几种，如 DSR、TORA、AODV、DSDV、CGSR 和 ABR 等。其中有的是根据移动 Ad Hoc 网络的特点所创建的与传统路由协议完全不同的方法，如 DSR；有的根据原来已存在的路由方法进行改进，使之满足移动 Ad Hoc 网络对路由的要求，如 DSDV；有的是把前面两者的优点结合在一起而形成的新的路由协议，如 AODV。如图 8.14 所示是移动 Ad Hoc 网络路由协议分类。

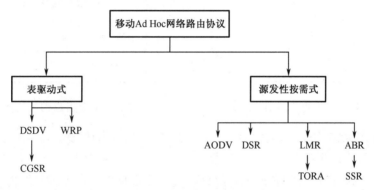

图 8.14　移动 Ad Hoc 网络路由协议分类

2. 目的排序距离矢量（DSDV）协议

DSDV（Destination Sequenced Distance Vector）协议对 Bellman-Ford 路由算法，即距离矢量（Distance Vector，DV）算法进行了改进。在传统的 DV 算法中，每个节点同时保存两个矢量表，一个是该节点到网络中其他节点的距离 $D(i)$（可以是跳数，也可以是时延）；另一个是要到此目的节点需要经过的下一跳节点，即 $N(i)$。每个节点周期性地发送自己的 DV 表，即 $D(i)$，其他节点根据自己的 DV 表和从相邻节点收到的 DV 表来更新自己的路由表，即对任意一个节点 k，$d_{ki}=\text{Min}[d_{kj}+d_{ji}]$，$j \in \text{Ar}$，Ar 为节点收到的相邻节点的 DV。

在 DV 路由中，每个节点周期性地将以它为起点的、到其他目的节点的最短距离广播给它的邻近节点，收到该信息的邻近节点将计算出的、到某个目的节点的最短距离与自己已知的距离相比较，若比已知的小，则更新路由表。与链路状态比较起来，DV 算法在计算上是非常有效的，且更容易实现，所需要的存储空间也大大减少。然而，我们知道，DV 算法既会形成暂时性的路由环，也会形成长期的路由环。而 DSDV 协议则在 DV 算法中加入了目的节点序列号，此序列号由目的节点产生。目的节点每次因位置发生改变而与某相邻节点的连接断开后，会把其序列号加 1，而该邻近节点也会把其序列号加 1，并设其到目的节点的距离为无穷大。当节点收到多个不同的矢量表数据包时，采用序列号较大的，即较新的来计算；如果序列号相同，则谁的路径最短就采用谁。目的节点序列号可以区别新旧路由，避免了环路的产生。DSDV 路由示意图如图 8.15 所示。

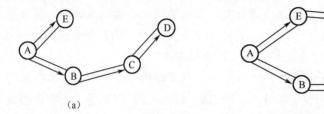

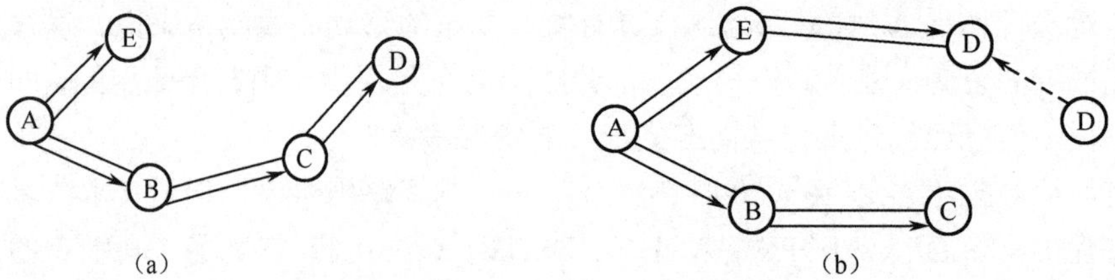

(a)　　　　　　　　　　　　　(b)

图 8.15　DSDV 路由示意图

如图 8.15（a）所示，到节点 D 的节点 A 和节点 B 的路由表如图 8.16 和图 8.17 所示。

节点A的路由表		
目的节点	下一跳	跳计数
D	B	3

节点B的路由表		
目的节点	下一跳	跳计数
D	C	2

图 8.16　到节点 D 的节点 A 的路由表　　　图 8.17　到节点 D 的节点 B 的路由表

但是，如图 8.15（b）所示，如果当节点 D 移动到了新的位置，节点 C 到节点 D 的连接不存在了，那么如果按照传统的 DV 算法，节点 A 和节点 B 相互交换各自的路由信息。此时，节点 B 已经收到节点 C 的更新消息，把到节点 D 的距离设为无穷大。当与节点 A 互相交换路由信息后，按照传统的 DV 算法，就会把到节点 D 的距离设为节点 A 到节点 D 的距离加上节点 B 到节点 A 的距离，如图 8.18 和图 8.19 所示。

更新前节点B的路由表		
目的节点	下一跳	跳计数
D		∞

更新后节点B的路由表		
目的节点	下一跳	跳计数
D	A	4

图 8.18　更新前节点 B 的路由表　　　图 8.19　更新后节点 B 的路由表

这样就产生了路由环，即节点 A 或节点 B 想要向节点 D 发送的数据会在节点 A 和节点 B 之间来回转发，根本发不出去。显然，这是我们不愿看到的。解决这一问题的方法就是在每条路由记录中加入序列号。序列号由目的节点产生，且当目的节点的链路发生改变时，目的节点便会把自己的序列号加 1。如图 8.15（b）所示，当节点 D 与节点 E 建立新的连接时，节点 E 到节点 D 的路由便会采用新的序列号值，说明此路由比原来的路由新；与其相连的节点就会产生路由更新；在更新路由的同时，会把这条更新的路由记录的序列号加 1。节点之间相互交换路由信息时，如果需要更新，首先要检查序列号的大小，如果收到的更新数据的序列号比本节点上该路由记录的序列号大，则马上更新；如果相同，则像传统的路由矢量一样，比较路由的距离；如果小于自己路由记录的序列号，则拒绝更新。因为被更新的路由已经是旧的路由，所以无效。在 DSDV 协议中，路由表的表项除了包括目的节点、跳计数外，还包括目的节点的序列号。当网络拓扑如图 8.15（a）所示时，源节点 A、节点 B 的路由表分别如图 8.20 和图 8.21 所示。

节点A的路由表			
目的节点	下一跳	跳计数	序列号
D	B	3	1000

图 8.20　源节点 A 的路由表

节点B的路由表			
目的节点	下一跳	跳计数	序列号
D	C	2	1000

图 8.21　源节点 B 的路由表

当节点 D 移走，节点 C 和节点 D 的连接中断时，节点 C 到节点 D 的路由会被更新，在路由更新时，序列号也被加 1。节点 C 更新前、后的路由表如图 8.22 和图 8.23 所示。

节点C更新前的路由表			
目的节点	下一跳	跳计数	序列号
D	D	1	1000

图 8.22　节点 C 更新前的路由表

节点C更新后的路由表			
目的节点	下一跳	跳计数	序列号
D		∞	1001

图 8.23　节点 C 更新后的路由表

当节点 B 收到节点 C 的路由更新后，其相应的路由信息也会被更新。节点 B 更新前、后的路由表如图 8.24 和图 8.25 所示。

节点B更新前的路由表			
目的节点	下一跳	跳计数	序列号
D	B	1	1000

图 8.24　节点 B 更新前的路由表

节点B更新后的路由表			
目的节点	下一跳	跳计数	序列号
D		∞	1001

图 8.25　节点 B 更新后的路由表

当节点 B 收到节点 A 的交换路由信息后，由于其序列号小于当前序列号，因此不更新。这样就避免了路由环路的产生，也不会造成死锁。同理，节点 A 的相应路由也会被更新，因为其序列号较小，表明已经过期。节点 A 更新前、后的路由表如图 8.26 和图 8.27 所示。

节点A更新前的路由表			
目的节点	下一跳	跳计数	序列号
D	B	3	1000

图 8.26　节点 A 更新前的路由表

节点A更新后的路由表			
目的节点	下一跳	跳计数	序列号
D		∞	1001

图 8.27　节点 A 更新后的路由表

当节点 E 与移动到新位置的节点 D 建立连接以后，也会更新路由表。假设原序列号为 1000（由节点 A 得知），节点 E 更新前、后的路由表如图 8.28 和图 8.29 所示。

节点E更新前的路由表			
目的节点	下一跳	跳计数	序列号
D	A	4	1000

图 8.28　节点 E 更新前的路由表

节点E更新后的路由表			
目的节点	下一跳	跳计数	序列号
D	D	1	1001

图 8.29　节点 E 更新后的路由表

由于节点 A 和节点 E 会周期性地交换路由信息，当节点 A 收到节点 E 的路由更新后，在序列号相同时，会根据 DV 算法来判断是否更新路由。显然，节点 A 会更新路由。节点 A 更新前、后的路由表如图 8.30 和图 8.31 所示。

节点A更新前的路由表			
目的节点	下一跳	跳计数	序列号
D		∞	1001

图 8.30　节点 A 更新前的路由表

节点A更新后的路由表			
目的节点	下一跳	跳计数	序列号
D	E	2	1001

图 8.31　节点 A 更新后的路由表

上面是 DSDV 协议建立路由的基本过程，其主要思想就是在 DV 基础上加上目的节点的序列号，用于防止由于节点移动而产生的路由环和死锁等问题。但因为相邻节点之间必须周期性地交换路由表信息，所以会占用很大一部分网络资源，开销过大。当然也可以根据路由表的改变来触发路由更新。路由表更新有两种方式：一种是全部更新，即拓扑更新消息中将包括整个路由表，这种方式主要应用于网络拓扑变化较快的情况；另一种是部分更新，即更新消息中仅包含变化的路由部分，通常适用于网络变化较慢的情况。

在 DSDV 协议中，只使用序列号最大的路由，如果两个路由具有相同的序列号，那么将选择最优（如跳数最少）的路由。

3．移动 Ad Hoc 网络按需距离矢量（AODV）协议

AODV（Ad Hoc On demand Distance Vector）协议是专为移动 Ad Hoc 网络设计的一种路由协议，它是按需式和表驱动式的一种结合，具备了两种方式的优点。AODV 协议的处理过程简单，存储开销很小，能对链路状态的变化做出快速反应。AODV 协议通过引入

序列号的方法解决了传统 DV 协议中的一些问题。如计算到无穷，确保了在任何时候都不会形成路由环，这一点与 DSDV 协议相似。

AODV 路由算法属于按需式路由算法，即仅当有源节点需要向某目的节点通信时，才在节点间建立路由，路由信息不会一直被保存，具有一定的生命期（TTL），这是由移动 Ad Hoc 网络本身的特点所决定的。若某条路由已不需要，则会被删除。通过使用序列号，AODV 协议可以保证不会形成路由环，原理在 DSDV 协议中已做说明，这里不再赘述。

AODV 协议支持单播、多播和广播通信，在相邻节点之间只使用对称链路。通过使用特殊的路由错误信息，可以快速删除非法路由。AODV 协议能及时地对影响动态路由的拓扑变化做出反应。另外，在建立路由时，除了路由、控制分组外，没有其他的网络开销，路由开销也很小。

在实现上，AODV 协议包括七大部分：路由的发现、扩展环搜索、路由表的维护、本地连接性管理、节点重启后的动作、AODV 协议对广播的支持、AODV 协议的特点。以下分别加以介绍。

（1）路由的发现。

AODV 协议中的路由搜索完全是按需进行的，是通过路由请求-回复过程实现的，其中路由请求分组（Route Request Packet，RREQ）消息用于建立路由的请求信息，路由回复分组（Route Reply Packet，RREP）消息用于返回建立的路由信息。路由发现的基本过程可以归纳如下。

① 当节点需要一条到某一个目的节点的路由时，就广播一条 RREQ 消息。

② 任何具有到当前目的节点路由的节点（包括目的节点本身）都可以向源节点单播一条 RREP 消息。

③ 由路由表中的每个节点来维护路由信息。

④ 通过 RREQ 和 RREP 消息所获得的信息与路由表中的其他路由信息保存在一起。

⑤ 序列号用于减少过期的路由。

⑥ 含过时序列号的路由从系统中删除。

当一个源节点想向某一目的节点发送分组而又不存在已知路由时，它就会启动路由发现过程来寻找到目的节点的路由。为了开始搜索过程，源节点首先创建一个 RREQ，其中含有源节点的 IP 地址、源节点的序列号、广播 ID、源节点已知到目的节点的最新序列号（该序列号对应的路由是不可用的）；其次，源节点将 RREQ 广播给它的相邻节点，相邻节点收到该分组后，又将它转发给它们自己的相邻节点，如此循环，直到找到目的节点或有到目的节点的足够新的路由（目的节点序列号足够大的节点）；最后设置定时器，等待回复。所有节点都保存着 RREQ 的源 IP 地址和广播 ID，当它们收到已经接收过的分组时，就不再重发。如图 8.32（a）所示为 RREQ 的传播过程（广播形式）。

中间节点在转发 RREQ 的同时，会在其路由表中为源节点建立反向路由入口，即记录下相邻节点的地址及源节点的相关信息。其中包括源节点的 IP 地址、序列号、到源节点所需的跳数、接收到的 RREQ 上游节点的地址。每个节点在建立路由入口的同时，会设置一个路由定时器，若该路由入口在定时器设定的计时周期内从未使用过该入口，则该路由就会被删除。

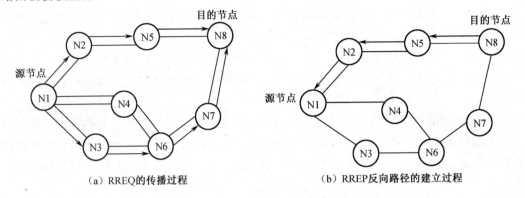

（a）RREQ的传播过程 　　　　　　　　　　　（b）RREP反向路径的建立过程

图 8.32　AODV 路由建立过程

若收到 RREQ 的节点就是目的节点，或该节点已有到目的节点的路由，并且该路由的序列号要比 RREQ 所包含的序列号大或相同，则该节点就用单播方式向源节点发送一个 RREP；否则，该节点会继续广播接收到的 RREQ 消息。

当 RREQ 到达一个拥有到目的节点路由的中间节点时，该节点首先会检查该 RREQ 分组是否是从双向链路上接收到的，因为 AODV 协议只支持对称链路。若一个中间节点有到目的节点的路由入口，则它需要判定该路由是否是最新的。其方法是将其路由表中存储的该路由的序列号与 RREQ 分组中的序列号相比，若后者大于前者，说明该中间节点的路由信息已陈旧，则该中间节点就不能利用它所记录的路由来对 RREQ 做出回答，而是继续转发 RREQ 分组；仅当中间节点的序列号大于或等于 RREQ 中的序列号时，才对 RREQ 做出回复，即对源节点发送 RREP 分组。当 RREQ 到达一个能提供到目的节点路由的节点时，一条到源节点的反向路径就会建立起来。随着 RREP 向源节点的反向传输，每一个该路径上的节点都会设置一个指向上一个节点的前向指针和到目的节点的路由入口，更新到源节点和目的节点的路由入口的超时时间，并记录到目的节点的最新序列号。如图 8.32（b）所示为随着 RREP 从目的节点向源节点传输，RREP 反向路径的建立过程。其他不在返回路径上的转发节点上的路由信息会在经过 ACTIVE-ROUTE_TIMEOUT（如3000ms）时间之后，由于超时而被删除。

若一个节点收到多个 RREP 分组，则按照先到优先的原则进行选择。但是，如果新到的 RREP 分组比原来的 RREP 分组具有更大的目的节点序列号，或虽然两者的序列号相等但新到的 RREP 的跳数比原来的小，则源节点会增加一条到目的节点的新路由。

（2）扩展环搜索。

每当一个节点启动路由发现过程来发现新的路由时，它都会在网络中广播 RREQ 分组。这种广播方式对小型网络的影响较小，但对于规模较大的网络，广播发送 RREQ 分组就会对网络性能产生很大的影响，严重时可能会造成整个网络的瘫痪，即节点发送的 RREQ 分组占用了所有网络资源，而真正需要传送的数据却根本发送不出去。为了避免网络中的消息泛洪，源节点可以使用一种称为扩展环搜索（Expanding Ring Search）的方法，其工作原理为：开始时，源节点通过设置 ttl_start 值来为 RREQ 设置初始 TTL 值，此时的 TTL 值较小。若未收到 RREP 消息，则源节点会广播一个 TTL 值更大的 RREQ，如此反复，直到找到路由或 TTL 已达到门限值。若 TTL 已达门限值，则说明不存在到达目的节点的路由。

（3）路由表的维护。

AODV 协议需要为每个路由表入口保存以下信息。

① Destination IP Address：目的节点的 IP 地址。

② Destination Sequence Number：目的节点的序列号。

③ Hop Count：到达目的节点所需要的跳数。

④ Next Hop：下一跳相邻节点，对于路由表入口，该节点被设计用于向目的节点转发分组。

⑤ Life Time：生命期，即路由的有效期。

⑥ Active Neighbour：活动邻节点。

⑦ Request Buffer：请求缓冲区。

在 AODV 协议中，已经建立起来的路由会一直被维护，直到源节点不再需要它为止。移动 Ad Hoc 网络中节点的移动仅仅影响含有该节点的路由，这样的路径称为活动路径。不在活动路径上的节点的移动不会使协议产生任何动作，因为它不会对路由产生任何影响。如果源节点移动了，就可以重新启动路由发现过程，建立到目的节点的新的路由。当目的节点或某些中间节点移动时，受影响的源节点就会收到一个连接失败 RERR（Route Error Packet）消息，即到目的节点的跳数为无穷大的 RREP 消息。该 RERR 消息是由已经移动的节点的上游节点发起的，该上游节点会将此连接失败的消息继续向它的上游节点转发（因为可能有多条路由需要该上游节点和已经移动的节点作为中间节点）。然后，收到消息的那些上游节点以同样的方式向它们的上游节点再转发，这样层层向上转发。最终，源节点会收到该消息，于是源节点会重新发起路由建立过程，建立一条通向目的节点的新路由。如图 8.33 所示为 AODV 协议的路由维护过程。图 8.33（a）表示的是最初的路由，图 8.33（b）表示的是变化后的路由。在图 8.33（a）中，从源节点到目的节点的最初路由要经过节点 N2、N3 和 N4，当节点 N4″移动到位置 N4 后，节点 N3 与 N4 之间的连接就被破坏。节点 N3 观察到这种情况后，将向节点 N2 发送一条 RERR 消息，节点 N2 在收到该 RERR 消息后会将该路由标记为非法路由，同时将 RERR 转发给源节点。源节点收到 RERR 消息后，认为它仍需要该路由，将重新启动路由发现过程。如图 8.33（b）所示是通过节点 N8 发现的新的路由。

（4）本地连接性管理。

节点通过接收周围节点的广播消息（Hello 消息）来获得它周围相邻节点的信息。当节点收到来自相邻节点的广播消息后，就会更新它自己的本地连接信息，以确保它的本地连接中包含了该相邻节点。若在该节点的路由表中没有相邻节点的入口，则它会为相邻节点创建一个入口。若一个节点在 hello_interval（握手间隔）时间内未向下游节点发送任何数据分组，则它会向其相邻节点广播一个 hello_message（握手消息），其中包含了该节点的身份信息和最新的序列号。hello_message 的跳数为 1，这样就可以防止该分组被广播到相邻节点以外的节点上。如果在几个 hello_message 的传输时间内仍未收到相邻节点的回复，则认为该相邻节点已经移开，或此连接已经断开，同时对该相邻节点的路由信息进行更新，把到该节点的距离设为无穷大。

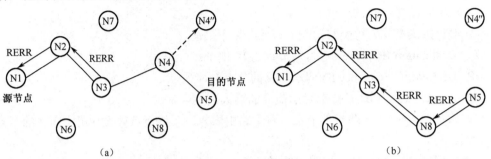

图 8.33　AODV 协议的路由维护过程

（5）节点重启后的动作。

由于一些突发性的事故（如死机或更换电池等），节点在重启后会丢失先前的序列号，以及丢失到不同目的节点的最新序列号。由于相邻节点可能正将当前节点作为处于活动状态的下一跳，这样就会形成路由环。为了防止路由环的形成，重启后的节点会等待一段时间，该段时间称为 delete_period（删除期）。在此期间，它对任何路由分组都不做反应。然而，如果它收到的是数据分组，就会广播一个 RERR 消息，并重置等待定时器（生命期），其方法是在当前时间上加上一个 delete_period。

（6）AODV 协议对广播的支持。

AODV 协议支持以广播方式传播分组，当节点欲广播一个数据分组时，它将数据分组送向一个众所周知的广播地址 255.255.255.255。

当节点收到一个地址为 255.255.255.255 的数据分组之后，会检查源节点的 IP 地址及分组的 IP 报头的段偏移，然后检查它自己的广播列表入口，以确定是否曾接收过该分组，从而判定该分组是否已被重传过。若无匹配的入口，则该节点将重传该广播分组；否则，不对该分组做出任何反应。

（7）AODV 协议的特点。

AODV 协议能高效地利用带宽（将控制和数据业务的网络负荷最小化），能对网络拓扑的变化做出快速反应，规模可变，不会形成路由环。

4. 动态源路由（DSR）协议

动态源路由（Dynamic Source Routing，DSR）协议是一种按需路由协议，DSR 协议允许节点动态地发现到达目的节点的多跳路由。所谓源路由，是指每个数据分组的头部都携带有在到达目的节点之前所有分组必须经过的节点的列表，即分组中含有到达目的节点的完整路由。这一点与 AODV 协议不同，在 AODV 协议中，分组中仅包含下一跳节点和目的节点的地址。在 DSR 协议中，不用周期性地广播路由控制信息，这样就能减小网络的带宽开销，节约电池能量消耗，避免移动 Ad Hoc 网络中大范围的路由更新。

（1）路由的建立。

DSR 协议主要包括路由发现和路由维护两大部分。为实现路由发现，源节点发送一个含有自己的源路由列表的路由请求（Route Request）分组，此时，路由列表中只有源节点。收到此分组的节点继续向前传送此请求分组，并在已记录了源节点的路由列表中加入自己的地址。此过程一直重复，直到目的节点收到请求分组，或某中间节点收到分组并能够提供到达目的节点的有效路径。如果一个节点不是目的节点或路由中的某一跳，它就会一直向前传送路由请求分组。

每个节点都有一个用于保存最近收到的路由请求的缓存区，以实现不重复转发已收到的请求分组。每个节点都会将已获得的源路由表存储下来，这样可以减小路由开销。当节点收到请求分组时，首先查看路由存储器中有没有合适的路由。如果有，就不再转发，而是回传一个路由应答（Route Reply）分组到源节点，其中包含了源节点到目的节点的路由；如果请求分组一直被转发到目的节点，那么目的节点就回传一个路由应答，其中包含了从源节点到目的节点的路由，因为沿途经过的节点会把自己的地址加入此分组请求中，这样就完成了整个路由发现的过程。DSR 路由建立过程如图 8.34 所示。

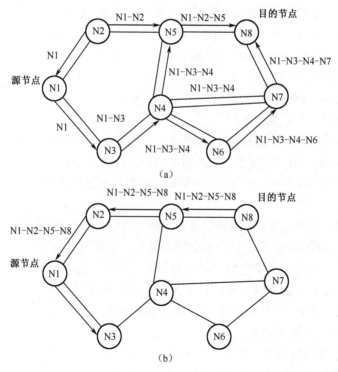

图 8.34　DSR 路由建立过程

当节点 S 希望与目的节点 D 通信时，节点 S 就会依赖路由发现机制来获得到达节点 D 的路由。为了建立一条路由，节点 S 首先广播一个具有唯一请求 ID 的 RREQ 消息，该消息被所有处于节点 S 传输范围内（一跳范围内）的节点收到。当该 RREQ 消息被目的节点 D 或一个具有到目的节点 D 的路由信息的中间节点收到后，就会发送一条含有到目的节点 D 的路由信息的 RREP 消息给节点 S。每一个节点的路由缓存（Route Cache）都会记录该节点所监听到的路由信息。

当节点收到一个 RREQ 消息时，它按以下步骤对该 RREQ 消息进行处理。

① 如果在节点最近的请求分组列表中有该 RREQ 消息（请求节点的地址、数据分组 ID），则不会受理该请求，直接将其丢弃。

② 若 RREQ 消息的路由记录中已经包含当前节点的地址，则不对该 RREQ 消息做进一步的处理。

③ 若当前节点就是目的节点 D，则意味着路由记录已完成，此时发送一个 RREP 消息给源节点。

④ 当前节点会在 RREQ 消息中加入它自己的地址，然后重新广播接收到的 RREQ 消息。

（2）路由的维护。

源节点 S 通过路由维护机制可以检测出网络拓扑的变化，从而知道到目的节点的路由是否已不可用。若路由列表中的一个节点移出无线传输范围或已关机，则会导致路由不可用。若上游节点通过 MAC 层协议发现连接不可用，则会向使用这条路由的上游的所有节点（包括源节点）发送一个 RERR 消息。源节点 S 在收到该 RERR 消息后，就会从它的路由缓存中删除所有含有该无效节点的路由。如果需要，源节点会重新发起路由发现过程，重新建立到原目的节点的路由。

（3）DSR 协议的特点。

DSR 协议存在以下优点。

① DSR 协议使用源节点路由，中间节点无须为转发分组而保持最新的路由。在 DSR 协议中，不需要周期性地与相邻节点交换路由信息，这样可以减小网络开销和带宽的占用，特别是在节点的移动性很小时。由于不用周期性地发送和接收路由广播，节点可以进入休眠模式，这样就可以节省电能。

② 由于 DSR 协议的数据分组中携带有完整的路由，节点可以通过扫描收到的数据分组来获取整个完整路由中需要的某一部分路由信息。如有一条从节点 A 经节点 B 到节点 C 的路由，意味着节点 A 在知道到节点 C 的路由的同时，也能知道节点 A 到节点 B 的路由。同时也意味着节点 B 可以知道到节点 A 和节点 C 的路由，节点 C 可以知道到节点 A 和节点 B 的路由。这样就可以降低发现路由所需的网络开销。

③ 对链路的对称性无要求。

④ 比链路状态协议或 DV 协议反应更快。

DSR 协议存在以下不足。若使用 DSR 协议，网络规模不能太大。否则，由于分组携带了完整的路由，随着网络规模的增大，分组的头部就会变得很长，路由分组也会很长，这对于带宽受限的移动 Ad Hoc 网络来说，带宽利用率就会很低。

8.2　移动 Ad Hoc 网络的 TCP 协议

　　Internet 中的传输控制协议（TCP）是目前端到端传输中最流行的协议之一。TCP 与路由协议不同，在路由协议中，分组按跳逐步转发，一直传输到目的节点。而在 TCP 中，它提供的是传输层数据段的一种可靠的端到端的传输。传输数据段按顺序到达端点，并能够恢复丢失的数据段。TCP 除了提供可靠的数据传输外，还可以提供流控制和拥塞控制。

　　在移动 Ad Hoc 网络中，若采用 TCP 势必引发一系列问题。因为 TCP 原本是针对有线固定网络的，在流控制和拥塞控制等策略中并未考虑无线链路与有线链路传输时延上的差别。考虑到移动 Ad Hoc 网络的移动性对网络性能的影响，传统的 TCP 协议不能直接用于移动 Ad Hoc 网络。本节简要介绍 TCP 在移动 Ad Hoc 网络中遇到的新问题及解决办法。

8.2.1　TCP 在移动 Ad Hoc 网络中遇到的问题

　　在移动 Ad Hoc 网络中，由于其特有的属性，TCP 性能会受到以下因素的影响。

　　（1）无线传输错误。无线链路要经受多径、多普勒频移、阴影衰落、同频和邻频干扰等，这些问题最终都将导致产生分组丢失等错误。此外，还会影响所估计的 TCP ACK 分组的往返时间或到达时间。

　　（2）在共享无线媒体中实现多跳路由。因为共享媒体（信道），所以竞争难以避免，由此会带来传输时延的增加及变化。例如，相邻的两个及以上的节点不能同时发送数据。

　　（3）由于移动性而造成链路失效。路由重建或重新配置过程会导致大量的时延。

　　若传输过程中出现的错误较少，一般在传输层以下就可以通过编码等方法加以解决。若出现的错误较多，很可能导致错误无法纠正而丢弃分组。这时，错误信息就会反映到传输层，在传输层中通过重传等纠错机制来纠错。

　　移动 Ad Hoc 网络常见的随机错误可能导致快速重传，如图 8.35 所示，图中的数字为分组序号。

　　传统的 TCP 无法辨别前面提到的错误是一种因无线链路不可靠而导致的随机错误，只能以快速重传机制重发丢失的分组，误将这种错误作为网络拥塞所造成的结果，因而启动控制拥塞的措施——增加 RTT（往返时间）、减小拥塞窗口大小、初始化 SS（慢启动）。然而，这样的控制是完全没有必要的，这样的结果降低了系统的吞吐量。有时，由于无线链路产生突发错误，整个窗口的数据均丢失，定时时间设置到引发慢启动，拥塞窗口的大小减到最小值。

8.2.2　移动 Ad Hoc 网络中的 TCP 方案

　　根据移动 Ad Hoc 网络所出现的错误，研究出了一些能够改进传统 TCP 性能的技术。按所采用的措施，这些技术可分为以下类型：①从发送端隐藏丢失错误；②让发送端知道或确定发生错误的原因。按所要修改的位置，这些技术可分为以下类型：①只在发送端修改；②只在接收端修改；③只在中间节点修改；④以上类型的组合。

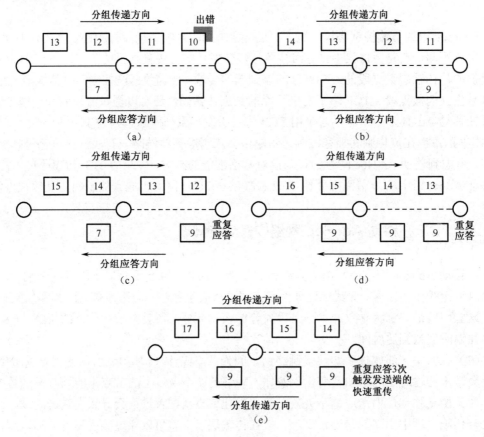

图 8.35　随机错误导致快速重传

针对移动 Ad Hoc 网络的特点及传统 TCP 的执行机制，能使系统性能最优的理想模式应该具有以下功能。①理想的 TCP 行为。对于传输错误，TCP 发送端只需要简单地重传分组即可，而不需要采取任何拥塞窗口的控制措施。不过，这种完全理想的 TCP 是难以实现的。②理想的网络行为。必须对发送端隐藏传输错误，即错误必须以透明和有效的方式恢复。

一般基于移动 Ad Hoc 网络运行环境的 TCP 只能近似地实现以上两种理想行为中的一种。基于移动 Ad Hoc 网络的 TCP 方案主要有以下几种。

1．链路层机制

前向纠错（FEC）方案可以纠正少量错误，但 FEC 会增加额外的开销，即使没有错误发生，这种开销也是必不可少的。不过，最近有些学者提出了一些自适应 FEC 方案，可以有效地减少额外开销。链路层的重传机制与 FEC 不同，它只是在检测到错误之后才重发，即产生额外开销之事发生在出现错误之后。如果链路层重传机制能够近似按需传递，且 TCP 的定时重传时间足够，那么 TCP 就能够承受链路层重传所带来的延时，从而改善传统的 TCP 性能。这种方案对 TCP 发送端来说是透明的，TCP 本身不需要做任何修改。不过，这种方案使收发两端的链路层均需要修改。链路层重传机制与网络层次的关系如图 8.36 所示。

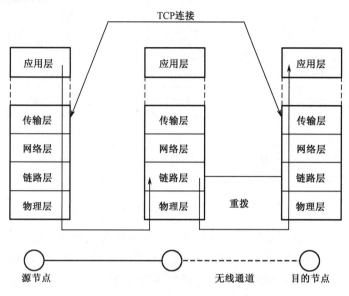

图 8.36 链路层重传机制与网络层次的关系

2. 分裂连接方案

分裂连接方案将端到端的 TCP 连接分裂成两部分：有线连接部分和无线连接部分。如果无线连接部分不是最后一跳，则整个 TCP 连接就会超过两个。

分裂连接方案的一个局限性是固定终端（FH）与移动终端（MH）之间需要借助一个基站（BS，非典型移动 Ad Hoc 网络）实现连接。一个 FH-MH 连接实际上意味着一个 FH-BS 和一个 BS-MH 连接，链路层传输机制如图 8.37 所示。

图 8.37 链路层传输机制

连接的分裂产生了两个独立不同的流控制部分，两者在流控制、错误控制、分组大小、定时等方面均有较大的差异。分裂连接方案与网络层次的关系如图 8.38 所示。

在具体实现分裂连接时有多种方案，其中包括选择性重传协议（SRP）和多种其他变体。对于 SRP，FH-BS 的连接选择的是标准 TCP（这一点很自然），而 BS-MH 的连接选择是在 UDP 之上的选择性重转协议。显然，在考虑到无线链路的特征之后，在 BS-MS 部分采用选择性重传的情况下，TCP 的性能势必得到改善。

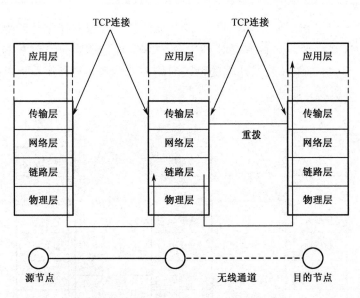

图 8.38　分裂连接方案与网络层次的关系

一种变体为非对称传输协议（移动 TCP），这种方案在无线部分采用较小的分组头（头压缩）、通/断方式的简单流控制，MH 只作错误检测，无线部分不实施拥塞控制等。

另一种变体为移动端传输协议，与选择性重传协议类似，BS 充当移动终端角色，向 MH 提供可靠、按序的分组传输服务。

分裂连接具有以下优点。

（1）BS-MH 连接可以独立于 FH-BS 连接优化，如采用不同的流控制和错误控制措施。

（2）可以实施局部的错误恢复，在 BS-MH 部分，由于采用较短的 RTT，可以实现快速错误恢复。

（3）在 BS-MH 部分采用适当的协议，可以取得更好的 TCP 性能。例如，若采用标准 TCP，当一个窗口出现多个分组丢失时，BS-MH 部分的 TCP 性能较差；若选择性地应答分组，则可以改善 TCP 性能。

分裂连接具有以下缺点。

（1）违背了端到端的概念，如有可能在数据分组到达接收端之前，应答分组就已经到达发送端，这对于有些应用是不能接受的，分裂连接的缺点如图 8.39 所示。

（2）BS 对分组传输影响较大，BS 的故障可能导致数据分组丢失。例如，当 BS 已经对分组 12 做出应答之后 BS 出现故障，但此时分组 12 尚未从 BS 发出，也未在缓冲区内缓存，则分组 12 必然丢失。其过程如图 8.39（b）所示。

（3）在 BS 端，必须为每一个连接建立一个缓冲区，当连接速度减慢时，缓冲区会溢出。

（4）如果出现错误，BS-MH 连接窗口的大小会减小。

（5）从 FH-BS 套接字缓冲区向 BS-MH 套接字缓冲区复制数据需要额外开销。

（6）如果数据分组和应答分组经不同的路经传输，则数据分组可能无用，其过程如图 8.39（c）所示。

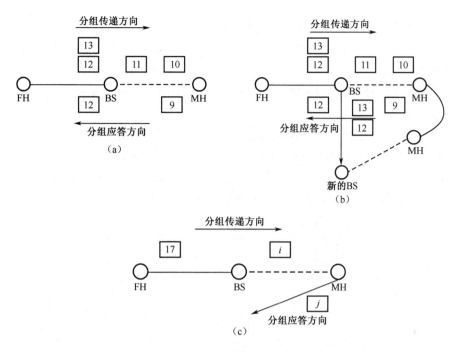

图 8.39 分裂连接的缺点

此外，分裂连接方案的弱点还有依赖基站（BS），这不适用于典型的移动 Ad Hoc 网络结构。

3．TCP 关联的链路层

基于分裂连接方案的协议保留了链路层重传和分裂 TCP 连接的双重特性。"偷看"协议（Snoop Protocol）是一种 TCP 关联的链路层协议，在该协议的 BS 端，数据分组被缓存，以便在链路层进行数据重传。如果 BS 接收到 BS-MH 连接部分重传的应答分组，BS 就会从缓冲区中再次提取相关的数据分组进行重发。通过在 BS 中丢弃重复应答分组来避免 TCP 发送端 FH 的快速重传。"偷看"协议示意图如图 8.40 所示。在图 8.40（a）中，假设分组 10 出错。

在图 8.40（b）和图 8.40（c）中，FH 接收到分组 9 的应答之后，BS 清除掉分组 8 和分组 9，随后的分组不断进入缓冲区。由于 MH 没有收到分组 10，因此它对所收到的分组 11 不应答，仍以分组 9 应答，即重复发出应答分组 9。重复分组不采用延时应答方式，而采用逐次应答方式。

在图 8.40（d）中，由于 MH 没有收到分组 10，MH 不对所接收到的分组 12 和分组 13 做出应答，所以分组 9 的重复应答仍然不断发出。在图 8.40（e）中，此时重复应答触发 BS 对分组 10 的重传，BS 开始丢弃所收到的重复应答分组 9。

在图 8.40（f）中，在 MH 未接收到重传的分组 10 之前，BS 继续缓存所接收到的分组，MH 不断地重复发出应答分组 9，BS 将重复的应答分组均丢弃。

在图 8.40（g）中，在 MH 成功地接收到重传的分组 10 之后，MH 以应答分组 14 对所接收到的分组 10～14 一并做出应答响应。

在图 8.40（h）中，FH、BS 继续后续的分组发送，BS 继续丢弃重复应答分组 9。MH 接收到新的分组 15。

在图 8.40(i)中，BS 接收到应答分组，于是清除掉缓冲区中的分组 10～14。FH-BS-MH 恢复到正常的操作流程。

从以上示例可以看出，由于 BS 的缓冲作用，避免了 FH 端不必要的快速重传，削弱了 FH-BS 有线链路部分与 BS-MH 无线链路部分在 TCP 控制上的差异，从而最终改善了传统 TCP 在含无线信道环境下的总体性能。标准 TCP 协议与"偷看"协议下系统吞吐量比较如图 8.41 所示，其中无线链路的数据传输速率为 2Mb/s。

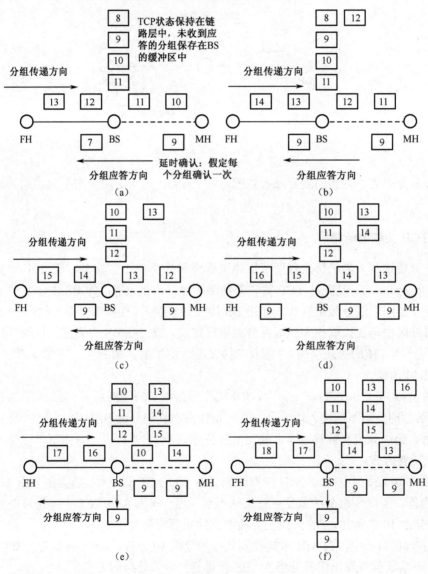

图 8.40 "偷看"协议示意图

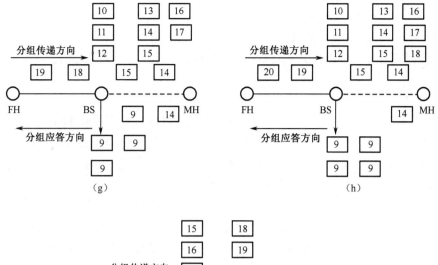

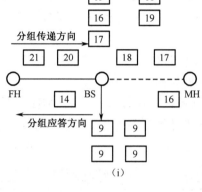

图 8.40　"偷看"协议示意图（续）

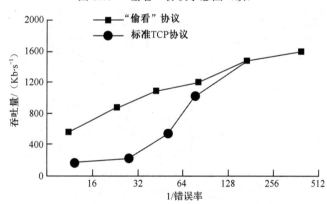

图 8.41　标准 TCP 协议与"偷看"协议下系统吞吐量比较

"偷看"协议具有以下优点。

（1）吞吐量有较大的提高，特别是在错误率较高时，这种性能上的提高尤其明显。

（2）无线链路的错误可以在无线链路段局部恢复。

（3）除非是分组传输乱序，否则不会激发发送端的快速重传。

（4）端到端保持对称。

"偷看"协议存在以下缺点。

（1）基站链路层必须是 TCP 关联的。

（2）如果 TCP 层加密，则本协议无效。

（3）如果 TCP 数据与 TCP 应答在不同的路径上传输，则本协议无效。

4．延迟重传分组协议

延迟重传分组协议与"偷看"协议类似，但它可以使基站不关联 TCP。延迟重传分组协议与"偷看"协议的主要区别在于：在 BS 中，当收到重传的应答分组时，不是丢弃，而是延迟重传分组。这里仍沿用"偷看"协议中的示例。从图 8.40（e）开始，两种协议出现差异，延迟重传分组协议示意图如图 8.42 所示。

在图 8.42（a）中，由于 BS 收到了重传的应答分组 9，因而重发分组 10，并向 FH 转发重传应答分组 9，分组 11 从 BS 中去除，但在分组 10 未被 MH 正确接收之前，不从 BS 的缓冲区中去除。同时，MH 不再向 BS 继续发送重复应答分组 9，而是在本节点延迟缓冲。

在图 8.42（b）中，BS 继续向 FH 转发重复应答分组 9，而 MH 继续延迟缓存重复应答分组 9。分组 12 从 BS 的缓冲区中去除。

在图 8.42（c）中，如果在延迟定时时间到来之前，MH 成功地接收到重发的数据分组应答，则 MH 丢弃原来在 MH 中延迟缓存的重复应答分组 9，恢复正常的操作流程。

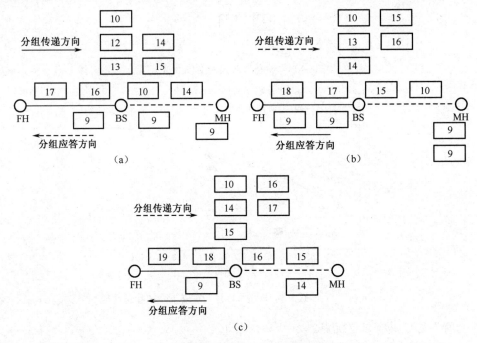

图 8.42　延迟重传分组协议示意图

如图 8.43 和图 8.44 所示的延迟重传分组协议与标准/基本 TCP 性能比较，假设 FH 与 BS 之间的数据传输速率为 10Mb/s，延时为 20ms，BS 与 MH 之间数据传输速率为 2Mb/s，延时也为 20ms。在错误率较高时，特别是在无拥塞而导致分组丢失的情况下，延迟重传分组协议吞吐量性能占明显的优势；但在错误率较低时，系统吞吐量性能无特别优势，有时甚至不如其他两种协议，包括标准 TCP。

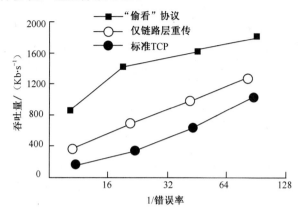

图 8.43　延迟重传分组协议与标准 TCP 性能比较（无拥塞而导致分组丢失）

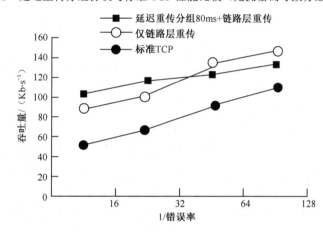

图 8.44　延迟重传分组协议与基本 TCP 性能比较（由于拥塞而导致 5% 分组丢失）

5. TCP 反馈（TCP-F）方案

当由于网络节点发生移动而产生路由中断时，TCP-F 方案设法通知数据发送端。当某一条路由的一个链路中断时，检测到中断的节点的上游节点将发送一条路由故障通知（RFN）消息给发送端源节点。在收到该消息之后，源节点进入"瞌睡"状态，这是 TCP 状态机中引入的新状态，TCP-F 方案状态机如图 8.45 所示。

当 TCP 源节点进入到"瞌睡"状态时，将执行以下操作。

（1）源节点停止传输所有的数据分组，包括新的数据分组或重传的数据分组。

（2）源节点冻结所有的定时器、当前的 CWnd 大小及其他所有的状态变量，如重传定时器的值等，然后源节点初始化一个路由定时器，其定时值取决于最坏情况下的路由修复时间。

（3）当接收到路由修复完成消息之后，数据传输重新开始，同时所有的定时器和状态变量将恢复。

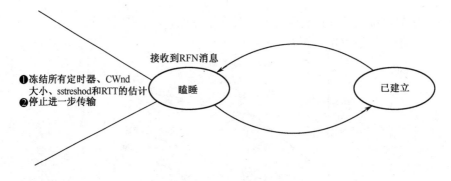

图 8.45　TCP-F 方案状态机

TCP-F 方案避免了基本 TCP 中不必要的数据丢失和重传，从而改善了 TCP 的性能。

6．基于接收器的方案

在基于接收器的方案中，接收终端 MH 采用启发式方法来判断分组丢失的原因，如果 MH 确信分组丢失是由出错造成的，则向发送终端 FH 发送一个通知。FH 在收到通知后，重发出错的分组，但不减小拥塞窗口的大小。

例如，MH 可以通过两个连续分组到达接收器的时间差来判断分组丢失的原因。如果是拥塞导致的分组丢失，则往往各分组连续到达，分组之间没有较长的等待时间；而如果是无线信道出错导致的分组丢失，往往在丢失的分组前后留下一定的时间间隙，典型的情况是该间隙超过两个分组的长度。

一旦确认分组丢失是由出错造成的，接收端 MH 在应答分组中做出标记或直接向发送端 FH 发送一个显式通知。

基于接收器的方案的特点是不需要对基站 BS 做任何修改，也不受数据加密等的影响，但在 BS 中可能要对分组进行排队，排队本身就增加了分组数据的传输时延。

7．基于发送器的方案

与基于接收器的方案相反，在基于发送器的方案中，发送器 FH 可以试图判断分组丢失的原因。一旦确定分组丢失是由出错造成的，则发送端不减小拥塞窗口的大小。发送端判断出错原因的依据是这些参数的统计结果，如 RTT、窗口大小和分组丢失模型等。

例如，可以定义判决条件是拥塞窗口大小和所观察到的 RTT 的函数。由于统计结果具有一定的局限性，因而结果并不是很理想；但它的优点是只需要修改发送端的 TCP。

8.3　移动 Ad Hoc 网络的低功耗技术

Ad Hoc 网络的节能问题是一个非常大的问题，目前移动终端在各方面都进行了节能问题的相关研究。可以在许多方面采取措施来降低移动终端的能耗，既可以在硬件方面进行专门设计，也可以在软件上进行改进。一种较常见的 **Ad Hoc** 网络是由多台笔记本电脑在一定的区域范围内通过无线信道组成的，各节点可以自由移动。在这种网络中，要达到节能的目的，主要方法是通过动态关闭无关节点的无线网卡（与将其置于睡眠状态同义）来降低节点能量消耗。

另一种方法是对节点的信号发射功率进行调节，也就是采用功率控制技术。功率控制机制调整发送节点的信号发射功率，在保证一定通信质量的前提下尽量降低信号发射功率。**Ad Hoc** 网络的构成形式多种多样，可以由通信范围为数十米到数百米的笔记本电脑或 **PDA** 设备构成，也可以由通信范围为数千米甚至数十千米的车载无线电台配备组成。在通信距离较远或通信范围内电磁环境较差的情况下，电台通常需要采用较大的发射功率，而信号发射功率的增大将导致节点功耗的迅速增加。另外，在一些采用嵌入式收发机的小型计算/通信设备所构成的 **Ad Hoc** 网络中（如 **PDA** 设备），其发送代价也相当大。为了节省能耗，在这些信号发送代价较大的 **Ad Hoc** 网络中采用功率控制机制显得尤为重要。

在传感器网络中，节能问题也很重要。传感器网络通常是由大量传感器构成的一种特殊形式的 **Ad Hoc** 网络，它的特点是：一旦传感器在预设地域布设好后，一般都固定不动。通常，传感器需要传输的数据量不太大，由自身携带的电池供电。在传感器网络方面，人们关心的是节能性能和自组织性。而公平性、时延性则关注较少，一般也不用考虑移动路由方面的问题。传感器网络可以通过周期性进入睡眠状态或采用功率控制机制来降低能量消耗。

8.3.1　协议栈各层涉及的节能问题

1. 物理层

物理层的主要功能是在信道上传输比特流。过去对移动节点节能问题的研究主要集中在物理层，包括选择合适的硬件及编码调制方式等。在超大规模集成电路发展的基础上，采用不同时钟频率的 CPU、快速的数据存取设备（如闪存）等，可以减少节点的能量消耗。在此基础上，将硬件技术与不同的调制/解调方式、编/解码方式和信号压缩方式相结合，可以进一步节约能量。此外还可采用发射功率等级可变的无线网卡，也可以根据收发信机之间的距离，结合节点运动预测，采用自适应天线改变发射功率的大小，以及根据信道特性合理分配功率等来提高能量的利用率。

另外，采用可变功率也会产生一些新的问题，如图 8.46 所示。

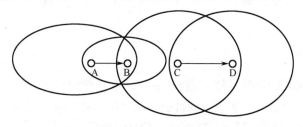

图 8.46　采用可变功率产生的问题

图 8.46 中节点 D 检测到目的节点 B 在其附近，因此采用低的发射功率传输数据。此时，节点 C 欲发送数据至节点 D，由于节点 C 位于节点 A 发射功率范围外，因此不能监听到节点 A 和节点 B 之间正在进行的通信，节点 C 认为信道空闲。由于节点 D 距离节点 C 比较远，因此节点 C 将采用较大的发射功率，从而会对节点 A 和节点 B 之间的通信造成干扰。针对这一问题提出了很多解决方法，如在节点发送数据前采用最大功率发送一个控制帧，通知其最大传输范围内的节点有通信正在进行。这样虽然可以避免节点 C 干扰节点 A 和节点 B 之间的通信，但是降低了空间的利用率和网络的吞吐量。

2. 数据链路层

（1）媒体接入控制层。

媒体接入控制（Media Access Control，MAC）层的主要作用是决定信道的分配。不同的接入方式对能量利用率也有影响，如采用时分多址接入和采用频分多址接入具有不同的能量利用效率。此外还可以根据所采用的链路层协议，通过改变节点的状态来减少耗能。其中的一种方法是采用可以支持节点在不同状态之间切换的 MAC 层协议来提高能量利用率，如 IEEE 802.11 定义的节能工作模式（Power Save Mode）可以支持节点在活跃状态和功率节省状态之间转换。当节点处于活跃状态时，可以收发数据；当节点处于功率节省状态时，节点将进行休眠，在该状态下，节点能量消耗非常低。另一种称为 PAMAS（Power-Aware Multiple Access Protocol with Signaling）的 MAC 层协议，则利用 RTS/CTS（Request to Sent/Clear to Send）消息来确定节点睡眠的时间，当在其传输范围内有其他节点发送或接收数据时，节点进入睡眠状态。

（2）逻辑链路控制层。

逻辑链路控制层（LLC 层）的功能主要是差错控制、流量控制、帧同步和 MAC 层寻址。主要采用自动重传请求（Automatic Repeat Request，ARQ）和前向纠错（Forward Error Correction，FEC）两种方式来实现差错控制。采用前向纠错是为了减少重传的次数，降低数据传输负载。但是纠错能力越强，则译码设备越复杂，且附加码元所占的比例越大，降低了传输数据的效率。自动重传请求需要重新发送数据，数据分组比较大的时候，重传所需要的资源消耗就更大。因此无论是自动重传请求还是前向纠错，都需要消耗带宽资源和能量资源。为此，提出了一种提高能量利用率的自适应差错控制自动请求重传机制（Adaptive Error Control with ARQ），其结果表明减少重传的次数或降低传输功率，可以提高整个网络的能量利用率。另外一种综合 ARQ 和 FEC 的自适应差错控制机制，其原理是将差错控制方案与特定的传输需求及当前信道状况相结合，以获得针对每个特定连接的最佳能量利用率。

3. 网络层

网络层为通信端点间提供建立、保持和终止网络连接的服务并使得不同的物理层对上层透明，其作用在于确定分组从源端到目的端路由的选择。对于无线网络，其网络层除了传统意义上的功能外，还有在节点移动及信道变化的情况下维护和更新路由的功能。网络层的能量利用率问题是 Ad Hoc 网络节能问题研究的一个热点。在网络层，常采用不同的路由度量方式及定位路由方式来提高能量利用率。目前与能量有关的度量方式可以分为三种，分别是功率度量路由算法、能量度量路由算法和混合路由算法。功率度量路由算法以传输功率作为选择路由的度量，路由选择时选取可选路径中总的传输功率最小的路径。功率度量路由算法适用于发射功率可以调整的场合，在发射功率固定的情况下，功率度量路由算法等同于最小跳数路由算法。能量度量路由算法主要考虑网络中节点的剩余能量，选择路由时避免使用剩余能量低的节点，这样可以保持网络的连通度，延长网络的生存时间。MMBCR（Min-Max Battery Cost Routing）算法在选择路由时将每条路径中剩余能量最小的节点的能量进行比较，选择其中剩余能量最大的节点所在的路径。混合路由算法综合考虑了发射功率和剩余能量的问题，在路由选取时同时考虑了两者对网络性能的影响。CMMBCR（Conditional Max-Min Battery Capacity Routing）算法综合了 MTPR（Minimum Total Transmission Power Routing）算法和 MMBCR 算法，既考虑了总的传输能量，又考虑了网络中节点的剩余能量。

4．传输层

传输层为源节点和目的节点提供可靠的端到端数据传输。广泛使用的传统的传输层协议是专门为有线网络设计的，这些协议在无线环境下性能下降明显。例如，TCP 在无线环境下可能会引起大量的重传，并带来更加频繁的链路冲突，这样不仅会降低网络的吞吐量、增加时延，同时也会消耗有限的带宽与电池能量。可以通过减少端到端的重传来提高无线网络传输层的能量效率。另一种采用探询机制的 TCP（TCP-Probing）的工作方式是：如果无线节点监测到数据分组丢失率或延时较大时，则不直接进行拥塞控制，而是停止发送数据并开始探询过程。在探询过程中，源节点向目的节点发送探询分组，该分组由 TCP 报头的扩展实现，且不携带数据。如果在接下来的两个往返时间（RTT）内没有分组丢失，则探询过程结束；如果节点认为探询前数据分组的丢失是由偶然因素造成的，此时节点将继续传输数据；否则，如果在探询过程中探询分组继续丢失，则进行传统的 TCP 拥塞控制。

5．应用层

应用层包含了所有的高层协议，如虚拟终端协议（TELNET）、文件传输协议（FTP）等，在无线网络中应用层还负责对业务进行分类。目前已经提出了多种方法用于提高移动节点的能量利用率，如用于无线网络的负荷分散算法，将移动节点的计算任务交给基站完成，然后将计算结果返回移动节点。但这些方法大多需要基站或有源节点支持，对无固定结构的 Ad Hoc 网络而言，并不适用。对于 Ad Hoc 网络，可以根据节点当前的能量状况及无线链路状况，采用合适的压缩编码方法，或对业务进行取舍（如在低功率或低带宽的情况下压缩视频业务，仅允许音频业务存在）来减少能量消耗。

8.3.2　两种主要的节能机制

当前，Ad Hoc 网络中的节能机制主要包括两大类：一类是无线网卡动态关闭机制；另一类是功率控制机制。

无线网卡动态关闭机制指当节点既不需要发送又不需要接收时，将无线网卡（简称 NIC）置于睡眠模式，直到适当的时候再唤醒它，以此来降低能量消耗。这类方法适用于由携带无线网卡的笔记本电脑等构成的一些通信距离较近、信号发射功率较小的网络。通常其收发功耗差别不是太大，发送功耗不到接收功耗的 2 倍。

功率控制机制通过调节信号发射功率，在保证一定通信质量的前提下通过尽量降低发射功率来降低能量消耗，这类方法适用于由携带无线电台的移动节点等构成的通信距离较远、信号发射功率较大的网络。通常其收发功耗差别非常大，发送功耗甚至可以比接收功耗高出一个数量级以上。

1．无线网卡动态关闭机制

虽然当前业界在低功耗移动处理器技术、低功耗 DSP 技术、低功耗显示技术等领域都有了较大发展，但无线网卡（Wireless Network Interface Card，NIC）的功耗始终很难有大幅度的降低。NIC 的主要功能是完成无线终端之间的数据发送与接收，即负责将信号调制、解调，还要负责将调制信号经放大后发射出去。当前大部分商用型号的无线网卡的功耗都在 1～2W 之间，这比标准的以太网网卡（10Mb/s）的功耗高出十倍以上，已经成为移动终端上的一个最主要的能耗设备。有关学者对笔记本电脑进行试验的结果表明，当采用无线网卡后，终端的持续工作时间从 3h 猛降到 45min，这也说明了无线网卡的功耗是影响终端持续工作时间的重要因素。在某些 PDA 设备中，NIC 的能耗甚至占 PDA 总能耗的 80% 以上。

通常情况下，无线网卡加电工作时按功率消耗由小到大的顺序有 4 种工作模式：睡眠模式（Sleep）、空闲模式（Idle）、接收模式（Receive）及发送模式（Transmit）。当无线网卡工作于睡眠模式时，称节点处于睡眠状态；而当无线网卡工作在其他 3 种模式时，称节点处于活跃状态。

在由笔记本电脑构成的 Ad Hoc 网络中，当节点既不发送也不接收数据时，无线网卡通常处于空闲模式，此时它要随时监听信道上发送的报文，并随时对发给本节点的报文做出反应，其电路仍然是活跃的，因此功耗仍然很高。相反，睡眠模式的 NIC 处于一种低功耗状态，功率消耗非常低，这种模式最初是为工作在有接入点（Access Point）环境中节省节点能耗而设计的。处于睡眠模式下的无线网卡是不能自动监听信道的，此时即使有报文到达也不能立即开始接收。

表 8.1 列出了 Lucent 公司 WaveLAN 无线网卡各工作模式下的功率消耗。可以看出，无线网卡发送模式功耗与其空闲模式功耗相比差别并不是特别大，这说明在发送代价很大的网络中为了节能目的而常用的功率控制机制并不适用于无线网卡的情况。表 8.1 还显示，无线网卡只有在处于睡眠模式时才能显著降低能量消耗。因此，尽可能将节点的无线网卡

置于睡眠状态是降低节点功耗的关键。在当前由笔记本电脑等类型的无线（移动）终端构成的 Ad Hoc 网络中，各种节能协议的设计也主要是围绕这个思路进行的。

表 8.1　WaveLAN 无线网卡各工作模式下的功率消耗

工 作 模 式	实 测 电 流	实 测 电 压	规范参考电流	规范参考电压
睡眠模式	14mA		9mA	
空闲模式	178mA	4.74V	—	5V
接收模式	204mA		280mA	
发送模式	280mA		330mA	

节能协议按所在的协议栈层次划分，主要集中在数据链路层的 MAC 层及数据链路层与网络层之间。对于后一种情况，一般是在链路层和网络层之间增加一个功能层，并借助一定的路由信息来决定节点 NIC 的工作状态，称之为 2.5 层的节能机制。

在 MAC 层通过动态关闭无线网卡来降低节点能耗的机制已经受到广泛关注。MAC 层节能机制的主要是通过尽可能使节点进入睡眠状态，来达到节省能量的目的。关闭无线网卡的操作可以是由报文驱动的，也可以是由时间驱动的，或由时间-报文复合驱动。只要保证节点在大部分时间内处于睡眠状态，就可以达到节能效果。

2．功率控制机制

功率控制机制是指在保证一定通信质量的前提下，尽量降低信号的发射功率。信号发射功率的降低会导致发送节点的功耗下降，在一些信号发射代价较大的系统中节能效果非常明显，功率控制机制带来的另一个好处是可以提高网络容量。

功率控制是 Ad Hoc 网络的一种重要的节能策略。对 Ad Hoc 网络的功率控制机制的研究主要集中在两个方面，即网络层的功率控制和链路层的功率控制。网络层的功率控制所关心的问题是如何通过改变发射功率来动态调整网络的拓扑结构和选路，使全网的性能达到最优；链路层的功率控制主要通过 MAC 协议来完成，发送节点根据每个报文的接收节点的距离、信道状况等条件来动态调整发射功率。相对于网络层的功率控制，链路层功率控制是一种经常性的调整，每发送一个数据报文都可能要进行功率控制，而网络层的功率控制则在一个较长时间内才进行一次，调整频率较低。使用时，也可以将这两种功率控制机制结合起来，用网络层的功率控制来调整网络拓扑结构和选路，而在发送报文时根据目的节点的远近调整所用的发送功率。除此之外，还可以根据报文长度来调整发送功率，短报文用相对较小的功率发送，而长报文用相对较大的功率发送。

在发送代价较大的 Ad Hoc 网络中，采用功率控制机制可以有效降低节点功耗，同时因为功率控制机制能减少发送节点对网络内其他节点的干扰，使单位面积内同时通信的节点对数增多，所以也能有效提高多跳网络的通信容量。另外，在军用通信中，还有降低截获概率、提高通信保密性的作用。

功率控制机制通过调整节点通信时的发送功率来节省能量及提高网络容量，但具体发送功率大小的确定是以不影响收发节点间的正常通信和网络拓扑结构为原则的。因此，

Ad Hoc 网络中节点的报文发送功率不能过低，否则会导致网络中出现孤岛现象（个别节点不能与其他节点通信）。由于 Ad Hoc 网络中节点的地位平等，功率控制的重要性对所有节点来说也是相同的，不存在蜂窝移动通信系统中不同通信方向上的不对等性，因此 Ad Hoc 网络的功率控制机制必须是分布式的，通过各节点独立完成。

8.4 无线自组织网络技术应用

随着物联网技术的发展，无线自组织网络的应用范围将逐步扩大，无论是在军用领域还是在民用领域，其应用前景都是非常广阔的，在未来移动通信的市场上必将扮演非常重要的角色。Ad Hoc 网络可应用于救灾通信、WLAN 扩展、传统移动通信的后备网络、信息家电互联、机器人之间的通信、个人无线网络等需要临时、快速建立通信网络的场合。主要归纳为以下几点：

（1）军事应用：军事应用是 Ad Hoc 网络技术的主要应用领域。Ad Hoc 网络技术可用来构建战术互联网，或用于已有军事网络以提高网络的可靠性和生存能力。美军在其"联合作战 2020 规划"中就采用 Ad Hoc 网络技术作为网络支撑技术。

（2）传感器网络：传感器网络是网络技术的另一大应用领域。对于很多应用场合来说，传感器网络只能使用无线通信技术，而考虑到体积和节能等因素，传感器的发射功率不可能很大。使用 Ad Hoc 网络实现多跳通信是非常实用的解决方法。分散在各处的传感器组成网络可以实现传感器之间和与控制中心之间的通信。

（3）紧急和临时场合：在发生了地震、水灾、强热带风暴或遭受其他灾难打击后，固定的通信网络设施可能被全部摧毁或无法正常工作，这时就需要 Ad Hoc 网络这种不依赖任何固定网络设施又能快速铺设的自组织网络技术。类似地，处于边远或偏僻野外地区时，同样无法依赖固定或预设的网络设施进行通信。Ad Hoc 网络技术的独立组网能力和自组织特点，是这些场合通信的最佳选择，如我国发生的 5·12 汶川地震。地震过后，城镇内的数字蜂窝移动系统的基站被全部摧毁，有线通信设施也因遭受破坏而无法正常通信，当救援部队进入的时候，所有原有的通信都已瘫痪，这时就需要通过 Ad Hoc 网络快速组建应急通信网络，保证救援工作的顺利进行，完成紧急通信任务。

（4）个人通信：个域网（Personal Area Network，PAN）是 Ad Hoc 网络技术的另一应用领域。不仅可用于实现 PDA、手机、手提电脑等个人电子通信设备之间的通信，还可用于个域网之间的多跳通信，蓝牙技术中的超网就是一个典型的例子。

8.4.1 应急通信组网

当今社会，日益增多的大型集会类事件给现有通信系统带来了极大的压力；同时，一系列的突发事件诸如地震、火灾、恐怖事件等不断地考验着政府及其相应的职能机构的工作能力、办事效率。提高政府及其主要职能机关的应变能力、反应速度越来越成为一个重要问题。在大型集会时，数以万计的人群集中在一起，某些区域的通信设施处于饱和状态，严重的过载会使通信瘫痪直至中断；在消防案例中，建筑物被毁严重时，楼体内的通信设施基本处于瘫痪状态，而现场周围的公用通信网无法完成指挥调度，同时对图像、视频的支持度也比较低；在公安办案尤其是重大恐怖事件的处理过程中，国家、地方领导需要实时地掌握案发现场的状况，这时候图像、视频监控的重要性尤其突出；更有甚者，在破坏性的自然灾害面前，基础设施包括通信设施、交通设施、电力设施等完全被毁，灾区在一定程度上处于"孤城"的状态，所有的现场信息都需要实时的采集、发送、反馈。在所有的这些情况下，无线应急通信系统是至关重要的。

1. 应急通信系统的使用要求

在不同情况下，对应急通信有着不同的要求。

（1）由于各种原因发生突发话务高峰时，应急通信要避免网络拥塞或阻断，保证用户正常使用通信业务。通信网络可以通过增开中继、应急通信车、交换机的过负荷控制等技术手段扩容或减轻网络负荷。并且无论什么时候，都要能保证指挥调度部门的正常调度指挥等通信。

（2）当发生交通运输事故、环境污染等事故灾难或者传染病疫情、食品安全等公共卫生事件时，通信网络首先要通过应急手段保障重要通信和指挥通信，实现上述自然灾害发生时的应急目标，满足上述需求。另外，由于环境污染、生态破坏等事件的传播性，还需要对现场进行监测，及时向指挥中心通报监测结果。

（3）当发生恐怖袭击、经济安全等社会安全事件时，一方面要利用应急手段保证重要通信和指挥通信；另一方面，要防止恐怖分子或其他非法分子利用通信网络进行恐怖活动或其他危害社会安全的活动，即通过通信网络跟踪和定位破毁分子、抑制部分或全部通信，防止利用通信网络进行破坏。

（4）当发生水旱、地震、森林草原火灾等自然灾害时，通信网络本身出现故障造成通信中断，网络灾后重建时，通信网络应通过应急手段保障重要通信和指挥通信。应急通信的目标即是利用各种管理和技术手段尽快恢复通信，保证用户正常使用通信业务，应实现如下目标：应急指挥中心/联动平台与现场之间通信畅通；及时向用户发布、调整或解除预警信息；保证国家应急平台之间的互联互通和数据交互；疏通灾害地区通信网话务，防止网络拥塞，保证用户正常使用。

一般情况下，组建应急通信系统需要考虑以下因素：

① 应急通信是否需要"动中通"；
② 应急通信需要的车辆；
③ 应急通信是否需要加密；
④ 应急通信需要宽带化还是窄带化；
⑤ 关于图像业务需要什么样的业务质量。

对于图像业务，一种使用要求是保障动态图像业务，而且要求广播级动态图像业务；另一种使用要求是没必要保障广播级动态图像业务，只要提供高清晰度静态图像业务就可以了，例如灾情评估。

2. 突发事件发生之前对应急通信的需求

在应急概念讨论中已经说明，所有突发事件都需要事先监视和预测。这样做的目的是尽可提前做出可能发生突发事件的预测，尽可能快地发现和证明灾害已经发生。这就需要通信系统支持突发事件监视和预测系统。

突发事件发生之前，对于应急通信的需求可以分为两类：国家重大突发事件监视和预测，地方多发突发事件的日常应对。国家重大突发事件包括：地震、水灾、火灾、疫情、恐怖事件等；地方多发突发事件包括：地方性的刑事案件、政治动乱、恐怖事件等。这些监视和预测都需要通信系统支持。

（1）支持国家重大突发事件监视和预测的通信系统需求。

① 支持预测和确认国家级重大突发事件。

② 电信业务：主要是大量的数据业务。

③ 工作环境：建设各级政府部门的固定监视和预测中心，监视和预测中心能够采集来自全国的监视和测量数据。

④ 设计目标：保证业务质量，尽可能提高网络资源利用效率，尽可能改善电信网络安全性，信息内容尽可能保密。

⑤ 使用配置：国家各级政府纵向管理，各级政府监视和测量本辖区是否发生了突发事件；政府各个职能部门横向管理，政府各个职能部门监视和测量相关职能方面是否发生了突发事件。可见这种监视和测量涉及多个国家部门，通过纵横两条线进行监视和测量，纵横管理线最后归结到中央政府。

（2）支持地方多发突发事件的通信系统需求。

① 基本用途：支持发现和处理本地多发突发事件。

② 电信业务。

报警业务：固定电话、固定传真、移动电话；话务量要求满足整个城市或者整个管辖区域的报警需求。

处警业务：数据、电视、固定电话、固定传真、移动电话；话务量要求满足整个城市或者整个管辖区域的处警需要。

③ 工作环境：建设固定指挥中心，保障指挥中心能够沟通整个城市或管辖区域。

④ 设计目标：保证业务质量、尽可能提高网络资源利用效率、尽可能改善电信网络安全性、信息内容尽可能保密。

⑤ 使用配置：各个城市或者各个管辖区域独立管理，例行向直接上级请示上报，与相邻城市或区域协同配合。

3．突发事件发生之后支持抢救工作的应急通信需求

在应急概念讨论中已经说明，突发事件发生之后的第一要务无疑是抢救。其间可能出现异乎寻常的大量的组织工作。突发事件发生之后的抢救工作是一种短期的、需要广泛协同的、高强度的群体行为。这就要求应急通信系统必须能够有效地支持这些抢救工作。

突发事件发生之后，应急通信需求可以分为 5 类。

（1）支持灾区最高指挥员实施现场指挥的应急通信系统需求。

① 基本用途：支持灾区最高指挥员实施现场指挥。

② 电信业务：固定电话、固定会议电话、电视、图像；业务量要求切实保障灾区现场最高指挥员的需要。

③ 工作环境：配置专用机动指挥所，以指挥所为中心覆盖整个灾区，指挥所有参与现场抢救的群体；同时能够与中央和附近的市政府、省政府及军事基地保持热线通信。

④ 设计目标：保证业务质量、保证信息内容安全、尽可能改善电信网络安全性、尽可能提高网络资源利用效率。

⑤ 使用配置：一个灾区只设置一个现场抢救最高指挥所，配置一个支持最高指挥的应急通信网络。

（2）支持现场抢救的应急通信系统需要。

① 基本用途：支持现场抢救指挥员实施指挥。

② 电信业务：移动电话业务。

③ 工作环境：实施抢救的有限区域，抢救人员随身携带。

④ 设计目标：保证电话质量，设备尽可能轻便。

⑤ 使用配置：每一个抢救群体配置一套，支持现场抢救群体的领导者与群体成员之间协调。

（3）现场电视转播应急通信系统需求。

① 基本用途：支持转播现场状况。

② 电信业务：现场电视业务。

③ 工作环境：灾区现场状况录像转播。

④ 设计目标：保证电视质量，设备尽可能轻便。

⑤ 使用配置：一个灾区配置几套录像转播系统，提供中央电视台的节目供选择。

（4）灾区现场应急通信技术支持系统需求。

① 基本用途：支持异频和异制电台之间互通、入网和延长传输距离。

② 电信业务：现存的各种军用或民用列装电台业务。

③ 工作环境：灾区现场。

④ 设计目标：保证互通功能，设备尽可能轻便。

⑤ 使用配置：根据需要，一个灾区配置几套机动技术支持车辆。

（5）灾区群众自救和呼救应急通信需求。

① 基本用途：支持灾区群众自救和呼救。

② 电信业务：电话和各种可能的呼救信号。

③ 工作环境：灾区现场。

④ 设计目标：采用各种可能的设施，发送尽可能多的呼救信号。

⑤ 使用配置：利用所有可能使用的设施。

8.4.2　无线个域网组网

无线个域网（Wireless Personal Area Network，WPAN）是为了实现活动半径小、业务类型丰富、面向特定群体、无线无缝的连接而提出的新兴无线通信网络技术。WPAN能够有效地解决"最后的几米电缆"的问题，进而将无线联网进行到底。

WPAN是一种与无线广域网（WWAN）、无线城域网（WMAN）、无线局域网（WLAN）并列但覆盖范围相对较小的无线网络。在网络构成上，WPAN位于整个网络链的末端，用于实现同一地点终端与终端间的连接，如连接手机和蓝牙耳机等。WPAN所覆盖的范围一般在10m半径以内，必须运行于许可的无线频段。WPAN设备具有价格便宜、体积小、易操作和功耗低等优点。

个域网（PAN）是属于短距离传输的技术与标准，由于有线网络最低级别就是局域网，所以一般我们说的个域网都是针对无线而言的。美国电子与电器工程师协会（IEEE）802.15工作组是对无线个域网做出定义说明的机构。除了基于蓝牙技术的802.15标准之外，IEEE还推荐了其他两个标准：低频率的802.15.4标准（TG4，也被称为ZigBee技术）和高频率的802.15.3标准（TG3，也被称为超波段或UWB）。TG4 ZigBee技术针对低电压和低成本家庭控制方案提供20kb/s或250kb/s的数据传输速率，而TG3 UWB则支持用于多媒体的介于20Mb/s和1Gb/s之间的数据传输速率。在网络构成上，WPAN位于整个网络链路的末端，用于实现同一地点终端与终端间的特别连接，术语"特别连接"包含两层意思：一是指设备既能承担主控功能，又能承担被控功能的能力；二是指设备加入或离开现有网络的方便性。蓝牙系统实际上就是解决WPAN应用的第一种技术，它的明显特点是低功耗、小型化、低成本。但蓝牙设备的最高数据传输速率只有1Mb/s，实际速率只有大约一半。蓝牙通信链路能支持最多3路话音，但此时留给突发数据业务的带宽就非常有限，甚至没有。然而，WPAN的数据传输速率至少要比蓝牙高一个数量级。

1．WPAN分类及应用

IEEE 802标准体系中定义了一系列无线网络标准，目前已成型的无线个域网标准主要有无线个域网（WPAN，IEEE 802.15.1）和低速无线个域网（LR-WPAN，IEEE 802.15.4）两个。

（1）无线个域网。

无线个域网覆盖了蓝牙（BlueTooth）协议栈的物理/媒体接入控制（PHY/MAC）层。该标准定义一个物理（PHY）层对应于蓝牙的物理层，一个媒体接入控制（MAC）层包括蓝牙协议栈相应的部分。有两种网络形式：

① 极微网（Piconet）由1个主控设备（Master）和1～7个从属设备（Slave）组成。

② 一个 IEEE 802.15.1 设备可在一个极微网中充当主控设备，而在另一个或几个极微网中充当从属设备，从而将不同的极微网桥接起来，如此组成一个分散网（Scatternet）。

物理层主要特性为使用 2.4GHz 的 ISM 频段，采用 GFSK 调制方式。有 3 类发射功率：第一类最高 100mW（=20dBm），最低 1mW；第二类最高 2.5mW，最低 0.25mW；第三类最高 1mW。

媒体接入控制层主要特性如下。

基带（Baseband），一个每秒 1600 跳的跳频信道由连续不断的、625μs 的时隙组成。双向通信由时分双工（TDD）实现。基带支持两种物理信道，面向连接的同步信道（SCOlink）用于提供双向 64kb/s 的 PCM 话音通路，无连接异步信道（ACLlink）用于数据通路（不对称可达 723.2kb/s，对称可达 433.9kb/s）。

链路管理协议（Link Manager Protocol），负责物理链路的建立和管理。

逻辑链路控制及适配协议（Logical Link Control and Adaptation Protocol），负责对高层协议的复用、数据包分割和重新组装。

具有标准化的控制接口（Host Control Interface，HCI）。目前主要应用于连接下一代便携式消费电器和通信设备。它支持各种高速率的多媒体应用、高质量声像配送、多兆字节音乐和图像文档传送等。

（2）低速无线个域网。

低速无线个域网（LR-WPAN）覆盖了 ZigBee 协议栈的物理/媒体接入控制（MAC/PHY）层，是按照 IEEE 802.15.4 标准为短距离联网设计的。LR-WPAN 完全是由于市场需要而产生的。现有无线解决方案成本仍然偏高，而且有些应用不需要 WLAN，甚至不需要蓝牙系统那样的功能特性。

与 WLAN 和其他 WPAN 相比，LR-WPAN 结构简单、数据率较低、通信距离短、功耗低，成本自然也低。

① LR-WPAN 组网形式。

IEEE 802.15.4 的网络设备分为两类，完整功能设备（FFD）支持所有的网络功能，是网络的核心部分；部分功能设备（RFD）只支持最少的必要的网络功能，网络中一般大部分是此类设备。一般有星状网络和簇状网络两种组网形式。其中星状网络以一个完整功能设备为网络中心；簇状网络则是在若干星状网络基础上，将中心具有完整功能的设备互相连接起来，组成一个树状网络。

② 物理层主要特性。

物理层主要特性为：868MHz、915MHz、2.4GHz ISM 频段上共 27 个信道。其中，信道 0，868～868.6MHz，中心频率 868.3Hz，BPSK 调制，提供 20kb/s 的数据通路；信道 1～10，中心频率=906+2(信道号-1) MHz，BPSK 调制，每信道提供 40kb/s 的数据通路；信道 11～26，中心频率=2405+5(信道号-11) MHz，O-QPSK 调制，每信道提供 250kb/s 的数据通路。

③ 媒体接入控制层特性。

媒体接入控制层主要特性为：CSMA/CA 接入及可选的超级帧（Superframe）分时隙

机制。LR-WPAN 适用于工业监测、办公和家庭自动化及农作物监测等。在工业应用方面，主要用于建立传感器网络、紧急状况监测、机器检测；在办公和家庭自动化方面，用于提供无线办公解决方案，建立类似传感器的疲劳程度监测系统，用无线替代有线连接盒式磁带像机（VCR）、PC 外设、游戏机、安全系统、照明和空调系统；在农作物监测方面，用于建立数千个 LR-WPAN 装置构成的网状网，收集土地信息和气象信息，农民利用这些信息可获得较高的农作物产量。

2. WPAN 与 WLAN 的联系与区别

近几年来，WPAN 和 WLAN 技术迅速发展，成为计算机网络中一个至关重要的组成部分，同时也是第四代（4G）移动通信的主流技术之一，并可以为第二代、第三代移动通信的各种空中接口提供无缝漫游连接。目前，WPAN 与 WLAN 已经成为可与 3G 技术竞争但又互补的无线网络。这是由于：

（1）与有线网络相比，无线网络的安装和维护费用低；

（2）与不采用国际标准的无线网络相比，WPAN 与 WLAN 易于迅速推广；

（3）与适用于远距离的 2G、2.5G 和 3G 技术相比，WPAN 与 WLAN 的研制开发和运作费用非常低；

（4）与高速、高功率的 WLAN 相比，WPAN 的造价低得多，功耗小得多。

WLAN 和 WPAN 的一项重要特性就是用户自己可以进行安装，并可以随心所欲地选择所要安装的场所，而且这些无线网络的构建成本目前也相当具有市场吸引力。在无线通信网络中，WLAN 是指在有限的空间内——如办公室、宾馆、机场和咖啡店内的无线通信网络，而在个人、家庭、医疗设备或家庭应用范围内进行无线通信的网络则被称为 WPAN。WPAN 与 WLAN 的区别主要在于目标应用领域不同。

WLAN 一般用来替代有线的局域网技术。蓝牙用来替代智能设备如电脑、手机、PDA、数码相机及摄像机等的外接电缆。ZigBee 则应用于低速、低功耗的无线网络，如传感器网络、无线读表网络、智能玩具、智能家庭、智能农业等。不同的应用领域决定了三种无线网络实现上的不同。WLAN 覆盖半径设计值为 100m，蓝牙覆盖半径为 10m，ZigBee 则为 50m。无线局域网设备一般为插电设备，而无线个域网设备一般为电池设备。ZigBee 更致力于极低功耗设备的开发，如不换电池能维持约 10 年的设备。

3. WPAN 主要组网技术

（1）基于 WMN 的无线个域网。

为了改善 WMN 技术在无线个域网中的应用效能，IEEE 组织专门制定了 IEEE 802.15.5 标准，该标准继承了 IEEE 802.15.1～802.15.4 标准的一些基本思想，但完全支持网状结构，三星公司和飞利浦公司提出了 IEEE 802.15.5 标准的初步草案，分为高速个域无线网状网和低速个域无线网状网两部分。高速个域无线网状网部分由网状网协调器自组织形成树状拓扑结构，并且管理地址池，支持实施地址分配。为此提出了基于树的路由策略和集中式路由策略，其中集中式路由策略在拓扑服务器计算出最优路径后，可以在树中的兄弟节点间转发数据帧，以达到网状网的效果。

（2）基于蓝牙的无线个域网。

为了用蓝牙技术实现 Ad Hoe 或无线个域网（以下简称蓝牙个域网），蓝牙 SIG 正在加强蓝牙功能开发以提供更好的网络支持。其中一个关键且必要的特性就是能够非常有效地承载 IP，可以传进、传出及在蓝牙个域网中交换 IP 包。这是因为蓝牙个域网无论接入 Internet、3G 网络还是公共或私有的 WLAN，都需要用 IP 承载。因此，好的 IP 承载能力将使蓝牙网络具有更宽广、更开放的接口，是推进蓝牙新应用的动力。

在 NAP 或 GN（Ad Hoe 组群网络）中转发数据包主要通过 IP 层，为了保持 IP 独立于链路层，并使下层蓝牙链路传输可以看成与以太网完全相同，蓝牙 SIG 提出了蓝牙网络封装协议（BNEP），该协议对上层提供类似于以太网的接口。

蓝牙网络具有 Ad Hoe 的特性，各个设备可以方便地进入和离开网络，不需要额外的网络配置。但是为了实现适当的网络功能，还是要完成一定的初始工作。

初始 NAP/GN 服务初始过程要适当配置 NAP/GN 设备，包括设置参数（如最大的用户数目），设置为可被发现或不可被发现模式，输入合适的 NAP/GN 设备名等。如果需要，还可以设置任何蓝牙 PIN（Personal Information Number）或链路密钥。NAP/GN 端必须注册 NAP/GN 服务，PANU 端不要求注册这个服务。注册 NAP/GN 服务还包括初始化 PFD（Packet Filter Database）及安全数据库，设定必要的相关信息，如鉴权模式、保密机制等。初始化完成后，设备才可以接受 NAP/GN 服务连接。

NAP/GN 服务连接以 PANU 主动接入网络的过程为例，下面给出建立连接的主要步骤。

第 1 步，选择合适的 NAP/GN 和其提供的 NAP/GN 服务。用户可以用下列方式之一来完成。

① 先发现 NAP/GN，再发现其提供的服务，然后选择一个合适的服务。

② 应用层将所有设备提供的服务列出（同样的就只写一个），然后由用户选择服务，PANU 自动选择合适的 NAP/GN。

③ PANU 键入一个服务名称，如"Network"，PANU 就自动选择合适的设备提供服务。

当然，一些应用还可以利用蓝牙服务发现机制得到信息，来自动选择 NAP/GN，完全不需要用户参与。

第 2 步，PANU 建立物理连接到 NAP/GN 服务。

第 3 步，通过 PIN 或链路密钥来完成鉴权，或者在 BNEP 层用 IEEE 802.1x 标准的安全模式接入。

如果 PANU 失去连接，可能 PANU 会再次建立连接，这需要其保存原有的 NAP/GN 服务参数，如 PIN、链路密钥、用户名及其密码等信息。如果 PANU 设备觉得不能再建立连接或无须再建立连接时，其可以向用户或应用层通知。如果 NAP/GN 失去连接，可能保留资源等对方再建立连接；或者放弃资源，让别的 PANU 来建立连接；也可以主动再建立连接。如果想离开网络，每个设备都可以主动断开连接。

蓝牙标准本身提供了一系列的安全管理功能，可以针对特别的蓝牙设备或服务进行鉴权，同时也可以给数据加密。这里给出蓝牙个域网安全机制的建议，其鉴权和加密都可以在基带完成。鉴权依赖链路密钥，并可以从中得到加密的密钥。链路密钥基于两个设备之间的 PIN，也可以直接从应用层得来。在蓝牙安全机制上，可以采用其他的安全机制，如 IEEE 802.1x、IPsec、TLS/WTI_S 和应用级的安全机制等。

蓝牙本身包括 3 种安全模式：无安全模式，在蓝牙层次上不做任何保护，但是这不影响采用上层安全模式；服务级安全模式，即在 L2CAP 建立连接时做安全检查；链路级安全模式，即在 LMP 建立连接时做安全检查。

NAP/GN 服务的安全管理在蓝牙 PAN 中，服务级安全模式可被扩展为 PAN 服务级安全模式，可以同时利用蓝牙基带、更高链路层或其他层次的安全机制。例如，假定 NAP/GN 配置为 PAN 服务级的安全模式，并且和一个 PANU 建立了连接，如果现在 PANU 要建立 NAP/GN 服务，则在 BNEP 信道上发送 L2CAP 请求建立连接命令，这时 NAP/GN 就根据蓝牙安全机制开始连接，在建立了 L2CAP 信道后启动高层安全机制。不同级别的安全设置可以同时应用。

蓝牙 PAN 授权模式指定了接入 PAN 的不同级别授权。PAN 授权模式由 NAP/GN 指定，并在相应的服务记录中说明。鉴权和授权机制在 NAP/GN 收到为建立 BNEP 信道而发送的 L2CAP 建立连接请求时启动。该模式又分为开放式 PAN 即不需要鉴权和授权、只要求鉴权、既要求鉴权又要求授权 3 种。

蓝牙 PAN 加密模式指定了 PAN 中数据流的加密级别，由 NAP/GN 设置。该模式分为不用加密和完全加密两种。完全加密情况下，PAN 中的所有数据流都加密，这可以在基带或者 BNEP 和 IP 层完成。任何时候，NAP/GN 都可以改变加密级别以达到更安全的连接，如果 PANU 不能适应模式的改变就被排斥在 PAN 之外。

BNEP 和更高层协议的安全模式蓝牙基带可以提供链路层的安全模式，类似于其他链路层的通信协议（如 IEEE 802.1x），但是并不提供端到端数据传输的安全服务。而利用比蓝牙更高层次上的安全机制，如 VPN、IPsee、TLS/WTLS 和应用层安全设置，可以为蓝牙 PAN 网络提供足够的安全服务。这里提出的安全机制只能是保护蓝牙 PAN 不被未授权的设备加入和链路层的蓝牙信息流不被窃听。但是，这种安全机制并不能阻止加入者的恶意行为，以及通过连接的外部网络采取的恶意行为。如需要保护，必须采用阻止这种攻击的安全机制，如 IPsec、TLS/WFLS 和应用层安全机制。

（3）超宽带在个域网中的应用。

UWB 无线通信技术的主要功能包括无线通信和定位功能。进行高速无线通信（速率在 100Mb/s 以上）时，传输距离较近，一般为 10～20m；进行较低速率无线通信和定位时，传输距离可更远。当 UWB 技术采用无载波脉冲方式时，具有较强的透视功能，可以穿透数层墙壁进行通信、成像或定位。与全球定位系统（GPS）相比，UWB 技术的定位精确度更高，可以达到 10～20cm 的精度。正是凭借着短距离传输范围内的高传输速率及高精确度这一巨大优势，UWB 进入民用市场之初就将其应用定位在了无线局域网（WLAN）和无线个域网（WPAN）上。在这样小范围内进行高速通信，可以使人们摆脱线缆的束缚，使各种设备以高速无线方式进行连接。根据超宽带无线传输的特性，UWB 技术可以应用于无线多媒体家域网、个域网、雷达定位和成像系统、智能交通系统，以及应用于军事、公安、救援、医疗、测量等多个领域。在无线多媒体个域网中，各种数字多媒体设备根据需要在小范围内组成自组织式的网络，相互传送多媒体数据，并可以通过安装在家中的宽带网关接入 Internet。数字多媒体设备是那些需要收发视频、音频、文本、数据等数字多媒体信息的设备，如数码摄像机、数码照相机、MP3 播放器、DVD 播放器、数字电视、台式机、笔记本电脑、打印机、投影仪、扫描仪、摄像头、手机、各种智能家电、机顶盒等。

UWB 技术与现有的其他无线通信技术相比，数据传输速率高、功耗低、安全性好。UWB 技术可以实现的速率超过 1Gb/s，与有线的 USB 2.0 接口相当，远远高于无线局域网 IEEE 802.1lb 标准的 11Mb/s，也比下一代无线局域网 IEEE 802.11a/g 标准的 54Mb/s 高出近一个数量级。UWB 通信的功耗较低，能更好地满足使用电池的移动设备的要求。另外，UWB 信号的功率谱密度非常低，信号难以被检测到，再加上采用的跳频、直接序列扩频等扩频多址技术，使非授权者很难截获传输的信息，因而安全性非常好。

（4）基于 Zigbee 技术的个域网。

Zigbee 技术是一种新兴的短距离、低功率、低速率无线接入技术。Zigbee 标准是基于 IEEE 802.15.4 无线标准研制开发的关于组网、安全和应用软件等方面的技术标准，是 IEEE 802.15.4 的扩展集，它由 Zigbee 联盟与 IEEE 802.15.4 工作组共同制定。Zigbee 技术工作在 2.4GHz 频段，共有 27 个无线信道，数据传输速率为 20～250kb/s，传输距离为 10～75m。

（5）基于 RFID 的个域网。

RFID 俗称电子标签。它是一种非接触式的自动识别技术，通过射频信号自动识别目标对象并获取相关数据。RFID 由标签、读写器和天线三个基本要素组成。RFID 可被广泛应用于物流业、交通运输、医药、食品等各个领域。然而，由于成本、标准等问题的局限，RFID 技术和应用环境还很不成熟。主要表现在：制造技术复杂，生产成本高；标准尚未统一；应用环境和解决方案不够成熟，安全性将接受考验。

8.4.3　无线局域网组网

作为无线网络之一的无线局域网 WLAN（Wireless Local Area Network）利用无线技术在空中传输数据、话音和视频信号，是计算机网络与无线通信技术相结合的产物，应用无线通信技术将计算机设备互联起来，构成可以互相通信和实现资源共享的网络体系。它采用无线传送方式提供传统有线局域网的所有功能，从而使网络的构建和终端的移动更加灵活，实现网络在 WLAN 系统规划热点的无线延伸。

1. 无线局域网的概念

无线局域网是一种数据传输系统，利用了射频技术代替了过去比较麻烦的双绞铜线所构成的局域网络，它以无线多址信道作为传输媒介，能够使用户真正实现随时、随地、随意的宽带网络接入。

2．无线局域网的组网方式

无线局域网主要由无线网卡、计算机、无线接入点及相关的一些设备组成。它采用了一种广泛使用的单元结构，从而使整个系统分成了许多个单元，而一个基本服务组又服务一个单元。WLAN 网络中两个关键的组成部分：①无线访问节点（Access Point，AP）是一个包含很广的名称，它不仅包含单纯的无线接入点，也同样是无线路由器、无线网关等类设备的统称。AP 通过无线链路和终端进行通信，AP 上行链路和 AC 通过有线链路连接。②接入控制器（Access Controller，AC），在无线局域网和外网之间充当网关，AC 来自不同 AP 之间的数据进行汇聚，并与外网连接，AC 支持用户安全控制、业务控制、计费采集及对网络进行监控。

（1）采用胖 AP（FAT AP）组网。所谓胖 AP 指 AP 本身集成了 WLAN 的物理层，用户数据加密、认证、漫游、网络管理等功能集于一身。目前接触最多的就是家庭用户的无线路由器组网。使用胖 AP 组网有其局限性：胖 AP 适用于小型无线网络部署，不适用于大规模网络部署；每台胖 AP 都只支持单独配置，组建大、中型无线网络时，配置工作量大；对网络中的胖 AP 进行软件升级时，需要手工逐台进行升级，维护工作量大；胖 AP 上保存着备份配置信息，当设备失窃时会造成配置信息泄露；胖 AP 难以实现自动无线盲区修补、流氓 AP 检测等功能；此外，胖 AP 一般都不支持三层漫游。

（2）采用瘦 AP（FIT AP）组网。所谓瘦 AP 指将用户鉴权、加密、漫游控制等功能全部上移至 AC，AP 只提供接入功能，这里可以把瘦 AP 看作一个天线来对待。这种方式一般用作运营商的网络组网。瘦 AP 只负责用户无线通道的接入，其余用户的鉴权、漫游、网络管理等功能全部上移 AC 负责。这样，整个网络的可控性大大增强，其能够作为宽带有线接入网的延伸和补充。

本章小结

Ad Hoc 网络是由一组带有无线收发装置的移动终端组成的一个多跳临时性自治系统，移动终端具有路由功能，可以通过无线连接构成任意网络拓扑，这种网络可以独立工作，也可以与 Internet 或蜂窝无线网络连接。在后一种情况中，Ad Hoc 网络通常以末端子网（树状网络）的形式接入现有网络。考虑到带宽和功率的限制，MANET 一般不适合作为中间传输网络，它只允许产生于或目的地是网络内部节点的信息进出，而不让其他信息穿越本网络，从而大大减少了与现存 Internet 互操作的路由开销。

Ad Hoc 网络中，每个移动终端兼备路由器和主机两种功能：作为主机，终端需要运行面向用户的应用程序；作为路由器，终端需要运行相应的路由协议，根据路由策略和路由表参与分组转发和路由维护工作。在 Ad Hoc 网络中，节点间的路由通常由多个网段（跳）

组成。由于终端的无线传输范围有限，两个无法直接通信的终端节点往往要通过多个中间节点的转发来实现通信。所以，它又被称为多跳无线网、自组织网络、无固定设施的网络或对等网络。Ad Hoc 网络同时具备移动通信和计算机网络的特点，可以看作一种特殊类型的移动计算机通信网络。

由于分组交换技术带来的高效带宽利用率和灵活性及军事通信的需要，美国国防高级研究项目署（Defense Advanced Research Project Agency，DARPA）在 1972 年启动了分组无线网研究项目（Packet Radio Network，PRNET），研究 PRNET 在战场环境下数据通信中的应用。PRNET 基本上是由采用分布式控制的无线电台组成的一种多跳网络，它采用 ALOHA 和载波监听多路访问（CSMA）作为信道接入协议来实现动态共享无线信道。此外，还通过使用多跳的存储转发路由技术，PRNET 以中继的方式使得节点可以向其通信范围之外的其他节点传输数据，克服了原有节点的无线覆盖范围有限的局限性。

尽管在分组无线网已有成果的基础上，对能够满足军事应用需要的、可快速展开、高抗毁性的移动信息系统进行全面深入的研究一直持续至今，但直到 20 世纪 90 年代中期仍然没有真正转变成商用技术，但是移动计算机，如笔记本、PDA、移动电话等，已经成为计算机工业中增长最快的一部分，使得无线网络领域中的许多研究人员开始意识到分组无线电台网络在军事应用范围外存在巨大的商业潜力。为此，IEEE 在开发 IEEE 802.11 标准时。将分组无线电台网络改用 Ad Hoc 网络来描述这种特殊的自组织、对等式多跳无线通信网络，从此，关于 Ad Hoc 网络的研究成为无线网络研究中最热门的领域之一。1997 年 IETF（Internet Engineering Task Force）成立移动 Ad Hoc 网络（MANET）工作组，专门负责研究和开发具有数百个节点的移动 Ad Hoc 网络的路由算法，并制定相应的标准。

思考题

（1）无线自组织网络有哪些特点？

（2）移动 Ad Hoc 网络有哪些节能机制？

（3）移动 Ad Hoc 网络中，能够改进传统 TCP 性能的技术有哪些？

（4）试简述 Ad Hoc 网络的功率控制机制。

（5）请举例说明无线自组织网络有哪些具体应用。

参考文献

[1]　郑少仁，王海涛，赵志峰，等. Ad Hoc 网络技术[M]. 北京：人民邮电出版社，2005.

[2]　于宏毅. 无线移动自组织网[M]. 北京：人民邮电出版社，2005.

[3]　张文柱. 无线 Ad Hoc 网络中若干关键技术研究[D]. 西安：西安电子科技大学，2003.

[4]　黄全乐. Ad Hoc 网络的发展及其应用前景[J]. 山西电子技术，2007（1）：38-40.

[5]　余一清. Ad Hoc 网络及路由技术研究[D]. 武汉：武汉大学，2004.

[6]　王申涛，谭小容. 移动 Ad Hoc 网络技术分析[J]. 传感器世界，2006，12（7）：22-25.

[7]　郭嵩. 无线 Ad Hoc 网络路由算法研究：可靠性及能量节省策略[D]. 北京：北京邮电大学，2003.

[8]　陈林星，曾曦，曹毅. 自组织分组无线网络技术[M]. 北京：电子工业出版社，2006.

[9]　蔡中见，陆胜. 车载应急通讯系统构建及组网研究[J]. 微计算机信息（嵌入式与 soc），2010（11）：19-21.

[10]　金微. 无线局域网的组网技术研究[J]. 无线互联科技，2013（8）.

[11]　黄明，王亚昕. 车载应急通信系统的构成及应用[J]. 电信技术，2009（12）.

[12]　邓晓燕，周梓鑫，汪扬埔. 浅议无线应急通信网络[J]. 现代工业经济和信息化，2014.

[13]　高晖，孙即涛. 超宽带技术及其在无线个域网中的应用[J]. 网络与应用，2008（2）.

[14]　徐小涛，孙少兰. 基于 WMN 的无线个域网应用机制研究[J]. 电信快报，2011（10）.

[15]　骆秀芳，夏洪文. 基于蓝牙技术的无线个域网[J]. 中国有线电视，2004（7）.

[16]　颜艳华，刘军. 无线个域网及其相关技术分析[J]. 现代电信科技，2008（11）.

反侵权盗版声明

    电子工业出版社依法对本作品享有专有出版权。任何未经权利人书面许可，复制、销售或通过信息网络传播本作品的行为，歪曲、篡改、剽窃本作品的行为，均违反《中华人民共和国著作权法》，其行为人应承担相应的民事责任和行政责任，构成犯罪的，将被依法追究刑事责任。

    为了维护市场秩序，保护权利人的合法权益，我社将依法查处和打击侵权盗版的单位和个人。欢迎社会各界人士积极举报侵权盗版行为，本社将奖励举报有功人员，并保证举报人的信息不被泄露。

举报电话：（010）88254396；（010）88258888

传　　真：（010）88254397

E-mail：　dbqq@phei.com.cn

通信地址：北京市海淀区万寿路 173 信箱
　　　　　电子工业出版社总编办公室

邮　　编：100036